21世纪高职高专规划教材·计算机系列

计算机基础项目化教程

主编　赵　伟　宫国顺　韩雪松

扫描二维码，获取
更多的电子资源

北京交通大学出版社

·北京·

内 容 简 介

本书详细讲解了信息技术基础知识、Windows 7 操作系统、计算机网络与 Internet 应用、Word 2010 文档制作、Excel 2010 电子表格制作、PowerPoint 2010 演示文稿制作，以项目、任务引领整个操作过程，操作步骤清晰、详尽，旨在养成读者良好的操作习惯，培养读者的操作技能，提高读者对知识的应用能力，帮助读者解决实际中遇到的问题。

本书在编写过程中，聘请了企业相关人员参与，帮助进行案例设计，使书中案例更接近实际工作。本书适合用作专升本考试用书、高职院校计算机基础教材、计算机基础培训用书，也可作为办公人员的参考用书。

图书在版编目(CIP)数据

计算机基础项目化教程/赵伟,宫国顺,韩雪松主编．—北京:北京交通大学出版社，2017.8(2018.7 重印)

21 世纪高职高专规划教材·计算机系列

ISBN 978 - 7 - 5121 - 3326 - 6

Ⅰ.①计… Ⅱ.①赵… ②宫… ③韩… Ⅲ.①电子计算机 - 高等职业教育 - 教材 Ⅳ.①TP3

中国版本图书馆 CIP 数据核字(2017)第 192698 号

计算机基础项目化教程

JISUANJI JICHU XIANGMUHUA JIAOCHENG

责任编辑：韩　乐　　　　助理编辑：付丽婷

出版发行：北京交通大学出版社　　电话：010 - 51686414　　http://www.bjtup.com.cn

地　　址：北京市海淀区高梁桥斜街 44 号　　邮编：100044

印 刷 者：艺堂印刷（天津）有限公司

经　　销：全国新华书店

开　　本：185 mm × 260 mm　　印张：25.25　　字数：630 千字

版　　次：2017 年 8 月第 1 版　　2018 年 7 月第 2 次印刷

书　　号：ISBN 978 - 7 - 5121 - 3326 - 6/TP · 848

印　　数：4 001～9 000 册　　定价：52.00 元

本书如有质量问题，请向北京交通大学出版社质监组反映。对您的意见和批评，我们表示欢迎和感谢。

投诉电话：010 - 51686043，51686008；传真：010 - 62225406；E-mail：press@bjtu.edu.cn。

前　言

随着信息技术的发展和普及，计算机技术已经深入各个角落，各行各业的办公也越来越依赖于计算机技术。进入 21 世纪以后，计算机基础教学所面临的形势发生了巨大的变化。随着计算机教学改革的深入，计算机应用能力已成为衡量大学生业务素质与能力的突出标志之一。作为当代大学生，学好计算机基础知识，不仅能够方便自己整理各种数字资料，而且能够为将来工作打下良好基础。

本书根据教育部高等学校计算机基础课程教学指导委员会对计算机基础教学提出的目标和要求编写。本书从设计到编写都聘请了企业专家进行指导，把企业中优秀的案例引入到课堂教学中，使内容更贴近于工作实际应用。本书共分为 6 章，每章又包括若干个项目，每个项目又包括知识点提要、任务单、资料卡及实例、评价单、知识点强化与巩固五个栏目，构建了相对完整的从引入到操作再到评价的教学环节。

本书在设计过程中遵循教学改革要求，以“任务驱动、项目引领”为主要设计要点，教学目标明确，针对性和操作性强，采用“基于任务的行动导向”教学理念，让学生在实操过程中学会知识，学会操作，学会举一反三，从而提升学生的计算机水平，真正体现了职业技术教育的性质和特点。

本书主编赵伟负责编写教材提纲、确定参编人员及教材推广；主编宫国顺负责确定框架结构，拟定章节目录和主要知识点；主编韩雪松负责分配编写任务及统稿工作；齐齐哈尔火车站货运车间党总支书记曹国志、齐齐哈尔火车站自动售票员李志刚特别参与本书的案例设计，提供企业案例参考；参编赵龙厚负责编写第 1 章（信息技术基础知识）；参编刘伟负责编写第 2 章项目一（Windows 7 的启动和使用）、第 2 章项目二（对 Windows 7 进行个性化设置）；参编崔瑛瑞负责编写第 2 章项目三（Windows 7 常用操作及应用）、第 3 章项目一（计算机网络概述）；参编尹宏飞负责编写第 3 章项目二（Internet 概述及网络应用）、第 6 章（PowerPoint 2010 演示文稿制作）；参编马会敏负责编写第 4 章项目一（文档排版）；参编闫庆华负责编写第 4 章项目二（表格制作）、第 4 章项目三（图文混排）；参编于晓坤负责编写第 5 章项目一（Excel 工作表的创建与编辑）；参编马卉宇负责编写第 5 章项目二（公式和函数）、第 5 章项目三（数据处理）；参编赵满负责编写第 5 章项目四（图表与透视表）。

本书内容合理，通俗易懂，适合高职高专各专业学生使用，也可以作为培训教材或自学指导书。为方便学习，本书免费提供书中涉及的所有任务单答案、电子素材资料、知识点强化与巩固习题答案，读者可以从北京交通大学出版社网站上免费下载，网址为：http://www.bjtup.com.cn/main/newsmore.cfm?sSnom=ZY。

由于作者水平有限，书中难免出现疏忽错漏之处，欢迎各位学者、专家、老师和同学提出宝贵的建议或意见。

编　者

2017.7

目　录

第1章
信息技术基础知识

项目一　信息技术发展历程

知识点提要

1. 信息技术的概念
2. 计算机的初期发展史
3. 计算机的时代划分
4. 计算机的分类
5. 计算机的特点与应用
6. 计算机的新技术
7. 信息的表示与处理
8. 非数值信息的表示与处理

任务单

<table>
<tr><td>任务名称</td><td>信息技术与信息编码</td><td>学　时</td><td>2 学时</td></tr>
<tr><td>知识目标</td><td colspan="3">1. 掌握计算机发展经历了哪几个时代，每个时代划分的依据是什么。
2. 掌握世界上第一台电子数字计算机产生的时间、地点。
3. 熟练掌握二进制、八进制、十进制和十六进制数值间的相互转换。
4. 掌握非数值信息的表示与处理。</td></tr>
<tr><td>能力目标</td><td colspan="3">1. 具有将计算机发展与实际中计算机的使用联系在一起的能力。
2. 具有完成二进制、八进制、十进制和十六进制数值间的相互转换的能力。
3. 掌握非数值信息的表示与处理方法。</td></tr>
<tr><td>素质目标</td><td colspan="3">1. 培养学生善于发现问题、积极思考、合作学习的能力，以及竞争参与意识。
2. 培养学生沟通、协作的能力。</td></tr>
<tr><td>任务描述</td><td colspan="3">信息化是当今世界经济社会发展的必然趋势，信息技术带动了铁路行业整体技术的迅猛发展，使铁路行业的面貌焕然一新。作为铁路的一名职工，从以下几个方面描述出你对计算机的理解。
1. 计算机发展经历了哪几个代次？
<table><tr><th>代　次</th><th>电子器件</th><th>技术特点</th></tr><tr><td></td><td></td><td></td></tr><tr><td></td><td></td><td></td></tr><tr><td></td><td></td><td></td></tr><tr><td></td><td></td><td></td></tr></table>2. 举例说出计算机技术在铁路行业上有哪些应用。

3. 写出同十进制数 100 等值的十六进制数、八进制数及二进制数。</td></tr>
<tr><td>任务要求</td><td colspan="3">1. 仔细阅读任务描述中的要求，认真完成任务。
2. 小组间讨论交流。</td></tr>
</table>

资料卡及实例

1.1　信息技术与计算机概述

当今世界正在向信息时代迈进，信息已经成为社会、经济发展的“血液”。现代信息技术是借助以微电子学为基础的计算机技术和电信技术的结合而形成的手段，对声音的、图像的、文字的、数字的和各种传感信号的信息进行获取、加工、处理、储存、传播和使用的能动技术。现代信息技术广泛地渗透到和改变着人们的生活、学习和工作。

1.1.1　信息技术的概念

信息技术（information technology，IT）是主要用于管理和处理信息所采用的各种技术的总称。一般来说，一切与信息的获取、加工、表达、交流、管理和评价等有关的技术都可以称之为信息技术。它也常被称为信息和通信技术，主要包括以下几方面技术。

1. 传感技术

传感技术是信息的采集技术。它包括信息识别、信息提取、信息检测等技术。信息识别包括文字识别、语音识别和图形识别等，通常采用一种叫作“模式识别”的方法。传感技术、测量技术与通信技术相结合而产生的遥感技术，能使人感知信息的能力得到进一步的加强。

2. 通信技术

通信技术是信息的传递技术。它以现代的声、光、电技术为硬件基础，辅以相应软件来达到信息交流目的。它的主要功能是实现信息快速、可靠、安全的转移。

3. 计算机技术

计算机技术是信息的处理和存储技术。计算机信息处理技术主要包括对信息的编码、压缩、加密和再生等技术。计算机信息存储技术主要包括影响计算机存储器的读写速度、存储容量及稳定性的内存储技术和外存储技术。

4. 控制技术

控制技术是信息的使用技术，也是信息过程的最后环节。它包括调控技术、显示技术等。

传感技术、通信技术、计算机技术和控制技术是信息技术的四大基本技术。信息技术的主要支柱是通信（communication）技术、计算机（computer）技术和控制（control）技术，即“3C”技术。

1.1.2　计算机的初期发展史

现在我们所说的计算机，其全称是“通用电子数字计算机”。其中，“通用”是指计算机可实现多种用途，“电子”是指计算机是一种电子设备，“数字”是指在计算机内部一切信息均用0和1的编码来表示。计算机的出现是20世纪最卓越的成就之一，计算机的广泛应用极大地促进了生产力的发展。

自古以来，人类就在不断地发明和改进计算工具，从古老的“结绳记事”，到算盘、计算尺、差分机，再到1946年第一台电子数字计算机诞生，计算工具经历了从简单到复杂、从低级到高级、从手动到自动的发展过程，而且还在不断发展。回顾计算工具的发展历史，从中可以得到许多有益的启示。

17世纪，欧洲出现了利用齿轮技术的计算工具。1642年，法国数学家布莱兹·帕斯卡（Blaise Pascal）发明了帕斯卡加法器，这是人类历史上第一台机械式计算工具，其原理对后来的计算工具产生了持久的影响。如图1.1所示，帕斯卡加法器是由齿轮组成、以发条为动力、通过转动齿轮来实现加减运算，并用连杆实现进位的计算装置。帕斯卡从加法器的成功中得出结论：人的某些思维过程与机械过程没有差别，因此可以设想用机械来模拟人的思维活动。

德国数学家莱布尼茨（G. W. Leibnitz）发现了帕斯卡一篇关于"帕斯卡加法器"的论文，激发了他强烈的发明欲望，他决心把这种机器的功能扩大为乘除运算。1673年，莱布尼茨研制了一台能进行四则运算的机械式计算器，称为莱布尼茨四则运算器，如图1.2所示。这台机器在进行乘法运算时采用进位-加（shift-add）的方法，后来演化为二进制，并被现代计算机采用。

图1.1　帕斯卡加法器

图1.2　莱布尼茨四则运算器

19世纪初，英国数学家查尔斯·巴比奇（Charles Babbage）取得了突破性进展。巴比奇在剑桥大学求学期间，正是英国工业革命兴起之时，为了解决航海、工业生产和科学研究中的复杂计算，许多数学表（如对数表、函数表）应运而生。这些数学表虽然带来了一定的方便，但由于采用人工计算，其中的错误很多。巴比奇决心研制新的计算工具，用机器取代人工来计算这些实用价值很高的数学表。

1822年，巴比奇开始研制差分机，如图1.3所示，专门用于航海和天文计算。在英国政府的支持下，差分机历时10年研制成功。这是最早采用寄存器来存储数据的计算工具，体现了早期程序设计思想的萌芽，使计算工具从手动机械跃入自动机械的新时代。

巴比奇的差分机是可编程计算机的设计蓝图，实际上，我们今天使用的每一台计算机都遵循着巴比奇的基本设计方案。但是，巴比奇先进的设计思想超越了当时的客观现实，由于当时的机械加工技术还达不到所要求的精度，使得这部以齿轮为元件、以蒸汽为动力的分析机一直到巴比奇去世也没有完成。

1936年，美国哈佛大学应用数学教授霍华德·艾肯（Howard Aiken）在读过巴比奇和爱达的笔记后，发现了巴比奇的设计，并被巴比奇的远见卓识所震惊。艾肯提出用机电的方法，而不是纯机械的方法来实现巴比奇的分析机。在IBM公司的资助下，他于1944年研制

图 1.3 巴比奇差分机

成功了机电式计算机 Mark－Ⅰ。Mark－Ⅰ长 15.5 米，高 2.4 米，由 75 万个零部件组成，使用了大量的继电器作为开关元件，存储容量为 72 个 23 位十进制数，采用了穿孔纸带进行程序控制。它的计算速度很慢，执行一次加法操作需要 0.3 秒，并且噪声很大。尽管它的可靠性不高，但是仍然在哈佛大学使用了 15 年。Mark－Ⅰ只是部分使用了继电器，1947 年研制成功的计算机 Mark－Ⅱ全部使用了继电器。

现代计算机孕育于英国，诞生于美国。1936 年英国科学家图灵在伦敦权威的数学杂志上发表了一篇著名的论文《理想计算机》，文中提出了著名的“图灵机”（Turing machine）的设想。“图灵机”由 3 部分组成：一条带子，一个读写头和一个控制装置。该论文还阐述了“图灵机”不是一种具体的机器，而是一种理论模型，可用来制造一种十分简单但运算能力极强的计算装置。人们称图灵为“计算机理论之父”。

世界上公认的第一台电子数字计算机是 1946 年 2 月在美国宾夕法尼亚大学由约翰·莫克利领导的为导弹设计服务小组制成的 ENIAC，如图 1.4 所示。它使用了 18 800 个电子管，150 多个继电器，功耗 150 kW，占地面积 150 m^2，重量达 30 t，每秒钟只能完成 5 000 次加法

图 1.4 ENIAC

运算。虽然它体积大、速度慢、能耗大，但它却为发展电子计算机奠定了技术基础。ENIAC最突出的优点就是速度快，每秒能完成 5 000 次加法，300 多次乘法，比当时最快的计算工具快 1 000 多倍。ENIAC 是世界上第一台能真正运转的大型电子计算机，它的出现标志着电子计算机（以下称计算机）时代的到来。

虽然 ENIAC 显示了电子元件在进行初等运算速度上的优越性，但没有最大限度地实现电子技术所提供的巨大潜力。ENIAC 的主要缺点是：第一，存储容量小，至多存储 20 个 10 位的十进制数；第二，程序是“外插型”的，为了进行几分钟的计算，接通各种开关和线路的准备工作就要几个小时。新生的电子计算机需要人们用千百年来制造计算工具的经验和智慧赋予更合理的结构，从而获得更强的生命力。

在 ENIAC 计算机研制的同时，另两位科学家，冯·诺依曼与莫尔合作研制了 EDVAC。EDVAC 采用的存储程序原理被沿用至今，所以现在的计算机都被称为以存储程序原理为基础的冯·诺依曼型计算机。

半个多世纪以来，计算机已经发展了四代，现在正向第五代计算机发展。在推动计算机发展的诸多因素中，电子器件的发展起着决定性的作用。另外，计算机系统结构和计算机软件的发展也起着重大的作用。

1.1.3 计算机的时代划分

计算机硬件的发展以用于构建计算机硬件的元器件的发展为主要特征，而元器件的发展与电子技术的发展紧密相关。每当电子技术有突破性的进展，就会导致计算机硬件的一次重大变革。因此，计算机硬件发展史中的时代通常以其所使用的主要器件，即电子管、晶体管、集成电路、大规模集成电路和超大规模集成电路来划分。

第一代计算机（1946—1958 年）

第一代计算机以 1946 年 ENIAC 的研制成功为标志。这个时期的计算机都建立在电子管基础上，笨重而且产生很多热量，容易损坏；存储设备比较落后，最初使用延迟线和静电存储器，容量很小，后来采用磁鼓（磁鼓在读/写臂下旋转，当被访问的存储器单元旋转到读/写臂下时，数据被写入这个单元或从这个单元中读出），有了很大改进；输入设备是读卡机，可以读取穿孔卡片上的孔，输出设备是穿孔卡片机和行式打印机，速度很慢。在这个时代将要结束时，出现了磁带驱动器（磁带是顺序存储设备，也就是说，必须按线性顺序访问磁带上的数据），它比读卡机快得多。

1949 年 5 月，英国剑桥大学莫里斯·威尔克斯（Maurice Wilkes）教授研制出了世界上第一台存储程序式计算机 EDSAC（electronic delay storage automatic computer）。它使用机器语言编程，可以存储程序和数据并自动处理数据，存储和处理信息的方法发生了革命性变化。1951 年问世的 UNIVAC 因准确预测了 1952 年美国大选艾森豪威尔的获胜，得到了社会各阶层的认可和欢迎。1953 年，IBM 公司生产了第一台商业化的计算机 IBM701，使计算机向商业化迈进。

这个时期的计算机非常昂贵，而且不易操作，只有一些大的机构，如政府和一些主要的银行才买得起，这还不算容纳这些计算机所需要的可控制温度的机房和能够进行计算机编程的技术人员。

第二代计算机（1959—1964 年）

第二代计算机以 1959 年美国菲尔克公司研制成功的第一台大型通用晶体管计算机为标志。这个时期的计算机用晶体管取代了电子管，晶体管具有体积小、重量轻、发热少、耗电省、速度快、价格低、寿命长等一系列优点，使计算机的结构与性能都发生了很大改变。

20 世纪 50 年代末，内存储器技术的重大革新是麻省理工学院研制的磁芯存储器，这是一种微小的环形设备，每个磁芯可以存储一位信息，若干个磁芯排成一列，构成存储单元。磁芯存储器稳定而且可靠，成为这个时期存储器的工业标准。

这个时期的辅助存储设备出现了磁盘，磁盘上的数据都有位置标识符，称为地址，磁盘的读/写头可以直接被送到磁盘上的特定位置，因而比磁带的存取速度快得多。

这个时期的计算机广泛应用在科学研究、商业和工程应用等领域，典型的计算机有 IBM 公司生产的 IBM7094 和 CDC（control data corporation，控制数据公司）生产的 CDC1640 等。但是，第二代计算机的输入输出设备很慢，无法与主机的计算速度相匹配。这个问题在第三代计算机中得到了解决。

第三代计算机（1965—1970 年）

第三代计算机以 IBM 公司研制成功的 360 系列计算机为标志。在第二代计算机中，晶体管和其他元件都手工集成在印刷电路板上，而第三代计算机的特征是集成电路。集成电路是将大量的晶体管和电子线路组合在一块硅片上，故又称其为芯片。制造芯片的原材料硅是地壳里含量第二的常见元素，是海滩沙石的主要成分，因此采用硅材料的计算机芯片可以廉价地批量生产。

这个时期的内存储器用半导体存储器，淘汰了磁芯存储器，使存储容量和存取速度有了大幅度的提高；输入设备出现了键盘，使用户可以直接访问计算机；输出设备出现了显示器，可以向用户提供立即响应。

为了满足中小企业与政府机构日益增多的计算机应用，第三代计算机出现了小型计算机。1965 年，DEC（digital equipment corporation，数字设备公司）推出了第一台商业化的以集成电路为主要器件的小型计算机 PDP-8。

第四代计算机（1971 年至今）

第四代计算机以 Intel 公司研制的第一代微处理器 Intel 4004 为标志，这个时期的计算机最为显著的特征是使用了大规模集成电路和超大规模集成电路。微处理器是将 CPU 集成在一块芯片上。微处理器的发明使计算机在外观、处理能力、价格，以及实用性等方面发生了深刻的变化。

第四代计算机要属微型机最为引人注目了。微型机的诞生是超大规模集成电路应用的直接结果。微型机的“微”主要体现在它的体积小、重量轻、功耗低、价格便宜。1977 年，苹果计算机公司成立，先后成功开发了 APPLE - Ⅰ型和 APPLE - Ⅱ型微型机。1980 年 IBM 公司与微软公司合作，为微型机 IBM PC 配置了专门的操作系统。从 1981 年开始，IBM 连续推出 IBM PC、PC/XT、PC/AT 等机型。时至今日，奔腾系列微处理器应运而生，使得现在的微型机体积越来越小、性能越来越强、可靠性越来越高、价格越来越低。

微处理器和微型机的出现不仅深刻地影响着计算机技术本身的发展，同时也使计算机技术渗透到了社会生活的各个方面，极大地推动了计算机的普及。尽管微型机对人类社会的影响深远，但是微型机并没有完全取代大型计算机，大型计算机也在发展。利用大规模集成电路制造出的多种逻辑芯片组装出大型计算机、巨型计算机，可使运算速度更快、存储容量更大、处理能力更强，这些企业级的计算机一般要放到可控制温度的机房里，因此很难被普通公众看到。

20世纪80年代，多用户大型机的概念被小型机器连接成的网络所代替，这些小型机器通过连网共享打印机、软件和数据等资源。计算机网络技术使计算机应用从单机走向网络，并逐渐从独立网络走向互联网络。

20世界80年代末，出现了新的计算机体系结构——并行体系结构。一种典型的并行体系结构是所有处理器共享同一个内存。虽然把多个处理器组织在一台计算机中存在巨大的潜能，但是为这种并行计算机进行程序设计的难度也相当高。

由于计算机仍然在使用电路板，仍然在使用微处理器，仍然没有突破冯·诺依曼体系结构，所以我们不能为这一代计算机划上休止符。但是，生物计算机、量子计算机等新型计算机已经出现，我们拭目以待第五代计算机的到来。

1.1.4 计算机的分类

随着计算机技术的发展和应用的推动，尤其是微处理器的发展，计算机的类型越来越多样化。按照不同的原则，计算机可以有多种分类方法。

1. 按处理数据的方式分类

1）数字计算机

数字计算机，其内部被传送、存储和运算的信息，都是以电磁信号形式表示的数字。它采用二进制运算，主要特点是“离散”，在相邻的两个符号之间不可能有第三种符号存在。因此，它运算速度快，精确度高，便于存储，具有逻辑判断能力。它的组成结构和性能优于模拟计算机。

2）模拟计算机

模拟计算机问世较早，内部所使用的电信号模拟自然界的实际信号，因而称为模拟电信号。模拟计算机处理问题的精度差，所有的处理过程均需模拟电路来实现，电路结构复杂，抗外界干扰能力也较差。

3）数字模拟混合计算机

数字模拟混合计算机取数字计算机、模拟计算机之长，既能高速运算，又便于存储信息，但这类计算机造价昂贵。现在人们所使用的大都属于数字计算机。

2. 按使用范围分类

1）专用计算机

专用计算机用于解决某个特定方面的问题，配有为解决某个问题而用到的软件和硬件。专用计算机功能单一，可靠性高，结构简单，适应性差。但在特定用途下，专用计算机最有效、最经济、最快速，是其他计算机无法替代的，如军事系统、银行系统的专用计算机。

2）通用计算机

通用计算机功能齐全，适应性强，用于解决各类问题。它既可以用于科学计算，也可以用于数据处理，通用性较强。目前人们所使用的大都是通用计算机。

3. 按规模和处理能力分类

按计算机规模，并参考其运算速度、输入输出能力、存储能力等因素划分，通常可将计算机分为巨型机、大型机、小型机、微型机四类。

尽管长期以来这类名称一直在使用，但是这种称呼不确切，因为计算机技术发展很快，有些在大型机中使用的技术今天可能已在微型机中实现，如 Intel 80386 的 32 位微处理器采用了 20 世纪 70 年代大型机才采用的技术，其性能已达到当时大型机的水平。

1）巨型机

巨型机又称超级计算机（super computer），是指运算速度超过每秒 1 亿次的高性能计算机。它是目前功能最强、速度最快、软硬件配套齐备、价格最贵的计算机，主要用于解决诸如气象、太空、能源、医药等尖端科学研究和战略武器研制中的复杂计算。巨型机安装在国家高级研究机关中，可供几百个用户同时使用。

运算速度快是巨型机最突出的特点。例如，美国 Cray 公司研制的 Cray 系列机中，Cray - Y - MP 运算速度为每秒 20 亿 ~40 亿次。我国自主生产研制的银河Ⅲ巨型机的运算速度为每秒 100 亿次，如图 1.5 所示。IBM 公司的 GF - 11 运算速度可达每秒 115 亿次，日本富士通研制了每秒可进行 3 000 亿次科技运算的计算机。我国研制的曙光 4000A 运算速度可达每秒 10 万亿次，而世界上只有少数几个国家能生产这种机器，它的研制开发是一个国家综合国力和国防实力的体现。

2）大型机

大型机规模次于巨型机，有比较完善的指令系统和丰富的外部设备，主要用于计算机网络和大型计算中心，如图 1.6 所示为 IBM 大型机。

图 1.5 银河Ⅲ百亿次并行巨型机

图 1.6 IBM 大型机

大型机其实一直都是服务器的创新之源，随着它的技术不断下移，Power 平台和 x86 平台都得到了前所未有的强化。目前大型机不仅没有走向弱式，而且形成了更为丰富的外延产品圈，可以全方位地满足不同类型的客户需要。

3）小型机

小型机较之大型机成本更低，维护也更容易。小型机用途广泛，现可用于科学计算和数据处理，也可用于生产过程自动控制和数据采集及分析处理等。如图 1.7 所示为 IBM 小型机。

4）微型机

微型机由微处理器、半导体存储器和输入输出接口等组成，这使得它较之小型机体积更小，价格更低，灵活性更好，可靠性更高，使用更加方便。如图1.8所示为戴尔微型机。

4. 按工作模式分类

1）服务器

服务器是一种可供网络用户共享的高性能计算机。服务器一般具有大容量的存储设备和丰富的外部设备。由于要运行网络操作系统，要求较高的运行速度，因此，很多服务器都配置了双核、四核或更多核的CPU，如图1.9所示为联想服务器。

图1.7　IBM小型机

图1.8　戴尔微型机

图1.9　联想服务器

2）工作站

工作站是高档微机，它的独到之处，就是易于联网，配有大容量主存，大屏幕显示器，特别适合于CAD/CAM和办公自动化。

1.1.5　计算机的特点及应用

1. 计算机的主要特点

1）超强的记忆能力

计算机的存储系统由内存和外存组成，具有存储和"记忆"大量信息的能力。现代计算机的内存容量已达到上百兆甚至几千兆，而外存也有惊人的容量。目前微型机内存容量已达到2～16 GB。同时，计算机可实现快速读取，一般读取时间只需十分之几微秒，甚至百分之几微秒。

2）运算精度高

由于计算机采用二进制数字表示数据，因此它的精度主要取决于数据表示的位数，一般称为字长。字长越长，其精度越高。计算机的字长有8位、16位、32位、64位等。例如，利用计算机计算圆周率，目前可以算到小数点后上亿位。

3）可靠的逻辑判断能力

计算机内部的运算器是由一些数字逻辑电路构成的。逻辑运算和逻辑判断是计算机基本的功能，如判断一个数大于还是小于另一个数。有了逻辑判断能力，计算机在运算时就可以根据对上一步运算结果的判断，自动选择下一步计算的方法。这一功能使得计算机还能进行诸如情报检索、逻辑推理、资料分类等工作，大大扩大了计算机的应用范围。

4）高度自动化

由于采用存储程序控制的方式，一旦输入编好的程序，启动计算机后，它就能自动地执行下去，不需要人来干预。这一点是计算机最突出的特点，也是它和其他一切计算工具的本质区别。

5）通用性强

计算机能够在各行各业得到广泛的应用，具有很强的通用性，原因之一就是它的可编程性。用计算机解决问题时，针对不同的问题，可以执行不同的计算机程序。因此，计算机的使用具有很大的灵活性和通用性，同一台计算机能解决各式各样的问题，应用于不同的范围。

2. 计算机的应用

由于计算机具有处理速度快、处理精度高、可存储、可进行逻辑判断、可靠性高、通用性强和自动化等特点，因此计算机具有广泛的应用领域。

1）科学计算

科学计算是计算机最早应用的领域。计算机根据公式或数据模型进行计算，可完成很大数据量的计算工作，其精确度高，速度快，结果可靠，如卫星轨道的计算，导弹发射参数的计算，宇宙飞船运行轨迹和气动干扰的计算等。

2）信息处理

计算机能对数据进行各种各样的处理，如收集、存储、加工、分析、分类、查询和统计等，可向使用者提供信息存储、检索等一系列活动，如银行储蓄系统的存款、取款和计息，图书、书刊、文献和档案资料的管理和查询等。

3）过程控制

它是指由计算机对采集到的数据按一定方法经过计算，然后输出到指定执行机构去控制生产的过程，如自动化生产线、航天器导航等。

4）计算机辅助系统

这是设计人员使用计算机进行设计的一项专门技术，是用来完成复杂的设计任务的。它不仅包括辅助设计，而且还包括辅助制造、辅助教学、辅助教育及其他许多方面的内容，这些都统称为计算机辅助系统。

- 计算机辅助设计，CAD（computer－aided design）
- 计算机辅助制造，CAM（computer－aided manufacturing）
- 计算机辅助教学，CAI（computer－aided instruction）
- 计算机辅助教育，CBE（computer－based education）

5）人工智能

人工智能即用计算机模拟人类大脑的高级思维活动，使之具有学习、推理和决策的功能。专家系统是人工智能研究的一个应用领域，可以对输入的原始数据进行分析、推理，并做出判断和决策，如智能模拟机器人、医疗诊断、语音识别、金融决策、人机对弈等。

6）电子商务

电子商务（electronic commerce，EC），广义上指使用各种电子工具从事商务或活动，狭义上指基于浏览器/服务器应用方式，利用 Internet 从事商务或活动。电子商务涵盖的范围很广，一般可分为企业对企业（business - to - business），或企业对消费者（business - to - consumer）两种，如消费者的网上购物、商户之间的网上交易和在线电子支付等。

7）多媒体应用

多媒体计算机的主要特点是集成性和交互性，即集文字、声音、图像等信息于一体，并使人机双方通过计算机进行交互。多媒体技术的发展大大拓宽了计算机的应用领域，而视频、音频信息的数字化，使得计算机走向家庭，走向个人。

计算机在社会各领域中的广泛应用，有力地推动了社会的发展和科学技术水平的提高，同时也促进了计算机技术的不断更新，使其朝着微型化、巨型化、网络化、智能化与多媒体化的方向不断发展。

3. 计算机的未来发展

计算机技术不断地发展，其发展趋势正朝着巨型化、微型化、网络化、多媒体化与智能化方向前进。

1）巨型化

巨型化是指计算机向运算速度更高，存储容量更大，功能更强的方向发展，如核试验、破解人类基因等。一个国家的巨型机的研制水平，在一定程度上标志着这个国家计算机的技术水平。

2）微型化

微型化是指计算机向体积更小，质量更小、功能更齐全、价格更低的方向发展，如医疗中的微创手术及军事上的“电子苍蝇”“蚂蚁士兵”等。计算机只有微型化之后，才能使计算机更贴近日常生活，近而推动计算机的普及。

3）网络化

将分散的计算机连接成网，组成了网络。众多用户共享信息资源，互相传递信息，即资源共享。

4）多媒体化

计算机数字化技术的发展，进一步改善了计算机的表现能力，使得计算机可以集成图像、声音、文字处理为一体，使人们能够通过键盘、鼠标和显示器对文字和数字进行交互，使人们能够面对一个有声有色、图文并茂的信息环境。

5）智能化

智能是指利用计算机来模拟人的思维过程。计算机智能化程度越高，就越能代替人的工作，也就越具有主动性，如利用计算机进行逻辑推理、理解自然语言、辅助疾病诊断、实现人机对弈和密码破译等工作。计算机高度智能化是人们长期不懈追求的目标。

1.1.6　计算机新技术

1. 云计算

云计算（cloud computing）是分布式处理、并行处理和网格计算的发展，是一种基于因特网的超级计算模式，其共享的软硬件资源和信息可以按需提供给计算机和其他设备。典型的云计算提供商往往提供通用的网络业务应用，可以通过浏览器等软件或者其他 Web 服务访问，而软件和数据都存储在服务器上。

云计算包括以下 3 个层次的服务。

（1）基础设施即服务（infrastructure as a service，IaaS），提供给消费者的服务是对所有设施的利用，包括处理、存储、网络和其他基本的计算资源，用户能够部署和运行任意软件，包括操作系统和应用程序。

（2）平台即服务（platform as a service，PaaS），提供给消费者的服务是把客户采用或提供的开发语言和工具（如 Java、Python 等）、开发或收购的应用程序部署到供应商的云计算基础设施上。客户既能控制部署的应用程序，也可以控制运行应用程序的托管环境配置。

（3）软件即服务（software as a service，SaaS），提供给客户的服务是运营商运行在云计算基础设施上的应用程序，用户可以在各种设备上通过客户端界面访问，如浏览器。

云计算最突出的优势表现在以下几个方面：

（1）资源配置动态化；

（2）需求服务自助化；

（3）以网络为中心；

（4）服务可计量化；

（5）资源的池化和透明化。

2. 移动互联网

移动互联网（mobile Internet），如图 1. 10 所示，就是将移动通信和互联网二者结合，用户借助移动终端（手机、PDA、上网本）通过网络访问互联网。移动互联网的主要应用有：移动浏览及下载、移动社区、移动视频、移动搜索、移动广告、移动商店、在线游戏等。

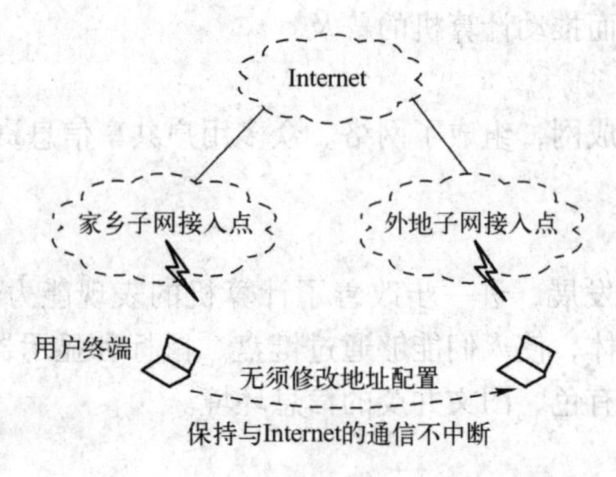

图 1. 10　移动互联网示意图

3. 物联网

物联网是新一代信息技术的重要组成部分，其英文名称是“internet of things”。顾名思义，物联网就是物物相连的互联网。这里有两层意思：第一，物联网的核心和基础仍然是互联网，是在互联网基础上的延伸和扩展的网络；第二，其用户端延伸和扩展到了任何物品与物品之间进行信息交换和通信。

物联网是指通过各种信息传感设备，实时采集任何需要监控、连接、互动的物体或过程等各种需要的信息，与互联网结合形成的一个巨大智能网络。它的目的是实现物与物、物与人、所有的物品与网络的连接，方便识别、管理和控制。

物联网的技术架构如图 1. 11 所示，可分为三层：感知层、网络层和应用层。

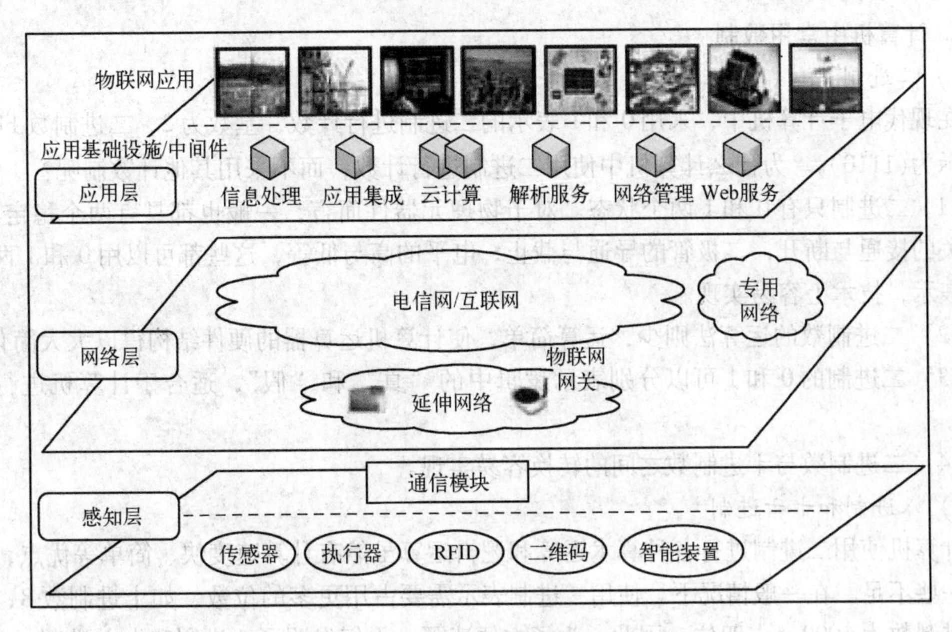

图1.11　物联网的技术架构示意图

1.1.7　信息的表示与处理

计算机要处理的信息是多种多样的，如日常的十进制数、文字、符号、图形、图像和语言等。但是计算机无法直接“理解”这些信息，所以计算机需要采用数字化编码的形式对信息进行存储、加工和传送。信息的数字化表示就是采用一定的基本符号，使用一定的组合规则来表示信息。计算机中采用的二进制编码，其基本符号是“0”和“1”。

1. 数制的基本要素

所谓数制，就是人们利用符号来计数的科学方法，又称为计数制。数制有很多种，如最常使用的十进制，钟表的六十进制（每分钟60秒、每小时60分钟），年月的十二进制（1年12个月）等。无论哪种数制，都包含基数和位权两个基本要素。

1）基数

在一个计数制中，表示每个数位上可用字符的个数称为该计数制的基数。例如，十进制数，每一位可使用的数字为0,1,2,…,9共10个，则十进制的基数为10，即逢十进一；二进制中用0和1来计数，则二进制的基数为2，即逢二进一。

2）位权

位权表示一个数码所在的位。数码所在的位不同，代表数的大小也不同。例如，十进制数的小数点左边，从右面起第一位是个位，第二位是十位，第三位是百位……，“个（10^0）、十（10^1）、百（10^2）……”就是十进制位的“位权”。每一位数码与该位“位权”的乘积表示该位数值的大小，如十进制中9在个位代表9，在十位就代表90。

任何一种用进位计数制表示的数，其数值都可以写成按位权展开的多项式之和。

例如：十进制数12345.67的值等于$1\times10^4+2\times10^3+3\times10^2+4\times10^1+5\times10^0+6\times10^{-1}+7\times10^{-2}$。

2. 计算机中常用数制

1）二进制

在现代电子计算机中，采用0和1表示的二进制进行计数，基数为2，二进制数1110可以表示为$(1110)_2$。为什么计算机中使用二进制进行计数，而不采用其他计数制呢？

（1）二进制只有0和1两个状态。对于物理元器件而言，一般也都具有两个稳定状态，如开关的接通与断开，二极管的导通与截止，电平的高与低等，这些都可以用0和1两个数码来表示，技术上容易实现。

（2）二进制数的运算法则少，运算简单，使计算机运算器的硬件结构得以大大简化。

（3）二进制的0和1可以分别表示逻辑中的“真”和“假”，适合于计算机进行逻辑运算。

（4）二进制数与十进制数之间的转换容易实现。

2）八进制和十六进制

计算机使用二进制进行各种算术运算和逻辑运算虽然有计算速度快、简单等优点，但也存在一些不足。在一般情况下，使用二进制表示需要占用更多的位数，如十进制数8，对应的二进制数为1000，占四位。因此，为了方便读写，人们发明了八进制和十六进制。表1.1为常用整数各数制间的对照表。

表1.1 十进制数、二进制数和十六进制数对照表

十进制	二进制	十六进制	十进制	二进制	十六进制
0	0000	0	8	1000	8
1	0001	1	9	1001	9
2	0010	2	10	1010	A
3	0011	3	11	1011	B
4	0100	4	12	1100	C
5	0101	5	13	1101	D
6	0110	6	14	1110	E
7	0111	7	15	1111	F

八进制基数为8，使用数字0,1,2,3,4,5,6,7共8个数字来表示，运算时“逢八进一”。十六进制基数为16，使用数字0,1,2,…,9,A,B,C,D,E,F共16个数字和字母来表示，运算时“逢十六进一”。为了区别这几种数制表示方法，通常在数字后面加一个缩写的字母或进制下标来标识：B表示二进制，O表示八进制，D表示十进制，H表示十六进制。

例如：$(101011)_2$可以表示为101011B；$(176)_8$可以表示为176O；$(15A)_{16}$可以表示为15AH。

3. 各种进制间的转换

1）R进制转换成十进制

任意R进制数可以按其位权方式进行展开。若L有n位整数和m位小数，其各位数为$K_{n-1}K_{n-2}\cdots K_2K_1K_0.K_{-1}\cdots K_{-m}$，则$L$可以表示为：

$$L=\sum_{i=-m}^{n-1}K_iR^i=K_{n-1}R^{n-1}+K_{n-2}R^{n-2}+\cdots+K_1R^1+K_0R^0+K_{-1}R^{-1}+\cdots+K_{-m}R^{-m}$$

当一个 R 进制数按位权展开后，也就得到了该数值所对应的十进制数。所以，R 进制数转换为十进制数时，我们可以采用按位权展开各项相加的法则。

【例 1.1】 将二进制数 10011. 11B 转换成对应的十进制数。

$$10011.11B=1\times2^4+0\times2^3+0\times2^2+1\times2^1+1\times2^0+1\times2^{-1}+1\times2^{-2}=19.75D$$

【例 1.2】 将八进制数 17. 20 转换成对应的十进制数。

$$17.20=1\times8^1+7\times8^0+2\times8^{-1}=15.25D$$

【例 1.3】 将十六进制数 1A. 4H 转换成对应的十进制数。

$$1A.4H=1\times16^1+10\times16^0+4\times16^{-1}=26.25D$$

2）十进制转换成 R 进制

整数部分的转换采用“除 R 取余”法；小数部分的转换采用“乘 R 取整”法。

对于整数 L，我们可以表示为

$$L=K_{n-1}R^{n-1}+K_{n-2}R^{n-2}+\cdots+K_1R^1+K_0R^0$$

其中 $K_i(i=0,1,\cdots,n-1)$ 表示由除以 R 得到的各位余数。

对于小数 L′，我们可以表示为

$$L'=K_{-1}R^{-1}+K_{-2}R^{-2}+\cdots+K_{-m}R^{-m}$$

其中 $K_{-i}(i=1,2,\cdots,m)$ 表示由乘以 R 得到的各位整数。

【例 1.4】 将十进制数 35. 625 转换为二进制数。

整数部分转换：35 除以 2 取各位上的余数。

除以 R	取余数
35÷2=17	1 ↑
17÷2=8	1
8÷2=4	0
4÷2=2	0
2÷2=1	0
1÷2=0	1

所以，35D = 100011B

注意：在转换整数部分时，当除以 R 的商为 0 时，应停止取余操作。先得到的余数作为低位，后得到的余数作为高位。

小数部分转换：0. 625 乘以 2 取各位上的整数。

乘以 R	取整数
0.625×2=1.250	1 ↓
0.25×2=0.5	0
0.5×2=1.0	1

所以，0. 625D = 0. 101B

注意：在转换小数部分时，当乘以 R 后的小数部分为 0 时，或已满足某些精度要求时，应停止取整操作。先得到的整数作为高位，后得到的整数作为低位。另外，取走的整数部分不参与下次乘法运算。

最后，我们将整数部分和小数部分的转换结果相加，就是转换后的最终结果。

所以，35.625D = 100011.101B

3）二进制与八进制的转换

由于 $2^3=8$，三位二进制数正好可以用一位八进制数表示，所以只要把每三位二进制数码转换成相应的八进制数码即可。基本法则是：整数部分以小数点为界从右往左，每三位一组进行转换；小数部分从小数点开始，自左向右，每三位一组进行转换；整数部分不足三位一组者，左边补 0，小数部分不足三位一组者右边补 0。

若将八进制数转换成二进制数，则只要把八进制数的每一位数码用相应的三位二进制数码表示出来，并排列在一起即可。

【例 1.5】 将二进制数 10110101.101 转换成八进制数。

$$10110101.101B = 010\ 110\ 101.101B = (265.5)_8$$

【例 1.6】 将八进制数 265.6 转换成二进制数。

$$(265.6)_8 = 010\ 110\ 101.110B = 10110101.11B$$

4）二进制与十六进制的转换

与八进制和二进制之间的转换类似，由于 $2^4=16$，四位二进制数正好可以用一位十六进制数表示，所以只要把每四位二进制数码转换成相应的十六进制数码即可。基本法则是：整数部分以小数点为界从右往左，每四位一组进行转换；小数部分从小数点开始，自左向右，每四位一组进行转换；整数部分不足四位一组者，左边补 0，小数部分不足四位一组者右边补 0。

若将十六进制数转换成二进制数，则只要把十六进制数的每一位数码用相应的四位二进制数码表示出来，并排列在一起即可。

【例 1.7】 将二进制数 10101111.101 转换成十六进制数。

$$10101111.101B = 1010\ 1111.1010B = AF.AH$$

【例 1.8】 将十六进制数 58.9 转换成二进制数。

$$58.9H = 0101\ 1000.1001B = 1011000.1001B$$

1.1.8 非数值信息的表示与处理

所谓非数值信息，通常是指字符、图像、音频、视频等信息。字符又可以分为汉字字符和非汉字字符。非数值信息通常不用来表示数值的大小，它们在计算机内部都采用了某种编码标准，通过该编码标准可以把其转换成 0、1 代码串进行处理，计算机将这些信息处理完毕后再转换成可视的信息显示出来。

1. ASCII 码

在计算机处理信息的过程中，要处理数值数据和字符数据，因此需要将数字、运算符、字母、标点符号等字符用二进制编码来表示、存储和处理。目前通用的是美国国家标准学会规定的 ASCII 码（American Standard Code for Information Interchange，美国信息交换标准代码）。

标准的 ASCII 码是 7 位码，用一个字节表示，最高位是 0，可以表示 128 个字符。前面 32 个码和最后一个码通常是计算机系统专用的，代表一个不可见的控制字符。数字字符 0 ~ 9 的 ASCII 码是连续的，为 30H ~ 39H（H 表示十六进制数）；大写英文字母 A ~ Z 和小写英文字母 a ~ z 的 ASCII 码也是连续的，分别为 41H ~ 5AH 和 61H ~ 7AH。因此，知道一个字母或数字的 ASCII 码，就很容易推算出其他字母和数字的 ASCII 码，见表 1.2。

表 1.2　ASCII 码表

<table>
<tr><th rowspan="2">低 4 位</th><th colspan="8">高 3 位</th></tr>
<tr><th>000</th><th>001</th><th>010</th><th>011</th><th>100</th><th>101</th><th>110</th><th>111</th></tr>
<tr><td>0000</td><td>NUL</td><td>DLE</td><td>Space</td><td>0</td><td>@</td><td>P</td><td>`</td><td>p</td></tr>
<tr><td>0001</td><td>SOH</td><td>DC1</td><td>!</td><td>1</td><td>A</td><td>Q</td><td>a</td><td>q</td></tr>
<tr><td>0010</td><td>STX</td><td>DC2</td><td>"</td><td>2</td><td>B</td><td>R</td><td>b</td><td>r</td></tr>
<tr><td>0011</td><td>ETX</td><td>DC3</td><td>#</td><td>3</td><td>C</td><td>S</td><td>c</td><td>s</td></tr>
<tr><td>0100</td><td>EOT</td><td>DC4</td><td>$</td><td>4</td><td>D</td><td>T</td><td>d</td><td>t</td></tr>
<tr><td>0101</td><td>ENQ</td><td>NAK</td><td>%</td><td>5</td><td>E</td><td>U</td><td>e</td><td>u</td></tr>
<tr><td>0110</td><td>ACK</td><td>SYN</td><td>&</td><td>6</td><td>F</td><td>V</td><td>f</td><td>v</td></tr>
<tr><td>0111</td><td>BEL</td><td>ETB</td><td>‘</td><td>7</td><td>G</td><td>W</td><td>g</td><td>w</td></tr>
<tr><td>1000</td><td>BS</td><td>CAN</td><td>(</td><td>8</td><td>H</td><td>X</td><td>h</td><td>x</td></tr>
<tr><td>1001</td><td>HT</td><td>EM</td><td>)</td><td>9</td><td>I</td><td>Y</td><td>i</td><td>y</td></tr>
<tr><td>1010</td><td>LF</td><td>SUB</td><td>*</td><td>:</td><td>J</td><td>Z</td><td>j</td><td>z</td></tr>
<tr><td>1011</td><td>VT</td><td>ESC</td><td>+</td><td>;</td><td>K</td><td>[</td><td>k</td><td>{</td></tr>
<tr><td>1100</td><td>FF</td><td>FS</td><td>,</td><td><</td><td>L</td><td>\</td><td>l</td><td>|</td></tr>
<tr><td>1101</td><td>CR</td><td>GS</td><td>-</td><td>=</td><td>M</td><td>]</td><td>m</td><td>}</td></tr>
<tr><td>1110</td><td>SO</td><td>RS</td><td>.</td><td>></td><td>N</td><td>^</td><td>n</td><td>~</td></tr>
<tr><td>1111</td><td>ST</td><td>US</td><td>/</td><td>?</td><td>O</td><td>_</td><td>o</td><td>DEL</td></tr>
</table>

2. 汉字编码

由于汉字是象形文字，具有字形结构复杂，重音字和多音字多等特殊性，因此汉字在输入、存储、处理及输出过程中所使用的汉字编码是不同的，其中包括用于汉字输入的输入码，用于机内存储和处理的机内码，以及用于输出显示和打印的字模点阵码（或称字形码）。

1）汉字的输入码

汉字的输入码是为了利用现有的计算机键盘，将形态各异的汉字输入计算机中而编制的代码。目前，我国推出的汉字输入编码方案很多，其表示形式有字母、数字和符号。编码方案大致可以分为，以汉字发音进行编码的音码，如全拼码、简拼码、双拼码等；以汉字书写的形式进行编码的形码，如五笔字型码。

2）汉字的机内码

汉字的机内码是供计算机系统内部进行存储、加工处理、传输等统一使用的代码，又称为汉字内部码或汉字内码。不同的系统使用的汉字机内码有所不同。目前使用最广泛的是一种 2 B（两个字节）的机内码，俗称变形的国标码。它的最大优点是机内码表示方法简单，且与交换码之间有明显的对应关系，同时也解决了中西文机内码存在二义性的问题。

3）汉字的字形码

汉字的字形码是汉字字库中存储的汉字字形的数字化信息，用于汉字的显示和打印。目前汉字字形的产生方式大多是数字式，即以点阵方式形成汉字。因此，汉字字形码主要是指汉字字形点阵的代码。汉字字形点阵有 16×16 点阵、24×24 点阵、32×32 点阵、64×64 点阵等。“春”字的 24×24 点阵表示形式如图 1.12 所示。一个汉字方块中行数、列数分得越多，描绘的汉字也就越精确，但占用的存储空间也就越大。

3. 图形和图像的表示

图形是由计算机绘图工具绘制的图形，图像是由数码相机或扫描仪等输入设备将捕捉到的实际场景记录下来的画面，通常可以将图形和图像统称为图像。在计算机中，图像常采用位图图像或矢量图像两种表示方法。

1）位图图像

计算机屏幕图像是由一个个像素点组成的，将这些像素点的信息有序地储存到计算机中，进而保存整幅图的信息，这种图像文件类型叫位图图像，如图 1.13 所示。

图 1.12 “中”字的点阵表示

图 1.13 世界地图的位图图像表示

对于黑白图像，只有黑、白两种颜色，计算机只要用 1 位数据即可记录 1 个像素的颜色，用 0 表示黑色，1 表示白色。如果增加表示像素的二进制数的位数，则能够增加计算机可以表示的灰度。例如，计算机用 1 字节（8 位）数据记录 1 个像素的颜色，则从 00000000（纯黑）到 11111111（纯白），可以表示 256 色灰度图像。

对于彩色图像，则每个像素的颜色用红(R)、绿(G)、蓝(B)三原色的强度来表示。如果每一种颜色的强度用一个字节来表示，则每种颜色包括 256 个强度级别，强度从 00000000 到 11111111。描述每个像素的颜色需要 3 个字节，因为该像素的颜色是三种颜色的复合结果。例如，11111111(R)、00000000(G)、00000000(B)为红色，11111111(R)、11111111(G)、00000000(B)为黄色，11111111(R)、11111111(G)、11111111(B)为白色。

常见的位图图像文件类型有 bmp、pcx、gif、jpg、tif、psd 和 cpt 等，同样的图像以不同类型的文件保存时，文件大小也会有所差别。

位图图像能够制作出颜色和色调变化丰富的图像，可以逼真地表现出自然界的景观，而且很容易在不同软件之间交换文件，被广泛应用于照片和绘图图像中。它的缺点是无法制作真正的三维图像，并且图像在缩放、旋转和放大时会产生失真现象，同时文件较大，对内存和硬盘空间容量的需求也较高。

2）矢量图像

矢量图像通过一组指令集合来描述图像的内容。这组指令被用来描述构成该图像的所有直线、圆、圆弧、矩形、曲线等图元的位置、维数和形状。

矢量图像所占的存储容量较小，可以很容易地进行放大、缩小和旋转等操作，并且不会失真，适合用于表示线框型的图画、工程制图、美术字和三维建模等。但是，矢量图像不适于制作色调丰富或色彩变化太多的图像。

常见的矢量图像文件类型有 ai、eps、svg、dwg、dxf、wmf 和 emf 等。

评价单

<table>
<tr><td>项目名称</td><td colspan="3">信息技术与计算机概述</td><td>完成日期</td><td></td></tr>
<tr><td>班　　级</td><td></td><td>小　组</td><td></td><td>姓　名</td><td></td></tr>
<tr><td>学　　号</td><td colspan="3"></td><td>组长签字</td><td></td></tr>
<tr><td colspan="2">评价项点</td><td colspan="2">分　值</td><td>学生评价</td><td>教师评价</td></tr>
<tr><td colspan="2">计算机发展历程</td><td colspan="2">15</td><td></td><td></td></tr>
<tr><td colspan="2">计算机的分类</td><td colspan="2">15</td><td></td><td></td></tr>
<tr><td colspan="2">计算机的应用</td><td colspan="2">10</td><td></td><td></td></tr>
<tr><td colspan="2">进制的转换</td><td colspan="2">20</td><td></td><td></td></tr>
<tr><td colspan="2">ASCII 码</td><td colspan="2">20</td><td></td><td></td></tr>
<tr><td colspan="2">态度是否认真</td><td colspan="2">10</td><td></td><td></td></tr>
<tr><td colspan="2">与小组成员的合作情况</td><td colspan="2">10</td><td></td><td></td></tr>
<tr><td colspan="2"></td><td colspan="2"></td><td></td><td></td></tr>
<tr><td colspan="2"></td><td colspan="2"></td><td></td><td></td></tr>
<tr><td colspan="2"></td><td colspan="2"></td><td></td><td></td></tr>
<tr><td colspan="2">总分</td><td colspan="2">100</td><td></td><td></td></tr>
<tr><td>学生得分</td><td colspan="5"></td></tr>
<tr><td>自我总结</td><td colspan="5"></td></tr>
<tr><td>教师评语</td><td colspan="5"></td></tr>
</table>

知识点强化与巩固

一、填空题

1. 采用集成电路的计算机属于第（　　）代计算机。

2. 世界上公认的第一台电子计算机是1946年在美国研制成功的，该计算机的英文缩写名是（　　）。

3. “CAI”的中文含义是（　　）。

4. 云计算包括三个层次的服务：（　　）、（　　）、（　　）。

5. 与八进制数36.327等值的二进制数是（　　）。

6. 将二进制数10001110111转换成八进制数是（　　）。

7. 3C技术指（　　）技术、（　　）技术和控制技术。

8. 将十进制小数化为二进制小数的方法是（　　）。

9. 八位无符号二进制数能表示的最大十进制数是（　　）。

10. 世界上第一台公认的电子计算机采用的电子器件是（　　）。

11. 数字符号“1”的ASCII码的十进制表示为“49”，数字符号“8”的ASCII码的十进制表示为（　　）。

12. 大写字母D的ASCII码的十进制表示为68，小写字母d的ASCII码的十进制表示为（　　）。

13. 标准ASCII码字符集采用的二进制码长是（　　）位。

14. 存储120个64×64点阵的汉字，需要占存储空间（　　）KB。

15. 在计算机存储单元中，一个ASCII码值占用的字节数是（　　）。

二、选择题

1. 计算机可分为数字计算机、模拟计算机和混合计算机，这种分类的依据是计算机的（　　）。

　A. 功能和价格　　B. 性能和规律　　C. 使用范围　　D. 处理数据的方式

2. 从第一台计算机诞生到现在的几十年中计算机的发展经历了（　　）个阶段。

　A. 3　　B. 4　　C. 5　　D. 6

3. 第二代计算机使用的电子器件是（　　）。

　A. 电子管　　B. 晶体管

　C. 集成电路　　D. 超大规模集成电路

4. 第四代计算机是（　　）。

　A. 大规模集成电路计算机　　B. 电子管计算机

　C. 晶体管计算机　　D. 集成电路计算机

5. 第一台电子数字计算机ENIAC诞生于（　　）年。

　A. 1927　　B. 1936　　C. 1946　　D. 1951

6. 世界上公认的第一台电子数字计算机诞生于（　　）。

　A. 中国　　B. 日本　　C. 德国　　D. 美国

7. 把计算机分为巨型机、大型机、小型机和微型机，本质上是按（　　）来区分的。

　A. 计算机的体积　　B. CPU的集成度

C. 计算机综合性能指标　　D. 计算机的存储容量

8. 计算机应用最广泛的领域是（　　）。

A. 科学计算　　B. 信息处理　　C. 过程控制　　D. 人工智能

9. 计算机内部采用二进制表示数据信息，二进制主要优点是（　　）。

A. 运算速度快　　B. 所需的物理元件最简单

C. 书写简单　　D. 符合使用的习惯

10. 计算机中数据的表示形式是（　　）。

A. 八进制　　B. 十进制　　C. 十六进制　　D. 二进制

11. 下列数据中，采用二进制形式表示的是（　　）。

A. 37D　　B. 1011B　　C. 76O　　D. 5AH

12. 为了避免混淆，十六进制数在书写时常在后面加上字母（　　）。

A. H　　B. O　　C. D　　D. B

13. 下列 4 种不同数制表示的数中，数值最小的一个是（　　）。

A. 八进制数 246　　B. 十进制数 179

C. 十六进制数 A7　　D. 二进制数 10100100

14. 下面的数值中，（　　）肯定是十六进制数。

A. 1111　　B. D5F　　C. 54EK　　D. 125M

15. 下面有关数值书写错误的是（　　）。

A. 1242D　　B. 10110B　　C. 34H　　D. C4R2H

16. ASCII 码是（　　）。

A. 美国信息交换标准代码　　B. 国际信息交换标准代码

C. 欧洲信息交换标准代码　　D. 以上都不是

17. 计算机中的西文字符的标准 ASCII 码由（　　）位二进制数组成。

A. 16　　B. 4　　C. 7　　D. 8

18. 7 位 ASCII 码共有（　　）个不同的编码值。

A. 126　　B. 124　　C. 127　　D. 128

19. 下列字符中，其 ASCII 码值最小的是（　　）。

A. A　　B. a　　C. k　　D. M

20. 中国国家标准汉字信息交换编码是（　　）。

A. GB2312 - 80　　B. GBK　　C. UCS　　D. BIG - 5

21. 存储 400 个 24 × 24 点阵汉字字形所需的存储容量是（　　）。

A. 255 KB　　B. 75 KB　　C. 37.5 KB　　D. 28.125 KB

22. 微型机中，普遍使用的字符编码是（　　）。

A. 补码　　B. 原码　　C. ASCII 码　　D. 汉字编码

23. 下列各类进制的整数中，值最大的是（　　）。

A. 十进制数 11　　B. 八进制数 11　　C. 十六进制数 11　　D. 二进制数 11

24. 下列字符中 ASCII 码值最小的是（　　）。

A. a　　B. B　　C. f　　D. Z

25. 下列四组数依次为二进制数、八进制数和十六进制数，符合这个要求的是（　　）。

A. 11，78，19　　B. 12，77，10

C. 12，80，10　　D. 11，77，19

三、判断题

1. 计算机的性能不断提高，体积和重量不断加大。　　(　　)

2. 世界上公认的第一台计算机的电子元器件主要是晶体管。　　(　　)

3. 计算机内部用于处理数据和指令的编码是 ASCII 码。　　(　　)

4. 物联网架构可分为物理层、网络层和应用层三层。　　(　　)

5. 计算机中的所有信息都是以二进制方式表示的，主要原因是运算速度快。　　(　　)

项目二　计算机系统

知识点提要

1. 冯·诺依曼型计算机
2. 计算机系统的组成
3. 微型机概述
4. 操作系统

任务单

任务名称	计算机系统	学　时	2学时
知识目标	1. 掌握计算机系统的基本组成。 2. 掌握硬件系统各部分的功能和特点。 3. 掌握计算机软件系统的分类。		
能力目标	1. 具有描述计算机系统的基本组成的能力。 2. 熟练掌握硬件系统各部分的功能和特点。 3. 熟练掌握计算机软件系统的分类。		
素质目标	1. 培养学生利用资源自我学习的能力。 2. 培养学生团队协作能力和人际沟通能力。		
任务描述	某车站要建自动售、检票系统，在当地电脑商城采购如下硬件。  1. 请你说出以上硬件的名称及功能。 2. 你作为采购员，在对市场进行调查后，请给出具体的硬件配置信息及价格。		
任务要求	1. 仔细阅读任务描述中的要求，认真完成任务。 2. 小组间讨论交流。		

资料卡及实例

1.2　计算机系统概述

1.2.1　冯·诺依曼型计算机

从 20 世纪初，物理学和电子学科学家们就在争论制造可以进行数值计算的机器应该采用什么样的结构。人们被十进制这个人类习惯的计数方法所困扰。所以，那时以研制模拟计算机的呼声更为响亮和有力。20 世纪 30 年代中期，美籍匈牙利科学家冯·诺依曼大胆提出，抛弃十进制，采用二进制作为数字计算机的数制基础，同时他还提出预先编制计算程序，然后由计算机来按照人们事前制定的计算顺序来执行数值计算工作。

冯·诺依曼理论的要点是：数字计算机的数制采用二进制；计算机应该按照程序顺序执行。人们把冯·诺依曼的这个理论称为冯·诺依曼体系结构。从 ENIAC 到当前最先进的计算机都采用的是冯·诺依曼体系结构，所以冯·诺依曼是当之无愧的“数字计算机之父”。

根据冯·诺依曼体系结构构成的计算机，必须具有如下功能：

- 把需要的程序和数据送至计算机中；
- 必须具有长期记忆程序、数据、中间结果及最终运算结果的能力；
- 能够完成各种算术、逻辑运算和数据传送等数据加工处理的能力；
- 能够根据需要控制程序走向，并能根据指令控制机器的各部件协调操作；
- 能够按照要求将处理结果输出给用户。

为了完成上述功能，计算机必须具备五大基本组成部件，包括输入数据和程序的输入设备，记忆程序和数据的存储器，完成数据加工处理的运算器，控制程序执行的控制器，输出处理结果的输出设备。

计算机系统应按照下述模式工作：将编写好的程序和原始数据，输入并存储在计算机的内存储器中，即“存储程序”；计算机按照程序逐条取出指令加以分析，并执行指令规定的操作，即“程序控制”。这一原理称为“存储程序”原理，是现代计算机的基本工作原理，如今的计算机仍采用这一原理，其工作原理的核心是“存储程序”和“程序控制”。

1.2.2　计算机系统的组成

计算机的基本结构，包括硬件系统和软件系统两个部分，如图 1.14 所示。计算机硬件是组成计算机的物理设备的总称，是计算机完成计算的物质基础。计算机软件是在计算机硬件设备上运行的各种程序、相关数据的总称。

1. 计算机硬件系统

计算机硬件系统均由运算器、控制器、存储器、输入设备和输出设备五大部分构成。它们之间的逻辑关系如图 1.15 所示。

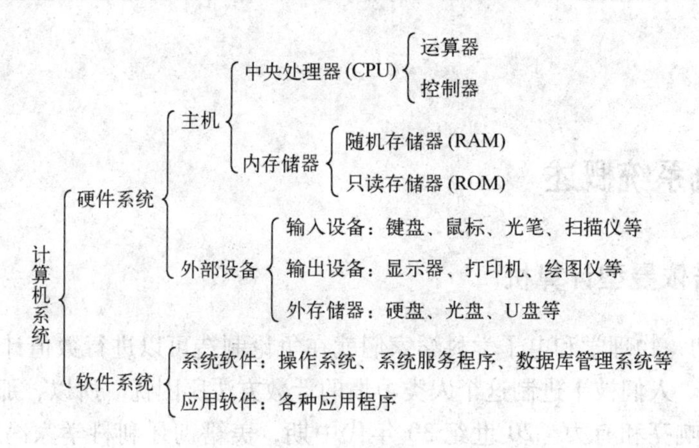

图 1.14 计算机系统组成

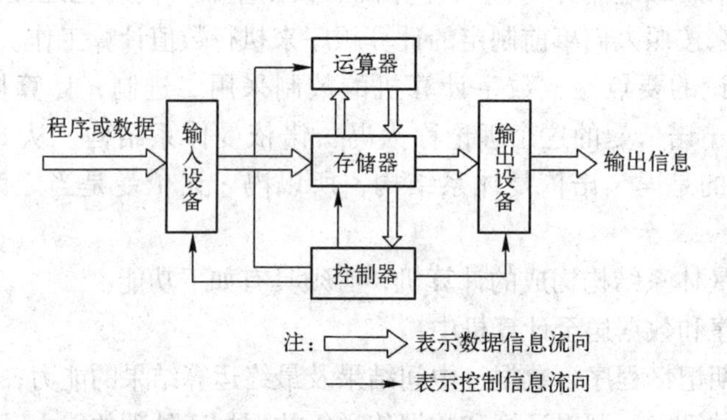

图 1.15 计算机硬件系统的基本组成

下面分别简述这五大部件的基本功能。

1）运算器

运算器又名算术逻辑部件（arithmetic and logic unit，ALU），简称逻辑部件。它是实现各种算术运算和逻辑运算的实际执行部件。算术运算是指各种数值运算；逻辑运算则是指因果关系判断的非数值运算。运算器的核心部件就是加法器和高速寄存器，前者用于实施运算，后者用于存放参加运算的各类数据和运算结果。

2）控制器

控制器是分析和执行指令的部件，也是统一指挥和控制计算机各部件按时序协调操作的部件。计算机之所以能自动、连续地工作，就是依靠控制器的统一指挥。控制器通常是由一套复杂的电子电路组成，现在普遍采用超大规模的集成电路。

控制器与运算器都集成在一块超大规模的芯片中，形成整个计算机系统的核心，这就是我们常说的中央处理器（central processing unit，CPU）。中央处理器是计算机硬件的核心，是计算机的“心脏”。微型机的中央处理器又称为微处理器。

3）存储器

一般是指内部存储器，或称“主存储器”。内部存储器是计算机的记忆部件，用于存放正在运行的程序及数据。内部存储器通常由许许多多的记忆单元组成，各种数据存放在这一个个存储单元中，当需要存入或取出时，可通过该数据所在单元的地址对该数据进行访问。

内部存储器按其存储信息的方式可以分为只读存储器 ROM（read only memory）、随机存储器 RAM（random access memory）和高速缓冲存储器 cache 三种。

外存用于扩充存储器容量和存放“暂时不用”的程序和数据。外存的容量大大高于内存的容量，但它存取信息的速度比内存慢很多。常用的外存有磁盘、磁带、光盘等。

4）输入设备

输入设备是计算机用来接收外界信息的设备，人们利用它送入程序、数据和各种信息。输入设备一般由两部分组成，即输入接口电路和输入装置。输入接口电路是输入设备中将输入装置（外设的一类）与主机相连的部件，如键盘、鼠标接口，通常集成于计算机主板上，也就是说输入装置一般必须通过输入接口电路挂接在计算机上才能使用。最常见的输入设备当然就是键盘和鼠标了，扫描仪也是输入设备，现在还有一种用于手写输入的手写光电笔也属于输入设备。

5）输出设备

输出设备的功能与上面所介绍的“输入设备”相反，它是将计算机处理后的信息或中间结果以某种人们可以识别的形式表示出来。

输出设备与输入设备一样，也包括两个部分，即输出接口电路和输出装置。输出接口电路是用来连接计算机系统与外部输出设备的，如显卡是用来连接显示器这样一种输出设备的，声卡可以连接主机与音箱之类的输出设备，打印机接口则是用来连接打印机与主机系统的。输出装置就是上面所说的显示器、音箱、打印机、绘图仪等。

2. 计算机软件系统

计算机软件是程序、数据和相关文档的集合。计算机软件是计算机系统的重要组成部分，它可以使计算机更好地发挥作用。计算机软件可以分为系统软件和应用软件。

1. 系统软件

系统软件是完成管理、监控和维护计算机资源的软件，是保证计算机系统正常工作的基本软件，用户不得随意修改，如操作系统、编译程序、数据库管理系统等。

1）操作系统

操作系统是系统的资源管理者，是用户与计算机的接口。用户可以通过操作系统最大限度地利用计算机的功能。操作系统是最底层的系统软件，但却是最重要的。常用的操作系统有 DOS、Windows XP、UNIX、Windows 7 等。有关操作系统的具体内容将在下节介绍。

2）计算机语言

计算机语言是为了编写能让计算机进行工作的指令或程序而设计的一种用户容易掌握和使用的编写程序的工具，具体可分为以下几种。

（1）机器语言。机器语言是用二进制代码表示的计算机能直接识别和执行的一种机器指令的集合。每一条指令都是由 0 和 1 组成的二进制代码序列，是最底层的面向机器硬件的计算机语言，也是计算机唯一能够直接识别并执行的语言。利用机器语言编写的程序执行速度快、效率高，但不直观、编写难、记忆难、易出错。

（2）汇编语言。将二进制形式的机器指令代码用符号（或称助记符）来表示的计算机语言称为汇编语言。用汇编语言编写的程序，计算机不能直接执行，必须由机器中配置的汇编程序将其翻译成机器语言目标程序后，计算机才能执行。将汇编语言源程序翻译成机器语言目标程序的过程称为汇编。

(3) 高级语言。机器语言和汇编语言都是面向机器的语言，而高级语言则是面向用户的语言。高级语言与具体的计算机硬件无关，其表达方式更接近于人们对求解过程或问题的描述方法，容易理解、掌握和记忆。用高级语言编写的程序通用性和可移植性好，如 C 语言、FoxPro、Visual FoxPro、Visual Basic、Java、C++ 等都是人们最为熟知和广泛使用的高级语言。

高级语言编写的程序，计算机是不能直接识别和接收的，也需要翻译，这个过程有编译与解释两种方式，如图 1.16 所示。编译方式是将程序完整地进行翻译，整体执行；解释方式是翻译一句，执行一句。解释方式的交互性好，但速度比编译方式慢，不适用于大的程序。

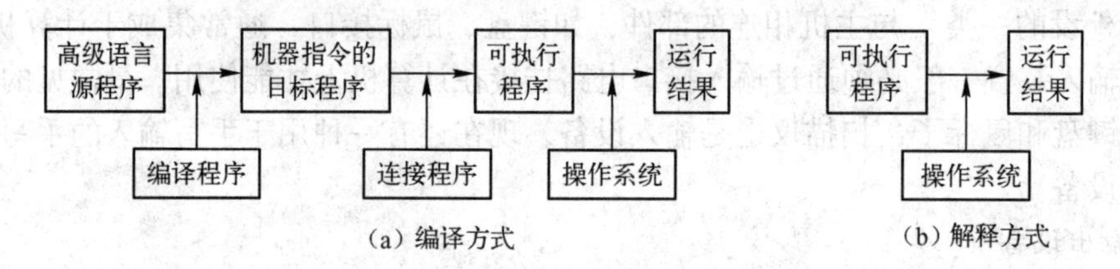

图 1.16 编译方式与解释方式

3) 数据库管理系统

数据库是为了满足某部门中不同用户的需要，在计算机系统中按照一定的数据模型组织、存储和应用的互相关联的数据的集合。目前常用的数据库管理系统有 Visual FoxPro、Access、SQL Server 等。

4) 服务性程序

服务性程序是指协助用户进行软件开发和硬件维护的软件，如各种开发调试工具软件、编辑程序工具软件、诊断测试软件等。

2. 应用软件

应用软件是指计算机用户利用计算机的软、硬件资源为某一专门的应用目的而开发的软件。除系统软件以外的所有软件都属于应用软件，常用的应用软件有以下四类。

(1) 各种信息管理软件。

(2) 办公自动化系统软件，如 Microsoft Office 等。

(3) 各种辅助设计软件及辅助教学软件。

(4) 各种软件包，如数值计算程序库、图形软件包等。

1.2.3 微型计算机概述

微型计算机简称微型机，是大规模集成电路发展的产物。它以中央处理器为核心，配以存储器、I/O 接口电路及系统总线。

微型机主要包括以下一些硬件。

1. 主板

主板（mainboard）又称系统板（systemboard），或母板（motherboard），是微机系统中最大的一块电路板。主板上有芯片组、CPU 插槽、内存插槽、扩展插槽、各种外设接口，以及 BIOS 和 CMOS 芯片等，如图 1.17 所示。

(1) 芯片组。它可以比作 CPU 与周边设备通信的桥梁。

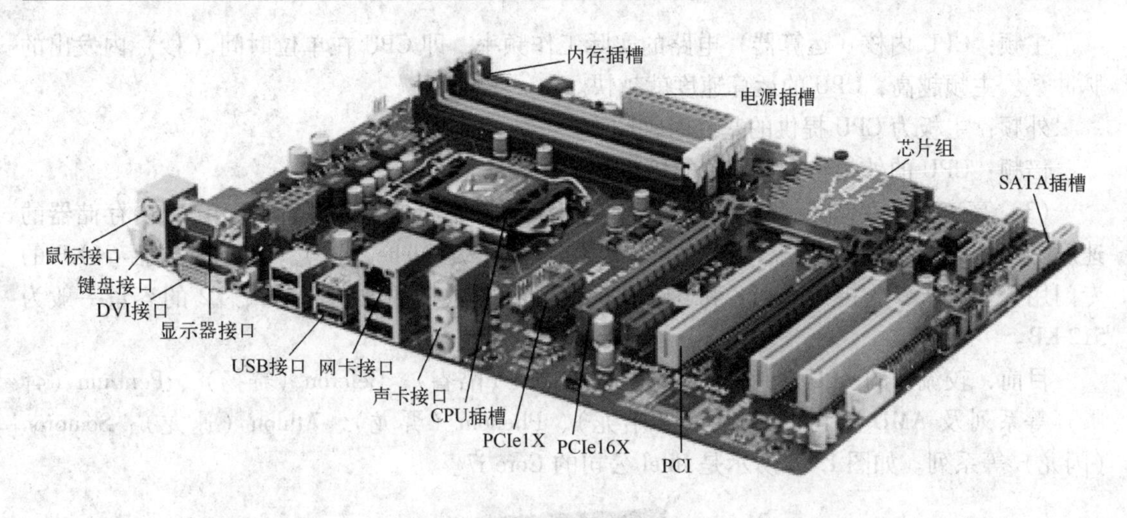

图 1.17　主板

（2）CPU 插槽和内存插槽。CPU 通过插槽与主板连接才可以正常工作；内存插槽是指主板上用来插内存条的插槽。

（3）扩展插槽。它是主板上用于固定扩展卡并将其连接到系统总线上的插槽，使用扩展插槽是一种增强计算机特性及功能的方法。

（4）外设接口。主板上集成了硬盘接口、COM 串行口、PS2 鼠标键盘接口、LPT 并行口、USB 接口等，少数主板上集成了 IEEE 1394 接口。

（5）BIOS 和 CMOS 芯片。BIOS 是 basic I/O system（基本输入输出系统）的缩写，是指集成在主板上的一个 ROM 芯片，其中保存了微机系统最重要的基本输入输出程序、系统参数设置、自检程序和系统启动自举程序。CMOS 是微机主板上的一块可读写的 RAM 芯片，用来保存当前系统的硬件配置和用户对某些参数的设定。系统在加电引导机器时，只读取 CMOS 的信息，用来初始化机器各个部件的状态。

2. 中央处理器

CPU 是中央处理器的英文缩写，是一个体积不大而集成度非常高，且功能强大的芯片，也称微处理器（micro processor unit，MPU），是微型机的核心。CPU 由运算器和控制器两部分组成，用以完成指令的解释与执行。

运算器由算术逻辑单元（ALU）、累加器（AC）、数据缓冲寄存器（DR）和标志寄存器（F）组成，是微型机的数据加工处理部件。控制器由指令计数器（IP）、指令寄存器（IR）、指令译码器（ID）及相应的操作控制部件组成，能产生各种控制信号，使计算机各部件得以协调工作，是微型机的指令执行部件。CPU 中还有时序产生器，其作用是对计算机各部件高速的运行实施严格的时序控制。

CPU 的性能包括 CPU 的字长、工作频率和内部高速缓冲存储器的容量。

（1）字长。字长是以二进制位为单位，其大小是 CPU 能够同时处理的数据的二进制位数，它直接关系到计算机的计算精度、功能和速度。历史上，苹果计算机为 8 位计算机，IBM PC/XT 与 286 计算机为 16 位计算机，386 计算机与 486 计算机为 32 位计算机，其后推出的 Pentium 3 和 Pentium 4 为 64 位的高档计算机。

（2）CPU 的频率包括主频、外频和倍频。

主频：CPU 内核（运算器）电路的实际工作频率，即 CPU 在单位时间（秒）内发出的脉冲数。主频越高，CPU 的运算速度就越快。

外频：主板为 CPU 提供的基准时钟频率。

倍频：CPU 的外频与主频相差的倍数，即主频 = 倍频 × 外频。

（3）高速缓冲存储器（Cache）。设置高速缓冲存储器是为了提高 CPU 访问内存储器的速度。现在的 CPU 中都集成了一级 Cache（L1）或二级 Cache（L2）。L1 通常包括 64 KB 的专门用于存放指令的指令 Cache 和 64 KB 的用于存放数据的数据 Cache；L2 的容量一般为 512 KB。

目前，较流行的 CPU 芯片有 Intel 公司的 Core（酷睿）、Celeron（赛扬）、Pentium（奔腾）等系列及 AMD 公司的 Opteron（皓龙）、Phenom（羿龙）、Athlon（速龙）、Sempron（闪龙）等系列。如图 1.18 所示是 Intel 公司的 Core i7。

图 1.18 Intel Core i7 CPU

3. 存储器

存储器的主要功能是存放程序和数据，分为内存储器与外存储器两种。不管是程序还是数据，在存储器中都是用二进制的形式表示的，统称为信息。数字计算机的最小信息单位称为位（bit），即一个二进制代码。能存储一个二进制代码的器件称为存储元。通常，CPU 向存储器送入或从存储器取出信息时，不能存取单个的“位”，而是用 B（字节）和 W（字）等较大的信息单位来工作。一个字节由 8 个二进制位组成，而一个字则至少由一个以上的字节组成。通常把组成一个字的二进制位数叫作字长。

存储器存储容量的基本单位是字节（byte，B），常用的单位有千字节（KB）、兆字节（MB）、吉字节（GB）、太字节（TB）、拍字节（PB）。它们之间的关系如下。

1 KB = 2^{10} B = 1 024 B

1 MB = 2^{10} KB = 1 024 × 1 024 B

1 GB = 2^{10} MB = 1 024 × 1 024 × 1 024 B

1 TB = 2^{10} GB = 1 024 × 1 024 × 1 024 × 1 024 B

1 PB = 2^{10} TB = 1 024 × 1 024 × 1 024 × 1 024 × 1 024 B

1）内存储器

内存储器简称内存，主要用于存储计算机当前工作中正在运行的程序、数据等，相当于计算机内部的存储中心。内存按功能可分为随机存储器和只读存储器。

随机存储器（random access memory，RAM）主要用来随时存储计算机中正在进行处理的数据。这些数据不仅允许被读取，还允许被修改。重新启动计算机后，RAM 中的信息将全部丢失。我们平常所说的内存容量，指的就是 RAM 的容量。

只读存储器（read only memory，ROM）存储的信息一般由计算机厂家确定，通常是计算机启动时的引导程序及系统的基本输入输出等重要信息，这些信息只能读取，不能修改。重新启动计算机后，ROM 中的信息不会丢失。

2）外存储器

外存储器简称外存，用于存储暂时不用的程序和数据。常用的外存有硬盘、光盘、U 盘等。它们的存储容量也是以字节为基本单位的。外存相对于内存的最大特点就是容量大，可移动，便于不同计算机之间进行信息交流。下面介绍几种常用的外存。

（1）硬盘。硬盘是由若干盘片组成的盘片组，一般被固定在机箱内，容量可达 TB 级。硬盘工作时，固定在同一个转轴上的数张盘片以每分钟 7 200 转，甚至更高的速度旋转，磁头在驱动马达的带动下在磁盘上做径向移动，寻找定位点，完成写入或读出数据工作。硬盘使用前要经过低级格式化、分区及高级格式化，一般硬盘出厂前低级格式化已完成。硬盘结构如图 1. 19 所示。

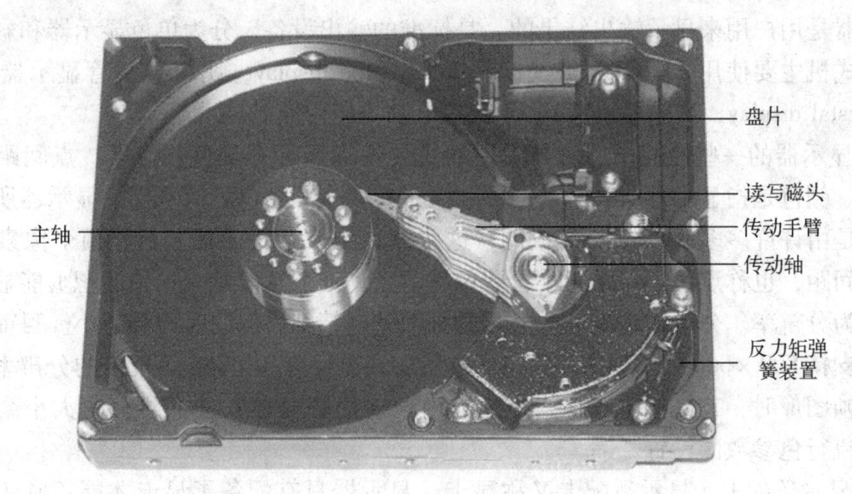

图 1. 19　硬盘结构图

（2）光盘。光盘是利用激光原理进行读写的设备，可分为只读性光盘（CD - ROM）、一次性写入光盘（CD - R）、可抹性光盘（CD - RW）、数字通用光盘（DVD）。

（3）闪存。闪存是一种新型的移动存储器。由于闪存具有不需要驱动器和额外电源、体积小、即插即用、寿命长等优点，因此越来越受用户的青睐。目前常用的闪存有 U 盘、CF 卡、SM 卡、SD 卡、XD 卡、记忆棒（又称 MS 卡）。

4. 输入设备

输入设备用于接受用户输入的数据和程序，并将它们转换成计算机能够接受的形式存放到内存中。常见的输入设备有键盘、鼠标、扫描仪、光笔、数字化仪等。

1）键盘（keyboard）

键盘是计算机系统中最基本的输入设备，通过一根电缆线与主机相连接。键盘一般可分为机械式、电容式、薄膜式和导电胶皮式四种。键盘一般有 101 键盘和 104 键盘两种，101 键盘被称为标准键盘。

2）鼠标（mouse）

鼠标是一种“指点”设备，多用于 Windows 的操作系统环境，可以取代键盘上的部分键的子功能。按照工作原理，鼠标可分为机械式鼠标、光电式鼠标、无线遥控式鼠标。按照键的数目，鼠标可分为两键鼠标、三键鼠标及滚轮鼠标。按照鼠标接口类型，鼠标可分为PS/2接口的鼠标、串行接口的鼠标、USB接口的鼠标。

3）扫描仪（scanner）

扫描仪是常用的图像输入设备，它可以把图片和文字材料快速地输入计算机中。其工作步骤是：将光源照射到被扫描材料上，被扫描材料将光线反射到扫描仪的光电器件上；根据反射的光线强弱不同，光电器件将光线转换成数字信号，并存入计算机的文件中；计算机用相关的软件进行显示和处理。

5. 输出设备

输出设备是将计算机处理的结果从内存中输出。常见的输出设备有显示器、打印机、绘图仪等。

1）显示器

显示器是用户用来显示输出结果的，是标准的输出设备，分为单色显示器和彩色显示器两种。台式机主要使用CRT display（cathode ray tube display，阴极射线管显示器）和LCD（liquid crystal display，液晶显示器），笔记本电脑均使用液晶显示器。

（1）显示器的一些性能指标。显示器的主要性能指标有颜色、像素、点间距、分辨率和显存等。颜色是指显示器所显示的图形和文字有多少种颜色可供选择。显示器所显示的图形和文字是由许许多多的“点”组成的，这些点称为像素。屏幕上相邻两个像素之间的距离称为点间距，也称点距。点距越小，图像越清晰，细节越清楚。单位面积上能显示的像素的数目称为分辨率。分辨率越高，所显示的画面就越精细，但同时也会越小。目前的显示器一般都能支持800×600、1 024×768、1 280×1 024、1 920×1 080等规格的分辨率。显示器在显示一帧图像时，首先要将其存入显卡的内存（简称显存）中，显存的大小会限制显示分辨率及流行色参数的设置。

（2）显示适配卡。显示适配卡又称显卡，显示器只有配备了显卡才能正常工作。显卡一般被插在主板的扩展槽内，通过总线与CPU相连。当CPU有运算结果或有图形要显示时，首先将信号送给显卡，由显卡的图形处理芯片把它们翻译成显示器能够识别的数据格式，并通过显卡后面的一根15芯VGA接口和显示电缆传给显示器。

常见的显卡有CGA、VGA、TVGA（适用于有较高分辨率的彩色显示器）、SVGA（超级VGA，适用于亮度高的显示器）。

2）打印机

打印机作为各种计算机的最主要输出设备之一，随着计算机技术的发展和用户需求的增加而有了较大的发展。目前，常见的有针式打印机、喷墨打印机和激光打印机。

（1）针式打印机。针式打印机的基本工作原理是在打印机联机状态下，通过接口接收PC机发送的打印控制命令、字符打印或图形打印命令，再通过打印机的CPU处理后，从字库中寻找与该字符或图形相对应的图像编码首列地址（正向打印时）或末列地址（反向打印时），如此一列一列地找出编码地址并送往打印头驱动电路，然后利用机械和电路驱动原理，使打印针撞击色带和打印介质，进而打印出点阵，再由点阵组成字符或图形来完成打印任务。

（2）喷墨打印机。喷墨打印机是在针式打印机之后发展起来的，采用非打击的工作方式。目前喷墨打印机按打印头的工作方式可以分为压电喷墨技术和热喷墨技术两大类型。按照喷墨的材料性质又可以分为水质料、固态油墨和液态油墨等类型的打印机。

压电喷墨技术是将许多小的压电陶瓷放置到喷墨打印机的打印头喷嘴附近，利用它在电压作用下会发生形变的原理，适时地把电压加到它的上面，压电陶瓷随之产生伸缩，近而使喷嘴中的墨汁喷出，在输出介质表面形成图案。热喷墨技术是让墨水通过细喷嘴在强电场的作用下，将喷头管道中的一部分墨汁气化，形成一个气泡，并将喷嘴处的墨水顶出喷到输出介质表面，形成图案或字符，所以这种喷墨打印机有时又被称为气泡打印机。

（3）激光打印机。激光打印机是将激光扫描技术和电子显像技术相结合的非打击输出设备。激光打印机是由激光器、声光调制器、高频驱动、扫描器、同步器及光偏转器等组成。其原理是把接口电路送来的二进制点阵信息调制在激光束上，之后扫描到感光体上，然后感光体与照相机组成电子照相转印系统，把射到感光鼓上的图文映像转印到打印纸上。

6. 总线与接口

微型机采用总线结构将各部分连接起来并与外界实现信息传送。它的基本结构如图 1.20所示。

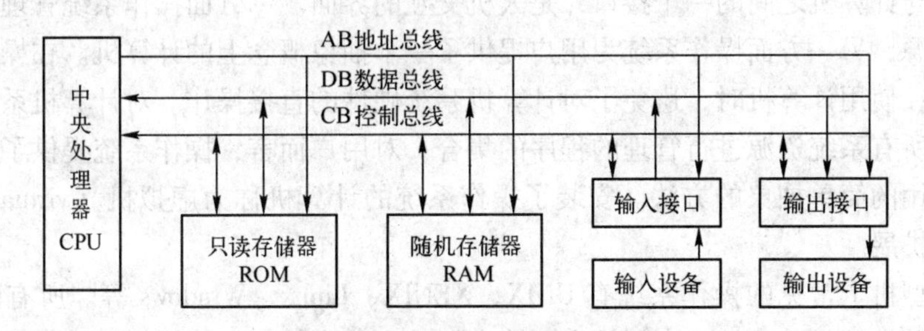

图 1.20　微型机的基本结构

1）总线（BUS）

总线是指计算机中传送信息的公共通路，包括数据总线（DB）、地址总线（AB）、控制总线（CB）。CPU 本身也由若干个部件组成，这些部件之间也是通过总线连接的。通常把 CPU 芯片内部的总线称为内部总线，而把连接系统各部件间的总线称为外部总线或系统总线。

（1）数据总线：用来传输数据信息，是 CPU 同各部件交换信息的通道，是双向的。

（2）地址总线：用来传送地址信息，CPU 通过地址总线把需要访问的内存单元地址或外部设备地址传送出去，通常是单方向的。地址总线的宽度与寻址的范围有关，如寻址 1MB 的地址空间，需要有 20 条地址线。

（3）控制总线：用来传输控制信号，以协调各部件的操作。

2）接口

接口是指在计算机中的两个部件或两个系统之间按一定要求传送数据的部件。不同的外部设备与主机相连都要配备不同的接口。微型机与外部设备之间的信息传输方式有串行和并行两种。串行方式一次只能传输 1 个二进制位，传输速度较慢，但器材投入少。并行方式一次可以传输若干个二进制位的信息，传输速度比串行方式快，但器材投入较多。

（1）串行端口。微型机中采用串行通信协议的接口称为串行端口，也称为 RS－232 接口。一般微型机有 COM1 和 COM2 两个串行端口，主要连接鼠标、键盘和调制解调器等。

（2）并行端口。微型机中一般配置一个并行端口，被标记为 LPT1 或 PRN，主要连接设备有打印机、外置光驱和扫描仪等。

（3）PCI 接口。PCI 是系统总线接口的国际标准。网卡、声卡等接口大部分是 PCI 接口。

（4）USB 接口。USB 接口是符合通用串行总线硬件标准的接口，能够与多个外部设备相互串接，即插即用，树状结构的最多可接 127 个外部设备，主要用于连接外部设备，如扫描仪、鼠标、键盘、光驱、调制解调器等。

从实际组装个人计算机的角度讲，微型机基本都是由显示器、键盘和主机箱构成。主机箱内有主板、硬盘驱动器、CD－ROM 驱动器、电源、显示适配器（显示卡）等。

1.2.4 操作系统

操作系统（operating system，OS）是系统软件的核心，是整个计算机系统的控制管理中心，是用户与计算机之间的一个接口，是人机交互的界面。一方面操作系统管理着所有计算机系统的资源，另一方面操作系统为用户提供了一个抽象概念上的计算机。在操作系统的帮助下，用户在使用计算机时，避免了对计算机系统硬件的直接操作。对计算机系统而言，操作系统是对所有系统资源进行管理的程序的集合；对用户而言，操作系统提供了对系统资源进行有效利用的简单抽象的方法。安装了操作系统的计算机称为虚拟机（virtual machine），是对裸机的扩展。

目前微型机上常见的操作系统有 UNIX、XENIX、Linux、Windows 等。所有的操作系统一般都具有并发性、共享性、虚拟性和不确定性四个基本特征。不同类型计算机中安装的操作系统也不相同，如手机上的嵌入式操作系统和超级电脑上的大型操作系统等。操作系统的研究者对操作系统的理解也不一致，如有些操作系统集成了图形化使用者界面，而有些操作系统仅使用文本接口，将图形界面视为一种非必要的应用程序。

1. 操作系统的功能

操作系统是一个由许多具有管理和控制功能的程序组成的大型管理程序，它比其他的软件具有“更高”的地位。操作系统管理了整个计算机系统的所有资源，包括硬件资源和软件资源，其基本功能如下。

（1）CPU 的控制与管理。

（2）内存的分配和管理。

（3）外部设备的控制和管理。

（4）文件的控制和管理。

（5）作业的控制和管理。

2. 操作系统的分类

操作系统的分类方法有很多。按照系统提供的功能分类，可分为单用户操作系统、批处理操作系统、实时操作系统、分时操作系统、网络操作系统、分布式和嵌入式操作系统；按其功能和特性分类，可分为批处理操作系统、分时操作系统和实时操作系统；按系统同时管理用户数的多少分类，可分为单用户操作系统和多用户操作系统。

1）单用户操作系统

单用户操作系统面对单一用户，所有资源均提供给单一用户使用，用户对系统有绝对的控制权。单用户操作系统是从早期的系统监控程序发展起来的，进而成为系统管理程序，再进一步发展为独立的操作系统。单用户操作系统是针对一台机器、一个用户的操作系统，其特点是独占计算机。

2）批处理操作系统

批处理操作系统一般分为两种概念，即单道批处理系统和多道批处理系统。它们都是成批处理或者顺序共享式系统，允许多个用户以高速、非人工干预的方式进行成组作业工作和程序执行。批处理操作系统将作业成组（成批）提交给系统，由计算机按顺序自动完成后再给出结果，从而减少了用户建立作业和被打断的时间。批处理操作系统的优点是系统吞吐量大、资源利用率高。

3）实时操作系统

实时操作系统（real-time operating system）可实现实时控制和实时信息处理。该系统可对特定的输入在限定的时间内做出准确的响应。实时操作系统主要有以下四个特点。

（1）实时钟管理：实时操作系统设置了定时时钟，可完成时钟中断处理和实时任务的定时或延时管理。

（2）中断管理：外部事件通常以中断的方式通知系统，因此系统中配置有较强的中断处理机构。

（3）系统可靠性：实时操作系统追求高度可靠性，在硬件上采用双机系统，操作系统具有容错管理功能。

（4）多重任务性：外部事件的请求通常具有并发性，因此实时操作系统具有处理多重任务的能力。

4）分时操作系统

批处理操作系统的缺点是用户不能直接控制其作业的运行。为了满足用户的人机对话需求，就有了分时操作系统。分时操作系统（time-sharing operating system）的基本思想是基于人的操作和思考速度比计算机慢得多的事实。如果将处理时间分成若干个时间段，并规定每个作业在运行了一个时间段后即暂停，将处理器让给其他作业；经过一段时间后，所有的作业都被运行了一段时间，当处理器被重新分给第一个作业时，用户感觉不到其内部发生的变化，感觉不到其他作业的存在。分时操作系统使多个用户共享一台计算机成为可能。分时操作系统主要有以下四个特点。

（1）独立性：用户之间可互相独立地操作，而互不干扰。

（2）同时性：若干远程、近程终端上的用户可在各自的终端上“同时”使用同一台计算机。

（3）及时性：计算机可以在很短的时间内做出响应。

（4）交互性：用户可以根据系统对自己的请求和响应情况，通过终端直接向系统提出新的请求，以便程序的检查和调试。

5）网络操作系统

网络操作系统，有人也将它称为网络管理系统。它与传统的单机操作系统有所不同，是建立在单机操作系统之上的一个开放式的软件系统。它面对的是各种不同的计算机系统的互连操作，以及不同的单机操作系统之间的资源共享、用户操作协调和交互，能解决多个网络用户（甚至是全球远程的网络用户）之间争用共享资源的分配与管理问题。

网络操作系统可对多台计算机的软件和硬件资源进行管理和控制，并提供网络通信和网络资源共享功能。它要保证网络中信息传输的准确性、安全性和保密性，提高系统资源的利用率和可靠性。

网络操作系统允许用户通过系统提供的操作命令与多台计算机软件和硬件资源打交道。常用的网络操作系统有 Windows Server 2012、NetWare 等，这类操作系统通常被用在计算机网络系统的服务器上。

6）分布式操作系统

与网络操作系统类似，分布式操作系统要求一个统一的操作系统，以实现系统操作的统一性。分布式操作系统管理系统中所有资源，负责全系统的资源分配和调度、任务划分及信息传输控制协调工作，并为用户提供一个统一的界面。它具有统一界面资源、对用户透明等特点。

7）嵌入式操作系统

嵌入式操作系统（embedded operating system）是运行在嵌入式系统环境中，对整个嵌入式系统，以及它所操作、控制的各种部件装置等资源进行统一协调、调度、指挥和控制的系统软件，具有实时高效性、硬件的相关依赖性、软件固态化及应用的专用性等特点。比较典型的嵌入式操作系统有 Palm OS、WinCE、Linux 等。

3. 典型操作系统介绍

在计算机的发展过程中，出现过许多不同的操作系统，其中最为常用的有 DOS、Mac OS、Windows、Linux、UNIX/XENIX、Android 系统等，下面介绍几种常用的微型机操作系统的发展过程和功能特点。

1）DOS

DOS 是磁盘操作系统（disk operating system）的缩写，是一个单用户、单任务的操作系统，是曾经最为流行的个人计算机操作系统。DOS 的主要功能是进行文件管理和设备管理。比较典型的 DOS 操作系统是微软公司的 MS－DOS 操作系统。

自从 DOS 在 1981 年问世以来，版本就不断更新，从最初的 DOS 1.0 升级到了最新的 MS－DOS 8.0（Windows ME 系统）。纯 DOS 的最高版本为 DOS 6.22，这以后的新版本都是由 Windows 系统所提供的，并不单独存在。DOS 的优点是快捷，熟练的用户可以通过创建 BAT 或 CMD 批处理文件完成一些烦琐的任务。因此，即使在 Windows XP 操作系统下，CMD 也是高手的最爱。

2）UNIX/XENIX

UNIX 是一个强大的多用户、多任务操作系统，支持多种处理器架构，按照操作系统的分类，属于分时操作系统。最早由 Ken Thompson、Dennis Ritchie 和 Douglas McIlroy 于 1969 年在 AT&T 的贝尔实验室开发。由于 UNIX 具有技术成熟、结构简练、可靠性高、可移植性好、可操作性强、网络和数据库功能强、伸缩性突出和开放性好等特色，可满足各行各业的实际需要，特别能满足企业重要业务的需要，已经成为主要的工作站平台和重要的企业操作平台。它主要安装在巨型计算机、大型机上，被作为网络操作系统使用。它曾经是服务器操作系统的首选，占据最大市场份额，但最近在跟 Windows Server 及 Linux 的竞争中有所失利。

3）Linux

Linux 是一类 UNIX 计算机操作系统的统称。过去，Linux 主要被用作服务器的操作系统，但它的廉价、灵活性及 UNIX 背景使得它适合于更广泛的应用。以 Linux 为基础的"LAMP（Linux，Apache，MySQL，Perl/PHP/Python 的组合）"经典技术组合，提供了包括操作系统、数据库、网站服务器、动态网页的一整套网站架设支持。在更大规模级别的领域中，如数据库中的 Oracle、DB2、PostgreSQL，以及用于 Apache 的 Tomcat JSP 等都已经在 Linux 上有了很好的应用样本。

Linux 与其他操作系统相比是个后来者，但 Linux 具有两个其他操作系统无法比拟的优势。其一，Linux 具有开放的源代码，能够大大降低使用成本。其二，Linux 既满足了手机制造商根据实际情况有针对性地开发自己的 Linux 手机操作系统的要求，又吸引了众多软件开发商对内容应用软件的开发，丰富了第三方应用。

4）Mac OS

Mac OS 是一套运行于苹果 Macintosh 系列电脑上的操作系统，是首个在商用领域成功的图形用户界面。Mac OS 操作系统是基于 UNIX 的核心系统。它能通过对称多处理技术充分发挥双处理器的优势，提供无与伦比的 2D、3D 和多媒体图形性能，以及广泛的字体支持和集成的 PDA 功能。

5）Windows

Windows 是微软公司推出的视窗计算机操作系统。随着计算机硬件和软件系统的不断升级，微软的 Windows 操作系统也在不断升级，从 16 位、32 位发展到 64 位操作系统。从最初的 Windows 1.0 到大家熟知的 Windows 95/NT/97/98/2000/Me/XP/Server/Vista/7/8 及 Windows 10 各种版本的持续更新，微软一直在致力于 Windows 操作系统的开发和完善。

Windows 操作系统是彩色界面的操作系统，支持键鼠功能，默认的平台是由任务栏和桌面图标组成的。Windows 操作程序主要由鼠标和键盘控制，单击鼠标左键默认为是选定命令，双击鼠标左键是运行命令，单击鼠标右键是弹出菜单。

6）Android 系统

Android 系统是一种基于 Linux 的自由及开放源代码的操作系统，主要应用于移动设备，如智能手机和平板电脑，由 Google 公司和开放手机联盟开发。

评价单

项目名称	计算机系统			完成日期	
班　　级		小　　组		姓　　名	
学　　号				组长签字	
评价项点		分　　值		学生评价	教师评价
计算机系统的基本组成		10			
对 CPU 的认识		10			
对内存的认识		10			
对外存的认识		10			
对输入设备的认识		10			
对输出设备的认识		10			
应用软件的使用		10			
系统软件的使用		10			
态度是否认真		10			
与小组成员的合作情况		10			
总分		100			
学生得分					
自我总结					
教师评语					

知识点强化与巩固

一、填空题

1. 冯・诺依曼计算机的基本原理是（　　）。

2. 在计算机中存储数据的最小单位是（　　）。

3. 计算机的硬件系统核心是（　　），它是由运算器和（　　）两部分组成的。

4. 可以将数据转换成为计算机能够接受的形式并输送到计算机中的设备统称为（　　）。

5. 显示器是一种（　　）设备。

6. 一个完备的计算机系统应该包含计算机的（　　）。

7. 计算机总线是连接计算机中各部件的一簇公共信号线，由（　　）总线、地址总线及控制总线组成。

8. 微型机上使用的操作系统主要有单用户单任务操作系统、单用户多任务操作系统和多用户多任务操作系统，Windows 7 操作系统是属于（　　）操作系统。

二、选择题

1. 以下不属于计算机软件系统的是（　　）。

A. 程序　　B. 程序使用的数据
C. 外存储器　　D. 与程序相关的文档

2. 下面对计算机硬件系统组成的描述，不正确的一项是（　　）。

A. 构成计算机硬件系统的都是一些看得见、摸得着的物理设备
B. 计算机硬件系统由运算器、控制器、存储器、输入设备和输出设备组成
C. 软盘属于计算机硬件系统中的存储设备
D. 操作系统属于计算机的硬件系统

3. RAM 是指（　　）。

A. 存储器规范　　B. 随机存储器
C. 只读存储器　　D. 存储器内存

4. 8 个字节含二进制位（　　）。

A. 8 个　　B. 16 个　　C. 32 个　　D. 64 个

5. 计算机的软件系统分为（　　）。

A. 程序和数据　　B. 工具软件和测试软件
C. 系统软件和应用软件　　D. 系统软件和测试软件

6. 操作系统的主要功能是（　　）。

A. 实现软件和硬件之间的转换　　B. 管理系统所有的软件和硬件资源
C. 把源程序转换为目标程序　　D. 进行数据处理和分析

7. 计算机系统是由（　　）组成的。

A. 主机和外部设备　　B. 主机、键盘、显示器和打印机
C. 系统软件和应用软件　　D. 硬件系统和软件系统

8. 一个完整的微型机系统应包括（　　）。

A. 计算机和外部设备　　B. 主机、键盘、显示器和打印机

C. 硬件系统和软件系统　　D. 系统软件和系统硬件

9. 微型机的微处理器包括（　　）。

A. CPU 和存储器　　B. CPU 和控制器

C. 运算器和累加器　　D. 运算器和控制器

10. 使用 Cache 可以提高计算机运行速度，这是因为（　　）。

A. Cache 增大了内存的容量　　B. Cache 扩大了硬盘的容量

C. Cache 缩短了 CPU 的等待时间　　D. Cache 可以存放程序和数据

11.（　　）不是电脑的输出设备。

A. 显示器　　B. 绘图仪　　C. 打印机　　D. 扫描仪

12.（　　）不是电脑的输入设备。

A. 键盘　　B. 绘图仪　　C. 鼠标　　D. 扫描仪

13.（　　）不是计算机的存储设备。

A. 软盘　　B. 硬盘　　C. 光盘　　D. CPU

14. 扫描仪属于（　　）。

A. CPU　　B. 存储器　　C. 输入设备　　D. 输出设备

15. 输入设备是（　　）。

A. 从磁盘上读取信息的电子线路　　B. 磁盘文件等

C. 键盘、鼠标和打印机等　　D. 从计算机外部获取信息的设备

16. 中央处理器的英文缩写是（　　）。

A. CAD　　B. CAI　　C. CAM　　D. CPU

17. 存储器的容量一般用 KB、MB、GB 和（　　）来表示。

A. FB　　B. TB　　C. YB　　D. XB

18. 存储容量按（　　）为基本单位计算。

A. 位　　B. 字节　　C. 字符　　D. 数

19. 关掉电源后，对半导体存储器而言，下列叙述正确的是（　　）。

A. RAM 中的数据不会丢失　　B. ROM 中的数据不会丢失

C. CPU 中的数据不会丢失　　D. ALU 中的数据不会丢失

20. 断电会使存储数据丢失的存储器是（　　）。

A. RAM　　B. 硬盘　　C. 软盘　　D. ROM

21. RAM 中存储的数据在断电后（　　）丢失。

A. 不会　　B. 部分　　C. 完全　　D. 不一定

22. 能直接让计算机识别的语言是（　　）。

A. C　　B. BASIC　　C. 汇编语言　　D. 机器语言

23. 使用高级语言编写的初始程序为（　　）。

A. 应用程序　　B. 源程序　　C. 目标程序　　D. 系统程序

24. 通常将运算器和（　　）合称为中央处理器，即 CPU。

A. 存储器　　B. 输入设备　　C. 输出设备　　D. 控制器

25. 下列软件中不是操作系统的是（　　）。

A. WPS　　B. Windows　　C. DOS　　D. UNIX

三、判断题

1. 微型机的硬件系统与一般计算机一样，由运算器、控制器、存储器、输入和输出设备组成。（　）

2. 一台没有软件的计算机，我们称之为“裸机”。“裸机”在没有软件的支持下，不能产生任何动作，不能实现任何功能。（　）

3. 当内存储器容量不够时，可通过增大软盘或硬盘的容量来解决。（　）

4. 计算机高级语言是与计算机型号无关的计算机语言。（　）

第 2 章 Windows 7 操作系统

项目一　Windows 7 的启动和使用

知识点提要

1. Windows 7 相对于 Windows XP 的优势和劣势
2. Windows 7 的版本介绍
3. 启动 Windows 7 系统并认识其桌面
4. 认识 Windows 7 窗口基本组成部分
5. Windows 7 窗口的基本操作
6. Windows 7 菜单与对话框
7. 启动和退出应用程序
8. 退出 Windows 7 系统

任务单

任务名称	Windows 7 的启动和使用	学时	2学时
知识目标	1. 了解 Windows 7 系统版本及新增功能。 2. 掌握 Windows 7 的启动、退出等基本操作。 3. 了解 Windows 7 界面各部分的功能。 4. 掌握窗口的关闭、打开、调整大小、移动等基本操作。 5. 掌握 Windows 7 菜单及对话框的使用。 6. 掌握启动和退出应用程序的操作。		
能力目标	1. 能够对 Windows 7 操作系统有系统的认识。 2. 能够对窗口的基本操作有全面的认识。 3. 能正确说出 Windows 7 菜单中的一些特殊标志符号所代表的意义。 4. 通过任务培养学生沟通协作的能力。		
素质目标	1. 激发学生对该课程的学习兴趣。 2. 培养学生的观察能力和动手能力。 3. 使学生学会运用相关知识到实际的生活中。		
任务描述	作为一名铁路专业毕业的学生，当你到工作单位后，领导与你谈话时，问问你计算机掌握情况，给你出了如下几道题，你将如何作答或操作？ 1. 简单说明 Windows 7 相对于 Windows XP 的优势和劣势。 2. 启动 Windows 7 系统，进入 Windows 7 工作界面。 3. 打开计算机窗口，并将该窗口停靠在屏幕左侧。 4. 在桌面创建【计算机】快捷方式图标。 5. 打开多个窗口，实现不同窗口之间的切换。 6. 隐藏窗口中的菜单栏、导航窗格、预览窗格。 7. 说出下列符号在菜单中出现所表示的意义。 ✓标识、●标识、▸标识、…标识、灰色选项标识 8. 完成窗口最大化、最小化、还原操作。 9. 打开 Word 应用程序，输入“Windows 7”，保存并关闭。 10. 简述注销及切换用户的区别。		
任务要求	1. 仔细阅读任务描述中的操作要求，认真完成任务。 2. 小组间互相共享有效资源。		

资料卡及实例

2.1　Windows 7 概述

Windows 7 操作系统是由微软公司开发的操作系统，其核心版本号为 Windows NT 6.1。Windows 7 可供家庭及商业工作环境中的笔记本电脑、平板电脑、多媒体中心等使用。2009 年 7 月 14 日 Windows 7RTM（Build 7600.16385）正式上线，2009 年 10 月 22 日微软公司于美国正式发布 Windows 7 并投入市场，2009 年 10 月 23 日微软公司于中国正式发布 Windows 7。Windows 7 主流支持服务过期时间为 2015 年 1 月 13 日，扩展支持服务过期时间为 2020 年 1 月 14 日。Windows 7 延续了 Windows XP 的实用和 Windows Vista 的华丽，并且更胜一筹。

2.1.1　Windows 7 相对于 Windows XP 的优势和劣势

Windows 7 作为新一代的操作系统经过长时间的改进，在稳定性和安全性上相比以前有了很大提升，另外在娱乐方面，Windows 7 支持最新的 Direct 11，以后的游戏都会用到Direct 11，因为 Direct 11 画面效果更逼真，而 Windows XP 最高只支持 Direct 9。另外，Windows 7 又增加了许多新的有趣的功能，如支持桌面小工具，这样用户不需要安装额外的程序就能在桌面上摆放【计算器】【天气预报】【股票软件】等需要的东西。另外，Windows 7 的 Aero 特效使得操作系统的界面变得更华丽，而 Windows 7 的桌面主题破解后还有更多、更绚丽的第三方主题出现，这个是 Windows XP 系统不能比拟的。Windows 7 系统的劣势在于系统要求过高，稍微老一些的电脑，比如单核 CPU 和小于 2 G 内存的机器运行起来会比较吃力。新安装的 Windows 7 系统刚开机占用内存就有 500 ~ 800 MB，比 Windows XP 大很多，不过现在的电脑配置越来越高使得这种劣势也在渐渐消失。

2.1.2　Windows 7 版本介绍

Windows 7 共 6 个版本，分别是：Windows 7 Starter（简易版）；Windows 7 Home Basic（家庭基础版）；Windows 7 Home Premium（家庭高级版）；Windows 7 Enterprise（企业版）；Windows 7 Professional（专业版）；Windows 7 Ultimate（旗舰版）。

2.1.3　Windows 7 新增功能

1. 电脑守卫（PC Safeguard）

其他人使用用户自己的电脑，可能会把电脑弄乱，Windows 7 已经替用户考虑到这一点并且顺便解决了这个问题。PC Safeguard 不会让任何人把用户电脑的设置弄乱，因为当他们注销的时候，所有的设定都会恢复到用户之前设定的状态。当然了，它不会恢复用户自己的设定，但是用户唯一需要做的就是定义好其他用户的权限。

2. 显示校准

Windows 7 拥有显示校准向导功能，可以让用户适当地调整屏幕的亮度，所以用户不会在浏览照片和文本时遇到显示问题。之前的 Windows 版本在浏览照片时有可能会出现亮度过大等问题。现在问题解决了，只要用户按住⊞+R键，然后在弹出的对话框中输入“DC-CW”，弹出如图2.1所示【显示颜色校准】窗口，按窗口提示完成相应操作即可。

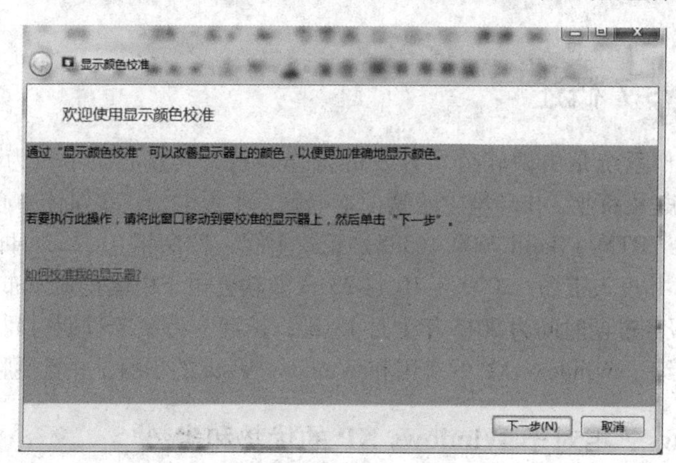

图2.1 【显示颜色校准】窗口

3. AppLocker 应用程序锁

对于企业用户或者经常需要与其他人共用一台机器的用户而言，AppLocker应用程序锁无疑是个绝佳的助手。按⊞+R键，在弹出的【运行】对话框中输入“gpedit. msc”打开如图2.2所示的【本地组策略编辑器】窗口，在左侧的导航窗格中双击【计算机配置】→【Windows设置】→【安全设置】→【应用程序控制策略】→【APPLocker】选项，在弹出的级联菜单中右击【可执行规则】选项，选择【创建新规则】选项，并在弹出的窗口中按提示新建一个规则即可。

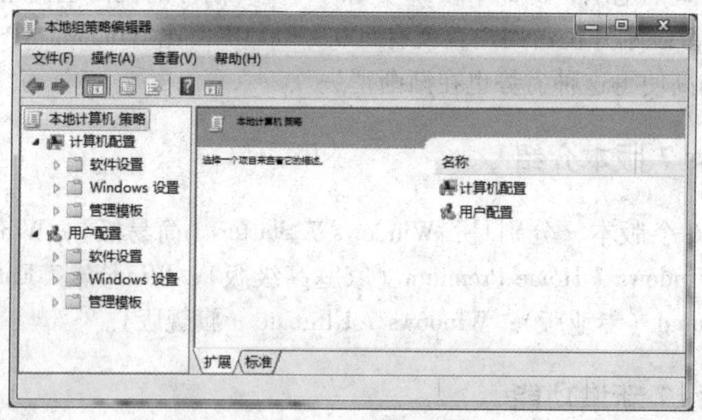

图2.2 【本地组策略编辑器】窗口

4. 镜像刻录

很多用户都有过在Windows下进行镜像刻录的困扰，因为Windows中并没有内置此功能，用户往往需要安装第三方的软件来解决此问题。但随着Windows 7的到来，这些问题都不复存在了。需要做的仅仅是双击ISO格式的文件，然后在弹出的对话框中选择相应的光盘刻录机，单击【刻录】按钮，即可将文件烧录进用户光驱中的CD或者DVD中。

5. 播放空白的可移动设备

默认情况下，Windows 7对空白的可移动设备是不会进行自动播放的，此选项可以通过打开任意文件夹窗口，单击【组织】→【文件夹和搜索选项】选项，在弹出的【文件夹选项】对话框中单击【查看】标签，并在【高级设置】选项组中取消【隐藏计算机文件夹中的空驱动器】的选择来更改。

6. 把当前窗口停靠在屏幕左侧/右侧

这个新功能在实际操作中比较有用，因为有些时候，用户会被屏幕中浮着的一堆窗口所困扰，并且很难把它们都弄到一边。现在用户使用键盘的快捷键就可以轻松做到了：按 + ←（或→）键把屏幕中的窗口移到屏幕的左边或右边。

7. 最大化或者恢复前台窗口

最大化或者恢复前台窗口可通过按 + ↑或↓键实现。

8. 桌面放大镜

按和加号或者减号键可打开【放大镜】对话框，单击【放大】或【缩小】按钮可实现对桌面的放大或者缩小，单击【设置】按钮，在弹出的【放大镜选项】对话框中还可以配置放大镜；在【放大镜选项】对话框中，有【启用颜色反转】复选框、【跟随鼠标指针】复选框、【跟随键盘焦点】复选框和【使放大镜跟随文本插入点】复选框，用户可以根据需要进行设置。

9. 最小化除当前窗口外的所有窗口

按 + Home 键。

10. 在不同的显示器之间切换窗口

如果用户同时使用两个或者更多的显示器，那么用户可能会想把窗口从一个切换到另一个中去，这里有个很简单的方法去实现，就是按 + Shift + ←（或→）键。

11. 轻松添加新字体

在 Windows 7 中添加一个新的字体要比以前更容易，只需要下载用户所需要的字体并双击它，就会看到安装按钮了。

12. 打开 Windows 资源浏览器

按 + E 键可以打开新的 Windows 资源浏览器。

13. 启动任务栏上的第一个图标

按 + 1 键可以启动任务栏上的第一个图标，这在某些情况下非常实用。

14. 自我诊断和修复

这个平台可以帮用户解决很多用户可能会遇到的问题，比如网络连接问题、硬件设备问题、系统变慢问题等。用户可以选择要诊断的问题，系统将提供给用户关于这些问题的一些说明，以及很多可行的选项、指导和信息。用户按键，在文本框中输入“troubleshoot”或者“fix”即可进入这个平台。

2.2 Windows 7 的启动和使用

2.2.1 启动 Windows 7 系统，认识桌面

1. 启动 Windows 7 系统

电脑中安装好 Windows 7 操作系统之后，启动电脑的同时就会随之进入 Windows 7 操作

系统。

启动 Windows 7 的具体步骤如下。

（1）依次按下电脑显示器和机箱的开关，电脑会自动启动并首先进行开机自检。自检画面中将显示电脑主板、内存、显卡、显存等信息（不同的电脑因配置不同，所显示的信息自然也就不同）。

（2）通过自检后会出现欢迎界面，根据使用该电脑的用户账户数目，界面将分为单用户登录和多用户登录两种。

（3）单击需要登录的用户名，然后在用户名下方的文本框中会提示输入登录密码。

（4）输入登录密码，然后按 Enter 键或者单击文本框右侧的箭头，即可开始加载个人设置，进入 Windows 7 操作系统桌面。

2. 认识 Windows 7 桌面

登录 Windows 7 操作系统后，首先展现在用户眼前的就是桌面。本节介绍有关 Windows 7 桌面的相关知识。用户完成的各种操作都是从桌面开始的，桌面包括桌面背景、桌面图标、【开始】按钮和任务栏 4 部分，如图 2.3 所示。

图 2.3　Windows 7 桌面

1）桌面背景

桌面背景是指 Windows 桌面的背景图案，又称为桌布或者墙纸，用户可以根据自己的喜好更改桌面的背景图案，其作用是让操作系统的外观变得更加美观。具体操作将在 2.4 节中介绍。

2）桌面图标

桌面图标由一个形象的小图片和说明文字组成，图片是它的标识，文字则表示它的名称或功能，如图 2.3 所示。在 Windows 7 中，所有的文件、文件夹及应用程序都用图标来形象地表示，双击这些图标就可以快速地打开文件、文件夹或启动某一应用程序。不同的桌面可以有不同的图标，用户可以自行设置。

3）任务栏

任务栏是位于屏幕底部的水平长条。与桌面不同的是，桌面可以被打开的窗口覆盖，而任务栏几乎始终可见。任务栏主要由程序按钮区、通知区域、【显示桌面】按钮 3 部分组成，如图 2.4 所示。

图 2.4　Windows 7 任务栏

在 Windows 7 中，任务栏经过了全新的设计，拥有了新外观，除了依旧能实现不同的窗口之间的切换外，看起来也更加方便，功能更加强大和灵活。

（1）程序按钮区。程序按钮区主要放置的是已打开窗口的最小化按钮，单击这些按钮就可以在窗口间切换。在任意一个程序按钮上右击，就会弹出 Jump List 列表。用户可以将常用程序“锁定”到任务栏上，以方便访问，还可以根据需要通过单击和拖动操作重新排列任务栏上的图标。

Windows 7 任务栏还增加了 Aero Peek——窗口预览功能。将鼠标指针移到任务栏图标处，可预览已打开文件或者程序的缩略图，然后单击任意一个缩略图，即可打开相应的窗口。Aero Peek 提供了 2 个基本功能：第一，通过 Aero Peek，用户可以透过所有窗口查看桌面；第二，用户可以快速切换到任意打开的窗口，因为这些窗口可以随时隐藏或可见。例如，当前打开 3 个 Word 文档，当将鼠标放置于任务栏的 Word 图标上时，显示如图 2.5 所示的缩略图。

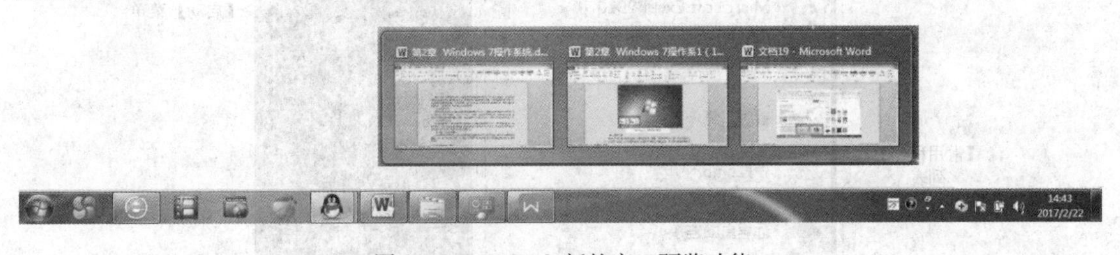

图 2.5　Aero Peek 新的窗口预览功能

（2）通知区域。通知区域位于任务栏的右侧，除包括系统时钟、音量、网络和操作中心等一组系统图标之外，还包括一些正在运行的程序图标，并提供访问特定设置的途径。用户看到的图标集取决于已安装的程序或服务，以及计算机制造商设置计算机的方式。将鼠标指针移向特定图标，会看到该图标的名称或某个设置的状态。有时，通知区域中的图标会弹出小窗口（称为通知），向用户通知某些信息。同时，用户也可以根据自己的需要设置通知区域的显示内容，具体的操作方法将在后面章节中介绍。

(3)【显示桌面】按钮。在 Windows 7 任务栏的最右侧增加了既方便又常用的【显示桌面】按钮，作用是快速地将所有已打开的窗口最小化，这样查找桌面文件就会变得很方便。在以前的系统中，它被放在快速启动栏中。

将鼠标指针移到该按钮处，所有已打开的窗口就会变成透明，显示桌面内容；移开鼠标指针，窗口则恢复原状；单击该按钮则可将所有打开的窗口最小化。如果希望恢复显示这些已打开的窗口，也不必逐个在任务栏上单击，只要再次单击【显示桌面】按钮，所有已打开的窗口又会恢复为显示的状态。

虽然在 Windows 7 中取消了“快速启动”功能，但是“快速启动”功能仍在，用户可以把常用的程序添加到任务栏上，以方便使用。

4)【开始】按钮及【开始】菜单

单击任务栏左侧的【开始】按钮，即可弹出【开始】菜单，它是用户使用和管理计算机的起点。【开始】菜单是计算机程序、文件夹和设置的主通道。在【开始】菜单中几乎可以找到所有的应用程序，方便用户进行各种操作。Windows 7 操作系统的【开始】菜单是由【固定程序】列表、【常用程序】列表、【所有程序】列表、【搜索】文本框、【启动】菜单和【关闭选项】按钮区组成的，如图 2.6 所示。

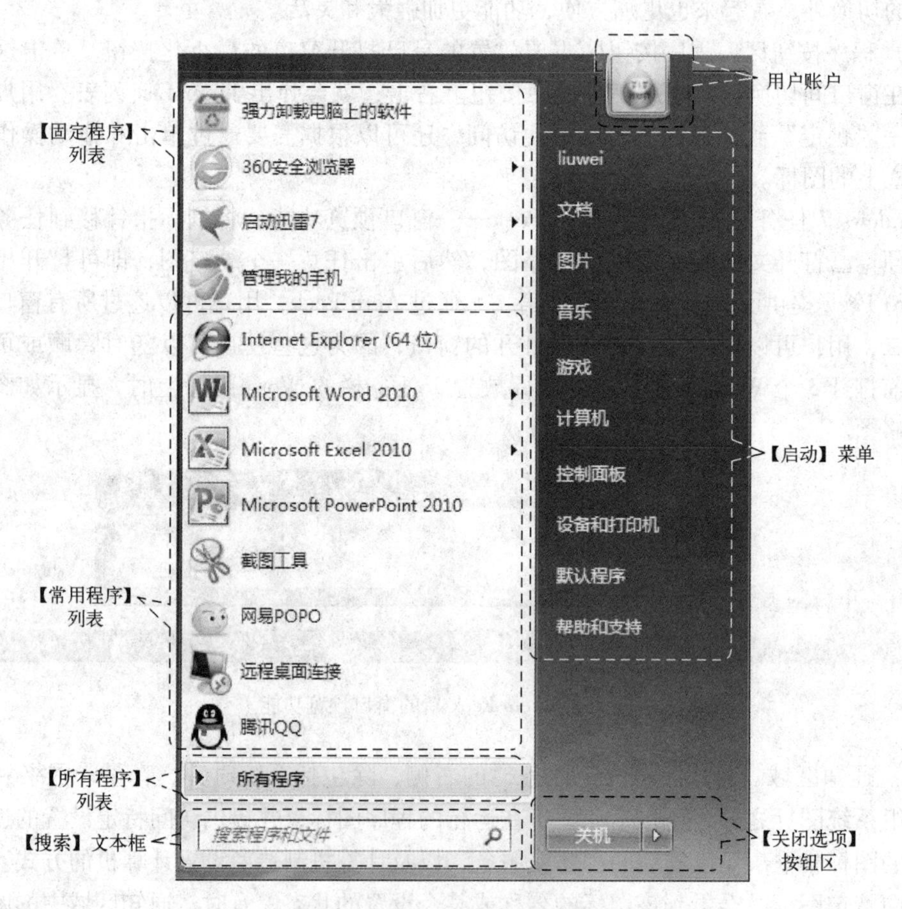

图 2.6 Windows 7 的【开始】菜单

(1)【固定程序】列表。该列表中的程序会固定地显示在【开始】菜单中，用户通过它可以快速地打开其中的应用程序。在此列表中默认的固定程序只有四个。用户可以根据自己的需要在【固定程序】列表中添加常用的程序。

(2)【常用程序】列表。在【常用程序】列表中默认存放了 2 个常用的系统程序。随着对一些程序的频繁使用，该列表中会列出 10 个最常使用的应用程序。如果超过了 10 个，系统会按照使用时间的先后顺序依次顶替。

用户也可以根据需要设置【常用程序】列表中能够显示的程序数量的最大值。Windows 7 默认的上限值是 30。

(3)【所有程序】列表。用户在【所有程序】列表中可以查看系统中安装的所有程序。打开【开始】菜单，单击【所有程序】选项左侧的【右箭头】按钮，即可显示【所有程序】子菜单。在【所有程序】子菜单中，分为应用程序和程序组两种。要区分二者很简单，在子菜单中显示文件夹图标的项为程序组，未显示文件夹图标的项为应用程序。单击程序组，即可弹出应用程序列表。

(4)【搜索】文本框。使用【搜索】文本框是在计算机中查找项目的最便捷的方法之一。【搜索】文本框将遍历用户的所有程序，以及个人文件夹（包括“文档”“图片”“音乐”）、“桌面”及其他的常用位置中的所有文件，因此是否提供项目的确切位置并不重要。

(5)【启动】菜单。【启动】菜单位于【开始】菜单的右窗格中。在【启动】菜单中列出了一些经常使用的 Windows 程序链接，如【文档】【计算机】【控制面板】及【设备和打印机】等。通过【启动】菜单，用户可以快速地打开相应的程序，进行相应的操作。

(6)【关闭选项】按钮区。【关闭选项】按钮区包含【关机】按钮和【关闭选项】按钮。单击【关闭选项】按钮，会弹出【关闭选项】列表，其中包含【切换用户】【注销】【锁定】【重新启动】【休眠】【睡眠】6 个选项。

2.2.2　认识 Windows 7 窗口

在 Windows 7 中，虽然各个窗口的内容各不相同，但所有的窗口都有一些共同点。一方面，窗口始终显示在桌面上；另一方面，大多数窗口都具有相同的基本组成部分。

窗口一般由控制按钮区、搜索栏、标题栏、地址栏、菜单栏、工具栏、导航窗格、状态栏、细节窗格和工作区 10 部分组成，如图 2.7 所示。

1. 标题栏

标题栏位于窗口顶部，用于标识窗口名称，最右侧有控制按钮区，显示了窗口的【最小化】按钮、【最大化/还原】按钮和【关闭】按钮，单击这些按钮可对窗口执行相应操作。

2. 地址栏

地址栏将当前的位置显示为以箭头分隔的一系列链接，可以单击【返回】按钮或【前进】按钮导航至已经访问的位置。

3. 搜索栏

将要查找的目标名称输入到搜索栏的文本框中，然后按 Enter 键或者单击按钮即可。

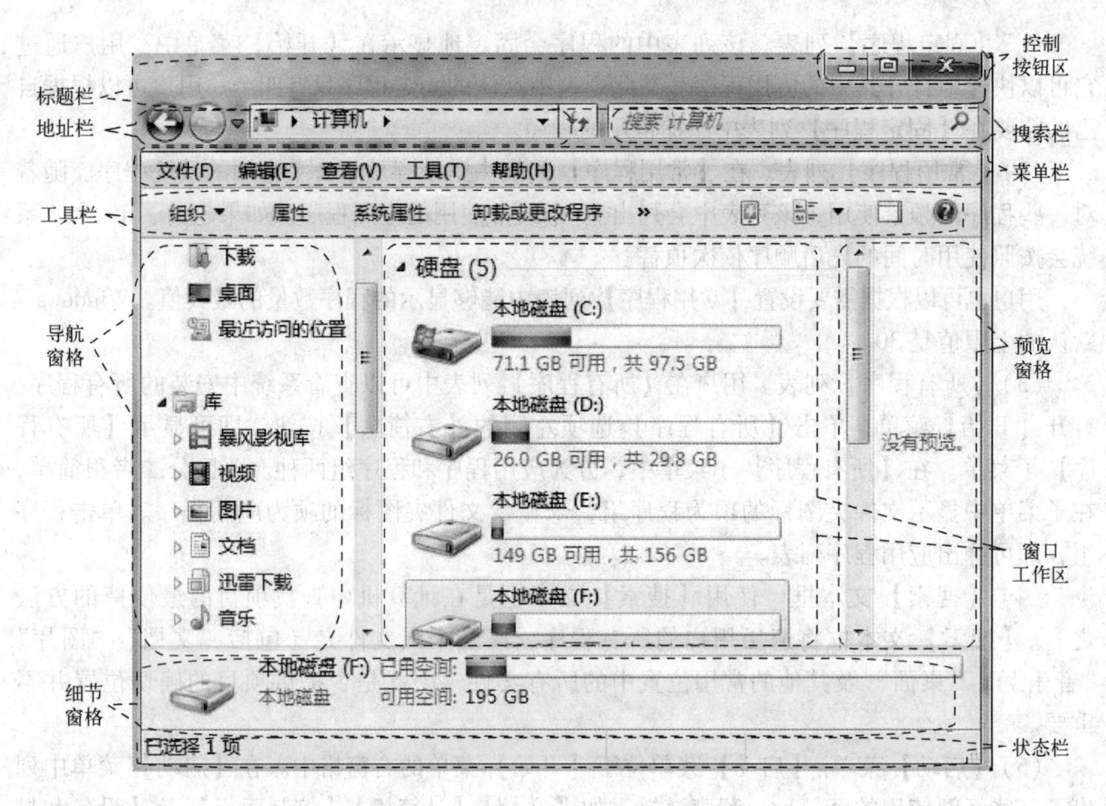

图 2.7 Windows 7 窗口的组成

窗口搜索栏的功能和【开始】菜单中【搜索】文本框的功能相似，只不过搜索栏只能搜索当前窗口范围内的目标。另外，还可以添加搜索筛选器，以便能更精确、更快速地搜索到所需的内容。

4. 菜单栏

在 Windows 7 中菜单栏在默认情况下处于隐藏状态。显示菜单栏的方法如下。

（1）按 Alt 键。单击任何选项或者再次按 Alt 键，菜单栏将再次隐藏。

（2）单击工具栏中的【组织】按钮，在弹出的级联菜单中选择【布局】→【菜单栏】选项即可。

5. 工具栏

工具栏位于菜单栏的下方，存放着常用的工具命令按钮，让用户能更加方便地使用这些形象化的工具。

6. 窗格

下面以【计算机】窗口为例介绍一下窗格。在 Windows 7 的【计算机】窗口中有多个窗格类型，其中包括导航窗格、预览窗格和细节窗格，单击工具栏上的【组织】按钮，从弹出的下拉列表中选择【布局】选项，然后在弹出的级联菜单中选择相应的选项可显示或隐藏某窗格。

（1）导航窗格：用于查找文件或文件夹，还可以在导航窗格中将项目直接移动或复制到目标位置。导航区一般包括“收藏夹”“库”“家庭组”和“计算机”等部分。单击导航窗格中各选项前面的【箭头】按钮 ▷ 可以打开相应的列表，单击某选项还可以打开相应的窗口，方便用户随时准确地查找相应的内容。

（2）预览窗格：用于显示当前选择的文件内容，从而可预览文件的大致效果，可利用工具栏上的按钮来显示或隐藏预览窗格

（3）细节窗格：用来显示选中对象的详细信息。例如，要显示【本地磁盘(C:)】的详细信息，只需单击一下【本地磁盘(C:)】按钮，就会在窗口下方显示它的详细信息。

7. 窗口工作区

窗口工作区用于显示当前窗口的内容或执行某项操作后的内容。当窗口中显示的内容太多而无法在一个屏幕内显示出来时，将在其右侧和下方出现滚动条，通过拖动滚动条可查看其他未显示的内容。

8. 状态栏

状态栏位于窗口的最下方，显示当前窗口的相关信息和被选中对象的状态信息。

2.2.3 Windows 7 窗口的基本操作

窗口的操作是系统中最常用的，其操作主要包括打开、缩放、移动、排列、切换、关闭等。

1. 打开窗口

打开窗口有以下三种方法：

（1）双击桌面上的快捷图标；

（2）从【开始】菜单中选择相应的选项；

（3）右击某一图标，从弹出的快捷菜单中选择【打开】选项。

2. 调整窗口大小

（1）利用控制按钮。单击【最小化】按钮，即可将窗口最小化到任务栏上的程序按钮区中；单击任务栏上的程序按钮，窗口恢复到原始大小；单击【最大化】按钮，即可将窗口放大到整个屏幕，显示所有的窗口内容，此时【最大化】按钮会变成【还原】按钮，单击该按钮可以将窗口恢复到原始大小。

（2）利用标题栏调整。将鼠标移动到标题栏，单击鼠标右键，在弹出的快捷菜单中选择【大小】命令，拖动窗口到希望的大小后释放鼠标或使用键盘方向键调整窗口大小即可。

（3）手动调整。当窗口处于非最大化和最小化状态时，用户可以将鼠标移至窗口的任意边框或角，利用拖拽的方式来改变窗口的大小。

3. 移动窗口

有时桌面上会同时打开多个窗口，这样就会出现某个窗口被其他窗口挡住的情况，对此用户可以将需要的窗口移动到合适的位置。具体的操作步骤如下。

（1）将鼠标指针移动到其中一个窗口的标题栏上，此时鼠标指针变成形状。

（2）按住鼠标左键不放，将其拖动到合适的位置后释放即可。

4. 排列窗口

当桌面上打开的窗口过多时，就会显得杂乱无章，这时用户可以通过设置窗口的显示形式对窗口进行排列。

在任务栏的空白处单击鼠标右键，弹出的快捷菜单中包含了显示窗口的 3 种形式，即

【层叠窗口】【堆叠显示窗口】和【并排显示窗口】选项，用户可以根据需要选择一种窗口的排列形式，对桌面上的窗口进行排列。

5. 切换窗口

在 Windows 7 系统环境下可以同时打开多个窗口，但是当前活动窗口只能有一个。因此，用户在操作过程中经常需要在不同的窗口间切换。切换窗口的方法有以下几种。

（1）利用 Alt + Tab 组合键。若要在多个程序窗口中快速地切换到需要的窗口，可以通过 Alt + Tab 组合键实现。在 Windows 7 中利用该方法切换窗口时，桌面中间会显示预览小窗口，按住 Alt 键并重复按 Tab 键可循环切换所有打开的窗口。

（2）使用 Aero 三维窗口切换。按 + Tab 组合键可打开三维窗口切换。

（3）利用 Alt + Esc 组合键。用户也可以通过 Alt + Esc 组合键在窗口之间切换。使用这种方法可以直接在各个窗口之间切换，而不会出现窗口图标方块。

（4）利用程序按钮区。将鼠标停留在任务栏中某个程序图标按钮上，任务栏上方就会显示该程序打开的所有内容的小预览窗口。例如，将鼠标移动到【Internet Explorer】浏览器图标按钮上，就会在任务栏上方弹出打开的网页，然后将鼠标移动到需要打开的预览窗口上，就会在桌面上显示该内容的界面，单击该预览窗口即可快速打开该窗口。

6. 关闭窗口

当某个窗口不再使用时，需要将其关闭以节省系统资源，关闭方法如下：

（1）单击窗口右上角【关闭】按钮；

（2）在窗口的菜单栏上选择【文件】→【关闭】选项；

（3）在窗口的标题栏上单击鼠标右键，从弹出的快捷菜单中选择【关闭】选项；

（4）单击窗口标题栏的最左侧，从弹出的菜单中选择【关闭】选项；

（5）在当前窗口下，按 Alt + F4 组合键；

（6）在任务栏的程序图标按钮上单击鼠标右键，从弹出的 Jump List 列表中选择【关闭窗口】选项。

2.2.4 Windows 7 菜单和对话框

除了窗口以外，在 Windows 7 中还有两个比较重要的组件：菜单和对话框。

1. Windows 7 菜单

在 Windows 7 操作系统中，菜单分成两类，即右键快捷菜单和下拉列表。

用户在文件空白处、桌面空白处、窗口空白处、盘符等区域右击，即可弹出快捷菜单，其中包含对选择对象的操作命令。在窗口菜单栏中的就是下拉列表，每一项都是命令的集合，用户可以通过选择其中的选项进行操作，如图 2.8 所示的【查看】下拉列表。

Windows 菜单中有一些特殊的标志符号，代表了不同的意义。当菜单进行一些改动时，这些符号会相应地出现变化，下面介绍各个符号所表示的意义。

1）✓标识

当某个选项前面标有✓标识时，说明该选项正在被应用，而再次单击该选项，标识就会消失。例如，【状态栏】选项前面的✓标识表示此时窗口中状态栏是显示出来的，再次单击该选项即可将状态栏隐藏起来。

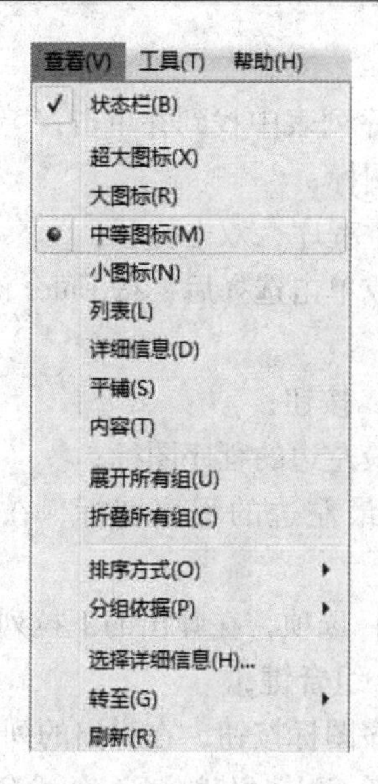

图 2.8 【查看】下拉列表

2）● 标识

菜单中某些选项是作为一个组集合在一起的。例如，【查看】下拉列表中的几个查看方式选项，当选择某个选项时其前面就会有 ● 标识（如图 2.8 中的【中等图标】选项前面就有此标识，表示以“中等图标”的方式显示窗口内的所有项目）。

3）▸ 标识

当某个选项后面出现 ▸ 标识时，表明这个选项还具有级联菜单。例如，将鼠标指针移到【排序方式】选项后面的 ▸ 标识上，就会弹出【排序方式】子菜单。

4）灰色选项标识

某个选项呈灰色显示，说明此选项目前无法使用。

5）… 标识

某个选项后面出现… 标识时，选择该选项会弹出一个对话框。例如，选择【工具】菜单中的【文件夹选项…】选项，就会弹出【文件夹选项】对话框。

2. Windows 7 对话框

在 Windows 7 操作系统中，对话框是用户和电脑进行交流的中间桥梁。对话框与窗口很像，但区别在于对话框只能在屏幕上移动位置，不能改变大小，也不能缩成图标。

一般情况下，对话框中包含各种各样的组成部分，下面介绍三种。

（1）选项卡。选项卡多用于将一些比较复杂的对话框分为多页，实现页面的切换操作。

（2）文本框。文本框可以让用户输入和修改文本信息。

（3）按钮。按钮在对话框中用于执行某项命令，单击按钮可实现某项功能。

2.2.5 启动和退出应用程序

1. 启动应用程序

启动应用程序的方法如下：

（1）双击桌面图标；

（2）在【开始】菜单中的程序列表中找到并单击；

（3）单击快速启动栏中的小图标；

（4）在程序安装目录中找到主程序，双击打开；

（5）所有的双击，都可以换成单击选择后，按 Enter 键。

2. 退出应用程序

（1）单击程序窗口的【关闭】按钮；

（2）双击程序窗口中标题栏最左边的程序图标；

（3）单击程序窗口中标题栏最左边的程序图标，在弹出的下拉列表中选择【关闭】选项；

（4）单击菜单栏中的【文件】选项，在弹出的下拉列表中选择【退出】选项；

（5）在当前窗口下按 Alt + F4 组合键；

（6）右击任务栏中的运行程序图标按钮，在弹出的列表中选择【关闭】选项；

（7）按 Ctrl + Alt + Delete 或者 Ctrl + Shift + Esc 组合键，调出任务管理器，在进程中或者在应用程序中结束它。

2.2.6 退出 Windows 7 系统

用户通过关机、休眠、锁定、注销和切换用户等操作，都可以退出 Windows 7 操作系统。

1）关机

电脑的关机与平常使用的家用电器不同，不是简单地关闭电源就可以了，而是需要在系统中进行关机操作。正常关机步骤如下：单击【开始】按钮，弹出【开始】菜单，单击【关机】按钮关机，系统即可自动保存相关的信息，然后关机。关于关机，还有一种特殊情况，被称为“非正常关机”，就是当用户在使用电脑的过程中突然出现了“死机”“花屏”“黑屏”等情况，不能通过【开始】菜单关闭电脑，此时用户只能持续地按主机机箱上的电源开关按钮几秒钟，片刻后主机会关闭，然后关闭显示器的电源开关即可。

2）休眠

休眠是退出 Windows 7 操作系统的另一种方法。选择休眠会保存会话并关闭计算机，打开计算机时会还原会话。此时，电脑并没有真正的关闭，而是进入了一种低能耗状态。

3）锁定

当用户有事情需要暂时离开，但是电脑还在运行，某些操作不方便停止，也不希望其他人查看自己电脑里的信息时，就可以通过这一功能来使电脑锁定，恢复到“用户登录界面”，再次使用时只有输入用户密码才能开启电脑进行操作。

4）注销

Windows 7 与之前的操作系统一样，允许多用户共同使用一台电脑上的操作系统，每个用户都可以拥有自己的工作环境并对其进行相应的设置。当需要退出当前的用户环境时，可以通过注销的方式来实现。注销功能和重新启动相似，在进行该动作前要关闭当前运行的程序，保存打开的文档，否则会造成数据的丢失。进行此操作后，系统会自动将个人信息保存到硬盘里，并快速地切换到“用户登录界面”。

5）切换用户

通过切换用户也能快速地退出当前的用户环境，并回到“用户登录界面”。

提示：注销和切换用户都可以快速地回到“用户登录界面”，但是注销要求结束当前用户的操作程序，而切换用户则允许当前用户的操作程序继续运行，并不受到影响。

评价单

<table>
<tr><td>项目名称</td><td colspan="4">Windows 7 的启动和使用</td><td>完成日期</td><td></td></tr>
<tr><td>班　　级</td><td></td><td>小　　组</td><td colspan="2"></td><td>姓　　名</td><td></td></tr>
<tr><td>学　　号</td><td colspan="3"></td><td colspan="2">组长签字</td><td></td></tr>
<tr><td colspan="2">评价项点</td><td colspan="2">分　值</td><td colspan="2">学生评价</td><td>教师评价</td></tr>
<tr><td colspan="2">Windows 7 新增功能的使用</td><td colspan="2">10</td><td colspan="2"></td><td></td></tr>
<tr><td colspan="2">对 Windows 7 桌面的了解程度</td><td colspan="2">10</td><td colspan="2"></td><td></td></tr>
<tr><td colspan="2">Windows 7 系统的启动和退出</td><td colspan="2">10</td><td colspan="2"></td><td></td></tr>
<tr><td colspan="2">Windows 7 基本操作熟练程度</td><td colspan="2">30</td><td colspan="2"></td><td></td></tr>
<tr><td colspan="2">Windows 7 菜单及对话框的使用</td><td colspan="2">10</td><td colspan="2"></td><td></td></tr>
<tr><td colspan="2">启动和退出应用程序</td><td colspan="2">10</td><td colspan="2"></td><td></td></tr>
<tr><td colspan="2">态度是否认真</td><td colspan="2">10</td><td colspan="2"></td><td></td></tr>
<tr><td colspan="2">与小组成员的合作情况</td><td colspan="2">10</td><td colspan="2"></td><td></td></tr>
<tr><td colspan="2">总分</td><td colspan="2">100</td><td colspan="2"></td><td></td></tr>
<tr><td>学生得分</td><td colspan="6"></td></tr>
<tr><td>自我总结</td><td colspan="6"></td></tr>
<tr><td>教师评语</td><td colspan="6"></td></tr>
</table>

项目二　对 Windows 7 进行个性化设置

知识点提要

1. 新建用户账户
2. 管理用户账户
3. 桌面个性化设置
4. 屏保设置
5. 桌面小工具使用
6.【开始】菜单的个性化设置
7. 任务栏设置
8. 鼠标和键盘的设置
9. 输入法的设置

任务单

<table>
<tr><td>任务名称</td><td>对 Windows 7 进行个性化设置</td><td>学　　时</td><td>4 学时</td></tr>
<tr><td>知识目标</td><td colspan="3">1. 了解用户账户的创建并对自己创建的账户进行管理。
2. 掌握 Windows 7 桌面、【开始】菜单、任务栏的设置。
3. 掌握鼠标、键盘、输入法的设置方法。</td></tr>
<tr><td>能力目标</td><td colspan="3">1. 会创建并管理用户账户。
2. 会设置 Windows 7 的个性化外观。
3. 培养学生的沟通协作能力。</td></tr>
<tr><td>素质目标</td><td colspan="3">1. 激发学生对该课程的学习兴趣。
2. 培养学生的观察能力、动手能力。
3. 使学生学会运用相关知识到实际的生活中。</td></tr>
<tr><td>任务描述</td><td colspan="3">假如你毕业到铁路工作了，单位给你和另一位同事分配了一台电脑，请你按如下要求创建自己的账户并对其进行个性化设置。
1. 创建一个以自己名字命名的账户，设置账户类型为“标准用户”，设置账户密码并更改账户显示图片。
2. 桌面主题设置：采用 Windows 7 提供的“Aero 主题”中的“人物”。
3. 桌面背景个性化设置：将系统自带的名为“人物”的图片设置为本机桌面背景，显示方式设置为“居中”。
4. 图标个性化设置：将桌面上【网络】图标更改成样式，并重新命名为“互联网”；将【回收站】图标更改为样式，并重新命名为“垃圾箱”。
5. 屏幕保护设置：设置本机屏幕保护程序为“变幻线”，等待 6 分钟启用屏保，在恢复工作界面时须显示登录屏幕。
6. 添加小工具：将“时钟”添加到桌面，选择“菊花”样式，并设置时钟名称为“光阴”，时区为“当前计算机时间”，并显示秒针。
7. 任务栏基本操作：锁定任务栏；设置屏幕上的任务栏位置为“右侧”；将 Windows 资源管理器图标设置为“显示图标和通知”。
8. 鼠标个性化设置：设置主要按钮为“右键”，设置鼠标键双击速度为“快”；设置指针方案为“Windows 标准（大）（系统方案）”；设置指针移动速度为“快”，并显示指针轨迹；设置垂直滚动时滚动滑轮一个齿格，对应的滚动行数为“6”行，水平滚动时一次滚动显示字符数为“6”个。
9. 键盘个性化设置：设置光标闪烁速度为“中”，字符重复速度为“快”。
10. 高级键设置：关闭 Caps Lock 使用 Shift 键，输入语言之间切换使用 Shift + Ctrl 组合键，中/英标点符号切换使用 Ctrl + Space 组合键。</td></tr>
<tr><td>任务要求</td><td colspan="3">1. 仔细阅读任务描述中的设计要求，认真完成任务。
2. 提交电子作品，并认真填写评价表。
3. 小组间互相共享有效资源。</td></tr>
</table>

资料卡及实例

2.3　账户设置

在 Windows 7 操作系统中，可以设置多个用户账户。不同的账户类型拥有不同的权限，它们之间相互独立，从而实现多人使用同一台电脑而又互不影响的目的。

只有具有管理员权限的用户才能创建和删除用户账户。

1. 添加新的用户账户

在 Windows 7 操作系统中添加用户账户很简单，这里以增加一个标准用户为例，具体的操作步骤如下。

（1）单击【开始】→【控制面板】选项，弹出【控制面板】窗口，单击【用户账户和家庭安全】（图中“帐”统一为“账”）下的【添加或删除用户账户】链接。

（2）弹出【选择希望更改的账户】窗口，单击【创建一个新账户】链接，弹出【命名账户并选择账户类型】窗口。

（3）在【该名称将显示在欢迎屏幕和「开始」菜单上】文本框中输入要创建的用户账户名称，在此输入想要设定的账户名“林鸿”，选中【标准用户】单选按钮，然后单击【创建账户】按钮即可。

2. 设置用户账户图片

用户可以为创建的用户账户更改图片。Windows 7 操作系统中自带了大量的图片，用户可以从中选择自己喜欢的图片，把它设置为账户的头像。以之前创建的用户账户“林鸿”为例，具体的操作步骤如下。

（1）按照前面介绍的方法打开【选择希望更改的账户】窗口。

（2）单击用户账户【林鸿】图标，弹出【更改林鸿的账户】窗口。在此窗口中可以更改账户名称、创建密码、更改图片、更改账户类型、删除账户和管理其他账户等。

（3）单击【更改图片】链接，弹出【为林鸿的账户选择一个新图片】窗口。

（4）从图片列表中选择并选中一张自己喜欢的图片，然后单击【更改图片】按钮，即可将其设置为用户账户的头像。

（5）如果系统自带的图片不符合要求，可以单击【浏览更多的图片…】链接，在弹出的【打开】对话框中选择自己喜欢的图片文件，然后单击【打开】按钮即可。

3. 设置、更改和删除用户账户密码

新创建的用户账户没有设置密码保护，任何用户都可以登录使用，因此用户可以通过设置用户账户的密码，更好地保护系统的安全。下面以之前创建的“林鸿”用户账户为例，介绍设置、更改和删除用户账户密码的操作步骤。

（1）按前面介绍的方法打开【更改林鸿的账户】窗口。

（2）单击【创建密码】链接，弹出【为林鸿的账户创建一个密码】窗口。

（3）在【新密码】和【确认新密码】文本框中输入要创建的密码，在【键入密码提示】文本框中输入密码提示，然后单击【创建密码】按钮即可。

（4）如果用户设置的密码过于简单或者长时间使用后担心泄露，还可以更改，打开

【更改林鸿的账户】窗口，单击【更改密码】链接。

（5）弹出【更改林鸿的密码】窗口，在【新密码】和【确认密码】文本框中输入要创建的新密码，在【键入密码提示】文本框中输入密码提示，然后单击【更改密码】按钮即可。

（6）设置了密码的用户账户在登录时需要输入密码。如果是个人电脑用户，可以取消设置的密码，方法很简单，在【更改林鸿的账户】窗口中单击【删除密码】链接。

（7）弹出【删除密码】窗口，单击【删除密码】按钮即可。

4. 更改用户账户的类型

在 Windows 7 操作系统中，有超级管理员、管理员和标准用户等类型的用户。不同类型的用户具有不同的操作权限。其中，超级管理员的操作权限最高，对系统文件的更改都需要切换到这个用户下才能进行。使用最多的是管理员和标准用户。

之前创建的“林鸿”用户账户只具有标准用户的权限，如果在使用中发现权限不够，可以把它提升为管理员身份，具体的操作步骤如下。

（1）用前面介绍的方法打开【更改林鸿的账户】窗口，单击【更改账户类型】链接。

（2）弹出【为林鸿选择新的账户类型】窗口。

（3）选中【管理员】单选按钮，然后单击【更改账户类型】按钮，即可把用户账户类型更改为管理员。

5. 更改用户账户名称

比如，要把用户账户“林鸿”更改为“鸿林”，具体的操作步骤如下。

（1）用前面介绍的方法打开【更改林鸿的账户】窗口，单击【更改账户名称】链接。

（2）弹出【为林鸿的账户输入一个新账户名】窗口，在文本框中输入新的用户账户名称“鸿林”，然后单击【更改名称】按钮即可。

6. 删除用户账户

当某个账户不用时，可以将其删除，以便更好地保护 Windows 7 操作系统的安全。例如，要删除用户账户“鸿林”，具体的操作步骤如下。

（1）用前面介绍的方法打开【更改鸿林的账户】窗口，单击【删除账户】链接，弹出【是否保留鸿林的文件】窗口。

（2）用户可以选择是否保留该用户账户的文件，一般推荐直接删除文件，单击【删除文件】按钮，弹出【确定要删除鸿林的账户吗?】对话框。

（3）单击【删除账户】按钮，即可将用户账户从电脑中删除。

2.4 桌面个性化设置

相比于之前的操作系统，Windows 7 进行了重大的变革。它不仅延续了 Windows 家族的传统，而且带来了更多的全新体验。Windows 7 新颖的个性化设置，在视觉上给用户带来了不一样的感受。本节将介绍 Windows 7 操作系统的个性化设置。

2.4.1 设置 Windows 7 桌面主题

桌面上的所有可视元素和声音统称为 Windows 7 桌面主题，用户可以根据自己的喜好和需要，对 Windows 7 的桌面主题进行相应的设置。设置 Windows 7 桌面主题的具体步骤如下。

（1）在桌面空白处单击鼠标右键，弹出如图 2.9 所示的快捷菜单，选择【个性化(R)】选项，弹出如图 2.10 所示的【个性化】窗口，在该窗口中可以更改计算机上的视觉效果和声音。

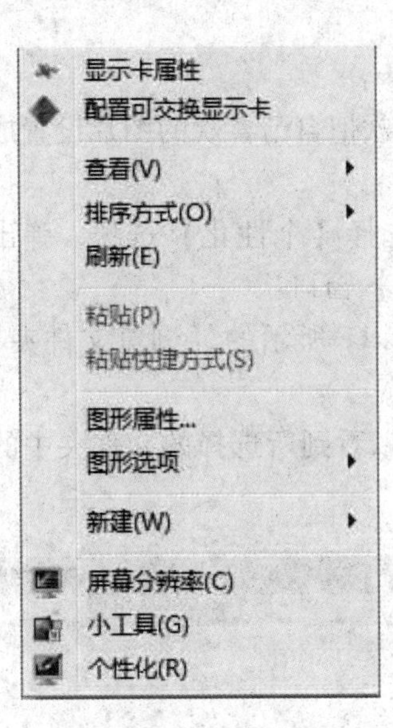

图 2.9 桌面快捷菜单

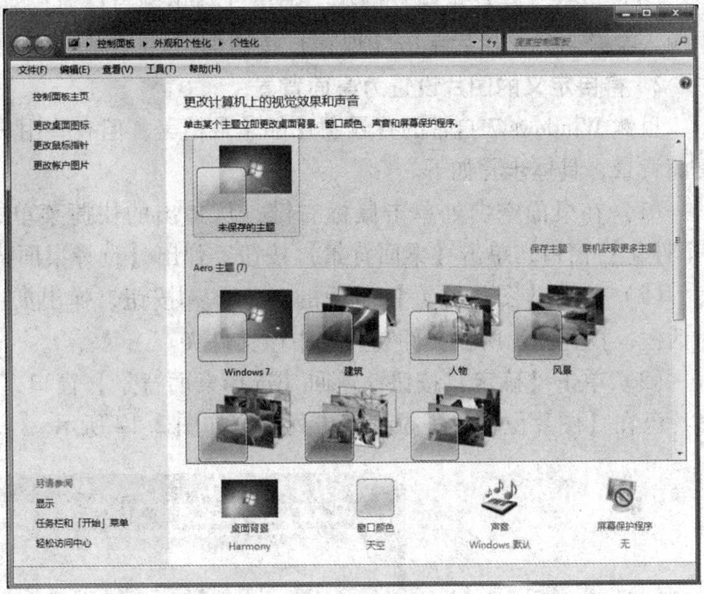

图 2.10 【个性化】窗口

（2）在图 2.10 所示的【个性化】窗口中可以看到 Windows 7 提供了包括“我的主题”和“Aero 主题”等多种个性化主题供用户选择；只要在某个主题上单击，即可选中该主题。

2.4.2 桌面背景个性化设置

在 Windows 7 操作系统中，系统提供了很多个性化的桌面背景，包括图片、纯色或带有颜色框架的图片等。用户可以根据自己的需要收集一些电子图片作为桌面背景，还可以将多张图片以幻灯片的形式显示。

1. 利用系统自带的桌面背景

Windows 7 操作系统中自带了包括建筑、人物、风景和自然等很多精美漂亮的背景图片，用户可以从中挑选自己喜欢的图片作为桌面背景。具体的操作步骤如下。

（1）在桌面空白处单击鼠标右键，从弹出的快捷菜单中选择【个性化】选项，弹出如图 2.10 所示的窗口。

（2）单击【桌面背景】按钮，弹出【选择桌面背景】窗口。

（3）在【选择桌面背景】窗口中的【图片位置】下拉列表中选择【Windows 桌面背景】选项，此时下边的列表中会显示场景、风景、建筑、人物、中国和自然等多组图片，选择其中一组中的一幅图片。

（4）在 Windows 7 操作系统中，桌面背景有 5 种显示方式，分别为填充、适应、拉伸、平铺和居中。用户可以在【选择桌面背景】窗口左下角的【图片位置】下拉列表中选择适合自己的选项。

（5）设置完毕，单击【保存修改】按钮，系统会自动返回如图 2.10 所示的窗口。在【我的主题】组合框中会出现一个【未保存的主题】图片标识，即刚才设置的图片。

（6）单击【保存主题】链接，弹出【将主题另存为】对话框，在【主题名称】文本框中输入主题名称，然后单击【保存】按钮即可。

2. 将自定义的图片设置为桌面背景

虽然 Windows 7 自带的背景图片都非常精美，但有些用户喜欢把自己喜欢的图片设置成桌面背景，具体步骤如下。

（1）在桌面空白处单击鼠标右键，从弹出的快捷菜单中选择【个性化】选项，弹出【个性化】窗口，单击【桌面背景】按钮，弹出【选择桌面背景】窗口。

（2）单击【图片位置】后面的 浏览(B)... 按钮，弹出如图 2.11 所示的【浏览文件夹】对话框，找到图片所在文件夹并选中该文件夹。

（3）单击【确定】按钮，返回【选择桌面背景】窗口，可以看到所选择的文件夹中的图片已在【图片位置】下拉列表中列出，如图 2.12 所示。

图 2.11 【浏览文件夹】对话框

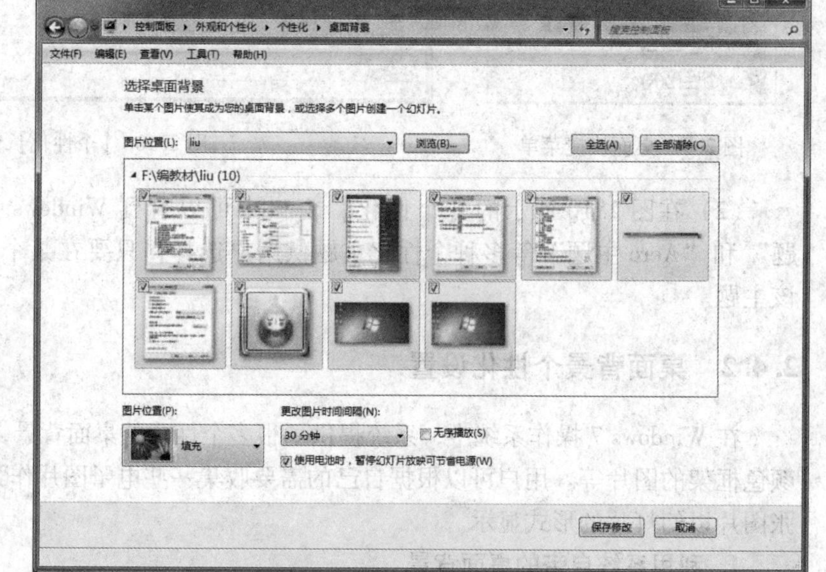

图 2.12 【选择桌面背景】窗口

（4）从下拉列表中选择一张图片作为桌面背景图片，然后单击 保存修改 按钮，返回【个性化】窗口，按前面方法在【我的主题】组合框中保存主题即可。返回桌面，即可看到设置桌面背景后的效果。

另外，用户也可以直接找到自己喜欢的图片，然后单击鼠标右键，从弹出的快捷菜单中选择【设置为桌面背景】选项，即可将该图片设置为桌面背景。

2.4.3　桌面图标个性化设置

在 Windows 7 操作系统中，所有的文件、文件夹及应用程序都可以用形象化的图标表示，这些图标放置在桌面上就叫作“桌面图标”。双击任意一个桌面图标都可以快速地打开相应的文件、文件夹或者应用程序。

1. 添加桌面图标

为了方便应用，用户可以手动在桌面上添加一些桌面图标。

1）添加系统图标

进入刚装好的 Windows 7 操作系统时，桌面上只有一个【回收站】图标。【计算机】和【控制面板】等系统图标都被放在了【开始】菜单中，用户可以通过手动的方式将其添加到桌面上，具体的操作步骤如下。

（1）在桌面空白处单击鼠标右键，从弹出的快捷菜单中选择【个性化】选项，弹出【更改计算机上的视觉效果和声音】窗口。

（2）在窗口的左边窗格中单击【更改桌面图标】链接，弹出【桌面图标设置】对话框，如图 2.13 所示。

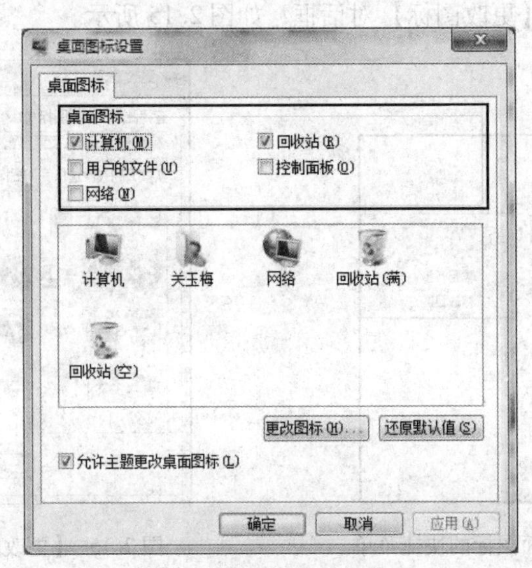

图 2.13　【桌面图标设置】对话框

（3）用户可根据自己的需要在【桌面图标】区域选择需要添加到桌面上的系统图标，依次单击【应用】和【确定】按钮，返回【更改计算机上的视觉效果和声音】窗口，然后关闭该窗口即可完成桌面图标的添加。

2）添加应用程序快捷方式

用户还可以将常用的应用程序的快捷方式放置在桌面上，形成桌面图标。以添加【计算器】快捷方式图标为例，具体的操作步骤如下。

（1）单击【开始】→【所有程序】→【附件】选项，弹出程序组列表。

（2）在程序组列表中选择【计算器】选项，然后单击鼠标右键，从弹出的快捷菜单中选择【发送到】→【桌面快捷方式】选项。

（3）返回桌面，可以看到桌面上已经新增加了一个【计算器】快捷方式图标。

2. 排列桌面图标

在日常应用中，用户不断地添加桌面图标，就会使桌面变得很乱，这时可以通过排列桌面图标来整理桌面。可以按照名称、大小、项目类型和修改日期 4 种方式排列桌面图标。

在桌面空白处单击鼠标右键，从弹出的快捷菜单中选择【排序方式】选项，在其级联菜单中可以看到 4 种排列方式，如图 2. 14 所示。

3. 更改桌面图标

用户还可以根据自己的实际需要更改桌面图标的标识和名称。

1）利用系统自带的图标

Windows 7 操作系统中自带了很多图标，用户可以从中选择自己喜欢的，具体的操作步骤如下。

（1）在桌面空白处单击鼠标右键，选择【个性化】选项，弹出【更改计算机上的视觉效果和声音】窗口。在窗口的左边窗格中单击【更改桌面图标】链接，弹出如图 2. 13 所示的【桌面图标设置】对话框。

（2）在对话框的【桌面图标】区域中勾选要更改标识的桌面图标复选项，然后单击 更改图标(H)... 按钮，弹出【更改图标】对话框，如图 2. 15 所示。

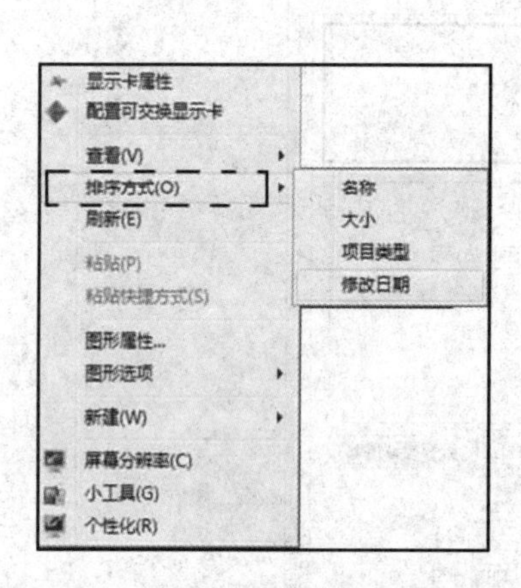

图 2. 14 排列桌面图标的快捷菜单

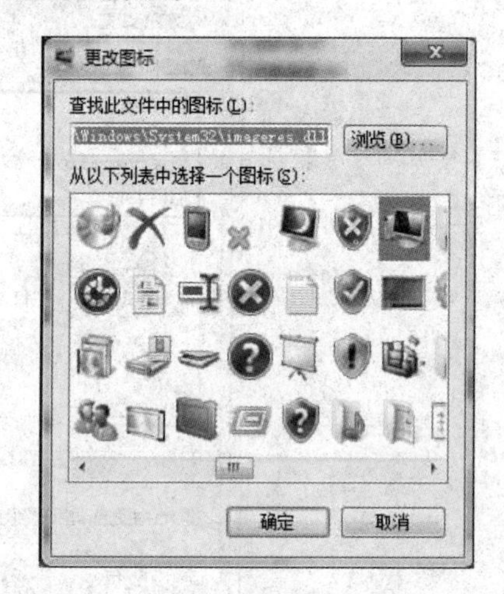

图 2. 15 【更改图标】对话框

（3）从【从以下列表中选择一个图标】列表中选中一个自己喜欢的图标，然后单击【确定】按钮，返回【桌面图标设置】对话框，可以看到选择的图标标识。

（4）然后依次单击【应用】和【确定】按钮返回桌面，可以看到选择的图标标识已经更改。

提示：如果用户希望把更改过的图标还原为系统默认的图标，在【桌面图标设置】对话框中单击【还原默认值】按钮即可。

2）利用自己喜欢的图标

如果系统自带的图标不能满足需求，用户可以将自己喜欢的图标设置为桌面图标标识，具体操作步骤如下。

（1）按照前面介绍的方法打开【桌面图标设置】对话框。

（2）在【桌面图标】区域中勾选要更改标识的桌面图标复选项，然后单击更改图标(H)...按钮，弹出【更改图标】对话框。

（3）单击【查找此文件夹中的图标】右侧的浏览(B)...按钮，弹出一个新的对话框。

（4）从中选择自己喜欢的图标，然后单击打开(O)按钮，返回【更改图标】对话框，可以看到选择的图标已经显示在【从以下列表中选择一个图标】列表中。

（5）选中某一图标后单击确定按钮，返回【桌面图标设置】对话框，然后依次单击【应用】和【确定】按钮返回桌面，即可看到更改后的效果。

4. 更改桌面图标名称

有的时候用户安装完应用程序会在桌面创建一个快捷方式图标，但有些图标显示的却是英文名称，看起来很不习惯，此时用户可以更改桌面图标名称，具体操作步骤如下。

（1）在要修改的桌面图标上单击鼠标右键，从弹出的快捷菜单中选择【重命名】选项。

（2）此时该图标的名称处于可编辑状态，在此处输入新的名称，然后按下 Enter 键或者在桌面空白处单击鼠标即可。

提示：用户还可以通过 F2 功能键来快速地完成重命名操作，操作方法如下，首先选中要更改名称的图标，然后按 F2 功能键，此时图标名称就会变为可编辑状态，输入新的名称后按 Enter 键即可。

5. 删除桌面图标

为了使桌面看起来整洁美观，用户可以将不常用的图标删除，以便于管理。

1）删除到回收站

（1）通过右键快捷菜单删除：在要删除的快捷方式图标上单击鼠标右键，从弹出的快捷菜单中选择【删除】选项；弹出【删除快捷方式】对话框，然后单击是(Y)按钮即可。双击桌面上的【回收站】图标，打开【回收站】窗口，可以在窗口中看到删除的快捷方式图标。

（2）通过 Delete 键删除：选中要删除的桌面图标，按 Delete 键，即可弹出【删除快捷方式】对话框，然后单击是(Y)按钮即可将图标删除。

2）彻底删除

彻底删除桌面图标的方法与删除到回收站的方法类似。在选择【删除】选项或者按 Delete 键的同时需要按 Shift 键，此时会弹出【删除快捷方式】对话框，提示“您确定要永久删除此快捷方式吗?”然后，单击是(Y)按钮即可。

2.4.4　更改屏幕保护程序

当用户在指定的一段时间内没有使用鼠标和键盘进行操作，系统就会自动进入账户锁定状态，此时屏幕会显示图片或动画，这就是屏幕保护程序的效果。

设置屏幕保护程序有以下 3 方面的作用。

（1）可以减少电能消耗。

（2）可以起到保护电脑屏幕的作用。

（3）可以保护个人的隐私，增强计算机的安全性。

1. 使用系统自带的屏幕保护程序

Windows 7 自带了一些屏幕保护程序，用户可以根据自己的喜好进行选择，具体操作步骤如下。

（1）在桌面空白处单击鼠标右键，在弹出的快捷菜单中选择【个性化】选项，将弹出【个性化】窗口。

（2）单击【屏幕保护程序】按钮，弹出【屏幕保护程序设置】对话框，如图 2. 16 所示。

（3）在【屏幕保护程序】区域中的下拉列表中列出了很多系统自带的屏幕保护程序，用户可以根据自己的需求选择。例如，选择【三维文字】选项，单击设置(T)...按钮，将弹出如图 2. 17 所示的【三维文字设置】对话框，可以对文字、动态等进行设置。

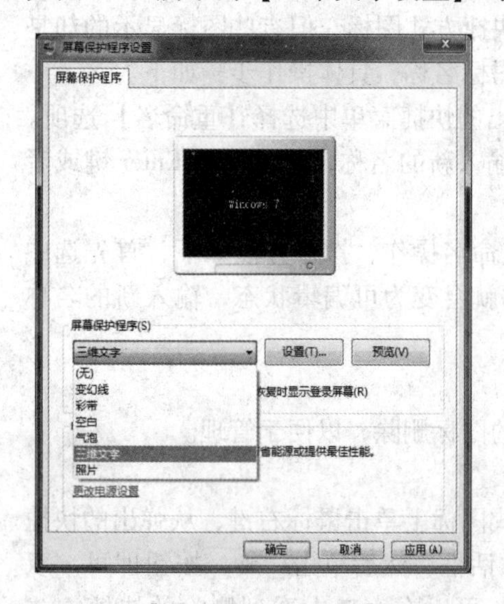

图 2. 16 【屏幕保护程序设置】对话框

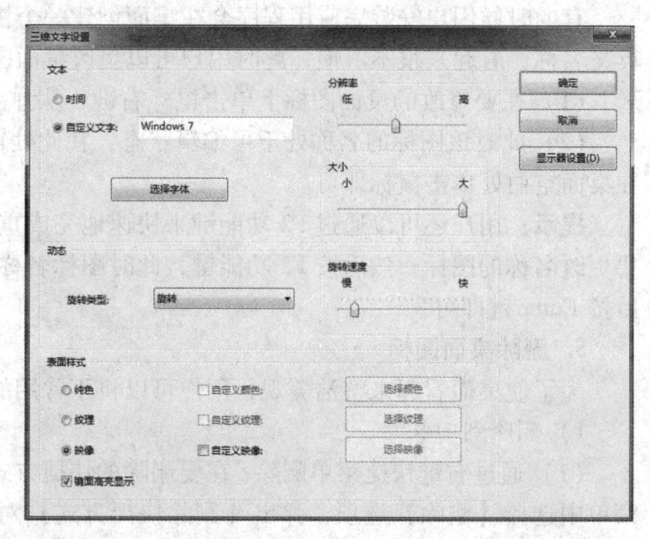

图 2. 17 【三维文字位置】对话框

（4）在【等待】微调框中设置等待的时间，如设置为 10 分钟，用户也可以勾选【在恢复时显示登录屏幕】复选项，然后依次单击【应用】和【确定】按钮。

如果用户在 10 分钟内没有对电脑进行任何操作，系统就会自动地启动屏幕保护程序。

2. 使用个人图片作为屏幕保护程序

用户可以使用保存在计算机中的个人图片来设置自己的屏幕保护程序，也可以从网站上下载屏幕保护程序。将用户个人的图片设置成屏幕保护程序的具体操作步骤如下。

（1）按照前面介绍的方法打开【屏幕保护程序设置】对话框，在【屏幕保护程序】区域中的下拉列表中选择【照片】选项。

（2）单击右侧的设置(T)...按钮，弹出【照片屏幕保护程序设置】对话框，如图 2. 18 所示。

（3）单击浏览(B)...按钮，弹出【浏览文件夹】对话框。

（4）选中要设置为屏幕保护图片的图片文件夹，然后单击确定按钮，返回【照片屏幕保护程序设置】对话框。

（5）单击【幻灯片放映速度】右侧的下三角按钮，在弹出的下拉列表中根据自己的需要选择幻灯片的放映速度。

（6）设置完毕后，单击【保存】按钮，返回【屏幕保护程序设置】对话框，然后按照

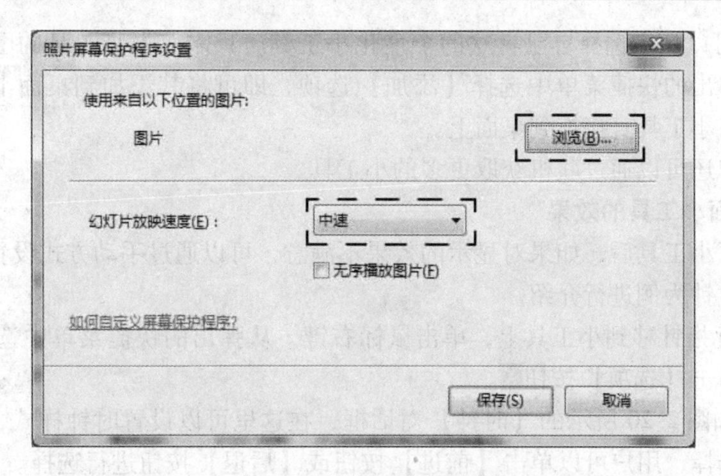

图 2. 18 【照片屏幕保护程序设置】对话框

设置系统自带的屏幕保护程序的方法设置等待时间，即可将个人图片设置为屏幕保护图片。

2. 4. 5　更改桌面小工具

从 Windows Vista 操作系统开始，Windows 操作系统的桌面上又多了一个新成员——桌面小工具。这个功能在 Windows 7 操作系统中更加完美。

虽然 Windows Vista 操作系统也提供了桌面小工具，但是它把不同类型的小工具都放在了一个边栏里面，随时可以使用。Windows 7 操作系统甩掉了边栏的限制，用户可以把想要的小工具拖动到桌面上，使操作更加方便快捷。

1. 添加桌面小工具

Windows 7 操作系统自带了很多漂亮实用的小工具，下面介绍如何将这些小工具添加到桌面上。

（1）在桌面空白处单击鼠标右键，从弹出的快捷菜单中选择【小工具】选项，弹出【小工具库】窗口，其中列出了系统自带的多个小工具，如图 2. 19 所示。

图 2. 19 【小工具库】窗口

（2）用户可以从中选择自己喜欢的个性化小工具。只需双击小工具的图标，或者单击鼠标右键，在弹出的快捷菜单中选择【添加】选项，即可将其添加到桌面上，也可以用鼠标拖动的方法将小工具直接拖到桌面上。

此外，用户还可以通过联机获取更多的小工具。

2. 设置桌面小工具的效果

用户添加了小工具后，如果对显示的效果不满意，可以通过手动方式设置小工具的显示效果，下面以时钟为例进行介绍。

（1）将鼠标指针移到小工具上，单击鼠标右键，从弹出的快捷菜单中选择【选项】选项，或者直接单击【选项】按钮。

（2）弹出如图 2. 20 所示的【时钟】对话框，在这里可以设置时钟样式，系统提供了 8 种样式供用户选择，用户可以单击【前进】按钮或【后退】按钮进行选择。

图 2. 20 【时钟】对话框

（3）选定某一种样式，然后单击【确定】按钮即可。同时用户还可以设置“时钟名称”“时区”和“是否显示秒针”等。

2. 5 【开始】菜单设置

Windows 7 相较于之前的操作系统，其【开始】菜单采用了全新的设计，用户可以快速地找到要执行的程序，完成相应的操作。为了使【开始】菜单更加符合自己的使用习惯，用户可以对其进行相应的设置。

2. 5. 1 【开始】菜单属性设置

与之前的操作系统不同，Windows 7 只有一种默认的【开始】菜单样式，不能更改，但是用户可以对其属性进行相应的设置。

（1）在【开始】按钮上单击鼠标右键，从弹出的快捷菜单中选择【属性】选项，弹出【任务栏和「开始」菜单属性】对话框，切换到【「开始」菜单】选项卡，如图 2. 21 所示。

（2）【电源按钮操作】下拉列表中列出了 6 项按钮操作选项，用户可以选择其中的一项，然后依次单击【应用】和【确定】按钮，便更改了【开始】菜单中的电源按钮。

（3）单击【「开始」菜单】选项卡右侧的 自定义(C)... 按钮，弹出【自定义「开始」菜单】对话框。

（4）在【您可以自定义「开始」菜单上的链接、图标以及菜单的外观和行为】列表中设置【开始】菜单中各个选项的属性，如图 2. 22 所示。

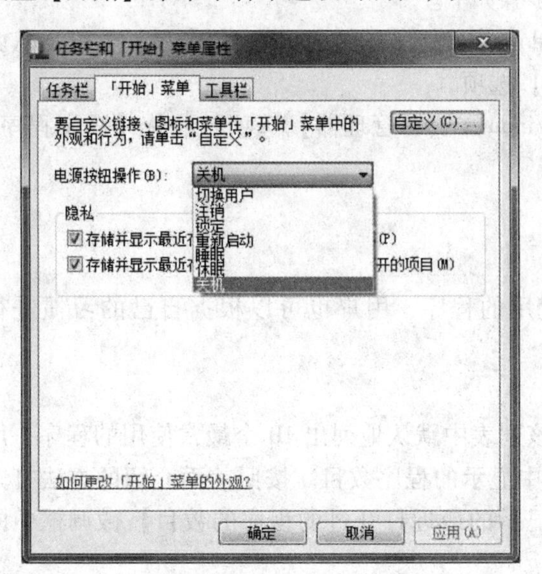

图 2. 21 【任务栏和「开始」菜单属性】对话框

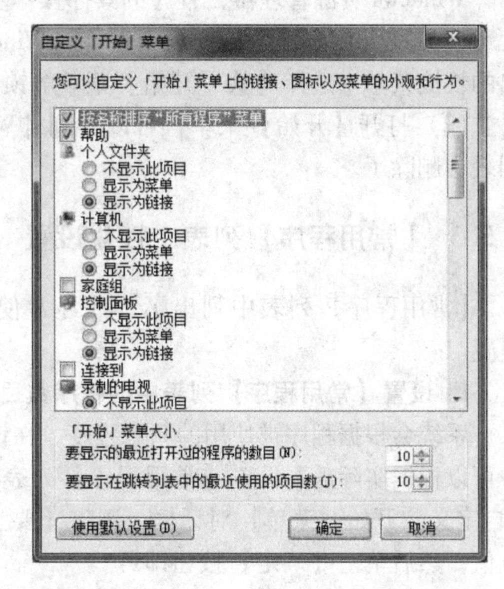

图 2. 22 【自定义「开始」菜单】对话框

（5）在【要显示的最近打开过的程序的数目】微调框中设置最近打开程序的数目，在【要显示在跳转列表中的最近使用的项目数】微调框中设置最近使用的项目数。

（6）设置完毕后，单击【确定】按钮，返回【任务栏和「开始」菜单属性】对话框，然后依次单击【应用】和【确定】按钮即可。

（7）打开【开始】菜单，可以看到设置的地方已经发生了改变。

在【开始】菜单中可以看到，Windows 7 为【开始】菜单引入了 Jump List（跳转列表)。跳转列表是最近使用的项目列表，如文件、文件夹或网站。用户除了使用跳转列表可以快速地打开项目之外，还可以将收藏夹项目锁定到跳转列表，以便轻松地访问每天使用的程序和文件。

2. 5. 2 【固定程序】列表个性化设置

【固定程序】列表中的程序会固定地显示在【开始】菜单中，用户可以快速地打开其中的应用程序。

1. 将常用的程序添加到【固定程序】列表中

用户可以根据自己的需要将常用的程序添加到【固定程序】列表中。例如，将“Windows资源管理器”程序添加到【固定程序】列表中的具体操作步骤如下。

(1) 单击【开始】→【所有程序】→【附件】选项，从弹出的【附件】菜单中选择【Windows资源管理器】选项，然后单击鼠标右键，从弹出的快捷菜单中选择【附件「开始」菜单】选项。

(2) 单击【所有程序】菜单中的【返回】按钮，返回【开始】菜单，可以看到【Windows资源管理器】选项已经被添加到【固定程序】列表中。

2. 删除【固定程序】列表中的程序

当用户不再使用【固定程序】列表中的程序时，可以将其删除。例如，删除刚刚添加的“Windows资源管理器”程序的具体操作步骤如下。

(1) 在【固定程序】列表中选择【Windows资源管理器】选项，单击鼠标右键，从弹出的快捷菜单中选择【从「开始」菜单解锁】选项。

(2) 打开【开始】菜单，可以看到【Windows资源管理器】选项已经从【固定程序】列表中删除了。

2.5.3 【常用程序】列表个性化设置

【常用程序】列表中列出了一些经常使用的程序，用户也可以根据自己的习惯进行设置。

1. 设置【常用程序】列表中的程序数目

系统会根据程序被使用的频繁程度，在该列表中默认地列出10个最常使用的程序，用户可以根据实际需要设置【常用程序】列表中显示的程序数目。按照前面介绍的方法打开【自定义「开始」菜单】对话框，调整【要显示的最近打开过的程序的数目】微调框中的数值，然后单击【确定】按钮即可。

2. 删除【常用程序】列表中的程序

用户如果想从【常用程序】列表中删除某个不再经常使用的应用程序，如要将“计算器”应用程序从列表中删除，只需在该应用程序选项上单击鼠标右键，然后从弹出的快捷菜单中选择【从列表中删除】选项即可。

如果用户想将删除的“计算器”应用程序再次显示在【常用程序】列表中，只需再次启动“计算器”应用程序即可。

2.5.4 【开始】菜单个性化设置

在【开始】菜单右侧窗格中列出了部分Windows项目链接，用户可以通过这些链接快速地打开相应的窗口进行各项操作。

与之前版本的Windows操作系统相比，这个窗格中又增加了库项目链接。在Windows 7操作系统中，有4个默认库（文档、音乐、图片和视频），也可以新建其他库。默认情况下，文档、图片和音乐显示在该窗格中。用户可以在这个窗格中添加或删除这些项目链接，也可以自定义其外观。

提示：在以前版本的Windows操作系统中，管理文件意味着在不同的文件夹和子文件夹下对文件进行组织和管理。在Windows 7操作系统中可以使用库，按类型来组织和访问文件，而不管其存储位置是否相同。库可以收集不同位置的文件，并将其显示为一个集合，而无须从其存储位置移动到同一文件夹中。

用户可以将一些常用的项目链接添加到【开始】菜单中，也可以删除一些项目，并且可以定义其显示方式，具体的操作步骤如下。

（1）在【开始】按钮上单击鼠标右键，从弹出的快捷菜单中选择【属性】选项，弹出【任务栏和「开始」菜单属性】对话框，切换到【「开始」菜单】选项卡。

（2）单击右侧的 自定义(C)... 按钮，弹出【自定义「开始」菜单】对话框。

（3）在【您可以自定义「开始」菜单上的链接、图标以及菜单的外观和行为】列表中，选中【计算机】选项下方的【显示为菜单】单选按钮，再选中【控制面板】选项下方的【不显示此项目】单选按钮和【连接到】复选项，然后单击【确定】按钮即可。

（4）打开【开始】菜单，可以看到【连接到】项目已经被添加到右侧窗格中，【控制面板】项目也已被删除，并且【计算机】选项是以菜单形式显示的，效果如图 2. 23 所示。

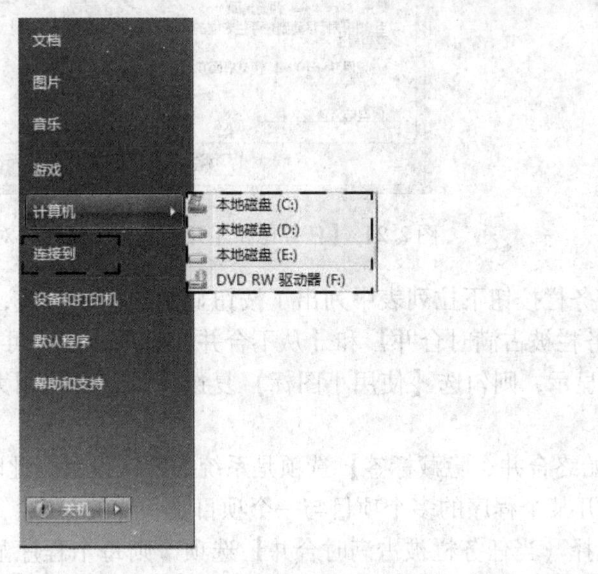

图 2. 23 自定义【开始】菜单

2. 6 任务栏的设置

在 Windows 7 中，任务栏经过了重新设计。任务栏图标不但拥有了新外观，而且除了为用户显示正在运行的程序外，还新增了一些功能。用户可以根据自己的需要，对 Windows 7 的任务栏进行个性化设置。

2. 6. 1 程序按钮区个性化设置

任务栏的左边部分是程序按钮区，用于显示用户当前已经打开的程序和文件，用户可以在它们之间进行快速切换。在 Windows 7 中新增加了 Jump List 功能菜单、程序锁定和相关项目合并等功能，用户可以更轻松地访问程序和文件。

1. 更改任务栏上程序图标的显示方式

用户可以自定义任务栏上程序按钮区显示的方式，具体的操作步骤如下。

(1) 在【开始】按钮上单击鼠标右键，从弹出的快捷菜单中选择【属性】选项，弹出【任务栏和「开始」菜单属性】对话框，切换到任务栏选项卡，如图 2. 24 所示。

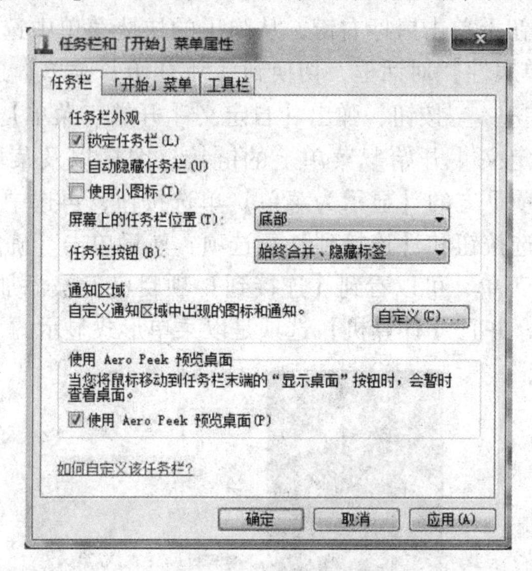

图 2. 24 【任务栏和「开始」菜单属性】对话框

(2) 任务栏按钮下拉列表中列出了按钮显示的 3 种方式，分别是【始终合并、隐藏标签】【当任务栏被占满时合并】和【从不合并】选项，用户可以选择其中的一种方式。若要使用小图标显示，则勾选【使用小图标】复选项；若要使用大图标显示，则取消选中该复选项即可。

(3)【始终合并、隐藏标签】选项是系统的默认设置。此时每个程序显示为一个无标签的图标，打开某个程序的多个项目与一个项目是一样的。

(4) 选择【当任务栏被占满时合并】选项，则每个程序显示为一个有标签的图标。当任务栏变得很拥挤时，具有多个打开项目的程序会重叠为一个程序图标，单击图标可显示打开的项目列表。

(5) 选择【从不合并】选项，该设置下的图标则从不会重叠为一个图标，无论打开多少个窗口都是一样。随着打开的程序和窗口越来越多，图标会缩小，并且最终在任务栏中滚动。

提示：在以前版本的 Windows 中，程序会按照打开它们的顺序出现在任务栏上，但在 Windows 7 中，相关的项目会始终彼此靠近。要重新排列任务栏上程序图标的顺序，只需拖动图标，将其从当前位置拖到任务栏上的其他位置即可。

2. 使用任务栏上的跳转列表

跳转列表即最近使用的项目列表。在任务栏上，已固定到任务栏的程序和当前正在运行的程序，会出现跳转列表。使用任务栏上的跳转列表，可以快速地访问最常用的程序。用户可以清除跳转列表中显示的项目。

2.6.2　自定义通知区域

在默认情况下，通知区域位于任务栏的右侧。它除了包含时钟、音量等标识之外，还包括一些程序图标，这些程序图标提供有关系统更新、网络连接等事项的状态和通知。安装新程序时，有时可以将此程序的图标添加到通知区域内。

1. 更改图标和通知在通知区域的显示方式

通知区域有时会布满杂乱的图标，在 Windows 7 中可以选择将某些图标设置为始终保持可见，而使通知区域的其他图标保留在溢出区，还可以自定义可见的图标及其相应的通知在任务栏中的显示方式，如图 2.25 所示，具体操作步骤如下。

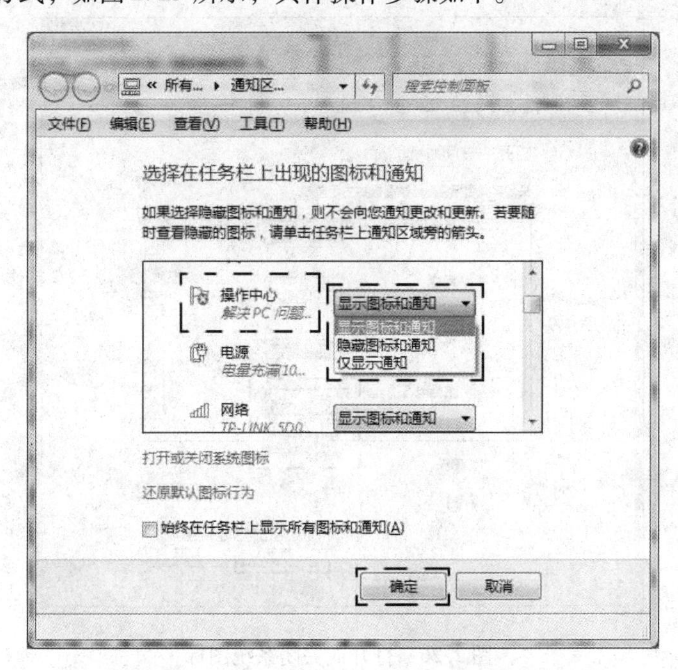

图 2.25　设置通知区域显示方式

（1）在【开始】按钮上单击鼠标右键，从弹出的快捷菜单中选择【属性】选项，弹出【任务栏和「开始」菜单属性】对话框，切换到任务栏选项卡。

（2）单击【通知区域】区域右侧的 自定义(C)... 按钮，弹出【选择在任务栏上出现的图标和通知】对话框。

（3）在该对话框的列表中列出了各个图标及其显示的方式。每个图标都有 3 个选项，对应 3 种显示方式，即【显示图标和通知】【隐藏图标和通知】【仅显示通知】选项。

（4）选择一种显示方式后单击【确定】按钮，返回【任务栏和「开始」菜单属性】对话框，依次单击【应用】和【确定】按钮即可。

（5）用户若要随时查看隐藏的图标，可以单击任务栏中通知区域里的【显示隐藏的图标】按钮▲，在弹出的快捷菜单中会显示隐藏的图标，单击【自定义】链接，即可弹出【选择在任务栏上出现的图标和通知】对话框。

2. 打开和关闭系统图标

【时钟】【音量】【网络】【电源】和【操作中心】5 个图标是系统图标，用户可以根据需要将其打开或者关闭，具体的操作步骤如下。

(1) 按照前面介绍的方法打开【选择在任务栏上出现的图标和通知】对话框，单击【打开或关闭系统图标】链接。

(2) 弹出【打开或关闭系统图标】对话框，在对话框中间的列表中设置有 5 个系统图标的行为，如图 2.26 所示。例如，在【操作中心】图标右侧的下拉列表中选择【关闭】选项，即可将【操作中心】图标从任务栏的通知区域中删除并且关闭通知。若想还原图标行为，单击对话框左下角的【还原默认图标行为】链接即可。

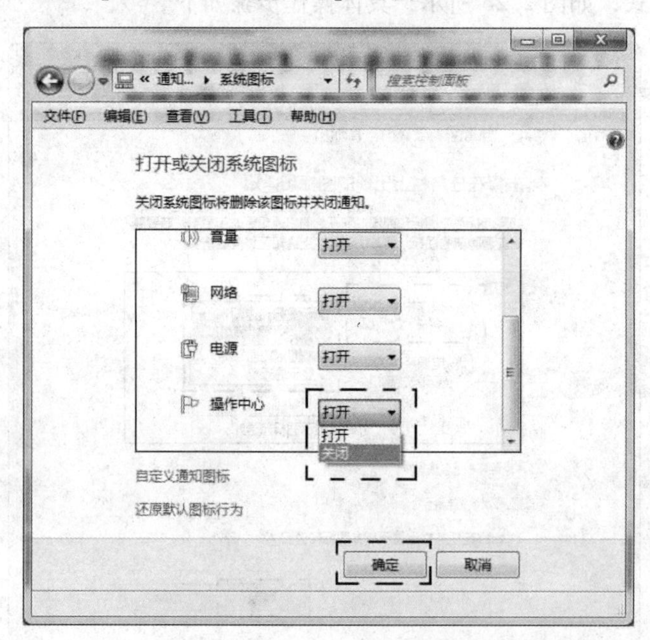

图 2.26 打开或关闭系统图标

(3) 设置完毕，单击【确定】按钮，返回【选择在任务栏上出现的图标和通知】对话框，然后单击【确定】按钮即可完成设置。

2.6.3 调整任务栏位置和大小

用户可以通过手动的方式调整任务栏的位置和大小，以便为程序按钮区和通知区域创建更多的空间。下面介绍调整任务栏位置和大小的方法。

1. 调整任务栏的位置

通过鼠标拖动的方法调整任务栏位置的具体操作步骤如下。

(1) 在任务栏的空白处单击鼠标右键，在弹出的快捷菜单中会显示【锁定任务栏】选项，若其旁边有标识✓，单击删除此标识。

提示：调整任务栏位置的前提是，任务栏处于非锁定状态。当【锁定任务栏】选项前面有一个✓标识时，说明此时任务栏处于锁定状态。

(2) 将鼠标指针移动到任务栏中的空白区域，然后拖动任务栏。

（3）将其拖至合适的位置后释放即可。

此外，还可以通过在【任务栏和「开始」菜单属性】对话框中进行设置来调整，具体操作步骤如下。

（1）在【开始】按钮上单击鼠标右键，从弹出的快捷菜单中选择【属性】选项，弹出【任务栏和「开始」菜单属性】对话框，切换到任务栏选项卡。

（2）从【屏幕上的任务栏位置】下拉列表中选择任务栏需要放置的位置，然后依次单击【应用】和【确定】按钮即可。

2. 调整任务栏的大小

调整任务栏的大小首先也要使任务栏处于非锁定状态，具体的操作步骤如下。

（1）将鼠标指针移到任务栏上的空白区域边界上方，此时鼠标指针变成⇕形状，然后按住鼠标左键不放向上拖动，拖至合适的位置后释放即可。

（2）若想将任务栏还原为原来的大小，只要按照上面的方法再次拖动鼠标即可实现。

2.7　鼠标和键盘的设置

鼠标和键盘是计算机系统中的两个最基本的输入设备，用户可以根据自己的习惯对其进行个性化设置。

2.7.1　鼠标的个性化设置

鼠标用于帮助用户完成对电脑的一些操作。为了便于使用，可以对其进行一些相应的设置。进行鼠标个性化设置的具体步骤如下。图 2.27 是鼠标个性化设置相应的示意图。

（1）选择【开始】→【控制面板】选项，弹出【控制面板】窗口。

（2）在【查看方式】下拉列表中选择【小图标】选项。

（3）单击【鼠标】图标，弹出【鼠标 属性】对话框，切换到【鼠标键】选项卡。

（4）在【鼠标键配置】区域中设置目前起作用的是哪个键，如勾选【切换主要和次要的按钮】复选项，此时起主要作用的就变成鼠标右键。

（5）拖动【双击速度】区域中的【速度】滑块，设置鼠标双击的速度。

（6）设置完毕后切换到【指针】选项卡。

（7）在【方案】下拉列表中选择鼠标指针方案，如选择【Windows 黑色（特大）（系统方案）】选项，此时在【自定义】列表中就会显示出该方案的一系列鼠标指针形状，从中选择一种即可。

（8）设置完毕后切换到【指针选项】选项卡。

（9）在【移动】区域中拖动【选择指针移动速度】滑块，调整指针的移动速度。如果用户想提高指针的精确度，勾选【提高指针精确度】复选项即可。

（10）在【可见性】区域中用户也可以进行相应的设置。用户如果想显示指针的轨迹，勾选【显示指针轨迹】复选项，然后可通过下方的滑块来调整显示轨迹的长短。如果想在打字时隐藏指针，则可勾选【在打字时隐藏指针】复选项。

（11）设置完毕后切换到【滑轮】选项卡。

（12）在【垂直滚动】区域中选中【一次滚动下列行数】单选按钮，然后在下面的微

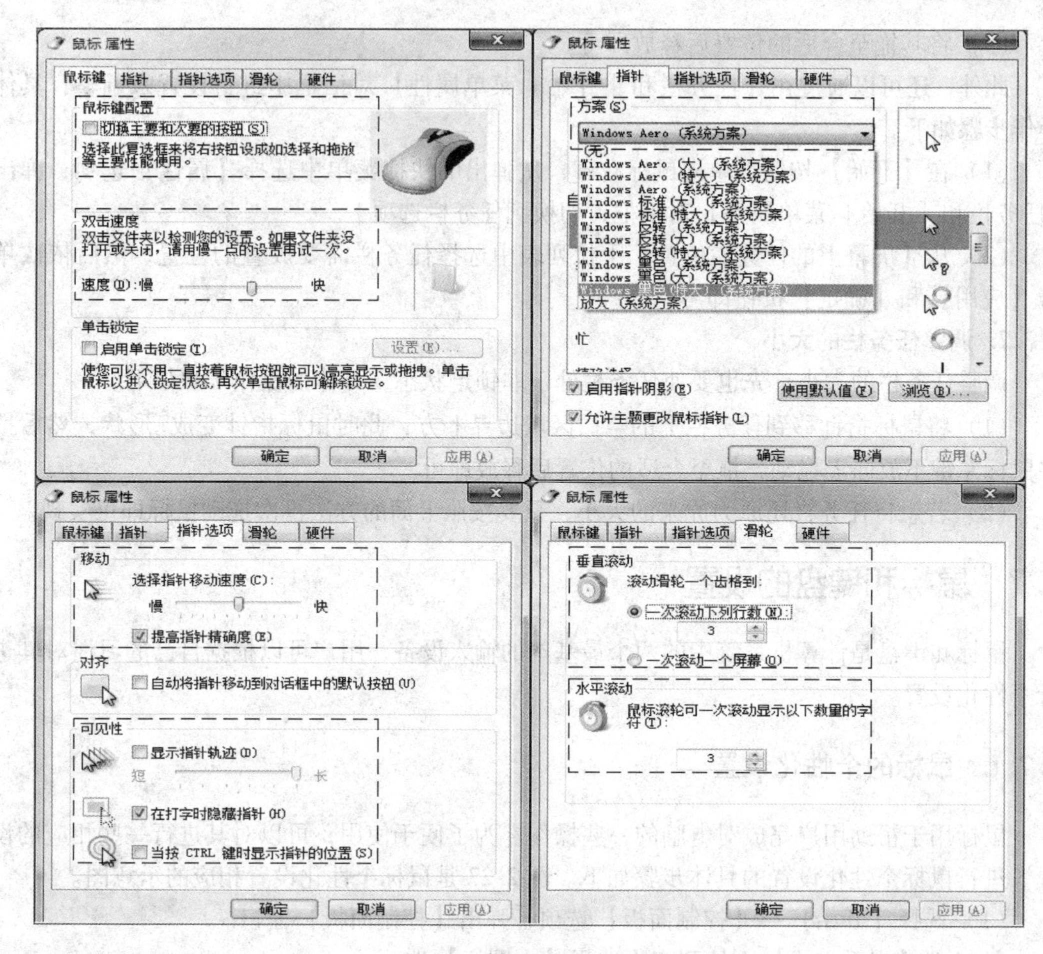

图 2.27　鼠标个性化设置

调框中设置一次滚动的行数。

（13）在【水平滚动】区域中的微调框中可以设置滚轮滚动一次显示的字符数目。

（14）设置完毕后依次单击【应用】和【确定】按钮即可。

2.7.2　键盘的个性化设置

同鼠标的个性化设置一样，键盘也可以进行个性化设置，具体操作步骤如下。

（1）单击【开始】→【控制面板】选项，弹出【控制面板】窗口。

（2）在【查看方式】下拉列表中选择【小图标】选项。

（3）单击【键盘】图标，弹出【键盘 属性】对话框，如图 2.28 所示。

（4）切换到【速度】选项卡，在【字符重复】区域中通过拖动滑块可以设置字符的“重复延迟”和“重复速度”。在调整的过程中，用户可以在【单击此处并按住一个键以便测试重复速度】文本框中进行测试：将鼠标指针定位在文本框中，然后连续按下同一个键可以测试按键的重复速度。

（5）在【光标闪烁速度】区域中可以通过拖动滑块来设置光标的闪烁速度，滑块越靠近左侧，光标的闪烁速度越慢，反之越靠近右侧则越快。

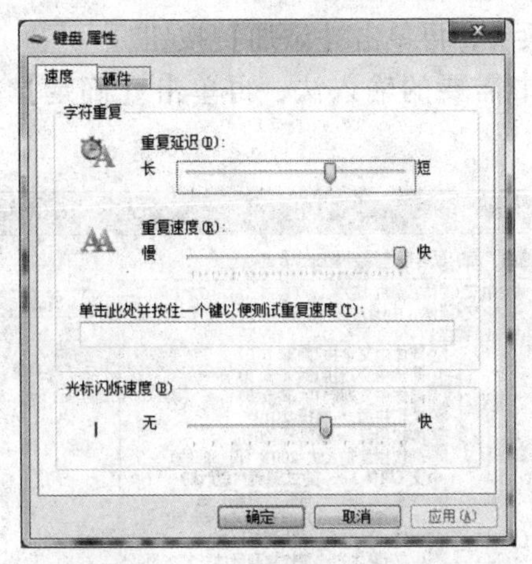

图 2. 28 【键盘 属性】对话框

(6) 设置完毕后依次单击【应用】和【确定】按钮，即可完成对键盘的个性化设置。

2. 8 输入法的设置

Windows 7 提供了多种中文输入法，如简体中文全拼、双拼、郑码、微软拼音等。此外，用户还可以根据自身需要添加或删除输入法，将平时常用的输入法设成默认模式，以方便使用。

2. 8. 1 输入法常规设置

1. 添加输入法

(1) 单击【开始】→【控制面板】选项，在弹出的【控制面板】窗口中，单击【更改键盘或其他输入法】链接，打开如图 2. 29 所示的【区域和语言】对话框。

(2) 打开【键盘和语言】选项卡，再单击【更改键盘】按钮，打开如图 2. 30 所示的【文本服务和输入语言】对话框。

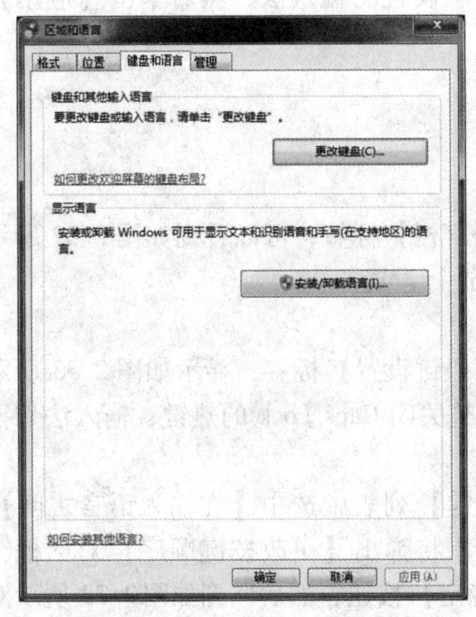

图 2. 29 【区域和语言】对话框

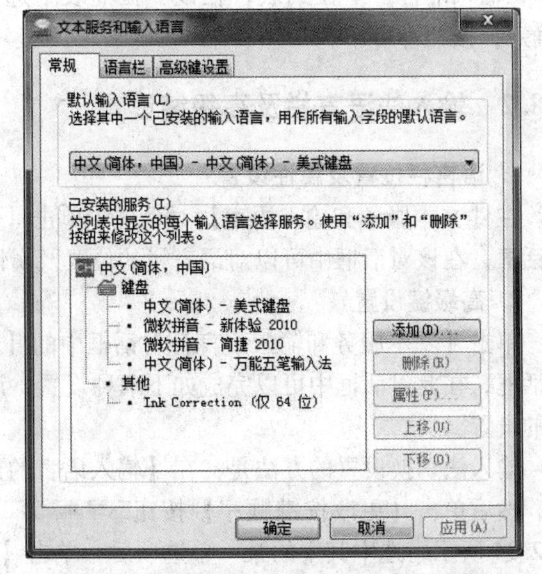

图 2. 30 【文本服务和输入语言】对话框

(3) 打开【常规】选项卡，再单击【添加】按钮，打开如图 2. 31 所示的【添加输入语言】对话框，选中需要的输入法，再单击【确定】按钮，完成输入法的设置。

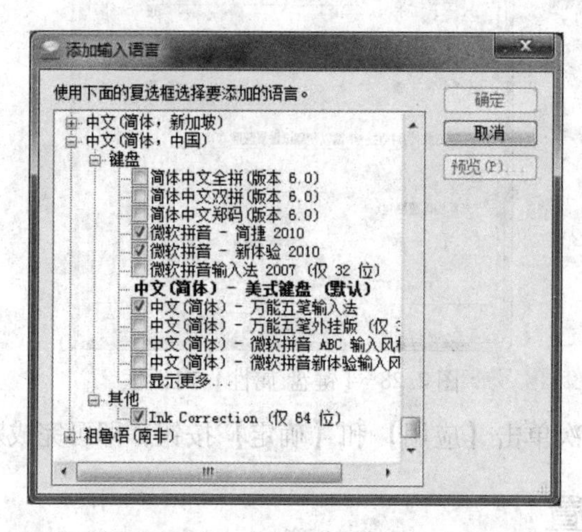

图 2. 31 【添加输入语言】对话框

提示：添加或删除输入法，也可以右击任务栏中的输入法指示器，从弹出的快捷菜单中选择【设置】选项，打开如图 2. 30 所示的【文本服务和输入语言】对话框进行操作。

2. 删除输入法

在【文本服务和输入语言】对话框中选中某一输入法，单击【删除】按钮，可以将其从系统中删除。

3. 设置默认输入法

添加若干个输入法后，比如有五笔、智能 ABC、搜狗拼音等，比较常用的可以将其设置为默认输入语言，方法是：在【文本服务和输入语言】对话框的【常规】选项卡里找到【默认输入语言】下拉列表，在该下拉列表中选择想设置的输入法，然后单击【应用】→【确定】按钮即可。

2. 8. 2 输入法语言栏及高级键设置

1. 语言栏位置及属性设置

在【文本服务和输入语言】对话框中单击【语言栏】标签，可以看到如图 2. 32 所示的对话框，在该对话框中可以对语言栏的位置及属性进行设置。

2. 高级键设置

单击【文本服务和输入语言】对话框中的【高级键设置】标签，显示如图 2. 33 所示的对话框，在此对话框中可以完成如下两种设置：调整关闭 Caps Lock 的热键；输入法切换热键的设置。

输入法切换设置的方法是：在【输入语言的热键】列表中选中【在输入语言之间】选项，然后单击【更改按键顺序】按钮，将弹出【更改按键顺序】对话框，如图 2. 34 所示，选中其中的某一单选项后，单击【确定】按钮，然后回到如图 2. 33 所示对话框，再单击【应用】→【确定】按钮。

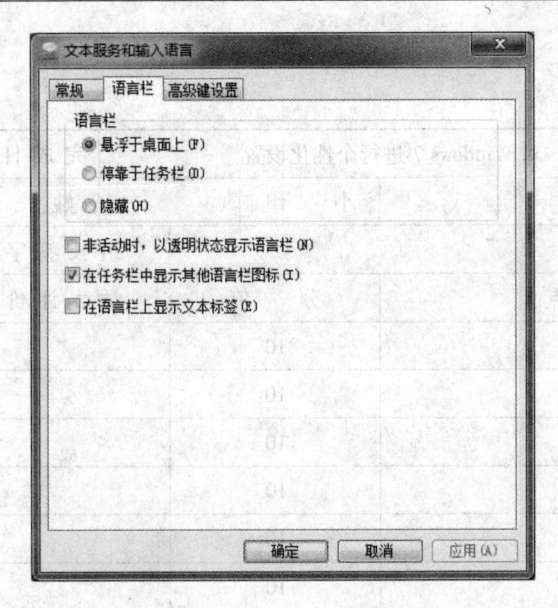

图 2.32　【文本服务和输入语言】对话框中的【语言栏】选项卡

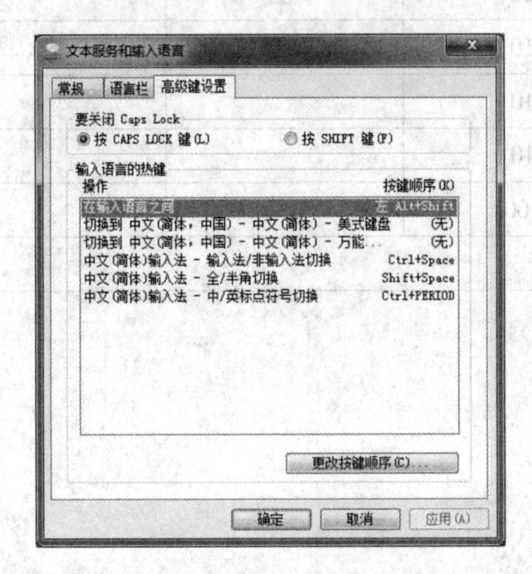

图 2.33　【文本服务和输入语言】对话框中的【高级键设置】选项卡

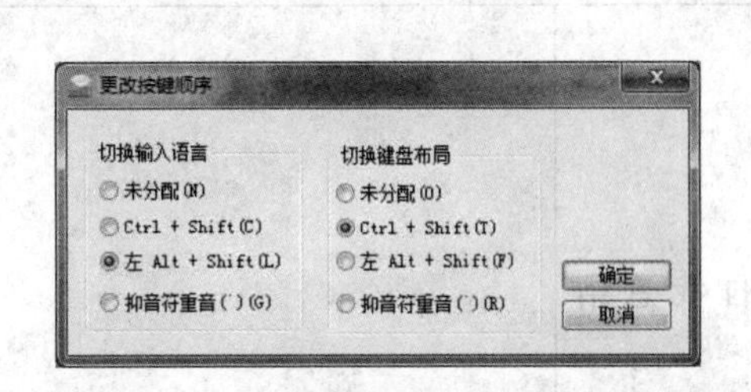

图 2.34　【更改按键顺序】对话框

评价单

<table>
<tr><td>项目名称</td><td colspan="4">对 Windows 7 进行个性化设置</td><td>完成日期</td><td></td></tr>
<tr><td>班　　级</td><td></td><td>小　　组</td><td colspan="2"></td><td>姓　　名</td><td></td></tr>
<tr><td>学　　号</td><td colspan="3"></td><td colspan="2">组长签字</td><td></td></tr>
<tr><td colspan="2">评价项点</td><td colspan="2">分　　值</td><td colspan="2">学生评价</td><td>教师评价</td></tr>
<tr><td colspan="2">账户创建及管理</td><td colspan="2">10</td><td colspan="2"></td><td></td></tr>
<tr><td colspan="2">桌面个性化设置</td><td colspan="2">10</td><td colspan="2"></td><td></td></tr>
<tr><td colspan="2">图标个性化设置</td><td colspan="2">10</td><td colspan="2"></td><td></td></tr>
<tr><td colspan="2">屏幕保护设置</td><td colspan="2">10</td><td colspan="2"></td><td></td></tr>
<tr><td colspan="2">Windows 7 自带小工具</td><td colspan="2">10</td><td colspan="2"></td><td></td></tr>
<tr><td colspan="2">任务栏基本操作</td><td colspan="2">10</td><td colspan="2"></td><td></td></tr>
<tr><td colspan="2">鼠标、键盘设置</td><td colspan="2">10</td><td colspan="2"></td><td></td></tr>
<tr><td colspan="2">输入法设置</td><td colspan="2">10</td><td colspan="2"></td><td></td></tr>
<tr><td colspan="2">态度是否认真</td><td colspan="2">10</td><td colspan="2"></td><td></td></tr>
<tr><td colspan="2">与小组成员的合作情况</td><td colspan="2">10</td><td colspan="2"></td><td></td></tr>
<tr><td colspan="2">总分</td><td colspan="2">100</td><td colspan="2"></td><td></td></tr>
<tr><td>学生得分</td><td colspan="6"></td></tr>
<tr><td>自我总结</td><td colspan="6"></td></tr>
<tr><td>教师评语</td><td colspan="6"></td></tr>
</table>

项目三　Windows 7 常用操作及应用

知识点提要

1. 文件、文件名、文件类型
2. 文件的存储原则和分类
3. 文件和文件夹的显示与查看
4. 新建、重命名、复制、移动文件和文件夹，创建文件和文件夹的快捷方式
5. 删除、恢复、查找、隐藏、显示文件和文件夹
6. 系统工具
7. 画图程序
8. 计算器程序
9. 记事本程序
10. 写字板程序
11. 截图工具程序

任务单

<table>
<tr><td>任务名称</td><td>Windows 7 常用操作及应用</td><td>学　时</td><td>4 学时</td></tr>
<tr><td>知识目标</td><td colspan="3">1. 掌握文件和文件夹的基本操作。
2. 掌握添加打印机驱动的操作。
3. 掌握画图程序和计算器的应用。
4. 掌握记事本和写字板的基本操作。
5. 会运用截图工具。</td></tr>
<tr><td>能力目标</td><td colspan="3">1. 能熟练掌握 Windows 7 常用操作。
2. 能熟练掌握 Windows 7 常用附件的使用方法。</td></tr>
<tr><td>素质目标</td><td colspan="3">1. 培养学生的自主学习能力。
2. 培养学生的沟通、协作能力。</td></tr>
<tr><td>任务描述</td><td colspan="3">一、文件处理
1. 在桌面创建一个文件夹，利用自己的学号和姓名重新命名此文件夹，样式为“学号”+“姓名”，如“20170315 郭靖”。
2. 在文件夹内新建一个文件夹，命名为“th”，在“th”内创建一个名为“rr”的文本文件。
3. 在“th”内创建一个名为“ss”的文件夹，将名为“rr”的文件复制到文件夹“ss”内，并将文件夹“th”重命名为“gg”。
4. 在文件夹“ss”内新建一个名为“ww”的 Word 文档。
二、画图的应用
1. 在画布上输入文字“有人看守铁路道口”。
2. 将文字字体设置为“华文彩云”，“黑色”，字号“35 磅”，字形“加粗”。
3. 画一个黑色等边三角形。
4. 三角形内部填充为黄色。
5. 再用黑色直线绘制线条栅栏，如下图所示。
6. 保存在桌面以“学号”+“姓名”方式命名的文件夹内，文件名称为“1. JPG”。</td></tr>
</table>

续表

<table>
<tr><td></td><td>三、计算器的应用
1. 创建文本文件“1. txt”，并保存到桌面以“学号” + “姓名”方式命名的文件夹内。
2. 用计算器计算“25 Mod 18 ×36”的结果。
3. 将结果转换成八进制。
4. 将第2题的计算结果写入“1. txt” 文件中。
5. 用计算器计算“5 Xor 3 ×1000” 的结果
6. 将计算结果转换成十六进制。
7. 将第5题的计算结果写入“1. txt” 文件中的上一个结果的下方，分两行显示两次计算结果。
四、记事本的应用
1. 利用记事本新建一个文本文档，保存在桌面以“学号” + “姓名” 方式命名的文件夹内，文件名为“铁路标语 . txt”。
2. 文本文档内容为“打造平安铁路，构建和谐社会”，将字体设置为“华文行楷”，字形“加粗”，字号“48 磅”。
3. 在下一行输入文本“——哈尔滨铁路局宣”，并启用“自动换行” 功能。
五、截图工具的应用
1. 打开中国铁路总公司网站，截取首页的中国铁路总公司 logo。
2. 将截图保存在桌面以“学号” + “姓名” 方式命名的文件夹内，命名为“截图 . PNG”，保存类型设置为“可移植网络图形文件 PNG”。样例如下图所示。

</td></tr>
<tr><td>任务描述</td><td></td></tr>
<tr><td>任务要求</td><td>1. 仔细阅读任务描述中的设计要求，认真完成任务。
2. 提交电子作品，并认真填写评价表。
3. 小组间共享有效资源。</td></tr>
</table>

资料卡及实例

文件和文件夹是Windows系统的重要组成部分。只有清楚地了解文件和文件夹的各种操作才能准确、高效地使用和维护好计算机。

2.9 认识文件和文件夹

文件是软件在计算机内的存储形式。程序、文档及其他各种软件资源都是以文件的形式在计算机内被存储、管理和使用的。文件管理对于任何操作系统来说都是极为重要的，只有清楚地了解文件的各种操作才能准确、高效地使用和维护好计算机。

2.9.1 文件

文件是存储在磁盘上的程序或文档，是磁盘中最基本的存储单位。用户的存储、删除和复制等操作都是以文件为单位进行的。

1. 文件名和扩展名

在操作系统中，每个文件都有一个名字，叫作文件名，以便和其他文件区分开来。文件名的格式为：主文件名［. 扩展名］。

文件名的命名规则如下。

（1）文件或文件夹的名称最多可用255个字符。

（2）可使用多个间隔“.”，如“ABC. jpg. txt”作为文件名。

（3）文件名中可以使用汉字的中文名字，或者混合使用字符、数字，甚至空格来命名，但文件名中不能有“\”“/”“:”“<”“>”“*”“?”“"”和“|”这些西文字符。

（4）文件名可大写、小写，但在操作系统中不区分文件名中字符的大小写，只是在显示时保留大小写格式。

（5）在文件名和扩展名中可以使用通配符“*”或“?”对文件进行快速查找，“*”可以表示任意多个字符，“?”可以表示任意一个字符，但不能以此给一个文件命名。

主文件名用来表示文件的名称，扩展名主要说明文件的类型。例如，名为“校训 . txt”的文件，“校训”为主文件名，“txt”为扩展名，表示该文件为文本文档类型。

2. 文件类型

操作系统是通过扩展名来识别文件类型的，因此了解一些常见的文件扩展名对于管理和操作文件将有很大的帮助。通常可以将文件分为程序文件、文本文件、图像文件，以及多媒体文件等。

表2.1列出了一些常见文件的扩展名及其对应的文件类型。

表2.1 常见文件的扩展名及其文件类型

文件扩展名	文件类型	文件扩展名	文件类型
avi	视频文件	bmp	位图文件（一种图像文件）
wav	音频文件	mid	音频压缩文件
rar	WinRAR压缩文件	mp3	采用MPEG－1 layout 3标准压缩的音频文件

续表

文件扩展名	文 件 类 型	文件扩展名	文 件 类 型
bat	MS－DOS 环境中的批处理文件	pdf	图文多媒体文件
docx	Microsoft Word 文件	zip	压缩文件
html	超文本文件	txt	文本文件
jpeg	图像压缩文件	exe	可执行应用程序文件

文件的种类很多，运行方式各不相同。不同文件的图标也不一样，只有安装了相关的软件才会显示正确的图标。

默认情况下，用户可以看到文件的主文件名，而扩展名是隐藏的。如果用户想查看隐藏的扩展名，可以通过如下操作实现。

（1）双击桌面上的【计算机】快捷方式图标，打开【资源管理器】窗口。

（2）在【资源管理器】窗口中单击【组织】下三角按钮，将弹出如图 2.35 所示的下拉列表，选择【文件夹和搜索选项】选项中，打开【文件夹选项】对话框。

（3）在【文件夹选项】对话框中，单击【查看】标签，在【高级设置】列表中取消已勾选的【隐藏已知文件类型的扩展名】选项，如图 2.36 所示，单击【确定】按钮，即可查看到隐藏的文件扩展名。

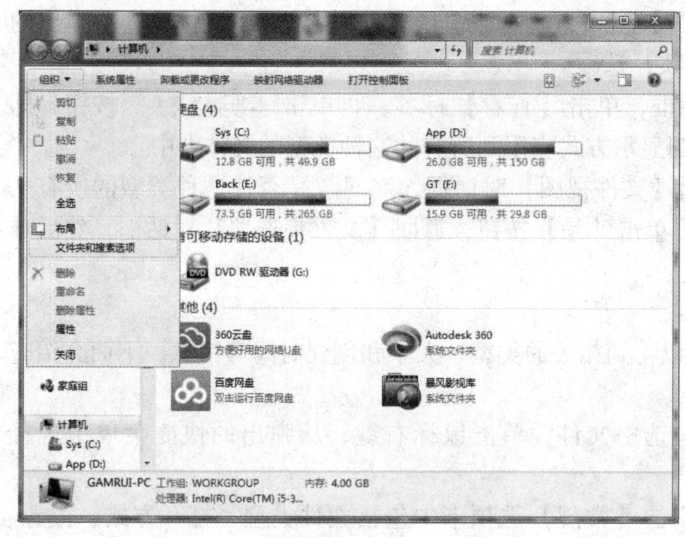

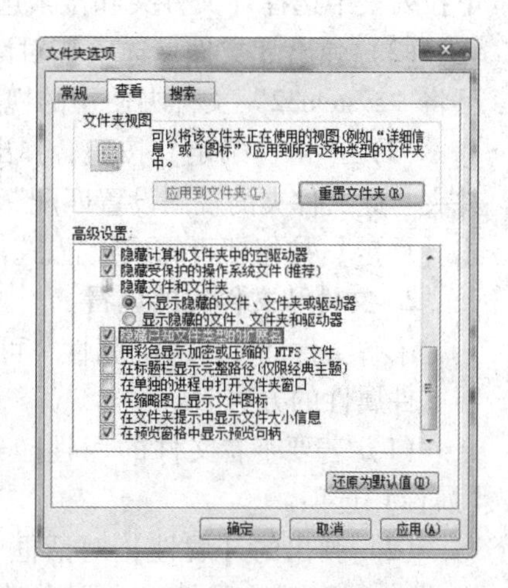

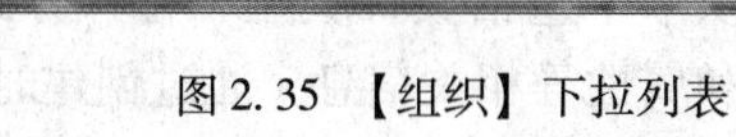

图 2.35 【组织】下拉列表　　图 2.36 【文件夹选项】对话框

2.9.2　文件夹

操作系统中用于存放文件的容器就是文件夹，在 Windows 7 操作系统中文件夹的图标是▯。

可以将程序、文件，以及快捷方式等各种文件存放到文件夹中，文件夹中还可以存放文件夹。为了能对各个文件进行有效的管理，方便文件的查找和统计，可以将一类文件集中地放置在一个文件夹内，这样就可以按照类别存储文件了。但是，同一个文件夹中不能存放相同名称的文件或文件夹。例如，文件夹中不能同时出现两个名称为“a. doc”的文件，也不能同时出现两个名称为“a”的文件夹。

2.9.3 文件和文件夹的显示与查看

通过显示文件和文件夹，可以查看系统中所有的隐藏文件，而通过查看文件和文件夹，则可了解指定文件和文件夹的内容与属性。

1. 文件和文件夹的显示

这里以设置“system32”文件夹的显示方式为例，介绍设置单个文件夹的显示方式的具体操作步骤。

（1）找到“system32”文件夹，双击该文件夹，打开【system32】窗口。

（2）单击【更改您的视图】按钮 右侧的下三角按钮，在弹出的下拉列表中会列出8个视图选项，分别为【超大图标】【大图标】【中等图标】【小图标】【列表】【详细信息】【平铺】及【内容】。

（3）按住鼠标左键拖动下拉列表左侧的小滑块，可以使视图根据滑块所在的选项位置进行切换。

若要将所有的文件和文件夹的显示方式都设置为与“system32”文件夹相同的视图显示方式，则需要在【文件夹选项】对话框中进行设置，具体的操作步骤如下。

（1）按前面方法打开【system32】窗口，单击该窗口工具栏上的组织▾按钮，从弹出的下拉列表中选择【文件夹和搜索选项】选项。

（2）弹出【文件夹选项】对话框，单击【查看】标签，再单击应用到文件夹(L)按钮，即可将“system32”文件夹使用的视图显示方式应用到所有的这种类型的文件夹中。

（3）单击【确定】按钮，弹出【文件视图】对话框，询问“是否让这种类型的所有文件夹与此文件夹的视图设置匹配”，单击【是】按钮，返回【文件夹选项】对话框，然后单击【确定】按钮即可完成设置。

2. 文件和文件夹的查看

了解文件和文件夹的属性，可以得到相关的类型、大小和创建时间等信息。下面介绍查看文件属性的方法。

（1）若要查看文件的属性，先选中文件，单击鼠标右键，从弹出的快捷菜单中选择【属性】选项。

（2）弹出的【属性】对话框中的【常规】选项卡中包括文件类型、打开方式、位置、大小、占用空间、创建时间、修改时间、访问时间和属性等相关信息。通过创建时间、修改时间和访问时间可以查看最近对该文件进行的操作时间。在【属性】对话框的下边列出了文件的【只读】和【隐藏】两个属性复选框。

（3）切换到【详细信息】选项卡，从中可以查看到关于该文件的更详细的信息。单击【关闭】按钮，即可完成对文件属性的查看。

查看文件夹的方式与查看文件的方式相同，此处不做赘述。

2.9.4 文件和文件夹的基本操作

熟悉文件和文件夹的基本操作，对于用户管理计算机中的程序和数据是非常重要的。

1. 新建文件和文件夹

新建文件的方法有两种，一种是通过右键快捷菜单新建文件，另一种是在应用程序中新建文件。文件夹的新建方法也有两种，一种是通过右键快捷菜单新建文件夹，另一种是通过窗口【工具栏】上的【新建文件夹】按钮新建文件夹。

2. 创建文件和文件夹快捷方式

快捷方式是用户计算机或者网络上任何一个可链接项目（文件、文件夹、程序、磁盘驱动器、网页、打印机或另一台计算机等）的链接。用户可以为常用的文件和文件夹建立快捷方式，将它们放在桌面或是能够快速访问的位置，便于日常操作。具体的操作步骤是：选择某文件或文件夹，单击鼠标右键，从弹出的快捷菜单中选择【创建快捷方式】选项。

快捷方式可以存放到桌面上或者其他的文件夹中。在文件或者文件夹的右键快捷菜单中选择【发送到】→【桌面快捷方式】选项，就可以将快捷方式存放到桌面上。

3. 文件或文件夹的选择

对文件或文件夹编辑之前，第一步是要选中一个或多个文件（或文件夹）。选中一个或多个文件（或文件夹）的具体方法如下。

（1）选中单个文件或文件夹：将鼠标光标移到要选中的文件或文件夹上，并单击鼠标；若撤销选择，单击窗口空白处。

（2）选中一组连续排列的文件或文件夹：首先单击要选择的第一个文件或文件夹，然后按住 Shift 键，继续单击要选择的最后一个文件或文件夹，这一组连续排列的文件或文件夹将都被选中；若想取消其中某个文件或文件夹的选择，需在按住 Ctrl 键的同时，单击想要取消选择的文件或文件夹；若想全部取消，单击窗口空白处即可。

（3）选中多个不连续的文件或文件夹：按住 Ctrl 键，然后依次单击要选择的文件或文件夹即可；若要取消选择，方法同（2）。

（4）选择全部文件或文件夹：使用 Ctrl + A 组合键。

4. 重命名文件和文件夹

用户可以根据需要对文件和文件夹重新命名，以方便查看和管理。

1）重命名单个文件或文件夹

可以通过以下 4 种方法对文件或文件夹重命名。

通过右键快捷菜单：选中某文件或文件夹，单击鼠标右键，从弹出的快捷菜单中选择【重命名】选项，此时文件或文件夹名称处于可编辑状态，直接输入新的文件或文件夹名称，输入完毕后在窗口空白区域单击或按 Enter 键即可。

通过鼠标单击：选中需要重命名的文件或文件夹，单击所选文件或文件夹的名称，使其处于可编辑状态，然后直接输入新的文件或文件夹的名称即可。

通过功能键：首先选中需要重命名的文件或者文件夹，然后按下功能键区的 F2 键，即可使所选文件或文件夹的名称处于可编辑状态，然后直接输入新的文件或文件夹名称即可。

通过【工具栏】上的【组织】下拉列表：选中需要重命名的文件或文件夹，单击【工具栏】上的【组织】按钮，从弹出的下拉列表中选择【重命名】选项；此时，所选的文件或文件夹的名称处于可编辑状态，直接输入新文件或文件夹的名称，然后在窗口的空白处单击或按 Enter 键即可。

2）批量重命名文件或文件夹

有时需要重命名多个相似的文件或文件夹，这时用户就可以使用批量重命名文件或文件夹的方法，方便快捷地完成操作，具体的操作步骤如下。

（1）选中需要重命名的多个文件或文件夹。

（2）单击【工具栏】上的【组织】按钮，从弹出的下拉列表中选择【重命名】选项。

（3）此时，所选中的文件或文件夹中的第 1 个文件或文件夹的名称处于可编辑状态。

（4）直接输入新的文件或文件夹名称。

（5）在窗口的空白区域单击或者按 Enter 键，可以看到所选中的其他文件或文件夹都以该名称重新命名，只是结尾处附带不同的编号。

5. 复制和移动文件和文件夹

在日常操作中，经常需要为一些重要的文件或文件夹备份，即在不删除原文件或文件夹的情况下，创建与原文件或文件夹相同的副本，这就是文件或文件夹的复制。移动文件或文件夹则是将文件或文件夹从一个位置移动到另一个位置，原文件或文件夹被删除。

复制文件或文件夹的方法有以下 4 种。

（1）通过右键快捷菜单：选中要复制的文件或文件夹，单击鼠标右键，从弹出的快捷菜单中选择【复制】选项；打开要存放副本的磁盘或文件夹窗口，单击鼠标右键，从弹出的快捷菜单中选择【粘贴】选项，即可将文件或文件夹复制到此磁盘或文件夹窗口中。

（2）通过【工具栏】上的【组织】下拉列表：选中要复制的文件或文件夹，单击【工具栏】上的【组织】按钮，从弹出的下拉列表中选择【复制】选项；打开要存放副本的磁盘或文件夹窗口，单击【组织】按钮，从弹出的下拉列表中选择【粘贴】选项，即可将复制的文件粘贴到打开的磁盘或文件夹窗口中。

（3）通过鼠标拖动：选中要复制的文件或文件夹，按 Ctrl 键的同时（非同一磁盘分区之间进行复制可省略此步），拖动选中的文件或文件夹到目标文件夹中；释放鼠标和 Ctrl 键，即完成复制。

（4）通过组合键：按 Ctrl + C 组合键可以复制文件，按 Ctrl + V 组合键可以粘贴文件。

移动文件或文件夹的方法有以下 4 种。

（1）通过右键快捷菜单中的【剪切】和【粘贴】选项：选中要移动的文件或文件夹，单击鼠标右键，从弹出的快捷菜单中选择【剪切】选项；打开存放该文件或文件夹的目标位置，然后单击鼠标右键，从弹出的快捷菜单中选择【粘贴】选项，即可实现文件或文件夹的移动。

（2）通过【工具栏】上的【组织】下拉列表：选中要移动的文件或文件夹，单击【工具栏】上的【组织】按钮，从弹出的下拉列表中选择【剪切】选项；打开存放该文件或文件夹的目标位置，单击【组织】按钮，从弹出的下拉列表中选择【粘贴】选项，即可实现文件或文件夹的移动。

（3）通过鼠标拖动：选中要移动的文件或文件夹，按住鼠标左键不放，将其拖动到目标文件夹中，然后释放即可实现移动操作。

（4）通过组合键：按 Ctrl + X 组合键可以剪切文件，按 Ctrl + V 组合键可以粘贴文件。

剪贴板：在进行复制或移动操作时，系统实际是通过内存中的一块临时存储区域来完成文件或文件夹的复本转移工作的，这个区域叫作剪贴板。

6. 删除和恢复文件和文件夹

为了节省磁盘空间，可以将一些无用的文件或文件夹删除，但有时删除后会发现有些文件或文件夹中还有一些有用的信息，这时就要对其进行恢复操作。

1）删除文件或文件夹

文件或文件夹的删除可以分为暂时删除（暂存到回收站里）和彻底删除（回收站不存储）两种。

暂时删除文件或文件夹的方法有 4 种。

（1）通过右键快捷菜单：在需要删除的文件或文件夹上单击鼠标右键，从弹出的快捷菜单中选择【删除】选项。

（2）通过【工具栏】上的【组织】下拉列表：选中要删除的文件或文件夹，然后单击【工具栏】上的【组织】按钮，从弹出的下拉列表中选择【删除】选项。

（3）通过 Delete 键：选中要删除的文件或文件夹，然后按下键盘上的 Delete 键，随即弹出【删除文件】对话框，单击【是】按钮。

（4）通过鼠标拖动：选中要删除的文件或文件夹，将其拖动到桌面上的回收站图标上，然后释放即可。

回收站是在硬盘中开辟的一块存储区域，所以暂时删除到回收站里的文件还占用硬盘的存储空间。如果想对文件或文件夹进行彻底删除，不在回收站中存放，可以对文件或文件夹进行永久删除，主要有以下 4 种方法。

（1）Shift 键 + 右键快捷菜单：选中要删除的文件或文件夹，按 Shift 键的同时在该文件或文件夹上单击鼠标右键，从弹出的快捷菜单中选择【删除】选项，在弹出的对话框中单击【是】按钮即可。

（2）Shift 键 +【组织】下拉列表：选中要删除的文件或文件夹，按 Shift 键的同时单击【工具栏】上的【组织】按钮，从弹出的下拉列表中选择【删除】选项，在弹出的对话框中单击【是】按钮即可。

（3）Shift + Delete 组合键：选中要删除的文件或文件夹，然后按 Shift + Delete 组合键，在弹出的对话框中单击【是】按钮即可。

（4）Shift 键 + 鼠标拖动：按 Shift 键的同时，按住鼠标左键，将要删除的文件或文件夹拖动到桌面上的回收站图标上，也可以将其彻底删除。

2）恢复文件或文件夹

用户将一些文件或文件夹删除后，若发现又需要用到该文件或文件夹，只要没有将其彻底删除，就可以从回收站中将其恢复，具体的操作步骤如下：双击桌面上的【回收站】图标，弹出【回收站】窗口，窗口中列出了被删除的所有文件或文件夹；选中要恢复的文件或文件夹，然后单击鼠标右键，从弹出的快捷菜单中选择【还原】选项，或者单击【工具栏】上的【还原此项目】按钮；此时，被还原的文件就会重新回到原来存放的位置。

提示：在桌面上的【回收站】图标上单击鼠标右键，从弹出的快捷菜单中选择【清空回收站】选项，然后在弹出的对话框中单击【是】按钮，也可以将所有的项目彻底删除。

如果文件或文件夹已经从回收站里清空，那么文件或文件夹就不能通过正常手段恢复。不过可以通过一些技术手段对其进行恢复，这里就不再进行详述。

7. 查找文件和文件夹

计算机中的文件和文件夹会随着时间的推移而日益增多，想从众多文件中找到所需的文件则是一件非常麻烦的事情。为了省时省力，可以使用搜索功能查找文件。Windows 7 操作系统提供了查找文件和文件夹的多种方法，在不同的情况下可以使用不同的方法。

1）使用【开始】菜单上的【搜索】文本框

用户可以使用【开始】菜单上的【搜索】文本框来查找存储在计算机上的文件、文件夹、程序和电子邮件等。单击【开始】按钮，在弹出的【开始】菜单中的【搜索】文本框中输入想要查找的信息。例如，想要查找计算机中所有关于图像的信息，只需在该文本框中输入“图像”，输入完毕，与所输入文本相匹配的项都会显示在【开始】菜单上。

2）使用文件夹或库窗口上搜索栏的文本框

通常用户可能知道所要查找的文件或文件夹位于某个特定的文件夹或库中，此时即可使用此文件夹或库窗口上搜索栏的文本框进行搜索。以在特定库中查找文件为例，具体的操作步骤如下：打开【文档库】窗口；在【文档库】窗口顶部的搜索文本框中输入要查找的内容，输入完毕后系统将自动对文件进行筛选，可以在窗口下方看到所有相关的文件。

如果用户想要基于一个或多个属性来搜索文件，则可在搜索时使用搜索筛选器来指定属性。在文件夹或库的搜索栏的文本框中，用户可以通过添加搜索筛选器来更加快速地查找指定的文件或文件夹。

在对文件或文件夹进行查找时，可以使用通配符对文件或文件夹进行模糊搜索。

8. 隐藏与显示文件和文件夹

有一些重要的文件或文件夹，为了避免被其他人误操作，可以将其设置为隐藏属性。当用户想要查看这些文件或文件夹时，只要设置相应的文件夹选项即可看到文件内容。

1）隐藏文件和文件夹

用户如果要隐藏文件和文件夹，首先将想要隐藏的文件和文件夹设置为隐藏属性，然后再对文件夹选项进行相应的设置。

设置文件和文件夹的隐藏属性：在需要隐藏的文件或文件夹上单击鼠标右键，从弹出的快捷菜单中选择【属性】选项；在【属性】对话框中勾选【隐藏】复选项，然后单击【确定】按钮；在弹出的【确认属性更改】对话框中选中【将更改应用于此文件夹、子文件夹和文件】单选按钮，然后单击【确定】按钮，即可完成对所选文件或文件夹隐藏属性的设置。

在文件夹选项中设置不显示隐藏文件：在文件夹窗口中单击【工具栏】上的【组织】按钮，从弹出的下拉列表中选择【文件夹和搜索选项】选项，将弹出【文件夹选项】对话框；切换到【查看】选项卡，然后在【高级设置】区域中选中【不显示隐藏的文件、文件夹和驱动器】单选按钮；单击【确定】按钮，即可隐藏所有设置为隐藏属性的文件、文件夹及驱动器。

如果在文件夹选项中设置了显示隐藏文件，那么隐藏的文件将会以半透明状态显示，此时还是可以看到文件夹，不能起到保护的作用，所以要在文件夹选项中设置不显示隐藏的文件。

2）显示所有隐藏的文件和文件夹

默认情况下，为了保护系统文件，系统会将一些重要的文件设置为隐藏属性。有些病毒就是利用了这一功能，将自己的名称变成与系统文件相似的类型而隐藏起来。用户如果不显示这些隐藏的系统文件，就不会发现这些隐藏的病毒。显示隐藏的所有文件及文件夹的方法如下：按前面介绍的方法打开【文件夹选项】对话框，切换到【查看】选项卡，在【高级设置】区域中撤选【隐藏受保护的操作系统文件（推荐）】复选项，并选中【显示隐藏的文件、文件夹和驱动器】单选项；设置完毕，依次单击【应用】和【确定】按钮，即可显示所有隐藏的系统文件，以及设置为隐藏属性的文件、文件夹和驱动器，这样用户就可以查看系统中是否隐藏了病毒文件。

2.10　常用附件

Windows 7 自带了很多实用的应用程序来满足不同用户的需求，如画图程序、截图工具、计算器、Tablet PC、文档编辑工具等。

2.10.1　画图程序

画图程序是 Windows 7 自带的附件程序。使用该程序除了可以绘制、编辑图片，以及为图片着色外，还可以将文件和设计图案添加到其他图片中，对图片进行简单的编辑。

1. 启动画图程序

单击【开始】按钮，从弹出的【开始】菜单中选择【所有程序】→【附件】→【画图】选项，即可启动画图程序。

2. 认识【画图】窗口

【画图】窗口主要由 4 部分组成，分别是快速访问工具栏、【画图】按钮、功能区和绘图区域，如图 2.37 所示。

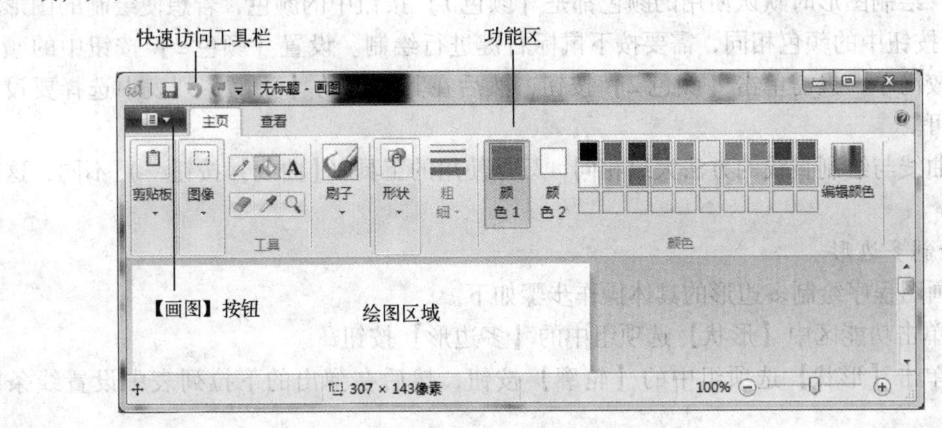

图 2.37　【画图】窗口

3. 绘制基本图形

画图程序是一款比较简单的图形编辑工具，使用它可以绘制简单的几何图形，如直线、曲线、矩形、圆形及多边形等。展开的【画图】窗口功能区如图 2.38 所示。

1）绘制线条

使用画图程序绘制直线的方法如下。

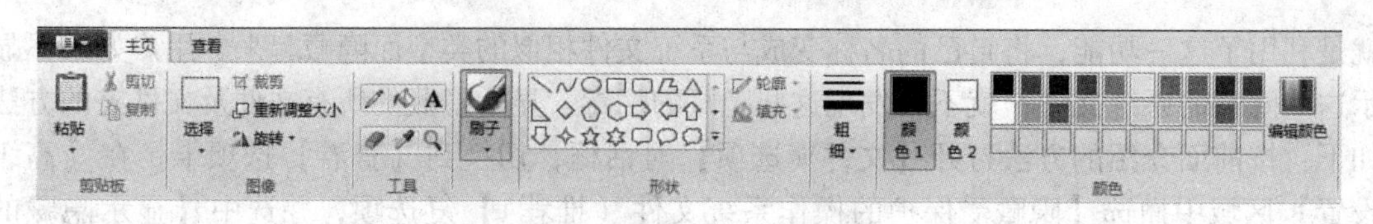

图 2.38 【画图】窗口功能区

（1）单击功能区中【形状】选项组中的【直线】按钮╲。

（2）单击【形状】选项组中的【轮廓】按钮，然后在弹出的下拉列表中设置直线的轮廓，如图 2.39 所示。

图 2.39 【轮廓】下拉列表

（3）单击功能区中的【粗细】按钮，在弹出的下拉列表中设置直线的粗细。

（4）在【颜色】选项组中设置直线的颜色。

（5）将鼠标指针移动到绘图区域，此时指针变成✛形状，拖动鼠标即可绘制直线。

（6）若要绘制竖线、横线，以及与水平成45°角的直线，则需在绘制的同时按 Shift 键。

提示：绘制图形时默认使用的颜色都是【颜色 1】按钮中的颜色，若想使绘制的图形与【颜色 2】按钮中的颜色相同，需要按下鼠标右键进行绘制。设置【颜色 2】按钮中的颜色的方法比较简单，只需单击【颜色 2】按钮，然后在其右侧的【颜色】列表中选择要设置的颜色即可。

绘制曲线与绘制直线的方法大致相同，只是使用的工具（【曲线】按钮∿）不同，这里不做赘述。

2）绘制多边形

使用画图程序绘制多边形的具体操作步骤如下。

（1）单击功能区中【形状】选项组中的【多边形】按钮凸。

（2）单击【形状】选项组中的【轮廓】按钮，然后在弹出的下拉列表中设置线条的轮廓。

（3）单击【形状】选项组中的【填充】按钮，从弹出的下拉列表中选择某一填充类型。

（4）单击【粗细】按钮，在弹出的下拉列表中设置多边形轮廓的粗细。

（5）单击【颜色 1】按钮，在【颜色】列表中选择多边形轮廓的颜色，然后单击【颜色 2】按钮，在【颜色】列表中选择多边形的填充颜色。

（6）将鼠标指针移动到绘图区域，然后按住鼠标左键，绘制多条直线，并将它们首尾相连，组合成一个封闭的多边形区域。

3）绘制其他形状图形

使用画图程序还可以绘制矩形、圆角矩形、圆和椭圆等各种形状，它们的绘制方法大致相同。

若想绘制矩形，单击【形状】选项组中的【矩形】按钮□，在功能区完成轮廓、填充、粗细及颜色的设置，在绘制区域拖动鼠标绘制矩形（若想绘制正方形，则需在按住鼠标左键的同时按下 Shift 键）。

若想绘制圆，单击【形状】选项组中的【椭圆形】按钮○，在功能区完成轮廓、填充、粗细及颜色的设置，在绘制区域拖动鼠标绘制椭圆（若想绘制正圆，则需在按住鼠标左键的同时按下 Shift 键）。

4）添加和编辑文字

为了增加图形的效果，用户可以在所绘制的图形或添加的图片中添加文字，具体的操作步骤如下。

（1）打开画图程序，单击【文件】→【打开】选项，在弹出的对话框中选中要添加文字的图片文件，单击【打开】按钮。

（2）单击【工具】选项组中的【文本】按钮A。

（3）将鼠标指针移至绘图区域，然后在要输入文字的位置单击，将出现文本框，此时窗口将自动切换到【文本工具】下的【文本】选项卡中，并进入文字可输入状态。接下来，在【字体】选项组中设置字体格式。

（4）单击【背景】选项组中的 A 透明 按钮，可将文字的背景颜色设置为透明，然后在【颜色】选项组中设置字体颜色。设置完成后，在文本框中输入要添加的文字内容。

（5）输入完成后，将鼠标指针移至文本框的边缘位置，当鼠标指针变成✥时，拖动鼠标即可调整文字的位置。

（6）在文本框之外的任意位置单击即可完成文字的输入。

5）保存文件

（1）单击【文件】→【另存为】选项，或者按 Ctrl + S 组合键。

（2）随即弹出【另存为】对话框，在左侧列表中设置图像的存放路径，在【文件名】文本框中输入文件名，在【保存类型】下拉列表中选择保存文件的类型。

（3）单击【保存】按钮即可。

2.10.2 计算器程序

Windows 7 自带的计算器程序不仅具有标准的计算器功能，而且集成了编程计算器、科学型计算器和统计信息计算器的高级功能。另外，还附带了单位转换、日期计算和工作表等功能，使计算器变得更加人性化。

1. 打开计算器程序

单击【开始】按钮，弹出【开始】菜单，单击【所有程序】→【附件】→【计算器】选项，即可弹出【计算器】窗口。

2. 计算器分类

计算器从类型上可分为标准型、科学型、程序员型和统计信息型 4 种类型。

标准型：计算器工具的默认界面为标准型界面，使用标准型计算器可以进行加、减、乘、除等简单的四则混合运算，如图 2. 40 所示。

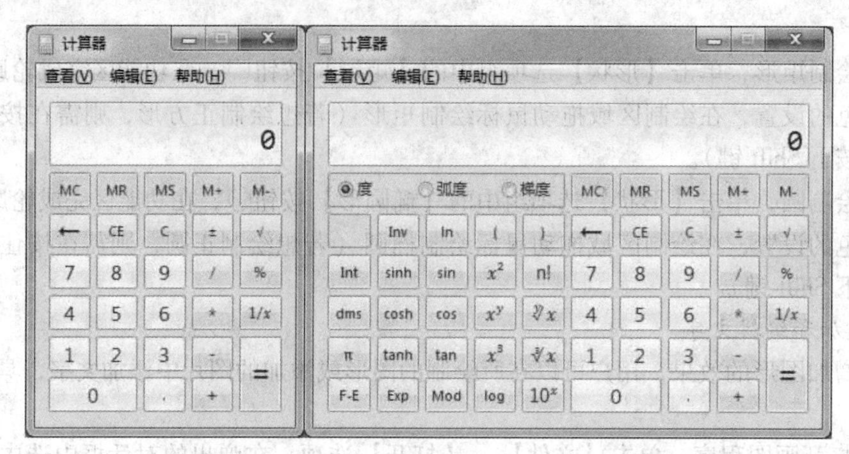

图 2. 40　计算器的标准型（左）与科学型（右）

科学型：在【计算器】窗口中，单击【查看】→【科学型】选项，即可打开科学型计算器。使用科学型计算器可以进行比较复杂的运算，如三角函数运算、平方和立方运算等，运算结果可精确到 32 位，如图 2. 40 所示。

程序员型：在【计算器】窗口中，单击【查看】→【程序员型】选项，即可打开程序员型计算器。使用程序员型计算器不仅可以实现进制之间的转换，而且可以进行与、或、非等逻辑运算，如图 2. 41 所示。

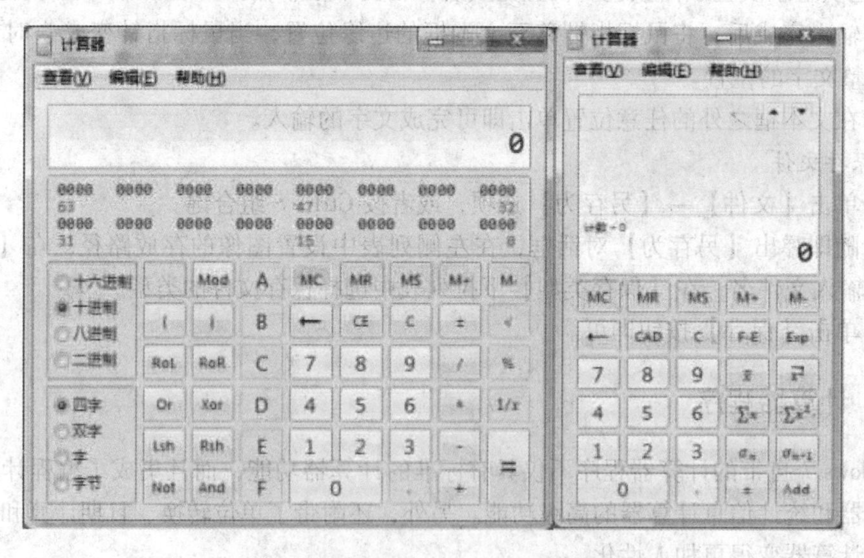

图 2. 41　计算器的程序员型（左）与统计信息型（右）

统计信息型：在【计算器】窗口中，单击【查看】→【统计信息】选项，即可打开统计信息型计算器。使用统计信息型计算器可以进行平均值、平均平方值、求和、平方值总和、标准偏差，以及总体标准偏差等统计运算，如图 2. 41 所示。

3. 计算器的使用

实例 2.1：

1. 求(17 + 98) × 100 ÷ 19 的值。

操作步骤：首先将计算器类型切换到科学型，单击按钮的顺序如下：(→ 1 → 7 → + → 9 → 8 →) → * → 1 → 0 → 0 → / → 1 → 9 → =。

2. 求 9^4（9 的 4 次幂）的值。

操作步骤：首先将计算器类型切换到科学型，单击按钮的顺序如下：9 → x^y → 4 → =，其中按钮 x^y 表示 x 的 y 次幂。

3. 将十进制数 1798 转换为十六进制数。

操作步骤：首先将计算器类型切换到程序员型，单击按钮的顺序如下：◉十进制 → 1 → 7 → 9 → 8 → ◉十六进制。

4. 计算 11、13、15、17 和 19 这 5 个数的总和、平均值和总体标准偏差。

操作步骤：打开统计信息型计算器，单击 1 → 1 按钮，然后单击【添加】按钮 Add，将输入的数字添加到统计框中，用相同的依次将数字 13、15、17 和 19 添加到统计框中，单击【求和】按钮 Σx，即可计算出这 5 个数的总和；单击【求平均值】按钮 $\bar{x}$，即可计算出这 5 个数的平均值；单击【求总体标准偏差】按钮 σ_{n-1}，即可计算出这 5 个数的总体标准偏差。

2.10.3　记事本程序

记事本程序是 Windows 7 自带的一个用来创建简单文档的文本编辑器。记事本程序常用来查看或编辑纯文本（.txt）文件，是创建网页的简单工具。单击【开始】→【所有程序】→【附件】→【记事本】选项，将打开如图 2.42 所示的【记事本】窗口。

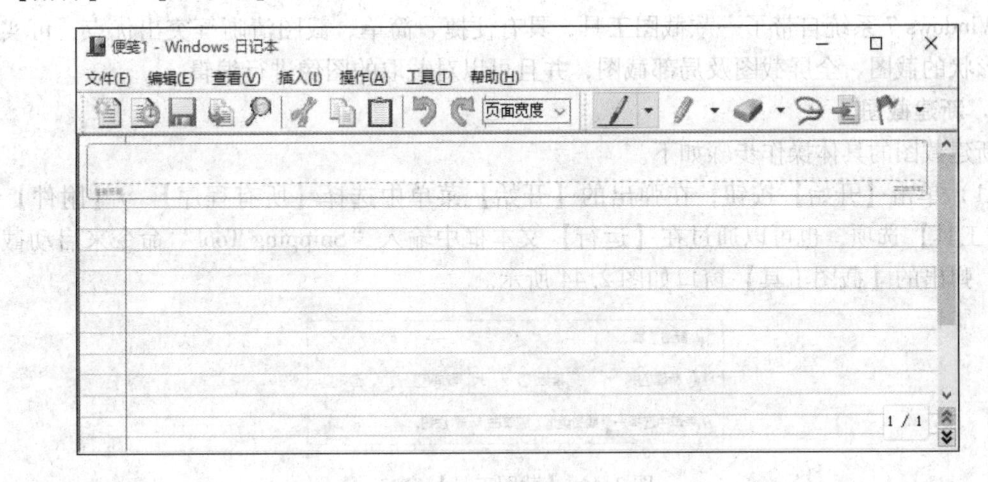

图 2.42　【记事本】窗口

2.10.4 写字板程序

写字板程序是一个功能比记事本稍强的文字处理工具，它接近于标准的文字处理软件，是适用于短小文档的文本编辑器。在写字板程序中可用各种不同的字体和段落样式来编辑和排版文档，还可插入图片等对象，所编辑的文本存档时的默认扩展名为“rtf”，【写字板】窗口如图 2.43 所示。

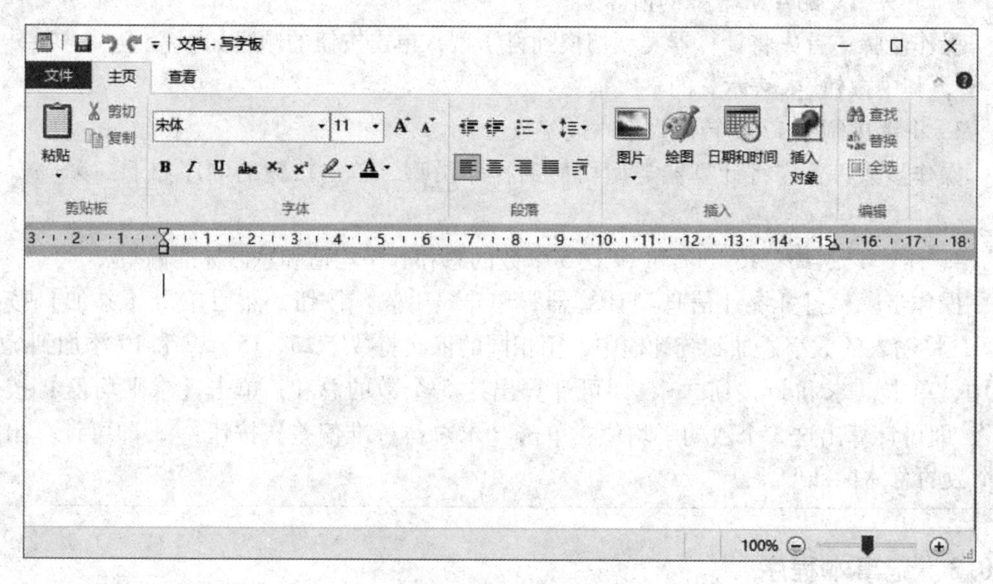

图 2.43 【写字板】窗口

2.10.5 截图工具

Windows 7 系统自带了一款截图工具，具有便捷、简单、截图清晰等突出优点，可实现多种形状的截图、全屏截图及局部截图，并且可以对截取的图像进行编辑。

1. 新建截图

新建截图的具体操作步骤如下。

(1) 单击【开始】按钮，在弹出的【开始】菜单中选择【所有程序】→【附件】→【截图工具】选项，也可以通过在【运行】文本框中输入“Snipping Tool”命令来启动截图工具，弹出的【截图工具】窗口如图 2.44 所示。

图 2.44 【截图工具】窗口

(2) 单击[新建(N)]按钮右侧的下三角按钮，从弹出的下拉列表中选择【任意格式截图】【矩形截图】【窗口截图】或【全屏幕截图】中的一项。此时，鼠标指针变成“十”字形状，单击要截取图片的起始位置，然后按住鼠标左键不放，拖动选中要截取的图像区域。

（3）释放鼠标即可完成截图，此时在【截图工具】窗口中会显示截取的图像。

2. 编辑截图

截图工具带有简单的图像编辑功能：单击【复制】按钮可以复制图像；单击【笔】按钮可以使用画笔功能绘制图形或者书写文字；单击【荧光笔】按钮可以绘制和书写具有荧光效果的图形和文字；单击【橡皮擦】按钮可以擦除利用【笔】和【荧光笔】按钮绘制的图形和文字。

3. 保存截图

截取的图像可以保存到电脑中，以方便以后查看和编辑。保存截图的具体操作步骤如下：在【截图工具】窗口中，单击【文件】→【另存为】选项，或者按 Ctrl + S 组合键，都可以将截图保存为 HTML、PNG、GIF 或 JPEG 格式的文件。

评价单

<table>
<tr><td>项目名称</td><td colspan="4">Windows 7 常用操作及应用</td><td>完成日期</td><td></td></tr>
<tr><td>班级</td><td></td><td>小组</td><td colspan="2"></td><td>姓名</td><td></td></tr>
<tr><td>学号</td><td colspan="3"></td><td colspan="2">组长签字</td><td></td></tr>
<tr><td colspan="2">评价项点</td><td colspan="2">分值</td><td colspan="2">学生评价</td><td>教师评价</td></tr>
<tr><td colspan="2">Windows 基本操作的熟练程度</td><td colspan="2">15</td><td colspan="2"></td><td></td></tr>
<tr><td colspan="2">文件和文件夹操作的熟练程度</td><td colspan="2">15</td><td colspan="2"></td><td></td></tr>
<tr><td colspan="2">画图程序掌握的熟练程度</td><td colspan="2">10</td><td colspan="2"></td><td></td></tr>
<tr><td colspan="2">计算器程序掌握的熟练程度</td><td colspan="2">10</td><td colspan="2"></td><td></td></tr>
<tr><td colspan="2">记事本程序掌握的熟练程度</td><td colspan="2">10</td><td colspan="2"></td><td></td></tr>
<tr><td colspan="2">写字板程序掌握的熟练程度</td><td colspan="2">10</td><td colspan="2"></td><td></td></tr>
<tr><td colspan="2">截图工具的运用情况</td><td colspan="2">10</td><td colspan="2"></td><td></td></tr>
<tr><td colspan="2">态度是否认真</td><td colspan="2">10</td><td colspan="2"></td><td></td></tr>
<tr><td colspan="2">与小组成员的合作情况</td><td colspan="2">10</td><td colspan="2"></td><td></td></tr>
<tr><td colspan="2">总分</td><td colspan="2">100</td><td colspan="2"></td><td></td></tr>
<tr><td>学生得分</td><td colspan="6"></td></tr>
<tr><td>自我总结</td><td colspan="6"></td></tr>
<tr><td>教师评语</td><td colspan="6"></td></tr>
</table>

知识点强化与巩固

一、填空题

1. Windows 7 操作系统是由（　　　　　　　）公司开发的具有革命性变化的操作系统。

2. Windows 7 操作系统有四个默认库，分别是视频、图片、（　　　　　　　）和音乐。

3. Windows 7 操作系统从软件归类来看属于（　　　　　　　）软件。

4. Windows 7 操作系统提供了长文件名命名方法，一个文件名的长度最多可达到（　　　　　　　）个字符。

5. 在 Windows 7 操作系统中，被删除的文件或文件夹将存放在（　　　　　　　）中。

6. 在 Windows 7 操作系统中，当打开多个窗口时，标题栏的颜色与众不同的窗口是（　　　　　　　）窗口。

7. 在 Windows 7 操作系统中，菜单有3类，分别是下拉式菜单、控制菜单和（　　　　　　　）。

8. 在 Windows 7 操作系统中，Ctrl + C 是（　　　　　　　）命令的组合键。

9. 在 Windows 7 操作系统中，Ctrl + V 是（　　　　　　　）命令的组合键。

10. 在 Windows 7 操作系统中，Ctrl + X 是（　　　　　　　）命令的组合键。

11. 在 Windows 7 操作系统的窗口中，为了使系统中具有隐藏属性的文件或文件夹不显示出来，首先应进行的操作是选择（　　　　　　　）菜单中的【文件夹】选项。

12. 在 Windows 7 操作系统中，为了在系统启动成功后自动执行某个程序，应该将该程序文件添加到（　　　　　　　）文件夹中。

13. 在 Windows 7 操作系统中，回收站是（　　　　　　　）中的一块区域。

14. 在 Windows 7 操作系统中，如果要把整幅屏幕内容复制到剪贴板上，可按（　　　　　　　）键。

15. 在 Windows 7 的中文输入法状态下，默认的切换中文和英文输入法的组合键是（　　　　　　　）。

二、选择题

1. Windows 7 操作系统桌面上任务栏的作用是（　　）。
   A. 记录已经执行完毕的任务，并报给用户，准备好执行新的任务
   B. 记录正在运行的应用软件，同时可控制多个任务、多个窗口之间的切换
   C. 列出用户计划执行的任务，供计算机执行
   D. 列出计算机可以执行的任务，供用户选择，以便于用户在不同任务之间进行切换

2. Windows 7 操作系统中的文件夹组织结构是一种（　　）。
   A. 表格结构　　B. 树形结构　　C. 网状结构　　D. 线性结构

3. Windows 7 操作系统是一个（　　）操作系统。
   A. 多任务　　B. 单任务　　C. 实时　　D. 批处理

4. Windows 7 操作系统中文件的扩展名的长度为（　　）字符。

A. 1个　　B. 2个　　C. 3个　　D. 4个

5. Windows 7 操作系统自带的网络浏览器是（　　）。

A. NETSCAPE　　B. HOT - MAIL　　C. CUTFTP　　D. Internet Explorer

6. 在 Windows 7 操作系统的中文输入法状态下，以下说法不正确的是（　　）。

A. Ctrl + Space 组合键可以切换中/英文输入法

B. Shift + Space 组合键可以切换全/半角输入状态

C. Ctrl + Shift 组合键可以切换其他已安装的输入法

D. 右 Shift 键可以关闭汉字输入法

7. 在 Windows 7 操作系统中，能弹出对话框的操作是（　　）。

A. 选择了带省略号的选项　　B. 选择了带▶的选项

C. 选择了颜色变灰的选项　　D. 运行了与对话框对应的应用程序

8. 在 Windows 7 操作系统中，不同文档之间互相复制信息需要借助于（　　）。

A. 剪贴板　　B. 记事本　　C. 写字板　　D. 磁盘缓冲器

9. 在 Windows 7 操作系统中，若鼠标指针变成了"I"形状，则表示（　　）。

A. 当前系统正在访问磁盘　　B. 可以改变窗口大小

C. 可以改变窗口位置　　D. 可以在鼠标光标所在位置输入文本

10. 在 Windows 7 操作系统中，当某个程序因某种原因陷入死循环时，下列哪一个方法能较好地结束该程序？（　　）

A. 按 Ctrl + Alt + Delete 组合键，在弹出的对话框中的任务列表中选择该程序，并单击【结束任务】按钮，结束该程序的运行

B. 按 Ctrl + Delete 组合键，在弹出的对话框中的任务列表中选择该程序，并单击【结束任务】按钮，结束该程序的运行

C. 按 Alt + Delete 组合键，在弹出的对话框中的任务列表中选择该程序，并单击【结束任务】按钮，结束该程序的运行

D. 直接重启计算机，结束该程序的运行

11. 在 Windows 7 操作系统中，文件名为"MM. txt"和"mm. txt"的文件（　　）。

A. 是同一个文件　　B. 不是同一个文件

C. 有时候是同一个文件　　D. 是两个文件

12. 在 Windows 7 操作系统中，允许用户同时打开（　　）个窗口。

A. 8　　B. 16　　C. 32　　D. 无限多

13. 在 Windows 7 操作系统中，允许用户同时打开多个窗口，但只有一个窗口处于激活状态，其特征是标题栏高亮显示，该窗口称为（　　）窗口。

A. 主　　B. 运行　　C. 活动　　D. 前端

14. 在 Windows 7 操作系统中，可按（　　）键得到帮助信息。

A. F1　　B. F2　　C. F3　　D. F10

15. 在 Windows 7 操作系统中，可按 Alt +（　　）组合键在多个已打开的程序窗口中进行切换。

A. Enter　　B. Space　　C. Insert　　D. Tab

16. 在 Windows 7 操作系统中，在实施打印前（　　）。

A. 需要安装打印应用程序
B. 用户需要根据打印机的型号，安装相应的打印机驱动程序
C. 不需要安装打印机驱动程序
D. 系统将自动安装打印机驱动程序

17. 在 Windows 7 操作系统中，当应用程序窗口最大化后，该应用程序窗口将（ ）。
A. 扩大到整个屏幕，程序照常运行
B. 不能用鼠标拖动的方法改变窗口的大小，系统暂时进入挂起状态
C. 扩大到整个屏幕，程序运行速度加快
D. 可以用鼠标拖动的方法改变窗口的大小，程序照常运行

18. 在 Windows 7 操作系统中，为保护文件不被修改，可将它的属性设置为（ ）。
A. 只读 B. 存档 C. 隐藏 D. 系统

19. 操作系统是（ ）。
A. 用户与软件的接口 B. 系统软件与应用软件的接口
C. 主机与外设的接口 D. 用户和计算机的接口

20. 以下四项不属于 Windows 7 操作系统特点的是（ ）。
A. 图形界面 B. 多任务
C. 即插即用 D. 不会受到黑客攻击

21. 下列不是汉字输入法的是（ ）。
A. 全拼 B. 五笔字型 C. ASCII 码 D. 双拼

22. 任务栏上不可能存在的内容为（ ）。
A. 对话框窗口的图标 B. 正在执行的应用程序窗口图标
C. 已打开文档窗口的图标 D. 语言栏的图标

23. 在 Windows 7 操作系统中，下面的叙述正确的是（ ）。
A. 写字板是文字处理软件，不能进行图文处理
B. 画图是绘图工具，不能输入文字
C. 写字板和画图均可以进行文字和图形处理
D. 记事本文件中可以插入自选图形

24. 关于 Windows 7 操作系统窗口的概念，以下叙述正确的是（ ）。
A. 屏幕上只能出现一个窗口，这就是活动窗口
B. 屏幕上可以出现多个窗口，但只有一个是活动窗口
C. 屏幕上可以出现多个窗口，且不止一个是活动窗口
D. 当屏幕上出现多个窗口时，就没有了活动窗口

25. 在 Windows 7 操作系统中，剪贴板是用来在程序和文件间传递信息的临时存储区，此存储区是（ ）。
A. 回收站的一部分 B. 硬盘的一部分
C. 内存的一部分 D. 软盘的一部分

三、判断题

1. Windows 7 操作系统家庭普通版支持的功能最少。（ ）
2. Windows 7 操作系统旗舰版支持的功能最多。（ ）

3. 在 Windows 7 操作系统中，必须先选择操作对象，再选择操作项。 ( )

4. Windows 7 操作系统的桌面是不可以调整的。 ( )

5. Windows 7 操作系统的【资源管理器】窗口可分为两部分。 ( )

6. Windows 7 操作系统的剪贴板是内存中的一块区域。 ( )

7. 在 Windows 7 操作系统的任务栏中，不能修改文件属性。 ( )

8. 在 Windows 7 操作系统环境中，可以同时运行多个应用程序。 ( )

9. Windows 7 操作系统是一个多用户、多任务的操作系统。 ( )

10. 在 Windows 7 操作系统中，窗口大小的改变可通过对窗口的边框进行操作来实现。 ( )

11. 在 Windows 操作系统的各个版本中，支持的功能都一样。 ( )

12. 在 Windows 7 操作系统中，默认库被删除后可以通过恢复默认库功能进行恢复。 ( )

13. 在 Windows 7 操作系统中，默认库被删除了就无法恢复。 ( )

14. 在 Windows 7 操作系统中，任何一个打开的窗口都有滚动条。 ( )

15. 在 Windows 7 操作系统中，若选项前面带有“√”符号，则表示该选项所代表的状态已经呈现。 ( )

16. 在 Windows 7 操作系统中，如果要把整幅屏幕内容复制到剪贴板上，可以按 PrintScreen + Ctrl 组合键。 ( )

17. 在 Windows 7 操作系统中，如果要将当前窗口内容复制到剪贴板上，可以按 Alt + PrintScreen 组合键。 ( )

第3章
计算机网络与 Internet 应用

项目一　计算机网络概述

知识点提要

1. 计算机网络的概念
2. 计算机网络的发展
3. 计算机网络的分类
4. 计算机网络的拓扑结构
5. 计算机网络参考模型
6. 数据通信技术
7. 计算机网络系统组成

任务单

任务名称	认识计算机网络	学　　时	2学时
知识目标	1. 掌握计算机网络的概念。 2. 掌握计算机网络的分类。 3. 掌握计算机网络的拓扑结构。 4. 熟悉常用的计算机网络硬件和软件。		
能力目标	1. 理解计算机网络相关理论知识。 2. 具有将计算机网络理论知识应用于实践中的能力。		
素质目标	1. 具有自主学习的能力。 2. 具有沟通、协作的能力。		
任务描述	一、说一说，在各自站段工作学习中，都曾接触过哪些网络及认识的网络设备？ 二、说一说，在各自站段工作学习中，经常访问的有哪些网址？ 三、说一说，你所知道的网络传输介质有哪些？在办公室上网采用什么样的传输介质？ 四、说一说，计算机网络为我们办公和学习提供了哪些功能？		
任务要求	1. 仔细阅读任务描述中的要求，认真完成任务。 2. 小组间可以讨论、交流各自掌握的网络知识。		

资料卡及实例

3.1 计算机网络

计算机网络是计算机技术和通信技术结合的产物，是随着社会对信息共享、信息传递的要求而发展起来的。随着计算机软、硬件及通信技术的快速发展，计算机网络迅速渗透到金融、教育、运输等各个行业，而且随着计算机网络的优势逐渐被人们所熟悉和接受，网络将越来越快地融入社会生活的方方面面。可以说，未来是一个充满网络的世界。

3.1.1 计算机网络概述

计算机网络，是指将地理位置不同的、具有独立功能的多台计算机系统，通过通信设备和通信线路连接起来，在网络操作系统、网络管理软件及网络通信协议的管理和协调下，实现网络中资源共享和信息传递的系统。简单地说，计算机网络就是通过传输介质将两台及两台以上的计算机互联起来的集合。

计算机网络通常由资源子网、通信子网和通信协议三部分组成。

资源子网是计算机网络中面向用户的部分，负责全网络面向应用的数据处理工作，其主体是连入计算机网络内的所有主计算机，以及这些计算机所拥有的面向用户端的外部设备、软件和可用来共享的数据等。

通信子网是计算机网络中负责数据通信的部分。通信传输介质可以是双绞线、同轴电缆、无线电、微波等。

通信协议是指为使网内各计算机之间的通信可靠、有效，通信双方必须共同遵守的规则和约定。

计算机网络主要涉及以下三项重要内容。

（1）具有独立功能的多个计算机系统：各种类型的计算机、工作站、服务器、数据处理终端设备。

（2）通信线路和设备：通信线路是指网络连接介质，如同轴电缆、双绞线、光缆、铜缆、卫星等；通信设备是指网络连接设备，如网关、网桥、集线器、交换机、路由器、调制解调器等。

（3）网络软件：各类网络系统软件和各类网络应用软件。

3.1.2 计算机网络的发展

计算机网络的发展可大致分为四个阶段。

1. 第一代：面向终端的计算机网络

1946 年世界上第一台公认的电子计算机 ENIAC 在美国诞生时，计算机技术与通信技术并没有直接的联系。直到 20 世纪 50 年代初期，出现了以单个计算机为中心的面向终端的远程联机系统，但其终端往往只具备基本的输入及输出功能（显示系统及键盘）。该系统是计算机技术与通信技术相结合而形成的计算机网络的雏形，因此也称为面向终端的计算机网络，如图 3.1 所示。

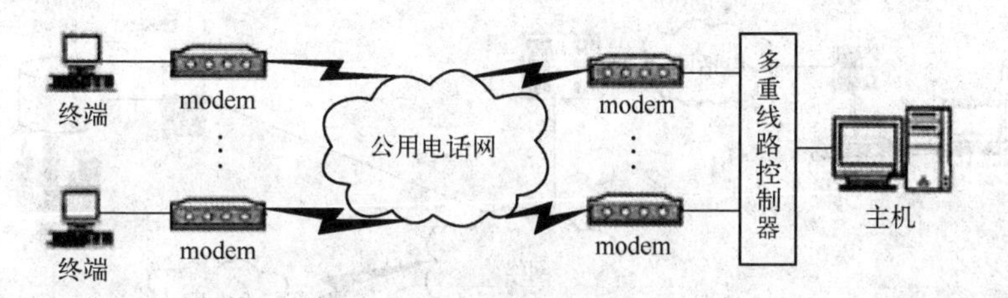

图 3.1　面向终端的计算机网络

2. 第二代：计算机通信网络

面向终端的计算机网络只能在终端与主机之间进行通信，子网之间无法通信。因此，从 20 世纪 60 年代中期开始，出现了多个主机互联的系统，可以实现计算机与计算机之间的通信。它由通信子网和用户资源子网构成，是网络的初级阶段，因此，称其为计算机通信网络。如图 3.2 所示，网络中的通信双方都是具有自主处理能力的计算机，功能以资源共享为主。

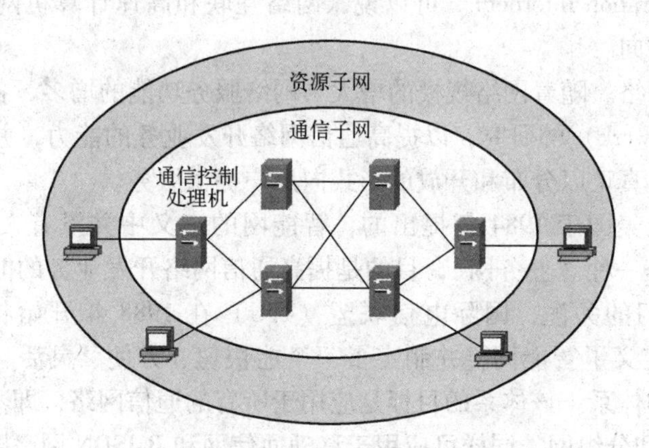

图 3.2　以通信子网为中心的计算机网络

1969 年，仅有 4 个结点的分组交换网 ARPANET（高级研究计划局网络）的研制成功，标志着计算机通信网络的诞生。1983 年，此网络发展到 200 个结点，连接了数百台计算机。

3. 第三代：计算机互联网络（Internet）

20 世纪 70 年代中期，局域网诞生并推广使用，为了使不同体系的网络也能相互交换信息，国际标准化组织（ISO）于 1977 年成立专门机构，并在 1984 年颁布了世界范围内网络互联的标准，称之为开放系统互连参考模型 OSI/RM（open system interconnection/reference model），简称 OSI。从此，计算机网络进入了互联发展的时代，如图 3.3 所示。

4. 第四代：互联、高速、智能化的计算机网络

从 20 世纪 80 年代末开始，计算机网络技术进入新的发展阶段，其特点是互联、高速和智能化，主要表现在以下几个方面。

（1）发展了以 Internet 为代表的互联网。

（2）发展了高速网络。1993 年美国政府公布了国家信息基础设施（national information infrastructure，NII）行动计划，即信息高速公路计划。这里的“信息高速公路”是指数字化大容量光纤通信网络，用以把政府机构、企业、大学、科研机构和家庭的计算机联网。美国

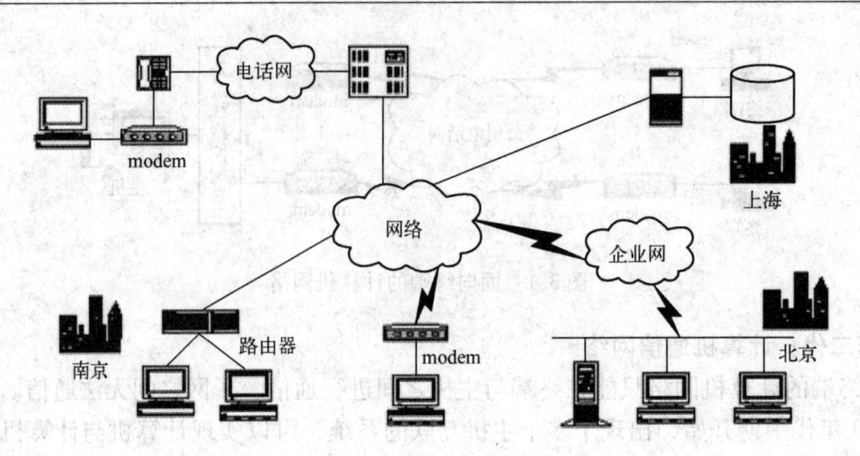

图 3.3 网络互连阶段

政府又分别于 1996 年和 1997 年开始研究发展更加快速可靠的互联网 2（Internet 2）和下一代因特网（next-generation internet）。可以说，网络互联和高速计算机网络正成为最新一代计算机网络的发展方向。

（3）研究智能网络。随着网络规模的增大与网络服务功能的增多，各国正在开展智能网络 IN（intelligent network）的研究，以提高通信网络开发业务的能力，并更加合理地进行网络各种业务的管理，真正以分布和开放的形式向用户提供服务。

智能网的概念是美国于 1984 年提出的，智能网的定义中并没有人们通常理解的“智能”含义，它仅仅是一种“业务网”，目的是提高通信网络开发业务的能力。它的出现引起了世界各国电信部门的关注，国际电信联盟（ITU）在 1988 年开始将其列为研究课题。1992 年 ITU-T 正式定义了智能网，并制定了一个能快速、方便、灵活、经济、有效地生成和实现各种新业务的体系。该体系的目标是应用于所有的通信网络，即不仅可应用于现有的电话网、N-ISDN 网和分组网，同样可应用于移动通信网和 B-ISDN 网。随着时间的推移，智能网络的应用将向更高层次发展。

3.1.3 计算机网络分类

计算机网络的分类方式有很多种，如按拓扑结构、作用范围、使用范围和传输介质等。按拓扑结构可以分为总线、星状、环状、网状、树状；按使用范围可以分为公用网和专用网，如 CHINANET 为公用网，它是面向公众开放的，而 CERNET 则是专用网；按传输介质可以分为有线网和无线网；按网络传输技术可以分为广播式网络（broadcast networks）和点－点式网络（point－to－point networks）。通常我们都是按照地理范围将计算机网络划分为局域网、城域网和广域网。

1. 局域网

局域网地理范围一般在几百米到十千米之间，属于小范围内的连网，如一个建筑物内、一个学校内、一个工厂的厂区内等。局域网的组建简单、灵活，使用方便。随着计算机应用的普及，局域网的地位和作用越来越重要，人们已经不满足计算机与计算机之间的资源共享。现在安装软件和视频图像处理等操作均可在局域网中进行。

2. 城域网

城域网地理范围可从几十千米到上百千米，可覆盖一个城市或地区，是一种中等范围内的连网。城域网使用的技术与局域网相同，但分布范围要更广一些，可以支持数据、语音及有线电视网络等。

3. 广域网

广域网也称为远程网络，其作用范围通常为几十千米到几千千米，属于大范围的连网，如几个城市、一个或几个国家，甚至全球。广域网是将多个局域网连接起来的更大的网络。各个局域网之间可以通过高速电缆、光缆、微波卫星等远程通信方式连接。广域网是网络系统中的最大型的网络，能实现大范围的资源共享，如国际性的 Internet。

3.1.4　计算机网络拓扑结构

拓扑结构是指将不同设备根据不同的工作方式进行连接的结构。不同计算机网络系统的拓扑结构是不同的，而且不同拓扑结构的网络的功能、可靠性、组网的难易程度及成本等也不同。计算机网络的拓扑结构是计算机网络上各结点（分布在不同地理位置上的计算机设备及其他设备）和通信链路所构成的几何形状。常见的拓扑结构有 5 种：总线、星状、环状、树状和网状。各种拓扑结构的示意图如图 3.4 所示。

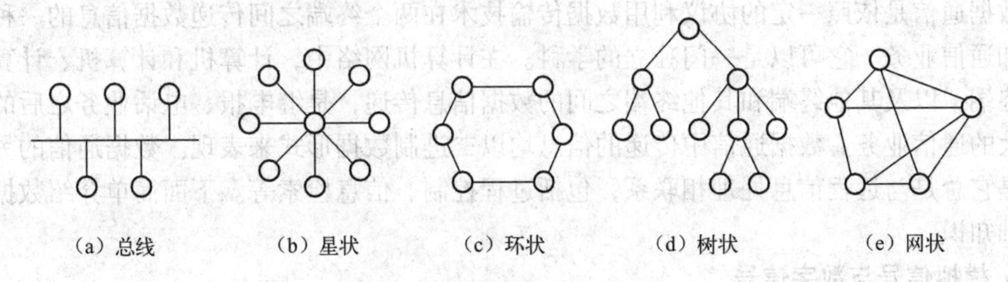

图 3.4　网络拓扑结构示意图

1. 总线结构

总线拓扑结构如图 3.4（a）所示，它采用一条公共线作为数据传输介质，所有网络上的结点都连接在总线上，通过总线在结点之间传输数据。由于各结点共用一条总线，在任意时刻只允许一个结点发送数据，因此传输数据易出现冲突现象，而如果总线出现故障，将影响整个网络的运行。但是，总线拓扑结构具有结构简单，易于扩展，建网成本低等优点，局域网中以太网就是典型的总线拓扑结构。

2. 星状结构

星状结构如图 3.4（b）所示，网络上每个结点都由一条点到点的链路与中心结点相连。中心结点充当整个网络控制的主控计算机，具有数据处理和存储的双重功能，也可以是程控交换机或集线器，仅在各结点间起连通作用。各结点之间的数据通信必须通过中心结点，一旦中心结点出现故障，将导致整个网络系统彻底崩溃。

3. 环状结构

环状结构如图 3.4（c）所示，网络上各结点都连接在一个闭合环状的通信链路上，信息单方向沿环传递，两结点之间仅有唯一的通道。网络上各结点之间没有主次关系，各结点负担均衡，但网络扩充及维护不太方便。如果网络上有一个结点或者是环路出现故障，将可能引起整个网络发生故障。

4. 树状结构

树状结构（是星状结构的发展）如图3.4（d）所示，网络中各结点按一定的层次连接起来，形状像一棵倒置的树，所以称为树状结构。在树状结构中，顶端的结点称为根结点，它带有若干个分支结点，每个分支结点再带有若干个子分支结点，信息可以在每个分支链路上双向传递。树状结构的优点是网络扩充、故障隔离比较方便，适用于分级管理和控制系统，但如果根结点出现故障，将影响整个网络的运行。

5. 网状结构

网状结构如图3.4（e）所示，其网络上各结点的连接是不规则的，每个结点可以有多个分支，信息可以在任何分支上进行传递，这样可以减少网络阻塞的现象，可靠性高，灵活性好，结点的独立处理能力强，信息传输容量大，但结构复杂，不易管理和维护，成本高。

以上介绍的是计算机网络系统基本的拓扑结构，在实际组建网络时，可根据具体情况，选择某种拓扑结构或选择几种基本拓扑结构的组合方式来完成网络拓扑结构的设计。

3.1.5 数据通信技术

数据通信是依照一定的协议利用数据传输技术在两个终端之间传递数据信息的一种通信方式和通信业务。它可以是一门独立的学科。在计算机网络中，计算机和计算机、计算机和其他终端，以及其他终端和其他终端之间的数据信息传递，是继电报、电话业务之后的第三种最大的通信业务。数据通信中传递的信息均以二进制数据形式来表现。数据通信的另一个特点是它总是与远程信息处理相联系，包括过程控制、信息检索等。下面简单介绍数据通信的基础知识。

1. 模拟信号与数字信号

1）模拟数据与数字数据

数据有数字数据和模拟数据之分。

（1）模拟数据：状态是连续变化的、不可数的，如强弱连续变化的语音、亮度连续变化的图像等。

（2）数字数据：状态是离散的、可数的，如符号、数字等。

2）模拟信号与数字信号

数据在通信系统中需要变换为（通过编码实现）电信号的形式，从一点传输到另一点。信号是数据在传输过程中电磁波的表现形式。由于有两种不同的数据类型，信号也相应地有两种形式。

（1）模拟信号：是一种连续变换的电信号，它的幅值可由无限个数值表示，如普通电话机输出的信号就是模拟信号。

（2）数字信号：是一种离散信号，它的幅值被限制在有限个数值之内，如电传机输出的信号就是数字信号。

2. 信道的分类

信道是信号传输的通道，包括通信设备和传输媒体。这些媒体可以是有形媒体（如电缆、光纤），也可以是无形媒体（如传输电磁波的空间）。

（1）信道按传输媒体可分为有线信道和无线信道。

（2）信道按传输信号可分为模拟信道和数字信道。

（3）信道按使用权可分为专用信道和公用信道。

3. 通信方式种类

（1）通信仅在点与点之间进行，按信号传送的方向与时间分类，通信方式可分为3种。

① 单工通信：是指信号只能单方向进行传输的工作方式。一方只能发送信号，另一方只能接收信号，如广播、遥控采用的就是单工通信方式。

② 半双工通信：是指通信双方都能接收、发送信号，但不能同时进行收和发的工作。它要求双方都有收发信号的功能，如无线电对讲机。

③ 全双工通信：是指通信双方可同时进行收和发的双向传输信号的工作方式，如普通电话采用的就是一种最简单的全双工通信方式。

（2）按数字信号在传输过程中的排列方式分类，通信方式可分为2种。

① 并行传输：指数据以成组的方式在多个并行信道上同时传输。并行传输的优点是不存在字符同步问题，速度快，缺点是需要多个信道并行，这在信道远距离传输中是不允许的。因此，并行传输往往仅限于机内的或同一系统内的设备间的通信，如打印机一般都接在计算机的并行接口上。

② 串行传输：指信号在一条信道上一位接一位地传输。在这种传输方式中，收发双方保持位同步或字符间同步是必须解决的问题。串行传输比较节省设备，所以目前计算机网络中普遍采用这种传输方式。

4. 数据传输的速率

（1）比特率是数字信号的传输速率。1个二进制位所携带的信息即称为1个比特（bit）的信息，并作为最小的信息单位。比特率是单位时间内传送的比特数（二进制位数）。

（2）波特率也称为调制速率，是调制后的传输速率，指单位时间内模拟信号状态变化的次数，即单位时间内传输波形的个数。

（3）误码率是指码元在传输中出错的概率，它是衡量通信系统传输可靠性的一个指标。在数字通信中，数据传输的形式是代码，代码由码元组成，码元用波形表示。

3.1.6　计算机网络体系结构

计算机网络体系结构涉及通信系统的整体设计，它为网络硬件、软件、协议、存取控制和拓扑结构提供标准。一个功能完备的计算机网络需要制定一整套复杂的协议集。对于结构复杂的网络协议来说，最好的组织方式是层次结构模型。计算机网络协议就是按照层次结构模型来组织的。计算机网络体系结构（network architecture）是网络层次结构模型与各层协议集合的统一。计算机网络是一个非常复杂的系统，需要解决的问题很多并且性质各不相同，所以在设计ARPANET时，就提出了“分层”的思想，即将庞大而复杂的问题分为若干较小且易于处理的局部问题。

为了使不同体系结构的计算机网络能互连，国际标准化组织ISO于1978年提出了“异种机连网标准”的框架结构，这就是著名的开放系统互连参考模型。OSI得到了国际的承认，成为其他各种计算机网络体系结构参照的标准，大大地推动了计算机网络的发展。

1. 协议

随着网络的发展，不同的开发商开发了不同的通信方式。为了使通信成功可靠，网络中的所有主机都必须使用同一语言，网络中不同的工作站和服务器之间能传输数据，源于协议的存在。协议就是对数据格式和计算机之间交换数据时必须遵守的规则的正式描述。网络协议包括以下三个部分：

（1）语法，包括数据格式、编码及信号电平等。

（2）语义，包括用于协议和差错处理的控制信息。

（3）时序，包括速度匹配和排序。

OSI 参考模型用物理层、数据链路层、网络层、传输层、会话层、表示层和应用层七个层次描述网络的结构。它的规范对所有的厂商都是开放的，具有指导国际网络结构和开放系统走向的作用。它直接影响总线、接口和网络的性能。目前常见的网络体系结构有 FDDI、以太网、令牌环网和快速以太网等。从网络互连的角度看，网络体系结构的关键要素是协议和拓扑。

2. OSI 参考模型

国际上主要有两大制定计算机网络标准的组织：国际电报与电话咨询委员会（Consultative Committee on International Telegraph and Telephone，CCITT）和国际标准化组织（International Organization for Standards，ISO）。CCITT 主要是从通信角度考虑标准的制定，而 ISO 则侧重于信息的处理与网络体系结构，但随着计算机网络的发展，通信与信息处理已成为两大组织共同关注的领域。

1974 年，ISO 发布了著名的 ISO/IEC 7498 标准，它定义了网络互连的 7 层框架，.即开放系统互连（open system internet work，OSI）参考模型，并在 OSI 框架下，详细规定了每一层的功能，以实现开放系统环境中的互连性（interconnection）、互操作性（interoperation）与应用的可移植性（portability）。OSI 中的“开放”是指只要遵循 OSI 标准，一个系统就可以与位于世界任何地方、遵循同一标准的其他任何系统进行通信。OSI 参考模型对不同的层次定义了不同的功能并提供了不同的服务，每一层都会与相邻的上下层进行通信和协调，为上层提供服务，将上层传来的数据和信息经过处理传递到下层，直到物理层，最后通过传输介质传到网上。OSI 参考模型中层与层之间通过接口相连，每一层与其相邻上下两层通信均需通过接口传输，每层都建立在下一层的标准上。分层结构的优点是每一层都有各自的功能及明确的分工，便于在网络出现故障时进行分析、查错。如图 3. 5 所示为两主机的 OSI 参考模型结构图。

3. TCP/IP 参考模型

TCP/IP 是一个工业标准的协议集，它最早应用于 ARPANET。运行 TCP/IP 的网络具有很好的兼容性，并可以使用铜缆、光纤、微波及卫星等多种链路通信。Internet 上的 TCP/IP 协议之所以能够迅速发展，是因为它适应了世界范围内的数据通信的要求。TCP/IP 具有如下特点。

（1）TCP/IP 协议并不依赖于特定的网络传输硬件，所以 TCP/IP 协议能够集成各种各样的网络。用户能够使用以太网（Ethernet）、令牌环网（token-ring network）、拨号线路（dial-up line）、X. 25 网，以及所有的网络传输硬件，适用于局域网、广域网，更适用于互

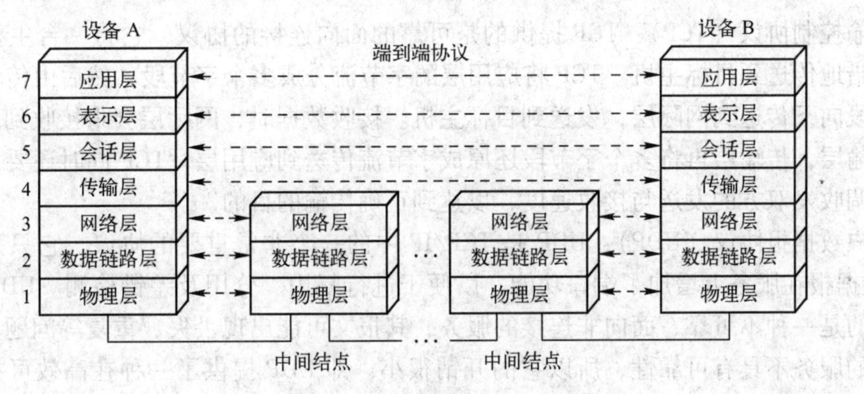

图 3.5　OSI 参考模型结构图

联网。

（2）TCP/IP 协议不依赖于任何特定的计算机硬件或操作系统，提供开放的协议标准，即使不考虑 Internet，TCP/IP 协议也获得了广泛的支持。因此，TCP/IP 协议成为一种联合各种硬件和软件的实用系统。

（3）TCP/IP 工作站和网络使用统一的全球范围寻址系统，在世界范围内给每个 TCP/IP 网络指定唯一的地址，这就使得无论用户的物理地址在何处，任何其他用户都能访问该用户。

（4）TCP/IP 协议是标准化的高层协议，可以提供多种可靠的用户服务。

TCP/IP 参考模型如图 3.6 所示，由应用层、传输层、网际层和网络接口层组成，与 OSI 参考模型的 7 层大致对应。OSI 参考模型将 7 层分成应用层和数据传输层两层，TCP/IP 参考模型也像 OSI 参考模型一样分为协议层和网络层两层，具体如图 3.6 所示。协议层定义了网络通信协议的类型，而网络层定义了网络的类型和设备之间的路径选择。

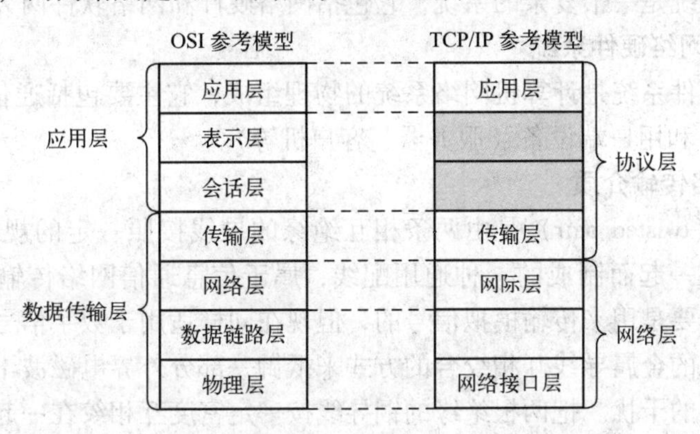

图 3.6　TCP/IP 参考模型与 OSI 参考模型的对比图

（1）网络接口层（network interface layer）。网络接口层是 TCP/IP 参考模型的最低层，对应 OSI 参考模型的数据链路层和物理层。网络接口层主要负责通过网络发送和接收 IP 数据报。TCP/IP 参考模型允许主机在连入网络时使用其他协议，如局域网协议。

（2）网际层（internet layer）。网际层对应于 OSI 参考模型中的网络层，负责将源主机的报文分组发送至目标主机，此时源主机和目标主机可在同一网络或不同网络中。

（3）传输层（transport layer）。传输层对应于 OSI 参考模型中的传输层，负责应用进程之间的端对端的通信。该层定义了传输控制协议和用户数据报协议。

传输控制协议（TCP）：TCP提供的是可靠的面向连接的协议，它将一台主机传送的数据无差错地传送到目标主机。TCP将应用层的字节流分成多个字节段，然后由传输层将一个个字节段向下传送到网际层，发送到目标主机。接收数据时，网际层会将接收到的字节段传送给传输层，传输层再将多个字节段还原成字节流传送到应用层。TCP同时还要负责流量控制，协调收发双方的发送与接收速度，以达到正确传输的目的。

用户数据报协议（UDP）：UDP是TCP/IP中的一个非常重要的协议，它只是对网际层的IP数据报在服务上增加了端口功能，以便于进行复用、分用及差错检测。UDP为应用程序提供的是一种不可靠、面向非连接的服务，其报文可能出现丢失、重复等问题。正是由于它提供的服务不具有可靠性，所以它的开销很小，即UDP提供了一种在高效可靠的网络上传输数据而不用消耗必要的网络资源和处理时间的通信方式。

（4）应用层（application layer）。应用层对应于OSI参考模型中的应用层。应用层是TCP/IP参考模型中的最高层，所以应用层的任务不是为上层提供服务，而是为最终用户提供服务。该层包括了所有高层协议，每一个应用层的协议都对应一个用户使用的应用程序，主要的协议有：

- 网络终端协议（telnet），实现用户远程登录功能；
- 文件传输协议（file transfer protocol，FTP），实现交互式文件传输；
- 简单邮件传送协议（simple mail transfer protocol，SMTP），实现电子邮件的传送；
- 域名系统（domain name system，DNS），实现网络设备名字到IP地址映射的网络服务；
- 超文本传送协议（hypertext transfer protocol，HTTP），用于WWW服务。

3.1.7 计算机网络系统组成

计算机网络系统是一个复杂的系统，它包括网络硬件和网络软件两大部分。

（一）计算机网络硬件系统

计算机网络硬件系统是计算机网络系统的物理组成，它主要包括通信设备（传输设备、交换及互连设备）和用户端设备（服务器、客户机等）。

1. 计算机网络传输介质

（1）双绞线（twisted pair）是由两条相互绝缘的导线按照一定的规格互相缠绕（一般以顺时针缠绕）在一起而制成的一种通用配线，属于信息通信网络传输介质，如图3.7所示。双绞线过去主要是用来传输模拟信号的，但现在同样适用于数字信号的传输。双绞线采用了一对互相绝缘的金属导线互相绞合的方式来抵御一部分外界电磁波干扰，更主要的是降低自身信号对外界的干扰。把两根绝缘的铜导线按一定密度互相绞在一起，可以降低信号干扰的程度，一根导线在传输中辐射出的电波会被另一根导线上发出的电波抵消。

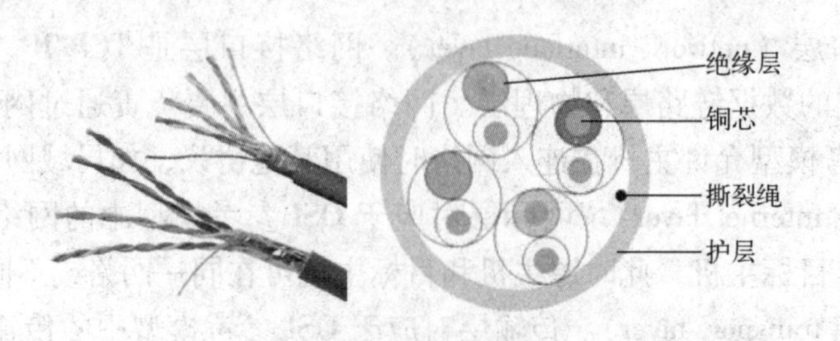

图3.7 双绞线及超5类双绞线（4对）剖面图

双绞线在外界的干扰磁通中，每根导线均被感应出干扰电流，同一根导线在相邻两个环的两段上流过的感应电流大小相等且方向相反，因而被抵消。因此，双绞线对外界磁场干扰有很好的屏蔽作用。双绞线外加屏蔽可以克服双绞线易受静电感应的缺点，使信号线有很好的电磁屏蔽效果。双绞线分为屏蔽双绞线（shielded twisted pair，STP）与非屏蔽双绞线（unshielded twisted pair，UTP）。屏蔽双绞线在双绞线与外层绝缘封套之间有一个金属屏蔽层，可减少辐射，防止信息被窃听，也可阻止外部电磁干扰的进入，这使屏蔽双绞线比同类的非屏蔽双绞线具有更高的传输速率。非屏蔽双绞线是一种数据传输线，由四对不同颜色的传输线组成，被广泛用于以太网和电话线中。

常见的双绞线有 3 类线、5 类线和超 5 类线，以及最新的 6 类线。每条双绞线两头通过安装 RJ－45 连接器（水晶头）与网卡和集线器（或交换机）相连。

双绞线制作标准有以下两种。

① EIA/TIA 568A 标准：白绿/绿/白橙/蓝/白蓝/橙/白棕/棕（从左起）。

② EIA/TIA 568B 标准：白橙/橙/白绿/蓝/白蓝/绿/白棕/棕（从左起）。

连接方法有以下两种。

① 直通线：双绞线两边都按照 EIA/TIA 568B 标准连接。

② 交叉线：双绞线一边按照 EIA/TIA 568A 标准连接，另一边按照 EIA/TIA 568B 标准连接。

如图 3.8 所示是用直通线用测线仪测试网线和水晶头连接是否正常。

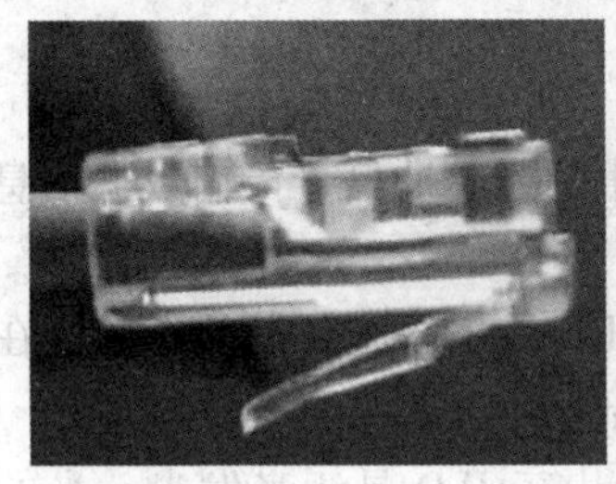
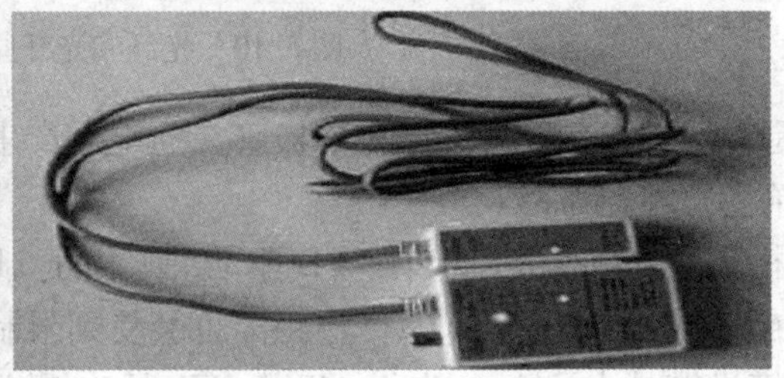

图 3.8　水晶头和直通线用测线仪

（2）同轴电缆是指有两个同心导体，而导体和屏蔽层又共用同一轴心的电缆，也是局域网中最常见的传输介质之一。外层导体和中心轴铜线的圆心在同一个轴心上，所以叫作同轴电缆，如图 3.9 所示。同轴电缆之所以设计成这样，也是为了防止外部电磁波干扰信号的传递。

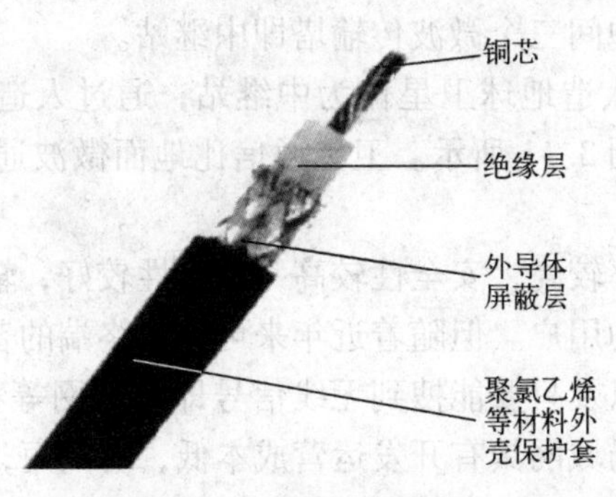

图 3.9　同轴电缆截面图

同轴电缆从用途上可分为基带同轴电缆和宽带同轴电缆（即网络同轴电缆和视频同轴电缆）。目前，同轴电缆大量被光纤取代，但仍广泛应用于有线和无线电视和某些局域网。

由于同轴电缆中铜导线的外面具有多层保护层，所以同轴电缆具有很好的抗干扰性且传输距离比双绞线远，但同轴电缆的安装比较复杂，维护也不方便。

（3）光纤是光导纤维的简写，是一种细小、柔韧并能传输光信号的介质。它是利用光在玻璃或塑料制成的纤维中会发生全反射的原理而达成传输信号目的的，如图 3.10 所示。通常光纤与光缆两个名词会被混淆。多数光纤在使用前必须由几层保护结构包覆，包覆后的缆线即被称为光缆。一根光缆中通常包含有多条光纤。光纤外层的保护结构可防止周围环境对光纤的伤害，如水、火、电击等。光纤具有频带宽、损耗低、质量小、抗干扰能力强、保真度高、工作性能可靠等优点。

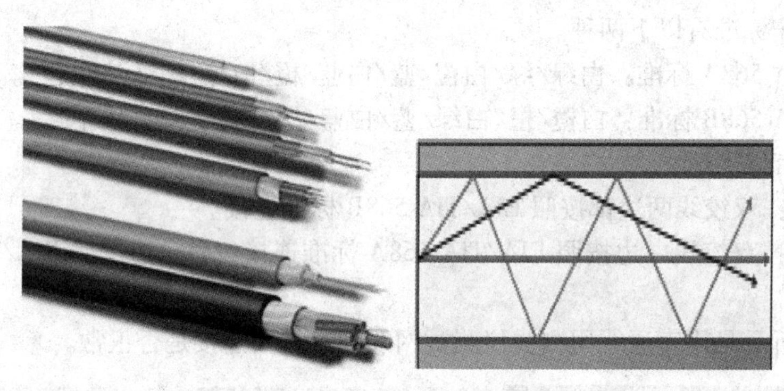

图 3.10 光纤和光纤原理

光缆是利用发光二极管或激光二极管在通电后产生的光脉冲信号传输数据信息的，光缆分多模和单模两种。

① 多模光缆是由发光二极管 LED 驱动的。由于 LED 发出的光是散的，所以在传输时需要较宽的传输路径，频率较低，传输距离也会受到限制。

② 单模光缆是由注入式激光二极管 ILD 驱动的。由于 ILD 是激光发光，光的发散特性很弱，所以传输距离比较远。

（4）地面微波通信。由于微波是以直线方式在大气中传播的，而地表面是曲面，所以微波在地面上直接传输的距离不会大于 50 km。为了使其传输信号距离更远，需要在通信的两个端点设置中继站。中继站的功能一是放大信号，二是恢复失真信号，三是转发信号。如图 3.11 所示，A 微波传输塔要向 B 微波传输塔传输信号，无法直接传播，可通过中间三个微波传输塔转播，在这里中间三个微波传输塔即中继站。

（5）卫星通信是利用人造地球卫星作为中继站，通过人造地球卫星转发微波信号，实现地面站之间的通信，如图 3.11 所示。卫星通信比地面微波通信传输容量和覆盖范围要广得多。

有线网络因其传输速率较高，安全性较高，稳定性较好，辐射较小，而被广泛用于固定场所，以及要求网速较快的用户。但随着近年来可移动终端的普及，无线网的方便、可移动性、构建简单、有条理，以及只要能搜到无线信号即可上网等特点，越来越体现出其价值。与有线局域网相比，无线局域网具有开发运营成本低，时间短，投资回报快，易扩展，受自然环境、地形及灾害影响小，组网灵活快捷等优点。在自由空间传输的电磁波根据频谱可将

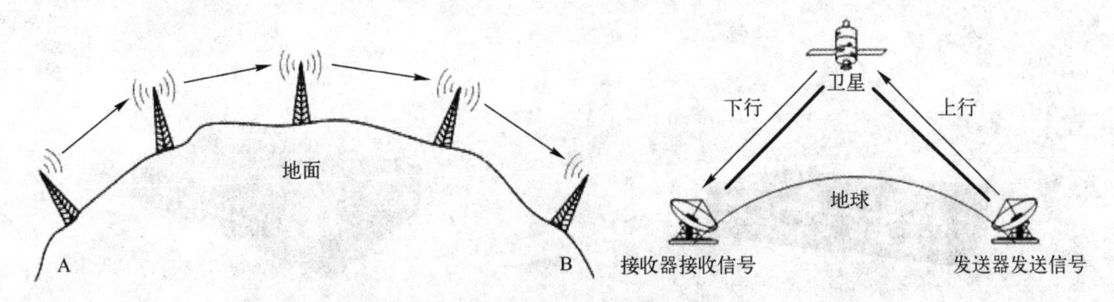

图 3.11　地面微波通信和卫星通信图

其分为无线电波、微波、红外线、蓝牙、激光等，而信息可以被加载在电磁波上进行传输。

2. 网络交换及互连设备

1）网卡

网卡是帮助计算机连接到网络的主要硬件。它把工作站计算机的数据通过网络送出，并且为工作站计算机收集进入的数据。台式机的网卡插在计算机主板的一个扩展槽中。另外，台式机和笔记本电脑除内置板载网卡外，还可以配置其他类型的有线和无线网卡，如图 3.12所示。

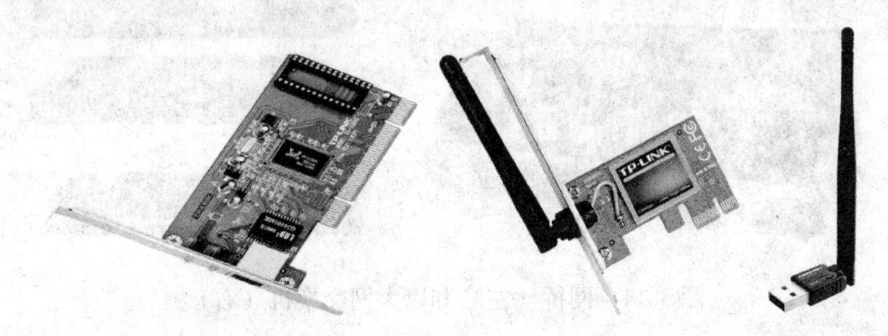

图 3.12　PCI 有线网卡（左）、PCI－E 无线网卡（中）和 USB 无线网卡（右）

2）中继器与集线器

中继器（repeater）是连接网络线路的一种装置，常用于两个网络结点之间物理信号的双向转发。中继器是最简单的网络互连设备，主要完成物理层的功能，负责在两个结点的物理层上按位传递信息，完成信号的复制、调整和放大功能，以此来延长网络的长度。由于存在损耗，在线路上传输的信号功率会逐渐衰减，衰减到一定程度时将造成信号失真，因此会导致接收错误。中继器就是为解决这一问题而设计的。它可实现物理线路的连接，放大衰减的信号，从而保持与原数据相同。

集线器（hub）是“中心”的意思，其主要功能是对接收到的信号进行再生、整形和放大，以扩大网络的传输距离，同时把所有结点集中在以它为中心的结点上。它工作于 OSI 参考模型第一层，即“物理层”。集线器与网卡、网线等传输介质一样，属于局域网中的基础设备，采用 CSMA/CD（一种检测协议）访问方式。中继器和集线器图如图 3.13 所示。

3）网桥与交换机

网桥可将两个相似的网络连接起来，并对网络数据的流通进行管理。它工作于数据链路层，不但能扩展网络的距离和范围，而且可提高网络的性能、可靠性和安全性。比如，网络 1 和网络 2 通过网桥连接后，网桥接收网络 1 发送的数据包，检查数据包中的地址，如果地址属于网络 1，它就将其放弃，相反，如果是网络 2 的地址，它就继续发送给网络 2，这样

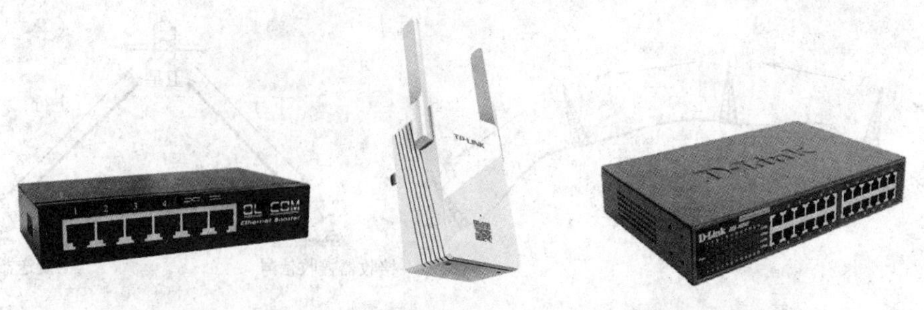

图 3. 13　有线中继器（左）、无线中继器（中）和集线器（右）

可利用网桥隔离信息，将网络划分成多个网段，隔离出安全网段，防止其他网段内用户的非法访问。由于各网段相对独立，一个网段的故障不会影响到另一个网段的运行。

交换机是一种用于电信号转发的网络设备。它可以为接入交换机的任意两个网络结点提供独享的电信号通路。最常见的交换机是以太网交换机，其他常见的还有电话语音交换机、光纤交换机等。网桥和以太网交换机图如图 3. 14 所示。

图 3. 14　网桥（左）和以太网交换机（右）

4）路由器和网关

路由器（router）是连接因特网中各局域网、广域网的设备，它会根据信道的情况自动选择和设定路由，以优化路径，并按前后顺序发送信号。路由器是互联网络的枢纽和“交通警察”。目前，路由器已经广泛应用于各行各业，各种不同档次的路由器已经成为实现各种骨干网内部连接、骨干网间互联、骨干网与互联网互联互通业务的主力军。

网关（gateway）又称网间连接器、协议转换器。网关是在传输层上实现网络互连的，是最复杂的网络互连设备，仅用于两个高层协议不同的网络互连。网关既可以用于广域网互连，也可以用于局域网互连。网关是一种充当转换重任的计算机系统或设备。在使用不同的通信协议、数据格式或语言，甚至体系结构完全不同的两种系统之间，网关是一个翻译器。与网桥只是简单地传达信息不同，网关对收到的信息要重新打包，以适应目标系统的需求。同时，网关也可以提供过滤和安全功能。大多数网关运行在 OSI 7 个层次的顶层——应用层。路由器和串口网关图如图 3. 15 所示。

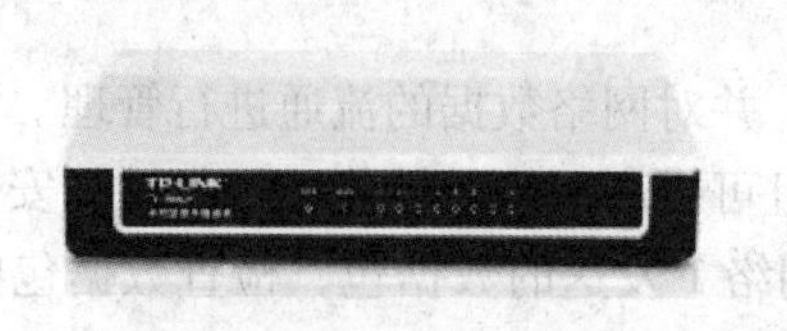

图 3. 15　路由器和串口网关

5）调制解调器

调制解调器（modem）实际是调制器（modulator）与解调器（demodulator）的简称。所谓调制，就是把数字信号转换成电话线上传输的模拟信号；解调，即把模拟信号转换成数字信号。

调制解调器是模拟信号和数字信号的“翻译员”。前面讲过电信号分为“模拟信号”和“数字信号”两种。我们使用的电话线路传输的是模拟信号，而 PC 机之间传输的是数字信号。所以，若想通过电话线把自己的电脑连入 Internet 时，就必须使用调制解调器来“翻译”两种不同的信号。连入 Internet 后，当 PC 机向 Internet 发送信息时，由于电话线传输的是模拟信号，所以必须要用调制解调器来把数字信号“翻译”成模拟信号，才能传送到 Internet 上，这个过程叫作“调制”。当 PC 机从 Internet 获取信息时，由于通过电话线从 Internet 传来的信息都是模拟信号，所以 PC 机想要看懂它们，也必须借助调制解调器这个“翻译员”，这个过程叫作“解调”。调制解调器图如图 3. 16 所示。

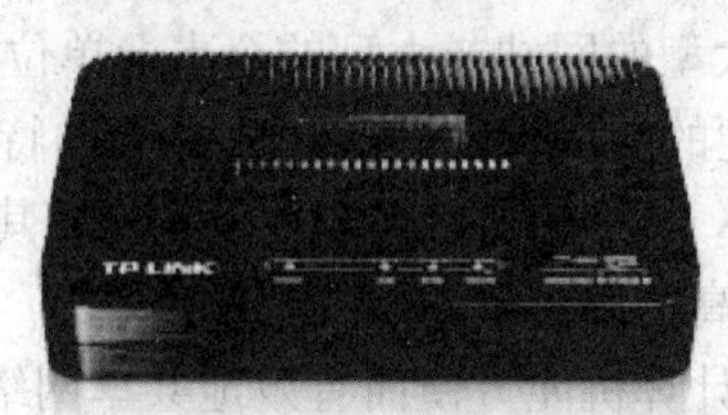

图 3. 16　调制解调器

3. 服务器与工作站

（1）服务器（server）通常分为文件服务器、数据库服务器和应用程序服务器。相对于普通 PC 机来说，服务器在稳定性、安全性、性能等方面都要求更高，因此其 CPU、芯片组、内存、磁盘系统、网络等硬件和普通 PC 机有所不同。它是网络上一种为客户端计算机提供各种服务的高可用性计算机。在网络操作系统的控制下，它能够向网络用户提供非常丰富的网络服务，如文件服务、Web 服务、FTP 服务、E-mail 服务等。服务器能够提供的服务取决于其所安装的软件。

（2）工作站（workstation）也称为客户机，它是相对服务器而存在的。一般来说，客户机只有连到服务器上，才能够接收服务器提供的服务及共享资源。

（二）计算机网络软件系统

计算机是在软件的控制下工作的，同样，网络的工作也需要网络软件的控制。网络软件一方面控制网络的工作，控制、分配与管理网络资源，协调用户对网络的访问；另一方面则帮助用户更便捷地使用网络。网络软件要完成网络协议规定的功能。在网络软件中最重要的是网络操作系统（NOS），而网络的性能和功能往往取决于网络操作系统。

网络操作系统是网络的心脏和灵魂，是向网络计算机提供服务的特殊的操作系统。它在计算机操作系统下工作，为计算机操作系统增加了网络操作所需要的能力。

网络操作系统与运行在工作站上的单用户操作系统或多用户操作系统因提供的服务类型不同而有所差别。一般情况下，网络操作系统是以使网络相关特性达到最佳为目的的，如共享数据文件、软件应用，以及共享硬盘、打印机、调制解调器、扫描仪和传真机等。一般计算机的操作系统，如 DOS 和 OS/2 等，其目的是让用户与系统及在此操作系统上运行的各种应用之间的交互作用达到最佳。

常用的网络操作系统有 Windows 操作系统、NetWare 操作系统、UNIX 操作系统、Linux 操作系统等。微软公司的 Windows 操作系统不仅在个人操作系统中占有绝对优势，而且在网络操作系统中也具有非常强劲的力量。Windows 操作系统用在整个局域网中是最常见的，但由于它对服务器的硬件要求较高，且稳定性能不是很好，所以该操作系统一般只用在中、低档服务器中，高端服务器通常采用 UNIX、Linux 等非 Windows 操作系统。

NetWare 操作系统虽然远不如早几年那么风光，在局域网中早已失去了当年雄霸一方的气势，但是 NetWare 操作系统仍以对网络硬件的要求较低而受到一些设备比较落后的中小型企业，特别是学校的青睐。

UNIX 操作系统支持网络文件系统服务，提供数据等应用，功能强大，由 AT&T 和 SCO 公司推出。这种网络操作系统稳定和安全性能非常好，但由于它多数是以命令方式来进行操作的，不容易掌握，特别是初级用户。所以，小型局域网基本不使用 UNIX 作为网络操作系统。UNIX 操作系统一般用于大型的网站或大型的企事业单位局域网中。

Linux 操作系统是一种新型的网络操作系统，它最大的特点就是源代码开放，可以免费得到许多应用程序。它与 UNIX 操作系统有许多类似之处，其安全性和稳定性也很好。目前这类操作系统主要应用于中、高档服务器中。

网络操作系统使网络上各计算机能方便而有效地共享网络资源，是为网络用户提供所需的各种服务类软件和有关规程的集合。网络操作系统与通常的操作系统有所不同，它除了应具有通常操作系统所应具有的处理机管理、存储器管理、设备管理和文件管理功能外，还应具有高效、可靠的网络通信能力，以及提供多种网络服务功能的能力，如录入远程作业并对其进行处理的服务功能，文件传输服务功能，电子邮件服务功能，远程打印服务功能。

评价单

<table>
<tr><td>项目名称</td><td colspan="2">计算机网络概述</td><td>完成日期</td><td></td></tr>
<tr><td>班　　级</td><td></td><td>小　组</td><td>姓　名</td><td></td></tr>
<tr><td>学　　号</td><td colspan="2"></td><td>组长签字</td><td></td></tr>
<tr><td colspan="2">评价项点</td><td>分　值</td><td>学生评价</td><td>教师评价</td></tr>
<tr><td colspan="2">计算机网络的组成</td><td>10</td><td></td><td></td></tr>
<tr><td colspan="2">计算机网络的概念</td><td>10</td><td></td><td></td></tr>
<tr><td colspan="2">计算机网络的发展</td><td>10</td><td></td><td></td></tr>
<tr><td colspan="2">计算机网络的分类</td><td>10</td><td></td><td></td></tr>
<tr><td colspan="2">计算机网络的拓扑结构</td><td>10</td><td></td><td></td></tr>
<tr><td colspan="2">数据通信技术</td><td>10</td><td></td><td></td></tr>
<tr><td colspan="2">OSI 参考模型</td><td>10</td><td></td><td></td></tr>
<tr><td colspan="2">TCP/IP 参考模型</td><td>10</td><td></td><td></td></tr>
<tr><td colspan="2">态度是否认真</td><td>10</td><td></td><td></td></tr>
<tr><td colspan="2">与小组成员的合作情况</td><td>10</td><td></td><td></td></tr>
<tr><td colspan="2">总分</td><td>100</td><td></td><td></td></tr>
<tr><td>学生得分</td><td colspan="4"></td></tr>
<tr><td>自我总结</td><td colspan="4"></td></tr>
<tr><td>教师评语</td><td colspan="4"></td></tr>
</table>

知识点强化与巩固

一、填空题

1. 路由器的作用是实现 OSI 参考模型中（　　）层的数据交换。
2. 从用户角度或者逻辑功能上可把计算机网络划分为通信子网和（　　）。
3. 计算机网络最主要的功能是（　　）。

二、选择题

1. 计算机网络的功能主要体现在信息交换、资源共享和（　　）三个方面。
A. 网络硬件　B. 网络软件　C. 分布式处理　D. 网络操作系统
2. 计算机网络是按照（　　）相互通信的。
A. 信息交换方式　B. 传输装置　C. 网络协议　D. 分类标准
3. 计算机网络最突出的优点是（　　）。
A. 精度高　B. 内存容量大　C. 运算速度快　D. 资源共享
4. 目前网络传输介质中传输速率最高的是（　　）。
A. 双绞线　B. 同轴电缆　C. 光缆　D. 电话线
5. 为了能在网络上正确地传送信息，制定了一整套关于传输顺序、格式、内容和方式的约定，可称之为（　　）。
A. OSI 参数模型　B. 网络操作系统　C. 通信协议　D. 网络通信软件
6. 调制解调器的作用是（　　）。
A. 将计算机的数字信号转换成模拟信号，以便发送
B. 将计算机的模拟信号转换成数字信号，以便接收
C. 将计算机的数字信号与模拟信号互相转换，以便传输
D. 为了上网与接电话两不误
7. 根据计算机网络覆盖地理范围的大小，网络可分为局域网和（　　）。
A. WAN　B. NOVELL　C. 互联网　D. 因特网
8. 拨号上网的硬件中除了计算机和电话线外，还必须有（　　）。
A. 鼠标　B. 键盘　C. 调制解调器　D. 听筒
9. 有线传输介质中传输速度最快的是（　　）。
A. 双绞线　B. 同轴电缆　C. 光纤　D. 卫星
10. 在计算机网络术语中，LAN 的中文含义是（　　）。
A. 以太网　B. 互联网　C. 局域网　D. 广域网
11. 网络中各结点的互联方式叫作网络的（　　）。
A. 拓扑结构　B. 协议　C. 分层结构　D. 分组结构
12. Internet 是全球性的、最具有影响力的计算机互联网络，它的前身就是（　　）。
A. Ethernet　B. Novell　C. ISDN　D. ARPANET
13. 计算机网络按地址范围可划分为局域网和广域网，下列选项中（　　）属于局域网。
A. PSDN　B. Ethernet　C. China DDN　D. China PAC
14. Internet 实现了分布在世界各地的各类网络的互连，其最基础和核心的协议是

(　　)。

A. TCP/IP　　B. FTP　　C. HTML　　D. HTTP

15. 网卡是构成网络的基本部件，其一方面连接局域网中的计算机，另一方面连接局域网中的（　　）。

A. 服务器　　B. 工作站　　C. 传输介质　　D. 主机板

16. 在 OSI 的 7 层参考模型中，主要功能为在通信子网中进行路由选择的层次是(　　)。

A. 数据链路层　　B. 网络层　　C. 传输层　　D. 表示层

17. 在网络数据通信中，实现数字信号与模拟信号转换的网络设备被称为（　　）。

A. 网桥　　B. 路由器　　C. 调制解调器　　D. 编码解码器

三、判断题

1. 计算机网络按通信距离可分为局域网和广域网两种，Internet 是一种局域网。(　　)

2. 计算机网络能够实现资源共享。(　　)

3. 通常所说的 OSI 参考模型分为 6 层。(　　)

4. 在计算机网络中，通常把提供并管理共享资源的计算机称为网关。(　　)

5. 局域网常用的传输媒体有双绞线、同轴电缆、光纤三种，其中传输速率最快的是光纤。(　　)

项目二　Internet 概述及网络应用

知识点提要

1. Internet 概述
2. 家庭网络连接
3. 小型办公网络连接
4. 浏览器的设置与使用
5. 网络邮箱的申请
6. 收发电子邮件

任务单

<table>
<tr><td>任务名称</td><td>企业日常网络信息处理</td><td>学　时</td><td>4 学时</td></tr>
<tr><td>知识目标</td><td colspan="3">1. 掌握网络连接设置方法。
2. 掌握 IE 浏览器的使用及设置方法。
3. 掌握申请邮箱及收发电子邮件的方法。</td></tr>
<tr><td>能力目标</td><td colspan="3">1. 培养学生动手及操作的能力。
2. 培养学生勤于思考、敢于实践的能力。
3. 培养学生沟通、协作的能力。</td></tr>
<tr><td>素质目标</td><td colspan="3">1. 培养学生爱岗敬业的职业精神。
2. 培养学生团队协作及竞争精神。</td></tr>
<tr><td>任务描述</td><td colspan="3">作为一名齐齐哈尔车辆段员工，你要为办公室组建共享网络，并进行相应的网络办公，任务如下。
一、组建办公室共享网络
办公室共有四台电脑，一台打印机，一台交换机，网线已经连接好，要求你帮助办公室组建一个能共享文档和打印机的网络。办公室使用的 IP 地址段为 192. 168. 10. 5 到 192. 168. 10. 8，子网掩码为 255. 255. 255. 0，默认网关为 192. 168. 10. 254，首选 DNS 服务器地址为 202. 97. 224. 68，备用 DNS 服务器地址为 202. 97. 224. 69。
二、IE 浏览器的使用
在国家铁路局网站上下载名为“铁路运输基础设备生产企业审批相关表格”的文件，同时将国家铁路局网站添加到收藏夹并设置为主页。
三、收发电子邮件
为你所在的办公室申请一个办公邮箱，并与 Outlook 关联，用 Outlook 给你的上级领导发一封邮件，同时抄送给车间办公室，具体要求如下。
领导的邮箱地址为：cjzr@ 163. com
车间办公室的邮箱地址为：jldbg@ 163. com
邮件主题为：铁路运输基础设备生产企业审批表
附件为刚刚下载的名为“铁路运输基础设备生产企业审批相关表格”的文件</td></tr>
<tr><td>任务要求</td><td colspan="3">1. 仔细阅读任务描述中的要求，认真完成任务。
2. 小组间可以讨论交流操作方法。</td></tr>
</table>

资料卡及实例

3.2　Windows 7 网络管理

3.2.1　家庭网络连接

家庭上网首先需要选择互联网服务供应商，目前国内选择较多的网络有中国电信宽带网、中国联通宽带网、中国移动宽带网等。家庭用户在购买完宽带后，工作人员会在规定的时间内上门安装。光纤会接入到家庭光纤 modem（又称光猫）中，通过光猫，用户可以直接连接一台电脑上网，也可以通过路由器连接多台设备上网。下面将针对家庭上网常用的方式，详细阐述网络连接的过程。

1. 硬件准备

（1）安装网卡的计算机。

（2）无线路由器。

（3）EIA/TIA 568B 标准双绞线。

2. 光猫直接连接电脑上网

1）光猫接口连接

光猫与计算机连接时，要先将光纤与光猫的 PON 口连接，再将双绞线与光猫的任意 LAN 口连接。光猫接口连接如图 3.17 所示。

2）网卡接口连接

连接好光猫接口后，将与光猫 LAN 口连接的双绞线的另一端与计算机网卡接口连接。网卡接口连接如图 3.18 所示。

图 3.17　光猫接口连接

图 3.18　网卡接口连接

3）建立宽带连接

单击【开始】按钮，弹出【开始】菜单，选择【控制面板】选项，在弹出的【控制面板】窗口中单击【网络和 Internet】下面的【查看网络状态和任务】链接，如图 3.19 所示。

图 3.19 【控制面板】窗口

打开【网络和共享中心】窗口，如图 3.20 所示。

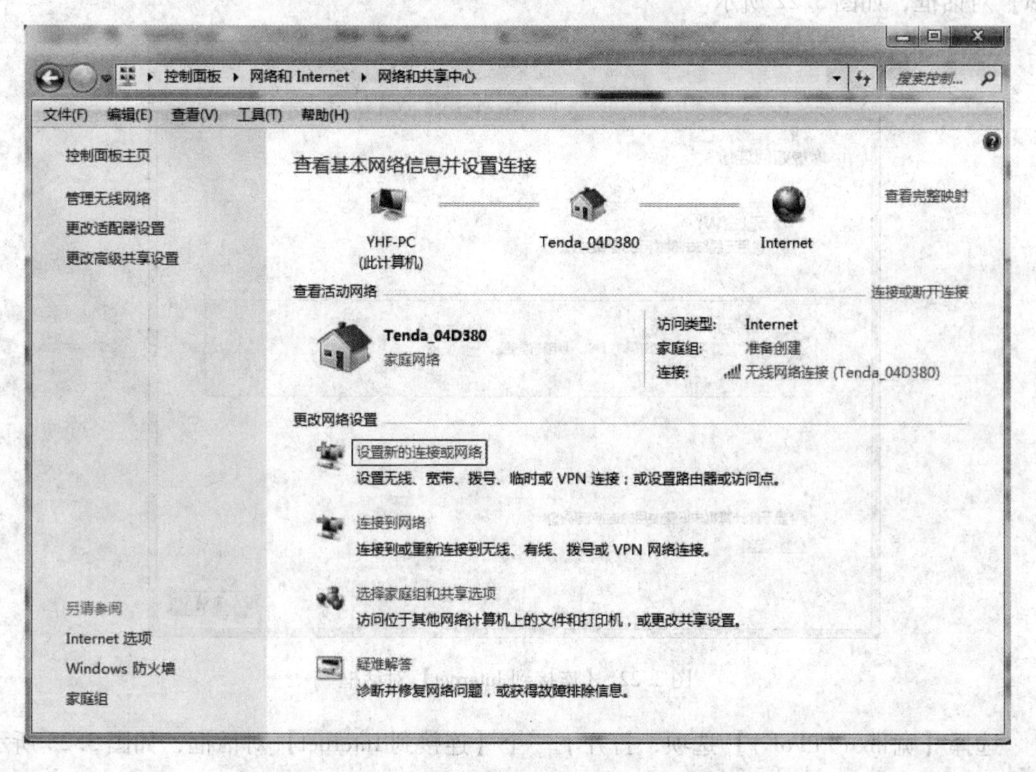

图 3.20 【网络和共享中心】窗口

单击【设置新的连接或网络】链接，弹出【设置连接或网络】对话框，如图 3. 21 所示。

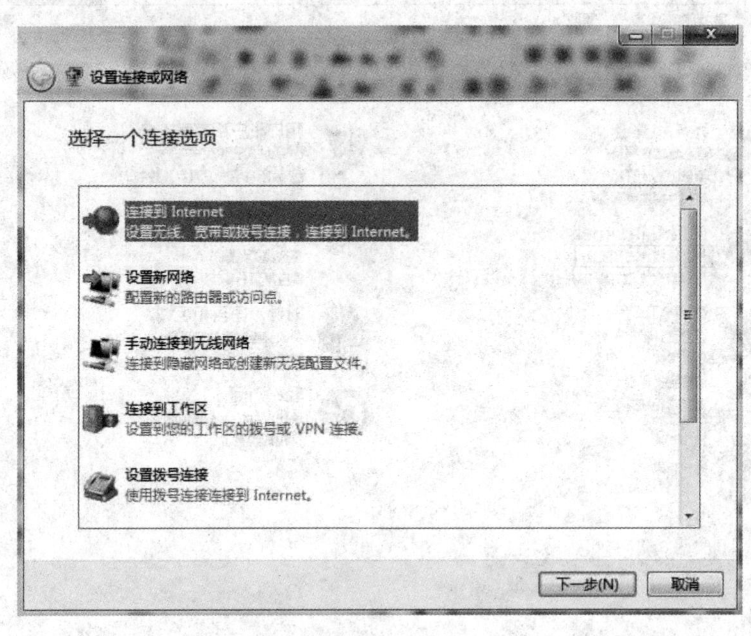

图 3. 21 【设置连接或网络】对话框

在列表中选择【连接到 Internet】选项后，单击【下一步】按钮，打开【连接到 Internet】对话框，如图 3. 22 所示。

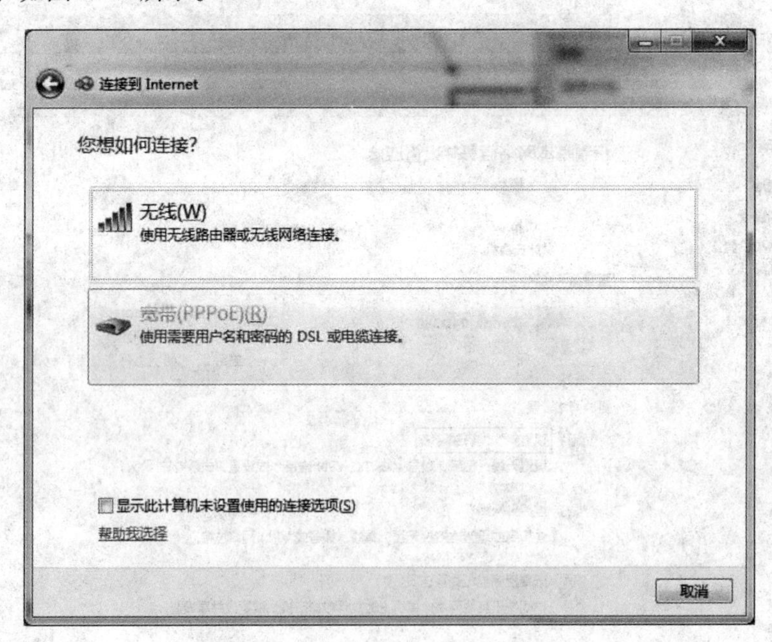

图 3. 22 【连接到 Internet】对话框

选择【宽带（PPPoE)】选项，打开下一个【连接到 Internet】对话框，如图 3. 23 所示。

图 3. 23　【连接到 Internet】对话框

按文字提示在相应的文本框内输入运营商提供的用户名及密码，并勾选【记住此密码】复选项，以便下次连接时不用重新输入密码，单击【连接】按钮后稍等片刻，就可以连接到网络了。单击【网络和共享中心】窗口左侧导航窗格的【更改适配器设置】链接，打开【网络连接】窗口，如图 3. 24 所示，在此窗口就可以看到新建的宽带连接。

图 3. 24　【网络连接】窗口

3. 通过路由器上网

1）接口连接

通过路由器上网的光猫接口连接与光猫直接连接电脑上网的连接方法相同，不同的是前者连接光猫的双绞线的另一端不是连接到计算机网卡接口，而是连接到路由器的 WAN 口。路由器的接口连接如图 3. 25 所示。

通过路由器上网还需要用另一根双绞线将路由器的 LAN 口与计算机网卡接口相连。

2）无线路由器配置

无线路由器的配置方法可参照产品说明书，这里以腾达路由器为例，介绍无线路由器的

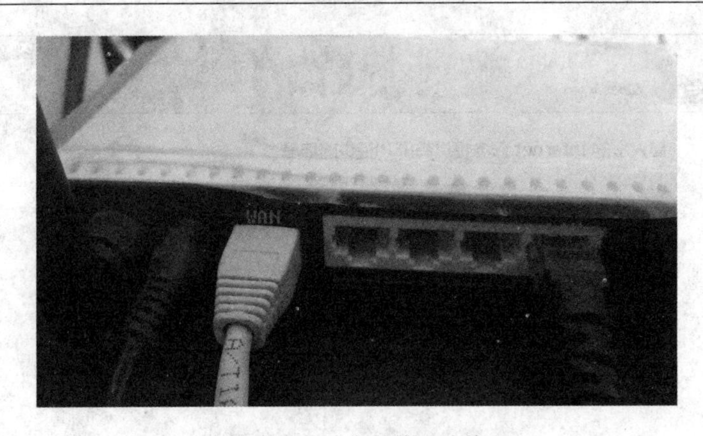

图 3.25　路由器接口连接

配置方法。

首先打开浏览器，输入路由器配置地址，这里输入 192.168.0.1，然后按 Enter 键，显示路由器登录界面，如图 3.26 所示。

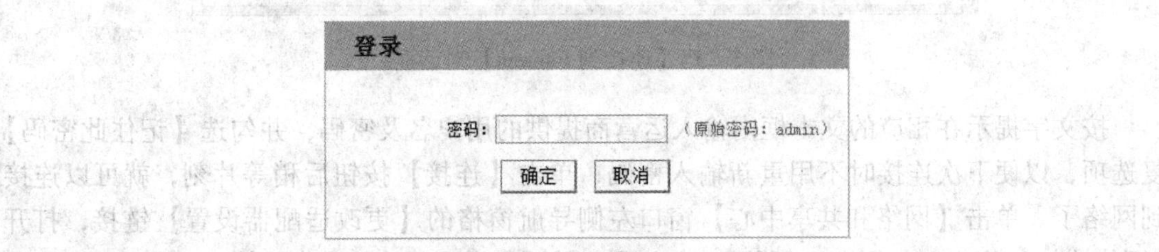

图 3.26　路由器登录界面

第一次使用路由器时输入原始密码（admin），再单击【确定】按钮，进入上网界面，如图 3.27所示。

图 3.27　路由器上网界面

这里我们选择的上网方式为 ADSL 拨号：在【上网账号】和【上网口令】文本框中分别输入运营商提供的用户名及密码，然后在【无线加密】区域的【密码】文本框中输入要设置的无线上网密码，单击【确定】按钮即可。

其他常见路由器，如 TP - LINK，可使用设置向导，按照提示操作。配置好路由器后，有线连接可以直接上网，无线连接则输入之前在路由器中设置的无线加密密码即可上网。

3. 2. 2　小型办公网络连接的建立

小型办公网络连接的建立要将硬件设备通过有线或无线方式进行连接。如果采用的网络设备为交换机或集线器，则需要配置 TCP/IP 协议；如果采用的网络设备是路由器，IP 地址可以自动分配，则无须配置。

1. 配置 TCP/IP 协议

单击【开始】按钮，弹出【开始】菜单，选择【控制面板】选项，在弹出的【控制面板】窗口中单击【网络和 Internet】下面的【查看网络状态和任务】链接，弹出【网络和共享中心】窗口，单击左侧导航窗格的【更改适配器设置】链接，将弹出【网络连接】窗口，如图 3. 24 所示。在【网络连接】窗口中双击【本地连接】图标，弹出【本地连接 属性】对话框，如图 3. 28 所示。

双击【此连接使用下列项目】列表中【Internet 协议版本 4（TCP/IPv4)】选项，弹出【Internet 协议版本 4（TCP/IPv4）属性】对话框，如图 3. 29 所示；选中【使用下面的 IP 地址】单选按钮，在下面的文本框中根据文字提示输入 IP 地址、子网掩码、默认网关信息；如需上网，则选中【使用下面的 DNS 服务器地址】单选按钮，在下面的文本框中根据文字提示输入运营商提供的首选 DNS 服务器及备用 DNS 服务器地址，然后单击【确定】按钮即可。注意：在一个网络中，IP 地址不允许重复。

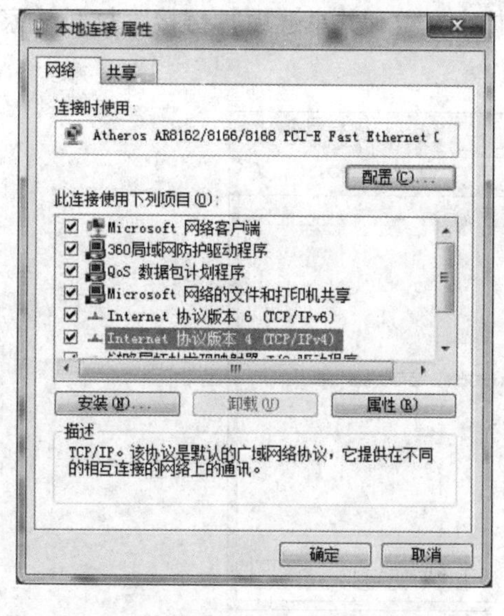

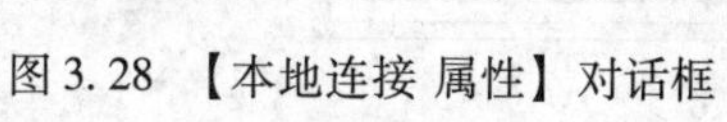
图 3. 28　【本地连接 属性】对话框

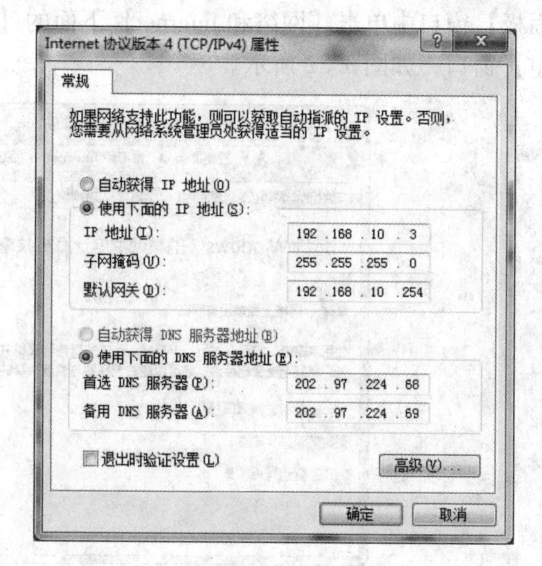

图 3. 29　【Internet 协议版本 4（TCP/IPv4）属性】对话框

2. 网络协议安装与卸载

网络协议是为计算机网络进行数据交换而建立的规则、标准或约定的集合，是计算机网络实现其功能的最基本机制。若要在 Windows 7 中安装或卸载网络协议，可以在图 3. 28 所示的【本地连接 属性】对话框中，单击【安装】按钮，将弹出【选择网络功能类型】对话框，如图 3. 30 所示。

单击【添加】按钮，弹出【选择网络协议】对话框，如图 3. 31 所示。

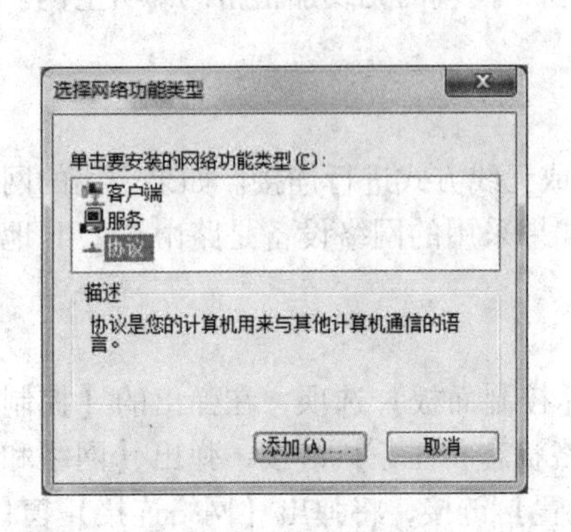

图 3. 30 【选择网络功能类型】对话框

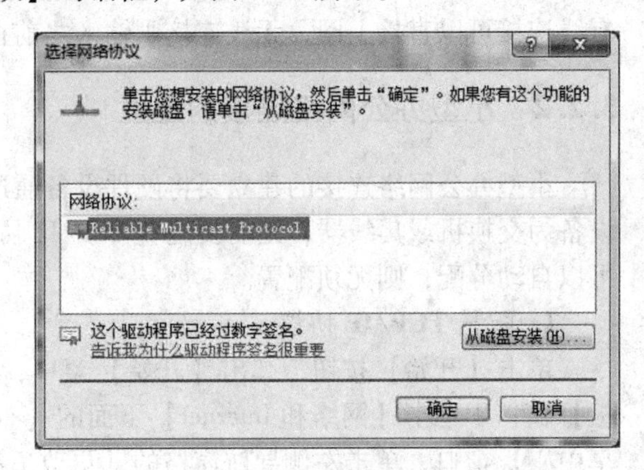

图 3. 31 【选择网络协议】对话框

单击【从磁盘安装】按钮，弹出【从磁盘安装】对话框，在对话框中根据文字提示选择安装的路径，单击【确定】按钮，返回【选择网络协议】对话框，再单击【确定】按钮。

若要卸载协议，在【本地连接 属性】对话框中，选中要卸载的协议，单击【卸载】按钮即可。

3. 家庭组共享设置

单击【开始】按钮，在弹出的【开始】菜单中选择【控制面板】选项，在弹出的【控制面板】窗口中单击【网络和 Internet】下面的【选择家庭组和共享选项】链接，打开【家庭组】窗口，如图 3. 32 所示。

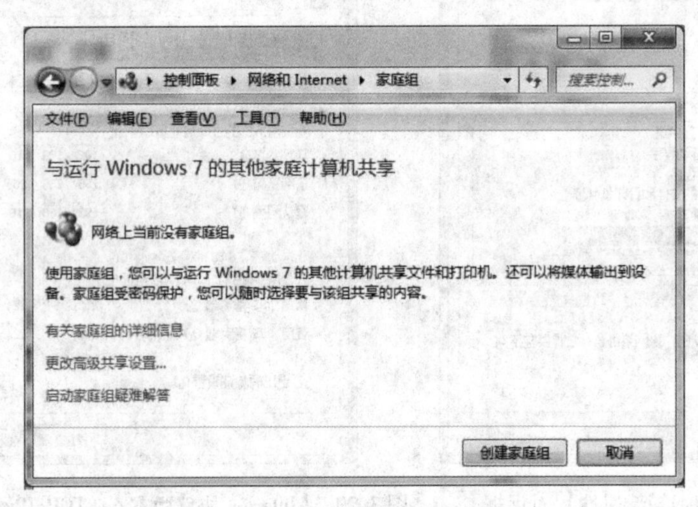

图 3. 32 【家庭组】窗口

单击【创建家庭组】按钮，弹出【创建家庭组】对话框，如图 3. 33 所示。

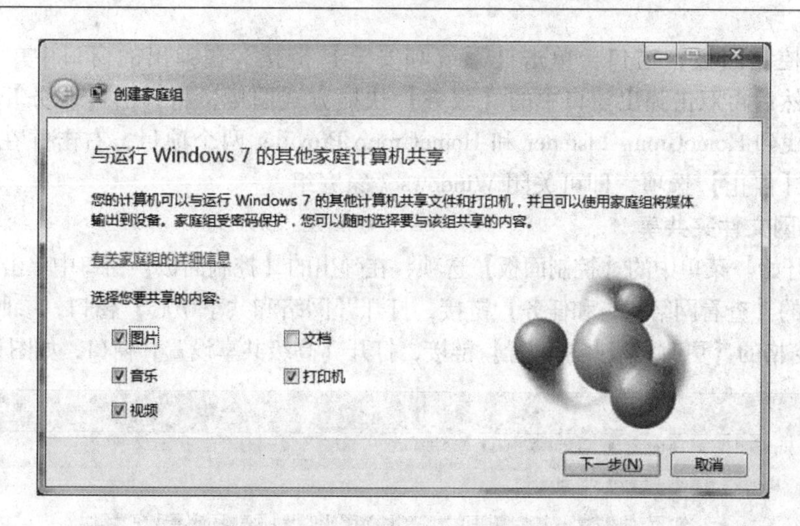

图 3.33　【创建家庭组】对话框

首先选择要与家庭网络共享的内容，默认共享的内容是图片、音乐、视频、文档和打印机 5 个选项，除了打印机以外，其他 4 个选项分别对应系统中默认存在的 4 个共享文件夹；单击【下一步】按钮，【创建家庭组】对话框中出现“使用此密码向您的家庭组添加其他计算机”的文字，如图 3.34 所示。

图 3.34　【创建家庭组】对话框

可在单击【打印密码和说明】链接后，单击【打印本页】按钮，打印密码，以便供其他成员使用。完成打印后，系统将返回图 3.34 所示的对话框，单击【完成】按钮，即创建了家庭组。

其他计算机要加入到家庭组，操作步骤如下：单击【开始】菜单中的【控制面板】选项，在弹出的【控制面板】窗口中单击【网络和 Internet】下面的【选择家庭组和共享选项】链接，打开【家庭组】窗口，此时【创建家庭组】按钮变成了【立即加入】按钮，单击此按钮后，选择要共享的内容，然后单击【下一步】按钮，输入第一台计算机创建家庭组时设置的密码，再单击【下一步】按钮即可。

加入到家庭组的所有电脑，都可以在资源管理器左侧的目录中看到。只要加入时选择了共享的项目，都可以通过家庭组对共享的信息进行复制和粘贴，如同在自己电脑上操作一样。

打开【控制面板】窗口，单击【系统和安全】链接，在弹出的窗口中单击【管理工具】链接，然后再双击弹出窗口中的【服务】快捷方式图标，将弹出【服务】对话框，在此对话框中找到 HomeGroup Listener 和 HomeGroup Provider 两个项目，右击并在弹出的快捷菜单中选择【停止】选项，即可关闭 Windows 7 家庭组。

4. 局域网文件夹共享

单击【开始】菜单中的【控制面板】选项，在弹出的【控制面板】窗口中单击【网络和 Internet】下面的【查看网络状态和任务】链接，打开【网络和共享中心】窗口，参照图 3.20，单击左侧导航窗格的【更改高级共享设置】链接，打开【高级共享设置】窗口，如图 3.35 所示。

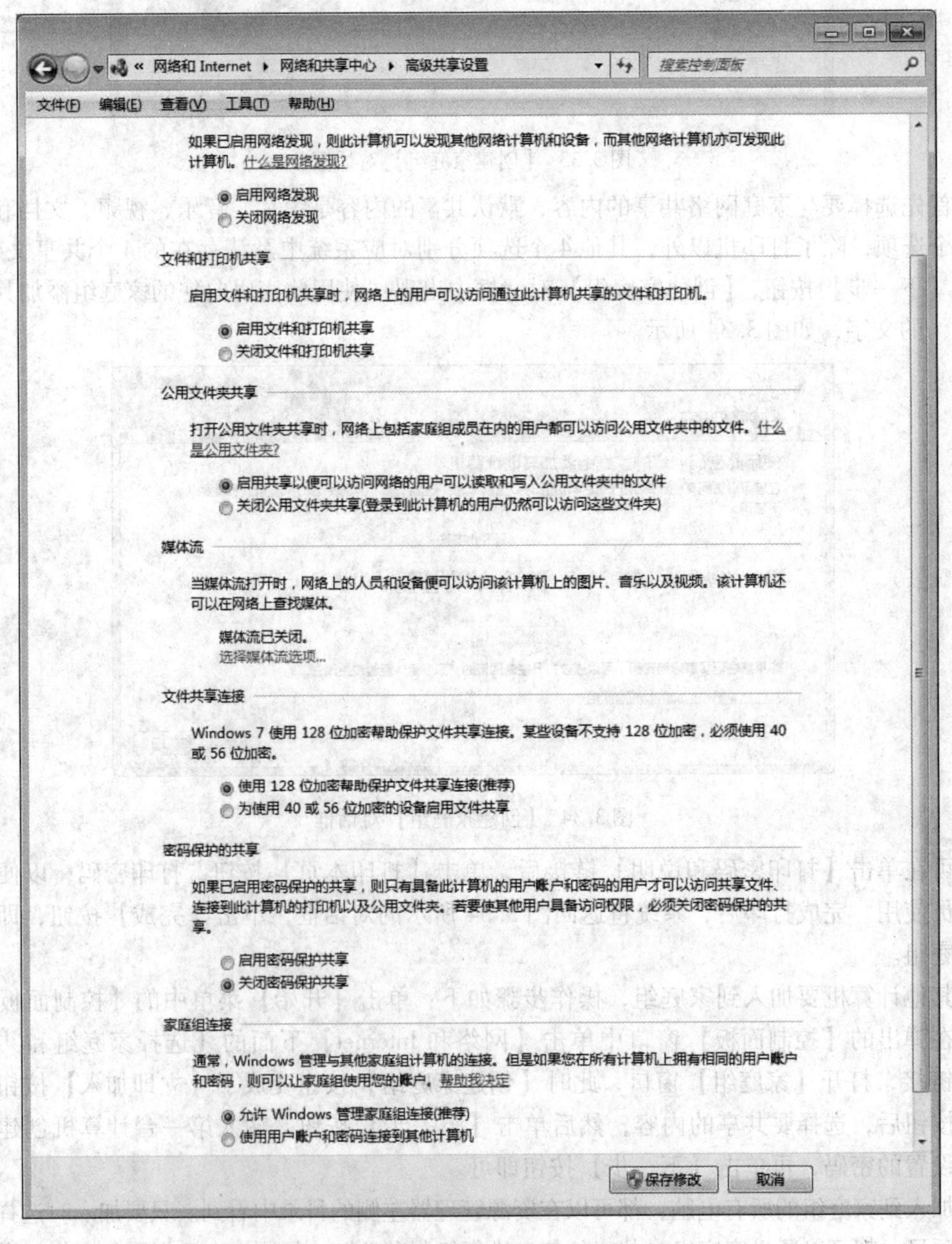

图 3.35 【高级共享设置】窗口

按需求配置好后，单击【保存修改】按钮即可。

选中需要共享的文件夹，单击鼠标右键，选择【属性】选项，弹出【常用软件备份 属性】对话框，再单击【共享】标签，如图 3.36 所示。

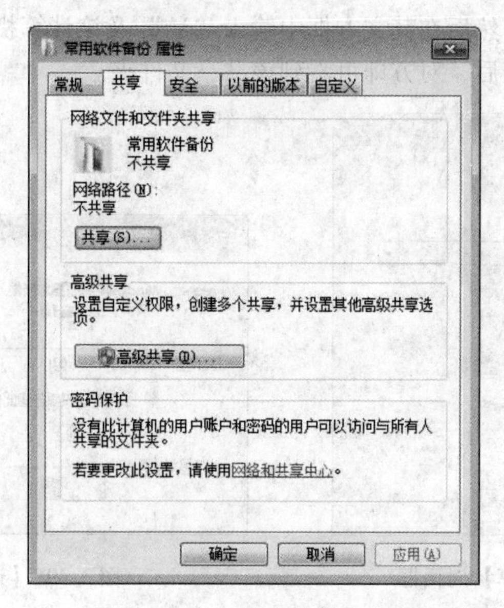

图 3.36　【共享】选项卡

单击【共享】按钮，弹出【文件共享】对话框，如图 3.37 所示。

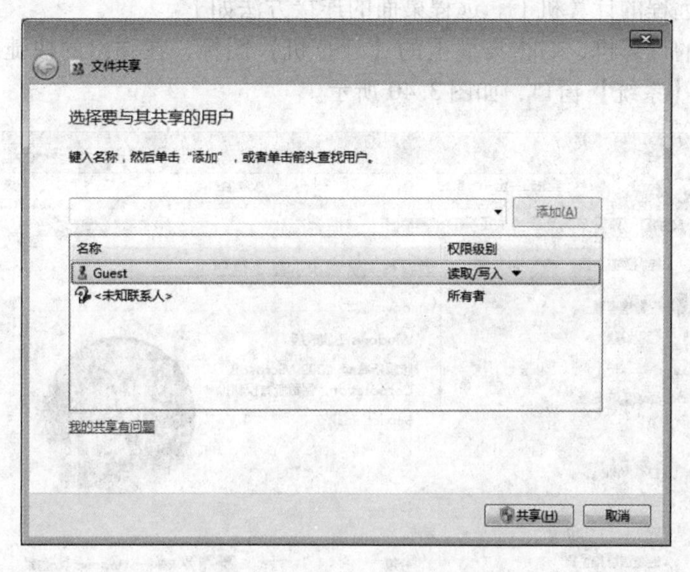

图 3.37　【文件共享】对话框

为了降低权限，便于用户访问，这里从【选择要与其共享的用户】下拉列表（单击文本框右侧的下三角按钮即可弹出该下拉列表）中选择【Guest】选项，单击【添加】按钮，将其添加到下面的列表中，再单击下方的【共享】按钮，系统完成配置后，在弹出的对话框中单击【完成】按钮。

单击图 3.36 中的【高级共享】按钮，弹出【高级共享】对话框，如图 3.38 所示。勾选【共享此文件夹】复选项，单击【确定】按钮。

其他计算机用户若要使用该共享文件夹，只须按 Windows + R 组合键，打开如图 3.39 所示的【运行】对话框，然后在其文本框中输入“\\”及该计算机的 IP 地址或完整的计算机名，单击【确定】按钮后，对方即可看到该共享文件夹。

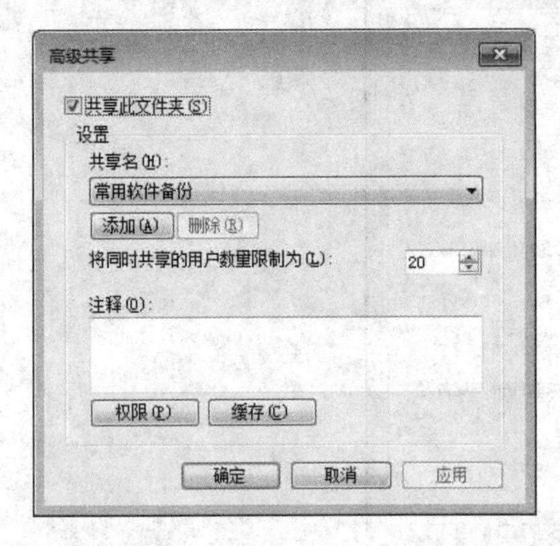

图 3.38 【高级共享】对话框

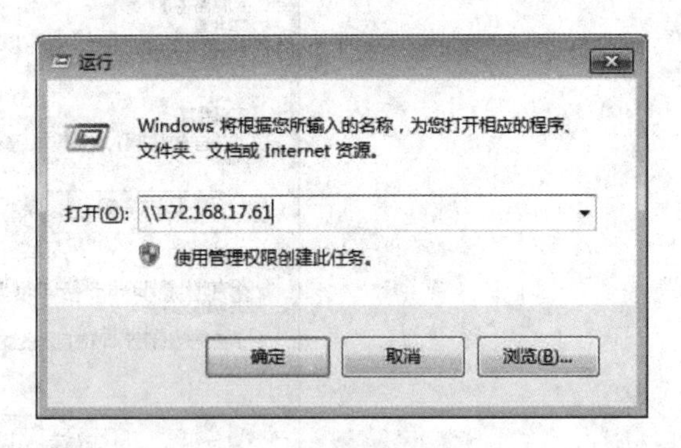

图 3.39 【运行】对话框

5. 远程桌面连接

被远程的计算机首先要设置好用户名和密码，这样其他计算机才能通过设置好的用户名和密码登录到被远程的计算机上。远程桌面的连接方法如下。

打开被远程的计算机，右击桌面上的【计算机】图标，在弹出的快捷菜单中选择【属性】选项，弹出【系统】窗口，如图 3.40 所示。

图 3.40 【系统】窗口

单击窗口左侧导航窗格中的【远程设置】链接，弹出【系统属性】对话框，如图 3.41 所示。

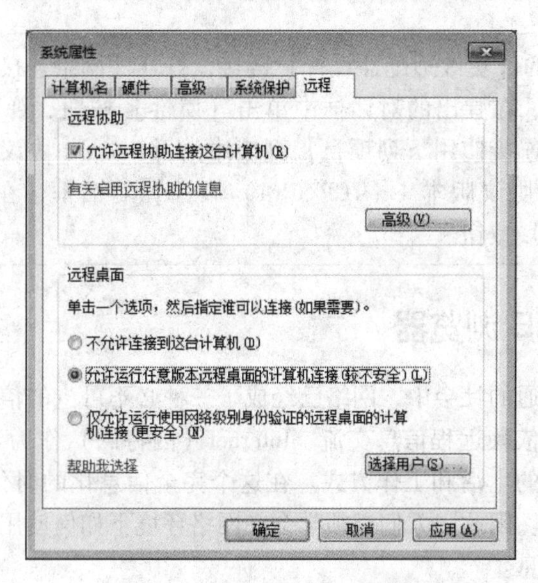

图 3.41 【系统属性】对话框

勾选【允许远程协助连接这台计算机】复选项，选中【允许运行任意版本远程桌面的计算机连接（较不安全）】单选项（也可选中【仅允许运行使用网络级别身份验证的远程桌面的计算机连接（更安全）】单选项，但需要选择并添加用户），单击【确定】按钮，则被远程计算机设置完毕。

单击【开始】按钮，在弹出的【开始】菜单中单击【所有程序】→【附件】→【远程桌面连接】选项，弹出【远程桌面连接】对话框，如图 3.42 所示。

在文本框中输入对方的 IP 地址或计算机名，单击【连接】按钮，弹出【Windows 安全】对话框，如图 3.43 所示，根据提示在文本框中输入被远程计算机的用户名和密码，单击【确定】按钮，就可以打开被远程计算机的桌面了。

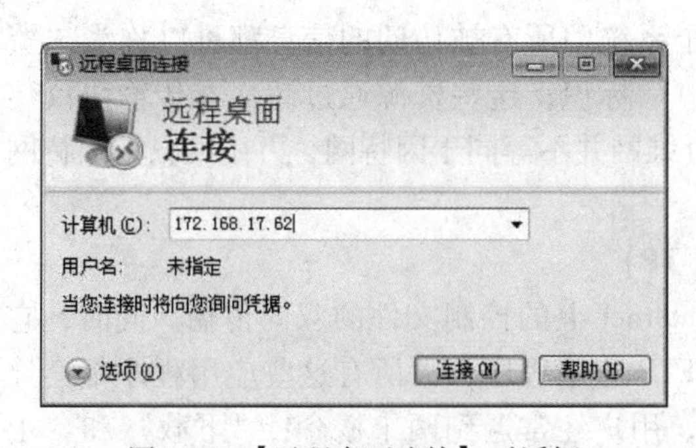

图 3.42 【远程桌面连接】对话框

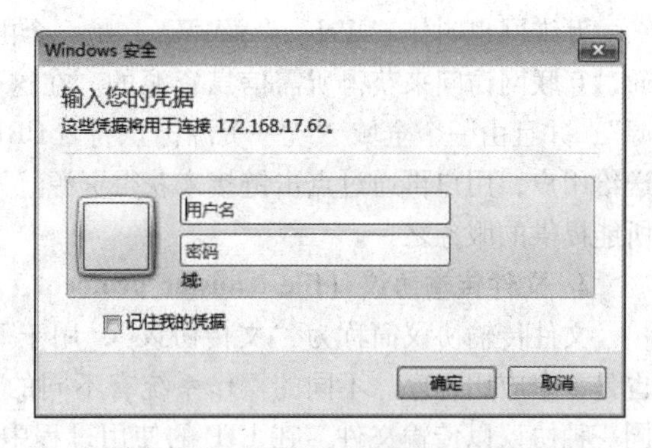

图 3.43 【Windows 安全】对话框

实例 3.1：修改本机的 IP 地址及 DNS。

操作方法：

单击【开始】菜单中的【控制面板】选项，在弹出的【控制面板】窗口中单击【网络和 Internet】下面的【查看网络状态和任务】链接，打开【网络和共享中心】窗口，单击左侧导航窗格中的【更改适配器设置】链接，打开【网络连接】窗口。在窗口中双击【本地连接】图标，在弹出的对话框中单击【属性】按钮，弹出【本地连接 属性】对话框，再双击【此连接使用下列项目】列表中的【Internet 协议版本 4（TCP/IPv4）】选项，弹出【Internet 协议版本 4（TCP/IPv4）属性】对话框，在其中修改 IP 地址及 DNS 后，单击【确定】按钮。

3.3 Internet 及 IE 浏览器

在这个信息高速流通的社会中，网络已经成了一种必不可少的信息交流的媒介。人们的日常生活和工作越来越依赖远程信息交流。Internet（因特网）作为当今世界上最大的计算机网络，正改变着人们的生活和工作方式。在这个完全信息化的时代，Internet 的应用也深入到了生活的各个领域。因此，人们必须学会在网络环境下如何使用计算机，以及如何通过网络进行交流和获取信息。

Internet 是全世界范围内的资源共享网络，它为每一个网上用户提供信息。通过 Internet，世界范围内的人们可以互通信息，进行信息交流。它是由那些使用公用语言互相通信的计算机连接而成的全球网络。连接到它的任何一个结点上，都意味着用户的计算机已经连入 Internet 了。目前，Internet 的用户已经遍及全球，有数亿人在使用 Internet，并且它的用户数还在以等比级数上升。

3.3.1 Internet 提供的资源与服务

建立因特网的目的是共享信息，而不同的信息共享方式代表不同的网络信息服务。下面介绍因特网信息服务的部分典型应用。

1. 万维网（Web；world wide web，WWW）

万维网也叫作“Web”“WWW”，是一个由许多互相链接的超文本文档组成的系统，是通过互联网访问来获得所需信息资源的。在这个系统中所有被访问的信息都可以称为“资源”，并且由一个全域“统一资源标识符（URI）”标识；这些资源通过超文本传输协议传送给用户，用户再通过点击链接来获得资源。万维网并不等同于因特网，万维网只是因特网所能提供的服务之一。

2. 文件传输协议（file transfer protocol，FTP）

文件传输协议简称为“文传协议”，用于 Internet 上的控制文件的双向传输。同时，它也是一个应用程序。不同的操作系统有不同的 FTP 应用程序，而所有这些应用程序都遵守同一种协议以传输文件。在 FTP 的使用过程中，用户经常遇到两个概念：“下载”和“上传”。“下载”文件就是从远程主机拷贝文件至自己的计算机上；“上传”文件就是将文件从自己的计算机中拷贝至远程主机上。用 Internet 语言来说，用户可通过客户机程序向（从）远程主机上传（下载）文件。

3. 域名系统（domain name system，DNS）

在 Internet 中，可以通过 IP 地址来访问每一台主机，但 IP 地址不容易记忆，为此，Internet 提供了便于记忆的域名（domain name）。域名与 IP 地址之间是一对一（或者多对一）

的。人们习惯记忆域名，但机器之间互相只认识 IP 地址，这就需要在域名与 IP 地址之间进行转换。它们之间的转换工作称为域名解析。域名解析需要由专门的域名解析服务器来完成，而域名系统就是进行域名解析的服务器。

4. 电子邮件（electronic mail，E-mail）

电子邮件是一种用电子手段提供信息交换的通信方式，是 Internet 应用最广的服务。通过电子邮件系统，用户可以以非常低廉的价格和非常快速的方式，与世界上任何一个角落的网络用户联系。

电子邮件可以有文字、图像、声音等多种形式。同时，用户可以得到大量免费的新闻、专题邮件，并轻松地实现信息搜索。电子邮件的存在极大地方便了人与人之间的沟通与交流，促进了社会的发展。

5. 公告板系统（bulletin board system，BBS）

BBS 是 Internet 上的一种电子信息服务系统，是基于 BBS 软件系统建立的电子数据库。它提供一块公共电子白板，就像现实生活中的公告板一样，借助该公告板用户除了可以进入各个讨论区获取各种信息外，还可以将自己要发布的信息或参加讨论的观点“张贴”在公告板上，与其他用户展开讨论。

6. 博客（Blog）

博客是音译，它的正式名称为网络日记，是一种通常由个人管理且不定期张贴新的文章的网站。博客上的文章通常根据张贴时间，以倒序方式由新到旧排列。许多博客专注在特定的课题上并提供评论或新闻，其他则被作为比较个人的日记。博客结合了文字、图像、其他博客或网站的链接及其他与主题相关的媒体，能够让读者以互动的方式留下意见。大部分的博客内容以文字为主，也有一些博客专注在艺术、摄影、视频、音乐等各种主题上。博客是社会媒体网络的一部分，比较著名的有新浪、网易等博客。

3.3.2 Internet Explorer 9.0 浏览器

Internet Explorer 9.0（简称 IE9）是微软官方旗下的 Web 浏览器，于 2011 年 3 月 21 日在中国正式发布。相较于之前的版本，IE9 在“兼容性”和“性能”方面有了很大的优化。

无论是搜索信息还是浏览喜爱的网站，IE9 都能帮助用户从万维网上轻松获取丰富的信息。打开 IE9 的方法如下。

（1）双击桌面上的 IE9 浏览器图标。

（2）单击【开始】按钮，在弹出的【开始】菜单中选择【所有程序】→【Internet Explorer】选项。

打开 IE9 后，如果已经设置了主页，则自动进入其 Web 主页，如图 3.44 所示。

第一次打开 IE9 浏览器时，窗口只显示地址栏，以及右侧的【主页】【查看收藏夹、源和历史记录】和【工具】三个按钮。为了方便使用浏览器，可以显示菜单栏、命令栏等信息，具体设置方法如下：在标题栏或地址栏右侧空白处右击，将弹出如图 3.45 所示的快捷菜单，在菜单中勾选要显示的对象名称即可。

在 IE9 浏览器显示的网页中，可以看到许多彩色的文字、图片和动画，它们都是超链接。当鼠标指针放在这些超链接上时，指针会变成一只小手形状，多数情况下单击网页中的

图 3.44 【IE9 浏览器】窗口

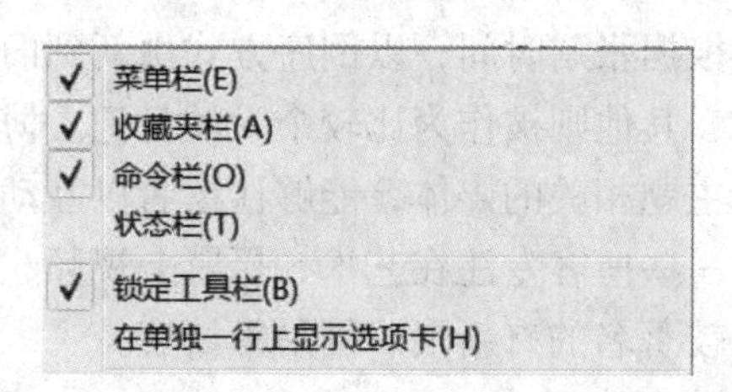

图 3.45 显示工具栏的快捷菜单

任一超链接，即可进入与之相连接的网页。Web 就是利用这些超链接将存储在世界各地的服务器中的文件链接在一起的。通过鼠标单击层层链接，用户即可轻松浏览自己感兴趣的网页了。

IE9 的网址栏与分页选项卡标签默认放在同一行中，若用起来不习惯，可以设置分页选项卡标签独占一行，并且放在地址栏的下面，操作方法为：在标题栏或地址栏右侧的空白处单击鼠标右键，在弹出的快捷菜单中选择【在单独一行上显示选项卡】选项即可。这时就可以看到，开启的分页选项卡就会显示在网址栏的下面一行，不会那么拥挤。

3.3.3 直接访问网址

直接访问网址可以采用以下两种方法。

1. 使用地址栏

通过单击网页中的超链接可以连接到其他的网页，但层层单击下去太浪费时间。如果已经知道一些 Web 网站的地址，那么可以在地址栏中直接输入，进行有目的的信息浏览。例如，在地址栏中输入“http://www.sina.com”，然后按 Enter 键，即可打开新浪网页。

地址栏具有“自动完成”功能，可以保存以前使用过的网页地址。在输入网址时，“自动完成”功能将给出一个最匹配的地址建议列表以供选择；如果输入的网址无效，也将给出“没有结果”的提示信息。

地址栏还可以用于运行或打开文件夹，只需在地址栏中输入程序名或文件夹路径即可运行程序或打开文件夹。例如，在地址栏中输入“C:\program files\windows NT\accessories\wordpad. exe”后，按 Enter 键即可打开写字板窗口；在地址栏中输入“C:\My Document”后，按 Enter 键即可打开“我的文档”文件夹。

保存到地址栏项目列表中的项目不能单独清除。要删除地址栏项目列表中的项目，必须清除“历史”文件夹，具体操作方法为：单击 IE9 浏览器地址栏右侧的【工具】按钮，在弹出的下拉列表中选择【Internet 选项】选项，将弹出如图 3. 46 所示的【Internet 选项】对话框；在该对话框【常规】选项卡的【浏览历史记录】区域中单击【删除】按钮，或单击【工具】按钮，在弹出的下拉列表中选择【安全】→【删除浏览的历史记录】选项，都将弹出如图 3. 47 所示的【删除浏览历史记录】对话框；在弹出的【删除浏览历史记录】对话框中勾选【历史记录】复选项，即可将地址栏项目列表中保存的项目删除。

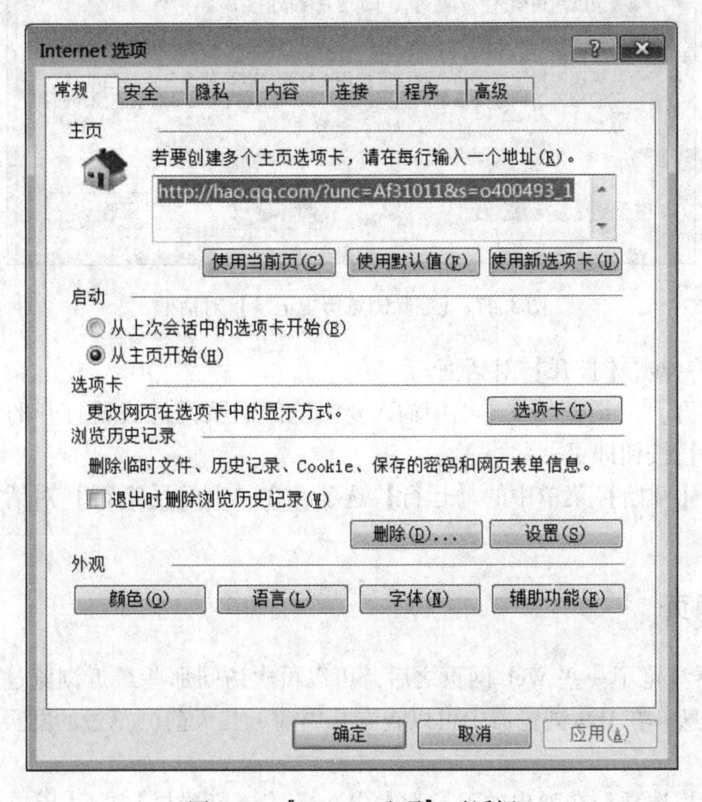

图 3. 46　【Internet 选项】对话框

2. 使用文件菜单

直接访问网址的另一种方法是使用【文件】列表中的【打开】选项，具体操作步骤如下。

(1) 单击【IE9 浏览器】窗口菜单栏中的【文件】选项，在弹出的下拉列表中选择

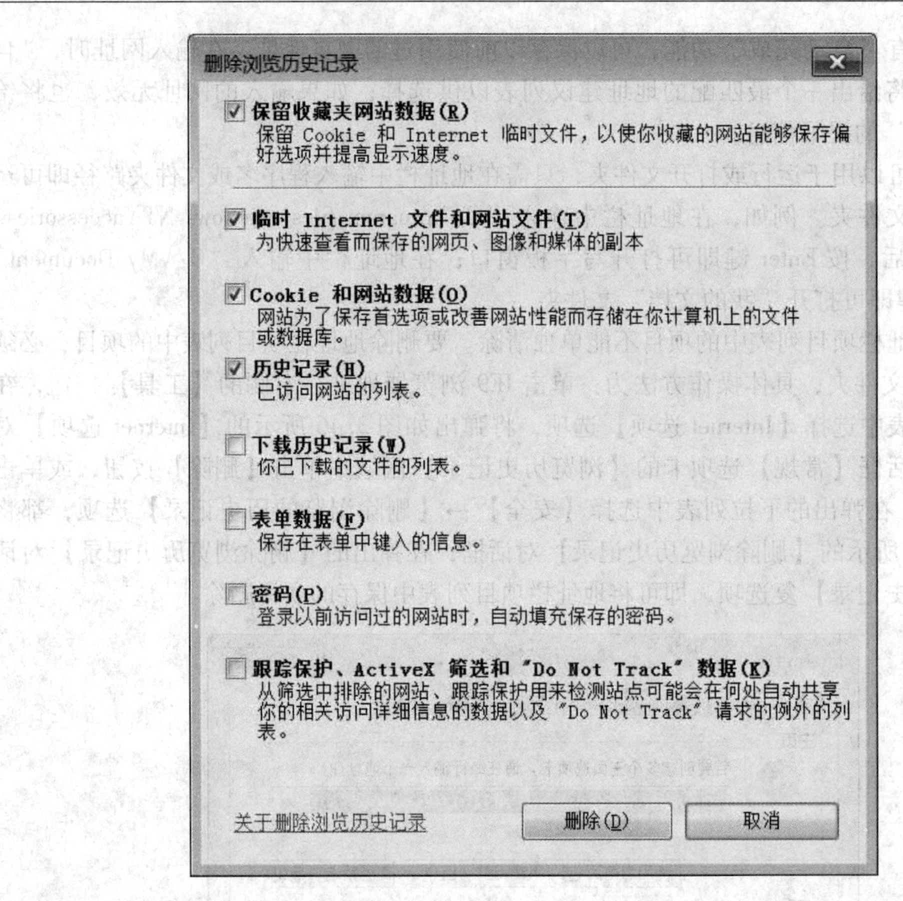

图 3.47 【删除浏览历史记录】对话框

【打开】选项，将弹出【打开】对话框。

(2) 在【打开】对话框的文本框中输入要浏览的网页网址或要打开的文件及文件夹路径，单击【确定】按钮即可。

提示：选择【开始】菜单中的【运行】选项，在弹出的【运行】对话框中输入网址也可以直接访问。

3.3.4 回访网页

用 IE 浏览器浏览了一些 Web 网页之后，可以再次访问那些最近浏览过的网页，来查看其中感兴趣的信息。在 IE9 浏览器中可以查看几周前、几天前浏览过的网页信息，具体操作步骤如下。

单击【查看】选项，在弹出的下拉列表中选择【浏览器栏】→【历史记录】选项，或者单击浏览器窗口右上角的【查看收藏夹、源和历史记录】按钮，然后在弹出的对话框中单击【历史记录】标签，都将显示【历史记录】窗格，如图 3.48 所示，其中包含最近几天或几星期内访问过的网站或站点的链接。

在【历史记录】窗格中，单击相应的日期选项，可显示其中的网页信息，单击要查看的网页链接即可显示访问过的网页信息。

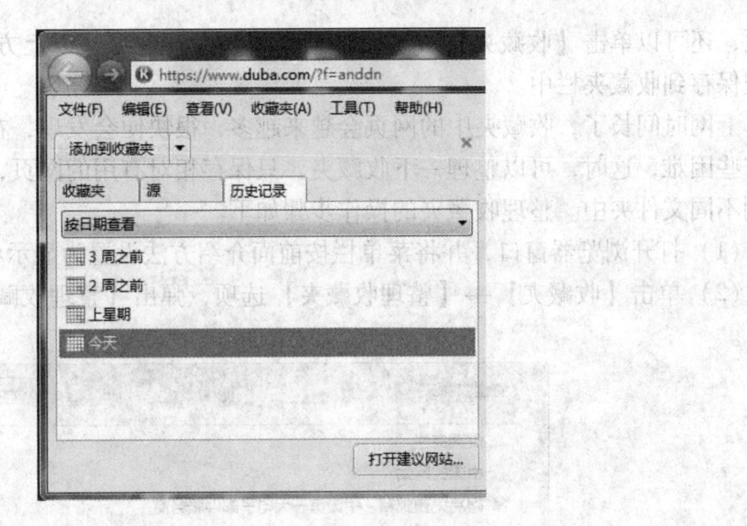

图3.48 【历史记录】窗格

3.3.5 使用收藏夹

在【历史记录】窗格中显示的历史记录有一定的时间限制，超过设置的时间后，会自动清除，若要长时间保存访问过的链接或网页地址，可以将其放入收藏夹或收藏栏中，这样以后每当需要打开这些网页时，只需要在收藏夹或收藏夹栏中单击要打开的网页名称即可轻松地访问该网页。

将网页地址添加到收藏夹的操作方法及步骤如下。

（1）打开要添加到收藏夹的网页。

（2）单击【收藏夹】→【添加到收藏夹】选项，弹出如图3.49所示的【添加收藏】对话框。

（3）单击【创建位置】右侧的下三角按钮，可以指定将网页地址放到下拉列表中现有的某个文件夹中，也可以单击【新建文件夹】按钮，新建一个文件夹来存放网页地址。

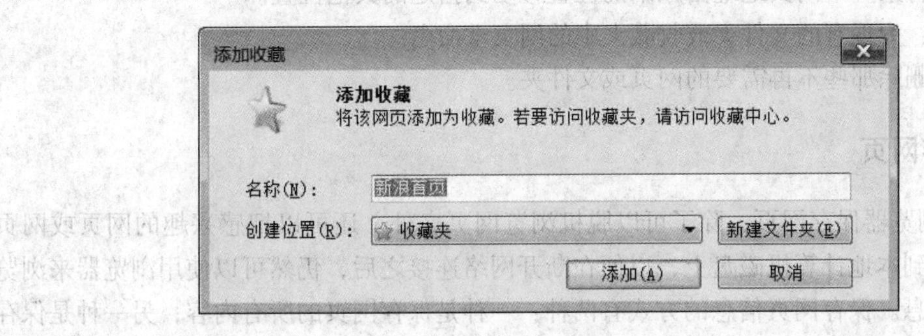

图3.49 【添加收藏】对话框

将网页地址添加到收藏夹栏的操作方法及步骤如下。

（1）打开要添加到收藏夹栏的网页。

（2）单击【收藏夹栏】中的【添加到收藏夹栏】按钮，或者在图3.49所示的【添加收藏】对话框中单击【创建位置】右侧的下三角按钮，在下拉列表中选择【收藏夹栏】

选项，还可以单击【收藏夹】→【添加到收藏夹栏】选项，以上方法都可以将打开的网页地址保存到收藏夹栏中。

上网时间长了，收藏夹中的网页会越来越多，很快便会发现，在收藏夹中查找一些信息也有些困难，这时，可以整理一下收藏夹，只保存相对有用的网页，并将它们分门别类地存放到不同文件夹中。整理收藏夹的操作步骤如下。

（1）打开浏览器窗口，并将菜单栏按前面介绍方法设置为显示状态。

（2）单击【收藏夹】→【整理收藏夹】选项，弹出【整理收藏夹】对话框，如图 3.50 所示。

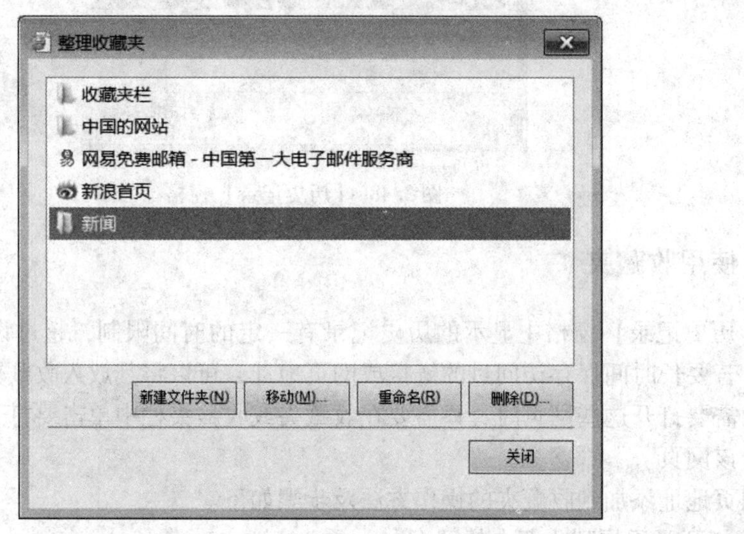

图 3.50 【整理收藏夹】对话框

在【整理收藏夹】对话框中可以完成如下整理操作：

- 新建文件夹：新建一个文件夹，用于存储某一类网页信息。
- 移动：将某一个网页地址由原来的位置移动到指定的其他位置。
- 重命名：为现有的文件夹或收藏夹中的网页重命名。
- 删除：删除那些不再需要的网页或文件夹。

3.3.6　保存网页

利用 IE 浏览器保存网页，除了可以脱机浏览网页之外，还可以把感兴趣的网页或网页中的信息保存到本地计算机磁盘上，以便在断开网络连接之后，仍然可以使用浏览器来浏览网页或查看信息。保存网页信息的方式有两种：一种是保存网页的所有内容；另一种是保存网页的部分内容。

将网页或超链接目标保存在计算机上。首先打开要保存的网页或超链接目标，再选择【文件】→【另存为】选项，打开【保存网页】对话框，选择保存网页的文件夹，并在【文件名】文本框中输入网页的名称，单击【保存类型】右侧的下三角按钮，在弹出的下拉列表中选择网页保存的类型，然后单击【保存】按钮。

提示：在保存网页时，只有在【保存类型】下拉列表中选择【网页，全部】选项，才可以完整地保存整个网页，包括图片、背景、超链接目标等。

将信息从网页复制到文档。在网页中选中要复制的信息，如果复制整页的内容可选择【编辑】→【全选】选项，然后选择【编辑】→【复制】选项，再打开需要编辑信息的应用程序。在打开的应用程序中，将光标移到需要粘贴信息的地方，按 Ctrl + V 组合键即可。

可以直接搜索从网页上复制下来的文字，同样先将网页中要搜索的文字选中，再选择【编辑】→【复制】选项，然后在空白处右击，并在弹出的快捷菜单中选择【使用复制的文本搜索】选项即可。

3.3.7　Internet 选项设置

1. 更改主页

主页是每次启动 IE 浏览器时最先显示的网页，一般将主页设置为访问最频繁的网页。这样，每次启动浏览器时，该网页会第一个显示出来，而且在浏览其他网页时，只要单击窗口右上角的【主页】按钮，就会立刻转到该网页。

将某个网页设置为主页的具体操作步骤如下。

（1）单击【工具】→【Internet 选项】选项，弹出如图 3.46 所示的对话框。

（2）在【主页】区域中的文本框中输入要设置为主页的网页地址，如果要将正在浏览的网页设置为主页，则单击下面的【使用当前页】按钮，当前网页的地址就会自动添加到文本框中。

（3）单击【确定】按钮，即可将文本框中的网页设置为主页。

2. 设置历史记录

这里介绍的设置历史记录包括设置浏览过的网页在历史记录中保存的天数和清除历史记录操作两项设置操作。

如果忘了将某浏览过的网页添加到收藏夹，可以在历史记录中找到该网页。

【历史记录】窗格中保留网页的天数可以更改，具体操作步骤如下。

（1）在 IE9 浏览器窗口中，单击【工具】→【Internet 选项】选项，弹出如图 3.46 所示的对话框，打开【常规】选项卡。

（2）单击【浏览历史记录】区域的【设置】按钮，打开【网站数据设置】对话框，如图 3.51 所示。

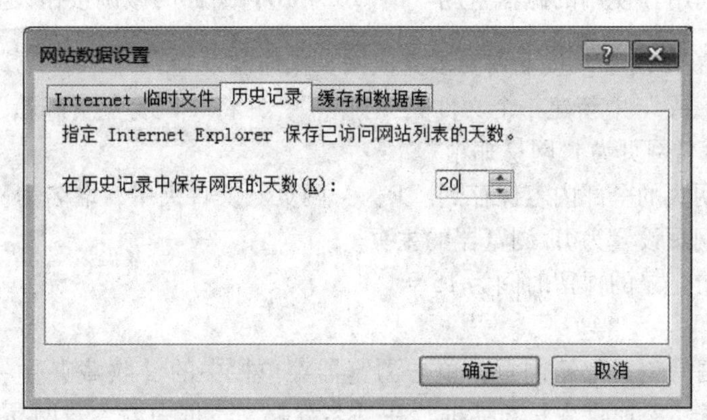

图 3.51　【网站数据设置】对话框

打开【历史记录】选项卡，通过【在历史记录中保存网页的天数】后面的微调按钮，可以设置在历史记录中保留已查看网页的天数。

清除历史记录可以选择每次关闭浏览器时删除历史记录，也可以选择经过一段时间后统一清除，具体操作方法如下。

若要每次关闭浏览器时删除历史记录，可以勾选【Internet 选项】对话框中【常规】选项卡中的【退出时删除浏览历史记录】复选项；若要每隔一段时间清除一次历史记录，可以单击【常规】选项卡中的【删除】按钮，在弹出的对话框中勾选相应的复选项即可。

3. 设置 Internet 临时文件占用磁盘的空间

在使用 IE 浏览器浏览网页时，硬盘中会保存网页的缓存，以提高以后浏览网页的速度。一段时间后，这些废弃的临时文件可能会占去大量的硬盘空间、累积磁盘碎片并降低系统性能。可以通过设置 Internet 临时文件占用磁盘的空间来限制临时文件占用磁盘空间的大小，具体设置方法如下。

单击【网站数据设置】对话框中的【Internet 临时文件】标签，显示如图 3.52 所示的界面。

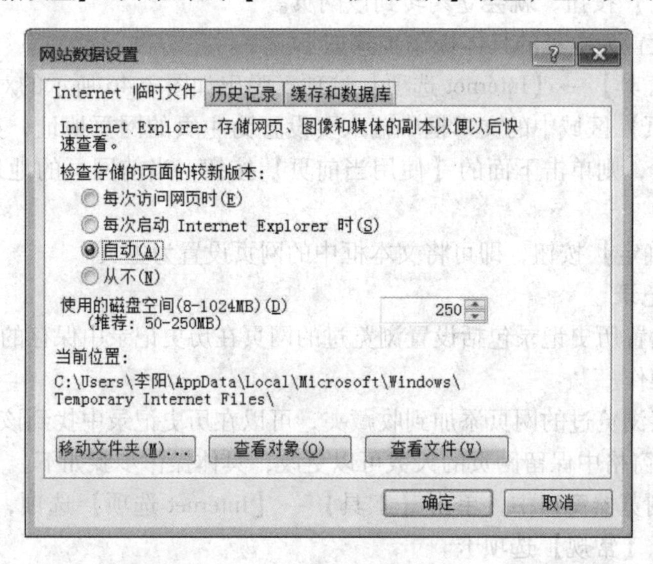

图 3.52 【网站数据设置】对话框中的【Internet 临时文件】选项卡

根据需要，利用【使用的磁盘空间（8－1024MB】后面的微调按钮设置数值即可。

实例 3.2：在 IE9 中，按下列要求完成网页操作及设置。

1. 在“收藏夹”中新建一个文件夹“邮箱”，并将“网易免费邮箱”网页添加到该文件夹中，重命名网页为“网易邮箱”。

2. 将搜狐网页的全部内容保存到“D：\ 网页”文件夹中，取名为“搜狐主页”。

3. 将新浪网页设置为 IE 浏览器的主页。

4. 设置历史记录的保留时间为 15 天。

操作方法：

(1) 打开网易免费邮箱网页，单击浏览器菜单栏中的【收藏夹】→【添加到收藏夹】选项，打开【添加收藏】对话框，在【名称】文本框中输入“网易邮箱”，再单击

【新建文件夹】按钮，打开【新建文件夹】对话框，在该对话框的【文件夹名】文本框中输入“邮箱”，单击【创建位置】右侧的下三角按钮，在弹出的下拉列表中选择【收藏夹】选项，再依次单击【创建】【添加】按钮。

（2）打开搜狐网页，单击【文件】→【另存为】选项，打开【保存网页】对话框，在左侧导航窗格中找到并选中“D:\网页”文件夹，在【文件名】文本框中输入“搜狐主页”，单击【保存类型】选择【网页，全部】选项，最后单击【保存】按钮。

（3）在浏览器窗口中单击【工具】→【Internet 选项】选项，打开【Internet 选项】对话框，在【常规】选项卡【主页】区域的文本框中输入新浪网址“http://www.sina.com.cn”，或者先打开新浪网页，然后单击【常规】选项卡中的【使用当前页】按钮，最后单击【确定】按钮。

（4）在【Internet 选项】对话框的【常规】选项卡中，单击【浏览历史记录】区域的【设置】按钮，在弹出的【网络数据设置】对话框中单击【历史记录】标签，利用【在历史记录中保存网页的天数】后面的微调按钮将保留时间设置为 15，然后依次单击【确定】按钮。

3.4　电子邮件

电子邮件是一种用电子手段进行信息交换的通信媒介，是互联网应用最广的服务。通过电子邮件系统，用户能以非常低廉的价格、非常快速的方式，与世界上任何一个角落的网络用户联系。电子邮件可以是文字、图像、声音等多种形式。同时，用户可以得到大量免费的新闻、专题邮件，并轻松地实现信息搜索。电子邮件的存在，极大地方便了人与人之间的沟通与交流，促进了社会的发展。

3.4.1　电子邮件的发送和接收原理

电子邮件简单传输协议（SMTP）是维护传输秩序、规定邮件服务器之间可以进行哪些工作的协议，它的目标是可靠、高效地传送电子邮件。SMTP 独立于传送子系统，并且能够接力传送邮件。

SMTP 基于以下的通信模型：根据用户的邮件请求，发送方 SMTP 建立与接收方 SMTP 之间的双向通道。接收方 SMTP 可以是最终接收者，也可以是中间传送者。发送方 SMTP 产生并发送 SMTP 命令，接收方 SMTP 向发送方 SMTP 返回响应信息。电子邮件的工作过程遵循客户 - 服务器模式。每份电子邮件的发送都要涉及发送方与接收方，发送方构成客户端，而接收方构成服务器（服务器含有众多用户的电子信箱）。具体工作过程如下：发送方通过邮件客户程序，将编辑好的电子邮件向邮局服务器（SMTP 服务器）发送；邮局服务器识别接收者的地址，并向管理该地址的邮件服务器（POP3 服务器）发送消息；邮件服务器将消息存放在接收者的电子信箱内，并告知接收者有新邮件到来；接收者通过邮件客户程序连接到服务器后，就会看到服务器的通知，进而打开自己的电子信箱来查收邮件。

通常 Internet 上的个人用户不能直接接收电子邮件，而要通过申请 ISP 主机的一个电子信箱，并由 ISP 主机负责电子邮件的接收。一旦有用户的电子邮件到来，ISP 主机就将邮件移到用户的电子信箱内，并通知用户有新邮件。因此，当用户发送一条电子邮件给另一个用户时，电子邮件首先从用户计算机发送到 ISP 主机，再到 Internet，再到收件人的 ISP 主机，最后到收件人的个人计算机。

ISP 主机起着“邮局”的作用，它管理着众多用户的电子信箱。每个用户的电子信箱实际上就是用户所申请的账号名。每个用户的电子信箱都要占用 ISP 主机一定容量的硬盘空间，由于这一空间是有限的，因此用户要定期查收和阅读电子信箱中的邮件，以便腾出空间来接收新的邮件。

电子邮件在发送与接收过程中都要遵循 SMTP、POP3 等协议，这些协议确保了电子邮件在各种不同系统之间的成功传输。其中，SMTP 负责电子邮件的发送，而 POP3 则负责接收 Internet 上的电子邮件。

3.4.2 电子邮件地址的构成

电子邮件的地址由三部分组成：第一部分“USER”代表用户信箱的账号，对于同一个邮件接收服务器来说，这个账号必须是唯一的；第二部分“@”是分隔符；第三部分是用户信箱的邮件接收服务器域名，用以标志其所在的位置。域名（domain name），是由一串用点分隔的名字组成的 Internet 上某一台计算机或计算机组的名称，用于在数据传输时标识计算机的电子方位（有时也指地理位置，地理上的域名指代有行政自主权的一个地方区域）。域名是便于记忆和沟通的一组服务器的地址（网站，电子邮件，FTP 等）。

假定用户“xxx”所注册的电子邮件服务器名为“xjbz. gov. cn”，则其电子邮件地址为“xxx@ xjbz. gov. cn”。

在输入电子邮件地址时，要注意：在电子邮件地址中不要输入任何空格，即用户名、服务器名和“@”两侧都不要含有空格。

3.4.3 申请免费邮箱

随着计算机网络的发展，电子邮箱方便快捷的特点日趋明显。申请一个自己的免费电子邮箱，会为以后的信息交流带来很大的便捷。

目前互联网上提供免费电子邮箱的网站有很多，如雅虎、网易、新浪等，它们一般都在首页明显的位置注明有“免费邮箱”或“邮箱”，以及“新用户注册”“用户注册”或“注册”“申请”等字样。如果想申请该网站的邮箱，可以单击这些文字，然后按提示进行申请。

下面以申请“网易 163 邮箱”为例讲解如何申请电子邮箱（其他网站的邮箱申请方法类似）。

（1）在 IE 浏览器的地址栏中输入网易的网址“www. 163. com”，然后按 Enter 键，打开如图 3. 53 所示的页面。

（2）在页面上找到【注册免费邮箱】按钮，单击该按钮，进入【注册网易免费邮箱】页面，如图 3. 54 所示。

（3）在【注册网易免费邮箱】页面中，有注册免费邮箱的三种途径：一是注册字母邮箱，二是注册手机号码邮箱，三是注册 VIP 邮箱。下面以注册字母邮箱为例，介绍免费邮箱的申请。

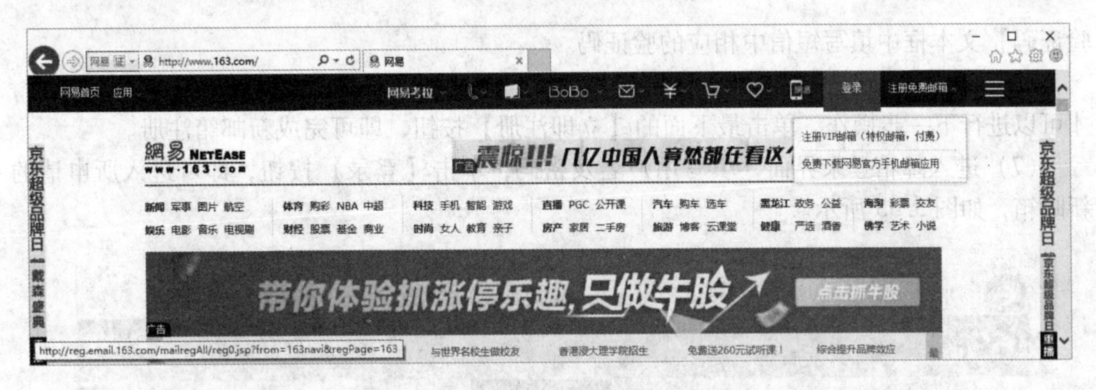

图 3.53　网易页面

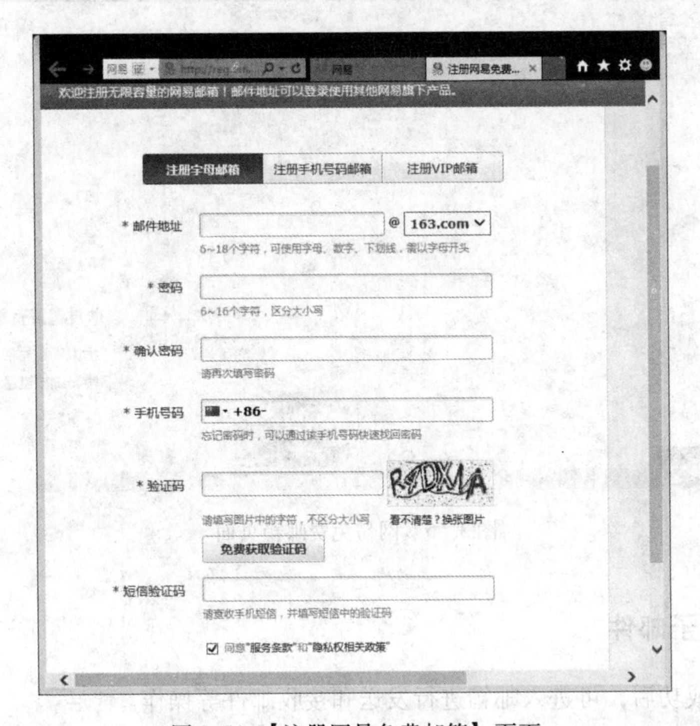

图 3.54　【注册网易免费邮箱】页面

（4）首先要设置用户名，用户名由申请者自己决定。用户名就是邮箱的名字，类似于生活中普通信件中的收件人姓名。在【邮件地址】左侧文本框输入 6 ~ 18 个字符，可使用字母、数字、下划线，但必须以字母开头，在填写下一项的同时，会检测是否存在相同的用户名（用户名不能重名）。

（5）密码设置。为了保护密码不被外人看到，页面中密码显示用“●”代替，密码必须记住，否则就没有办法查看邮箱里的内容。密码可以是 6 ~ 16 个字符，要注意区分大小写。【确认密码】文本框中要再次输入填写的密码，要确保两次输入的密码相同。

在【手机号码】文本框中填写手机号码，可以在忘记密码时通过该手机号码快速找回密码。

在【验证码】文本框中填写右侧图片中的字符，不区分大小写。

单击【免费获取验证码】按钮后，上面填写的手机号码将收到短信验证码，在【短信验证码】文本框中填写短信中相应的验证码。

（6）阅读“服务条款”和“隐私权相关政策”，并勾选前面的复选项，表示同意后，才可以进行下一步操作，单击最下面的【立即注册】按钮，即可完成新邮箱注册。

（7）进入邮箱登录界面，填写用户名及密码，单击【登录】按钮，即可进入所申请的新邮箱，如图 3. 55 所示。

图 3. 55　网易免费邮箱页面

3. 4. 4　收发电子邮件

新邮箱注册成功后，可进入邮箱进行发送和接收邮件等操作。

1. 发送邮件

登录邮箱后，单击页面左侧【写信】按钮即可进入发送邮件页面，如图 3. 56 所示。

在【收件人】文本框中填入收信人的 E - mail 地址，如果是多个地址，需在各地址间用“，”隔开；或者单击右边通信录中的一位或多位联系人，选中的联系人地址将会自动填写在【收件人】文本框中（如：abc@ 163. com），如果单击的是联系组，则该组内的所有联系人地址都会自动填写在【收件人】文本框。

若想抄送信件，单击【抄送】链接，将会出现【抄送人】文本框。抄送就是将信同时也发给收信人以外的其他人。把抄送地址写在【抄送人】文本框中，如果是多个地址，各地址间要用“，”隔开，也可通过多次单击右边的通信录来选择多个收件人。收件人是知道这封信抄送给了谁的。

若想密送信件，单击【密送】链接，将会出现【密送人】文本框，在此文本框中填写密送人的 E - mail 地址。密送就是将信秘密发送给收件人以外的其他人。如果将信发送给

“abc@ 163. com” 并密送给 “123@ 163. com”，则收件人 “abc@ 163. com” 并不知道这封信发送给了 “123@ 163. com”。

【主题】文本框中填入邮件的主题。

如果需要随信附上文件或者图片，可单击【添加附件】链接，在弹出的对话框中选择所要添加的附件后单击【打开】按钮即可；对已添加的附件，也可通过单击【删除】链接，删掉不要的附件。

正文文本框中填写信件正文。输入完成后，单击页面上方或下方任意一个【发送】按钮，即完成邮件发送。如果选择了附件，在发送的同时，上传的附件也将跟随信件正文一起发送出去。

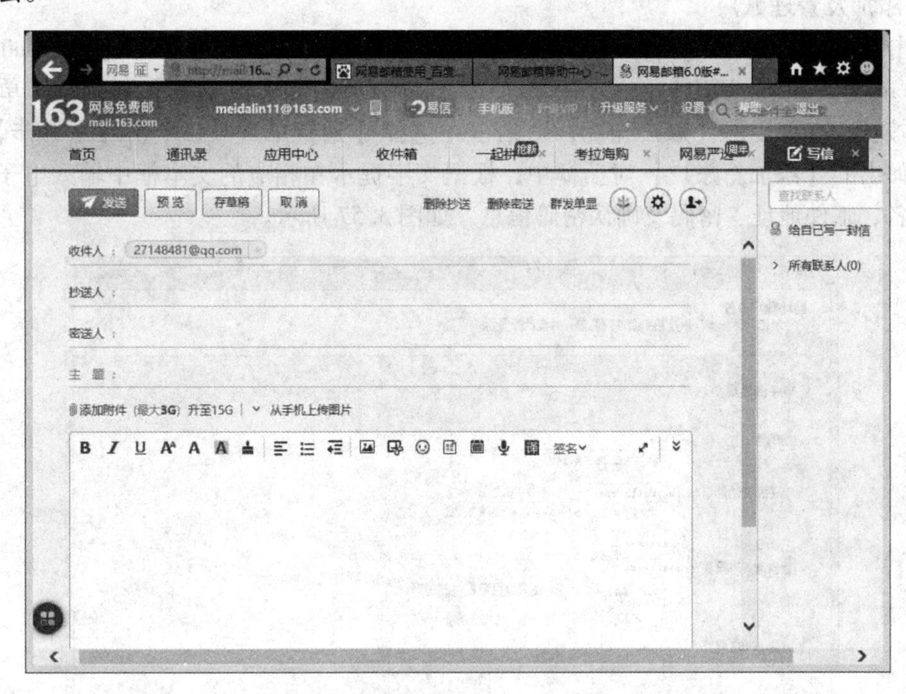

图 3. 56　发送邮件页面

2. 接收邮件

登录邮箱后，点击左边主菜单上方的【收信】按钮，就可以进入收件箱，查看所收到的邮件。

3. 删除邮件

勾选要删除的邮件，单击页面左上方的【删除】按钮，即可将邮件删除到 “已删除” 文件夹中。

若要删除 “已删除” 文件夹中的邮件，可以打开 “已删除” 文件夹，勾选需要彻底删除的邮件，单击【彻底删除】按钮即可。

4. 拒收邮件

勾选要拒收的邮件，单击页面上方的【举报】按钮，在弹出的对话框中勾选【将发件人加入黑名单】复选项，并单击【下一步】按钮，将会转到黑名单【禁止发件人】对话框，并将该邮件的发件人地址列在对话框内，单击【确定】按钮，系统就会将该地址加入黑名单，达到拒收此地址发出的邮件的目的，以有效减少垃圾邮件。

5. 添加和删除联系人

单击邮箱页面上方的【通信录】(图中“讯”统一为“信”)按钮，将会进入通信录页面。

单击通信录页面左上方的【新建联系人】按钮，就可以添加新的联系人。

如果要删除联系人资料，先勾选联系人列表中要删除的联系人，然后单击【删除】按钮，系统会弹出确认信息：“确定从所有分组中彻底删除所选联系人?”，再单击【确定】按钮，就可将选中的联系人资料删除。

3.4.5 使用 Microsoft Outlook 2010 收发电子邮件

1. 添加及管理账户

单击【开始】按钮，在弹出的【开始】菜单中选择【所有程序】→【Microsoft Office】→【Microsoft Outlook 2010】选项，弹出【Microsoft Outlook 2010 启动】对话框，单击【下一步】按钮，在弹出的【账户配置】对话框中选择【是】单选项，单击【下一步】按钮，然后在弹出的【添加新账户】对话框中，根据文字提示在相应的文本框中输入电子邮件账户的姓名、邮件地址、密码及确认密码信息，如图 3.57 所示。

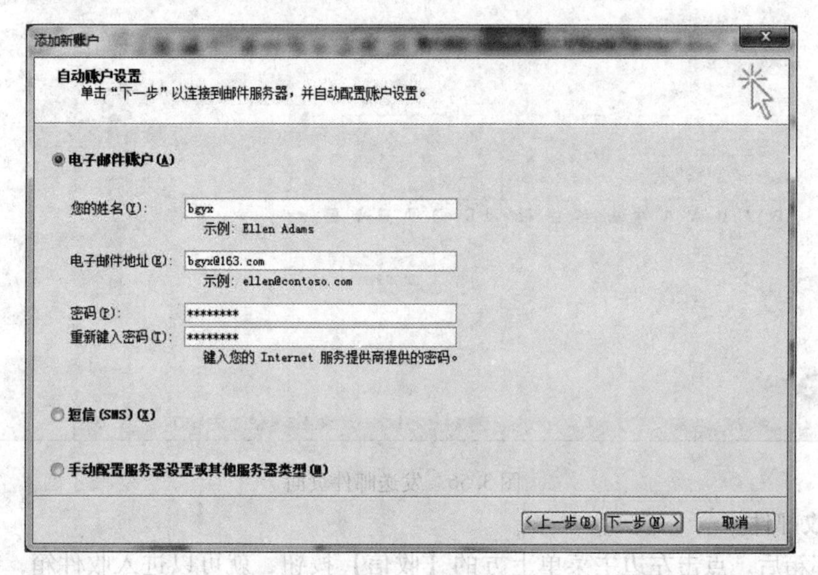

图 3.57 【添加新账户】对话框

单击【添加新账户】对话框中的【下一步】按钮，Outlook 会自动联机搜索服务器设置；待成功连接服务器后，单击【完成】按钮。

进入 Outlook 后，打开【文件】选项卡，选择【信息】选项，单击右侧的【账户设置】按钮，在下拉列表中选择【账户设置】选项，接下来在弹出的【账户设置】对话框中便可以对电子邮件账户进行新建、修复、更改及删除操作。

2. 收发电子邮件

1) 收件箱

添加好账户后，将自动进入【收件箱】窗口，如图 3.58 所示。此时用户便可查看自己接收到的邮件了。

图 3.58 【收件箱】窗口

2）发送电子邮件

打开【开始】选项卡，单击【新建电子邮件】按钮，打开【未命名 - 邮件】窗口，在【收件人】文本框中输入收件人的邮箱地址；若邮件需要同时抄送给其他人，可在【抄送】文本框中输入抄送人的邮箱地址；若要同时给多人发邮件，各邮箱地址间要用英文的分号分隔。发送邮件的窗口如图 3.59 所示。

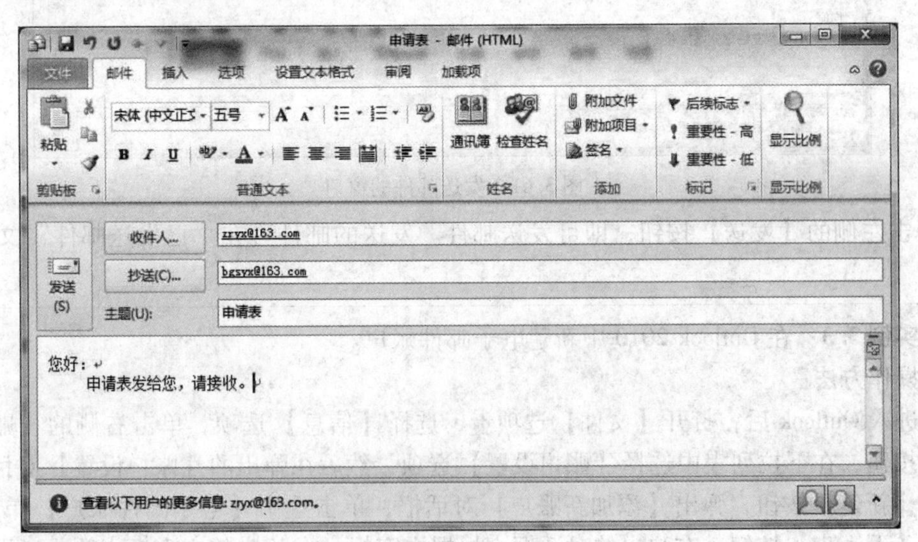

图 3.59 发送邮件的窗口

若要在邮件中添加附件，可以在【邮件】选项卡中单击【附加文件】按钮，此时将弹出【插入文件】对话框，如图 3.60 所示。

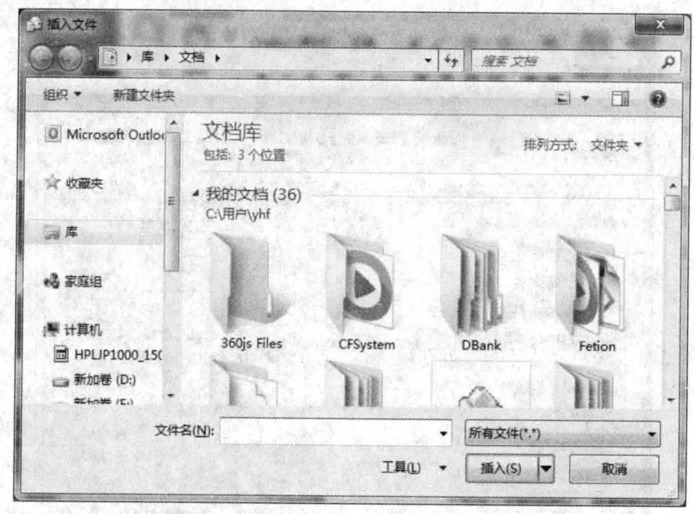

图 3.60 【插入文件】对话框

选中要附加的文件，单击【插入】按钮，此时发送邮件的窗口如图 3.61 所示。

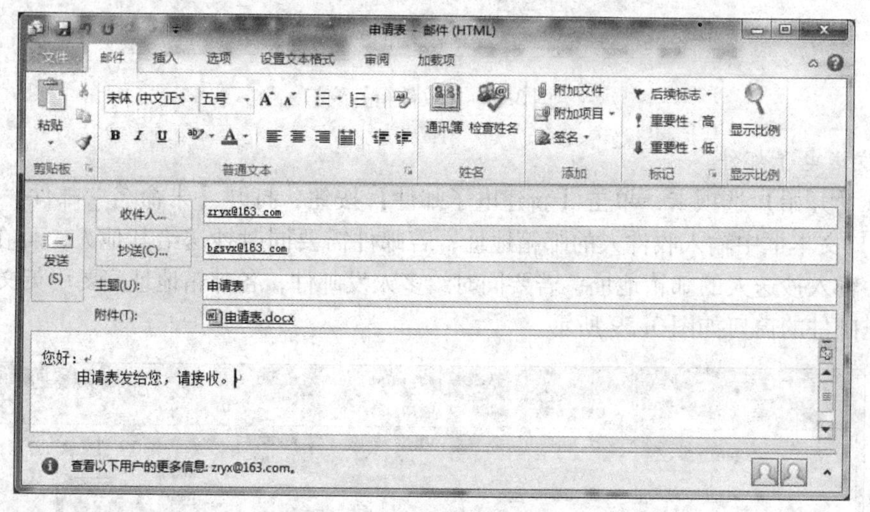

图 3.61 发送邮件的窗口

单击左侧的【发送】按钮，即可发送邮件。发送的邮件可在“已发送邮件”文件夹中查看。

实例 3.3：在 Outlook 2010 中新建电子邮件账户。

操作方法：

进入 Outlook 后，打开【文件】选项卡，选择【信息】选项，单击右侧的【账户设置】按钮，在下拉列表中选择【账户设置】选项，然后在弹出的【账户设置】对话框中单击【新建】按钮，弹出【添加新账户】对话框，单击选中【电子邮件账户】单选项，单击【下一步】按钮，在弹出的对话框中根据文字提示在相应的文本框中输入新账户的姓名、电子邮件地址、用户名及密码信息，单击【下一步】按钮，Outlook 会自动联机搜索用户的服务器设置；待成功连接服务器后，单击【完成】按钮。

评价单

<table>
<tr><td>项目名称</td><td colspan="4"></td><td>完成日期</td><td></td></tr>
<tr><td>班　　级</td><td></td><td>小　　组</td><td colspan="2"></td><td>姓　　名</td><td></td></tr>
<tr><td>学　　号</td><td colspan="3"></td><td colspan="3">组长签字</td></tr>
<tr><td colspan="2">评价项点</td><td colspan="2">分　值</td><td colspan="2">学生评价</td><td>教师评价</td></tr>
<tr><td colspan="2">配置TCP/IP协议</td><td colspan="2">10</td><td colspan="2"></td><td></td></tr>
<tr><td colspan="2">创建家庭组</td><td colspan="2">10</td><td colspan="2"></td><td></td></tr>
<tr><td colspan="2">加入家庭组</td><td colspan="2">10</td><td colspan="2"></td><td></td></tr>
<tr><td colspan="2">远程桌面连接</td><td colspan="2">10</td><td colspan="2"></td><td></td></tr>
<tr><td colspan="2">IE9浏览器的使用</td><td colspan="2">10</td><td colspan="2"></td><td></td></tr>
<tr><td colspan="2">申请免费邮箱</td><td colspan="2">10</td><td colspan="2"></td><td></td></tr>
<tr><td colspan="2">在Outlook 2010上添加新账户</td><td colspan="2">10</td><td colspan="2"></td><td></td></tr>
<tr><td colspan="2">利用Outlook 2010发送邮件</td><td colspan="2">10</td><td colspan="2"></td><td></td></tr>
<tr><td colspan="2">学生的操作能力</td><td colspan="2">10</td><td colspan="2"></td><td></td></tr>
<tr><td colspan="2">学生的团队合作及沟通能力</td><td colspan="2">10</td><td colspan="2"></td><td></td></tr>
<tr><td colspan="2">总分</td><td colspan="2">100</td><td colspan="2"></td><td></td></tr>
<tr><td>学生得分</td><td colspan="6"></td></tr>
<tr><td>自我总结</td><td colspan="6"></td></tr>
<tr><td>教师评语</td><td colspan="6"></td></tr>
</table>

知识点强化与巩固

一、选择题

1. Internet 的通信协议是（　　）。

A. TCP/IP　　B. POP3　　C. NetBEUI　　D. SMTP

2. 用户要想在网上查询 WWW 信息，必须安装并运行一个被称之为（　　）的软件。

A. Office　　B. 电子邮件　　C. 浏览器　　D. 万维网

3. 微软公司的网页浏览器是（　　）。

A. Outlook Express　　B. Internet Explorer

C. Front Page　　D. Office

4. 下面 IP 地址中，格式正确的是（　　）。

A. 192. 9. 1. 12　　B. CX. 9. 23. 01

C. 192. 122. 202. 345. 34　　D. 192. 156. 33. D

5. 有关 IP 地址与域名的关系，下列描述正确的是（　　）。

A. IP 地址对应多个主机

B. 域名对应多个 IP 地址

C. IP 地址与主机的域名一一对应

D. 地址表示的是物理地址，域名表示的是逻辑地址

6. 下列域名中，表示教育机构的是（　　）。

A. ftp. bta. net. cn　　B. www. ioa. ac. cn

C. www. buaa. edu. cn　　D. ftp. sst. net. cn

7. 中国公用计算机互联网的英文简写是（　　）。

A. CHINANET　　B. CERNET　　C. NCFC　　D. CHINAGBNET1

8. IPv4 地址用（　　）个字节表示。

A. 8　　B. 2　　C. 4　　D. 6

9. 关于电子邮件，下列说法错误的是（　　）。

A. 电子邮件是 Internet 提供的一项最基本的服务

B. 电子邮件具有快速、高效、方便、价廉等特点

C. 通过电子邮件，可向世界上任何一个角落的网上用户发送信息

D. 可发送的多媒体信息只有文字和图像两种形式

10. 电子邮件服务器之间相互传递邮件通常使用的协议是（　　）。

A. PPP　　B. SMTP　　C. FTP　　D. EMAIL

第 4 章
Word 2010 文档制作

项目一 文档排版

知识点提要

1. Word 2010 的启动、退出
2. 认识 Word 2010 工作界面
3. Word 文档的基本操作
4. 自定义工作界面
5. 文本的输入与编辑操作
6. 设置字体格式
7. 设置段落格式
8. 添加项目符号和编号
9. 文档的页面设置及打印

任务单

任务名称	文档排版	学　时	2学时
知识目标	1. 熟练掌握文字的编辑操作方法。 2. 掌握查找、替换和定位的操作方法。 3. 掌握字符格式和段落格式的设置方法。 4. 熟悉文档的整体排版及打印操作方法。		
能力目标	1. 能熟练掌握设置各种字符格式和段落格式的操作技巧。 2. 能根据需要对文档进行合理的排版。		
素质目标	各项独立任务的设置，使学生能够独立思考、解决问题。		
任务描述	对指定的素材按要求排版 1. 将提供的电子素材（第4章项目一：附件1）的内容在Word 2010中重新输入一遍。 2. 将标题“第一纵：沿海通道”格式设置为“小二号、黑体、加粗、红色、居中”。 3. 用格式刷工具将“第二纵……第八纵”的标题设置为与第一纵标题相同的格式。 4. 将第一纵正文内容中的所有段落设置为“宋体、小四号，首行缩进2字符、左对齐、1.5倍行距、段前和段后间距为0.5行”。 5. 设置第二纵的正文字符间距为“紧缩1磅”。 6. 将第三纵的正文内容中的编号改为带圈字符①②③④⑤。 7. 为第四纵的正文内容添加“深蓝，文字2，淡色40%”底纹，图案样式为“浅色下斜线”。 8. 将正文中所有的“时速”替换为“红色、倾斜、加粗”的“时速”。 9. 将正文中所有的“北京”位置提升“3磅”，并设置为“紫色”。 10. 将页面边框设置为“蓝色、20磅、雨伞艺术型”边框。 11. 统计文章字数，在文档末尾处添加一段，输入统计的字数值，并设置该数字为“四号”字。 12. 为文档添加页眉，页眉位置“居中”，内容为“中长期铁路网规划”。 13. 为文档添加页码，位置为“底端靠右侧”。 14. 将文档的页边距设置为“上下2.54，左右1.91”。 15. 保存文档到桌面，文件按“学号”+“姓名”方式命名。		
任务要求	1. 仔细阅读任务描述中的排版要求，认真完成任务。 2. 上交电子作品。		

资料卡及实例

4.1 Microsoft Office 2010 概述

1. Microsoft Office 2010 简介

Microsoft Office 2010 是微软推出的新一代办公软件。该软件共有 6 个版本，分别是初级版、家庭及学生版、家庭及商业版、标准版、专业版和专业增强版，此外还推出了 Microsoft Office 2010 免费版本，其中仅包括 Word 和 Excel 两项应用。Microsoft Office 2010 可支持 32 位和 64 位的 Vista 及 Windows 7 操作系统，仅支持 32 位的 Windows XP 操作系统，不支持 64 位的 Windows XP 操作系统。

Microsoft Office 2010 是基于 Microsoft Windows 视窗系统的一套办公室套装软件，是继 Microsoft Office 2007 之后的新一代套装软件，包括文字处理软件 Word 2010、电子表格处理软件 Excel 2010、幻灯片制作软件 PowerPoint 2010、笔记记录和管理软件 OneNote 2010、日程及邮件信息管理软件 Outlook 2010、桌面出版管理软件 Publisher 2010、数据库管理软件 Access 2010、即时通信客户端软件 Communicator 2010、信息收集和表单制作软件 InfoPath 2010、协同工作客户端软件 SharePoint Workspace 2010 等。

2. Microsoft Office 2010 的新增特色与功能改善

Microsoft Office 2010 比前几代版本更加以“角色”为中心，且有许多功能和特色是为了研究与专业开发人员、销售员和人力资源专家设置的。Microsoft Office 2010 更注重结合网络的便利，将 SharePoint Server 的特色集成进来。

新功能还包含自带的屏幕截取工具、背景去除工具、保护文件模式、新 SmartArt 范本和编辑权限。Microsoft Office 2007 中使用的 Office 圆形按钮被取代为方形菜单按钮，点击后会进入全视窗的文件菜单，也就是 Backstage 模式，方便用户应用打印或分享等以任务为主的功能。Microsoft Office 2010 也针对 Windows 7 的弹跳菜单功能设计了菜单选项，具备列出最近打开文件和相关软件的功能。

3. Microsoft Office 2010 工作界面的特点

工程化——选项卡：Microsoft Office 2010 采用名为“Ribbon”的全新用户界面，将 Office 中丰富的功能按钮按照其功能分为多个选项卡。选项卡按照制作文档时的使用顺序依次从左至右排列。当用户在制作一份文档时，可以按照选项卡的排列，逐步完成文档的制作过程，就如同完成一个工程。双击任意一个选项卡可以关闭或打开功能区。

条理化——功能区分组：选项卡中按照功能的不同，将按钮分布到各个功能区。当用户需要使用某一项功能的时候，只需要找到相应的功能区，在功能区中就可以快速地找到该工具。

简捷化——显示比例工具条：Microsoft Office 2010 的工作区与 Microsoft Office 2003 相比变得更加简洁。在工作区的右下方增加了“显示比例”的工具条。用户通过拖动工具条可以快速精确地改变视图的大小。

集成化——【文件】选项卡：在 Microsoft Office 2010 中，【文件】选项卡集成了丰富的文档编辑以外的操作。编辑文档之外的操作都可以在【文件】选项卡中找到。其中值得一提的是，在【保存并发送】选项卡中新增加了保存为“PDF/XPS”格式功能，使用户不需要借助第三方软件就可以直接创建 PDF/XPS 文档。

4.2　Word 2010 基础

4.2.1　Word 2010 的启动和退出

1. 启动

启动 Word 2010 可以采用以下方法。

（1）启动 Windows 7 后，单击【开始】→【所有程序】→【Microsoft Office】→【Microsoft Word 2010】选项，即可启动 Word 2010。启动后，屏幕上会显示 Word 2010 的工作窗口。

（2）双击桌面上的 Word 2010 快捷图标。

（3）双击已存在的 Word 2010 文档。

2. 退出

退出 Word 2010 可以采用以下方法。

（1）单击 Word 窗口的【关闭】按钮。

（2）单击【文件】→【退出】按钮。

4.2.2　认识 Word 2010 的工作界面

Word 2010 启动后，会自动创建一个名为“文档 1”的文档。Word 2010 的工作界面如图 4.1 所示，主要由快速访问工具栏、标题栏、选项卡、【帮助】按钮、功能区、标尺、文档编辑区、状态栏和视图切换按钮栏、显示比例等几个主要部分组成。

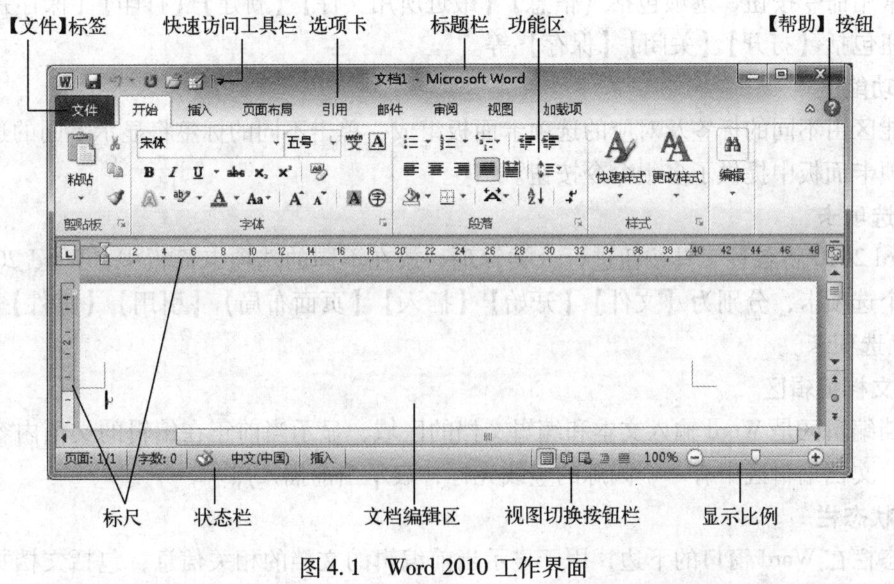

图 4.1　Word 2010 工作界面

1. 标题栏

标题栏位于窗口的最上端。窗口最上端由左至右显示的依次是应用程序图标、快速访问工具栏、当前正在编辑的文档名称、应用程序名称 Microsoft Word、【最小化】按钮、【最大化/还原】按钮和【关闭】按钮。

2. 快速访问工具栏

快速访问工具栏位于标题栏的左侧，该工具栏用于显示常用的工具按钮，如【保存】【撤消】和【恢复】按钮。单击【自定义快速访问工具栏】按钮，在弹出的下拉列表里，用户可以自行设置某个按钮的显示或隐藏，如图 4. 2 所示；要显示更多的命令按钮，可以单击其中的【其他命令】选项进行设置。

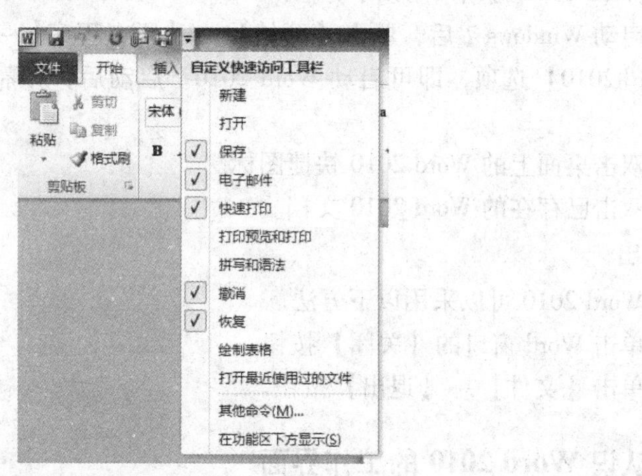

图 4. 2 【自定义快速访问工具栏】下拉列表

3.【文件】选项卡

单击【文件】标签可以打开【文件】选项卡，该选项卡界面分为三栏，最左侧是功能选项或常用命令按钮，选项包括【信息】【最近所用文件】【新建】【打印】【保存并发送】；命令按钮包括【打开】【关闭】【保存】等。

4. 功能区

功能区由不同的标签及对应的选项卡面板组成，单击不同的标签将显示不同的选项卡面板，选项卡面板中提供了多组命令按钮。

5. 选项卡

Word 2010 将各种工具按钮进行分类管理，放在不同的选项卡面板中。Word 2010 窗口中有八个选项卡，分别为【文件】【开始】【插入】【页面布局】【引用】【邮件】【审阅】【视图】选项卡。

6. 文档编辑区

文档编辑区是 Word 输入文本和编辑文档的区域，显示当前正在编辑的文档内容及排版的效果。文档编辑区中有一个闪烁的竖线光标，表示当前插入点。

7. 状态栏

状态栏在 Word 窗口的下边，用于显示当前编辑的文档的相关信息，包括文档页数、字数、输入法状态、插入或改写模式等信息。

8. 视图切换按钮栏

视图切换按钮栏中显示了多个视图按钮，单击不同的按钮，可以将文档切换到不同的视图方式。

9. 显示比例

显示比例按钮和滑块位于视图切换按钮栏的右侧，用于设置当前文档页面的显示比例。

4.3　Word 2010 文档的基本操作

4.3.1　创建新文档

1. 创建空白文档

创建空白文档有以下几种方法。

（1）单击【文件】→【新建】选项，将显示如图 4.3 所示的界面。

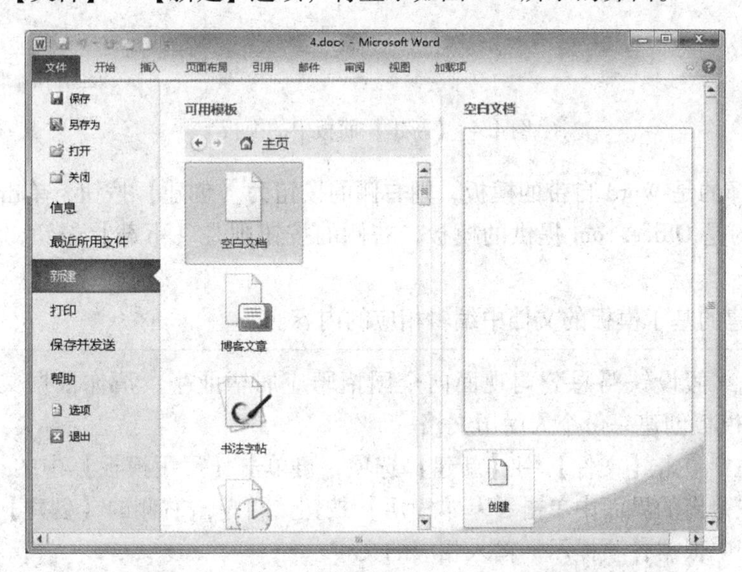

图 4.3　使用【文件】选项卡新建空白文档

选中其中的【空白文档】按钮，双击或单击右侧下方的【创建】按钮。

（2）单击【自定义快速访问工具栏】上的【新建】按钮，创建新空白文档。

（3）按组合键 Ctrl + N。

2. 创建基于模板的文档

除了通用型的空白文档模板之外，Word 2010 中还内置了多种文档模板，如博客文章模板、书法字帖模板等。另外，Office. com 网站还提供了证书、奖状、名片、简历等特定功能的模板。借助这些模板，用户可以创建比较专业的 Word 2010 文档。在 Word 2010 中，使用模板创建文档的步骤如下。

（1）单击【文件】→【新建】选项，将显示如图 4.4 所示的界面。

（2）选择“博客文章”“书法字帖”等 Word 2010 自带的模板或 Office. com 提供的“名片”“日历”“贺卡”等在线模板。

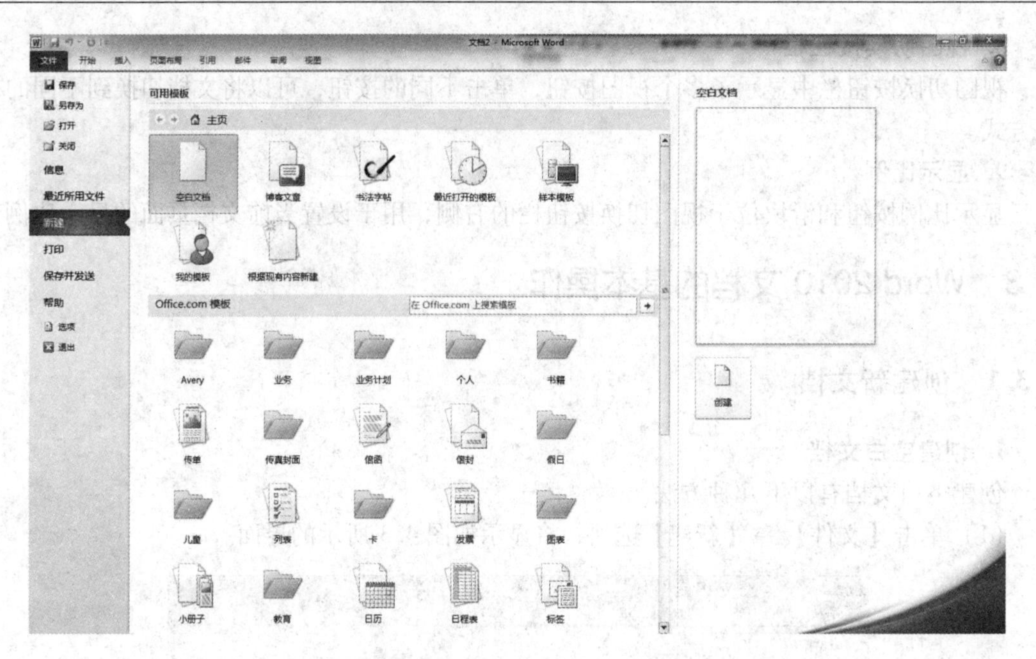

图 4.4 【新建】面板中的模板

（3）若选择的是 Word 自带的模板，则右侧的按钮为【创建】按钮，单击此按钮可完成创建；若选择的是 Office. com 提供的模板，右侧的按钮则是【下载】按钮，单击此按钮可完成模板下载。

（4）在创建的基于模板的文档中编辑相应的内容。

实例 4.1 假设铁路总公司现面向全国招聘应届毕业生，请你根据文档模板中的“基本简历”模板创建一份个人简历文档。

操作方法：单击【文件】→【新建】选项，再单击【可用模板】中的【样本模板】按钮，然后在弹出的界面中单击【基本简历】按钮，再单击右侧的【创建】按钮；在创建的模板文档中根据各项提示，输入相应的文字。

4.3.2 保存文档

1. 新文档首次保存

新文档首次保存有以下几种方法。

（1）单击【文件】→【保存】按钮。

（2）单击快速访问工具栏中的【保存】按钮。

（3）按组合键 Ctrl + S。

2. 将现有文档另存为新文档

若要防止现有文档被覆盖，可单击【文件】选项卡中的【另存为】按钮来创建现有文档的副本，并对副本重命名。如图 4.5 所示，在【文件名】文本框中键入文档名称，然后单击【保存】按钮。

Word 2010 文件保存后默认的扩展名是“docx”，也可以保存为 97 – 2003 版本的文件格式（扩展名为“doc”）。

图 4.5　【另存为】窗口

3. 文档的加密保护

文档加密保护的主要目的是防止其他用户随意打开或修改文档。设置密码保护的方法及步骤如下。

（1）单击【文件】→【信息】选项，将显示如图 4.6 所示的界面。

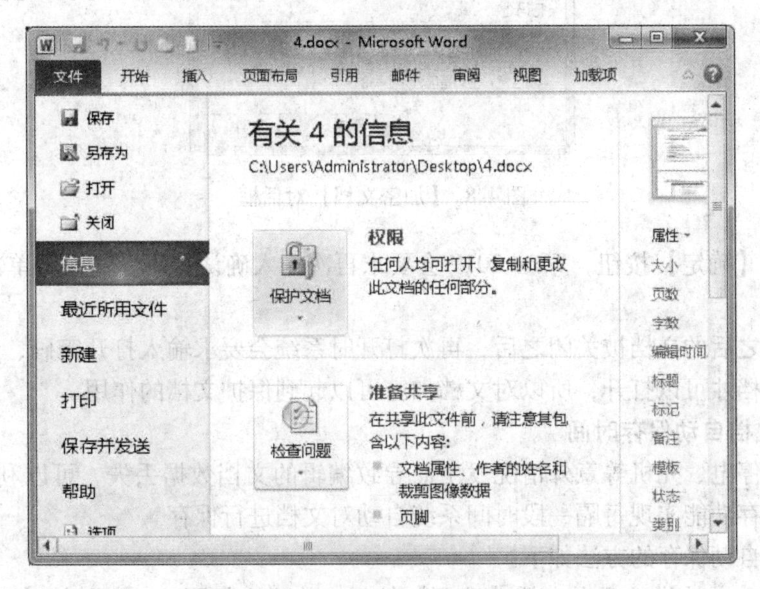

图 4.6　【信息】选项卡

（2）单击【保护文档】按钮，将弹出如图 4.7 所示的下拉列表。

（3）选择下拉列表中的【用密码进行加密】选项，将弹出如图 4.8 所示的【加密文档】对话框，在该对话框中输入一个限制打开文档的密码。

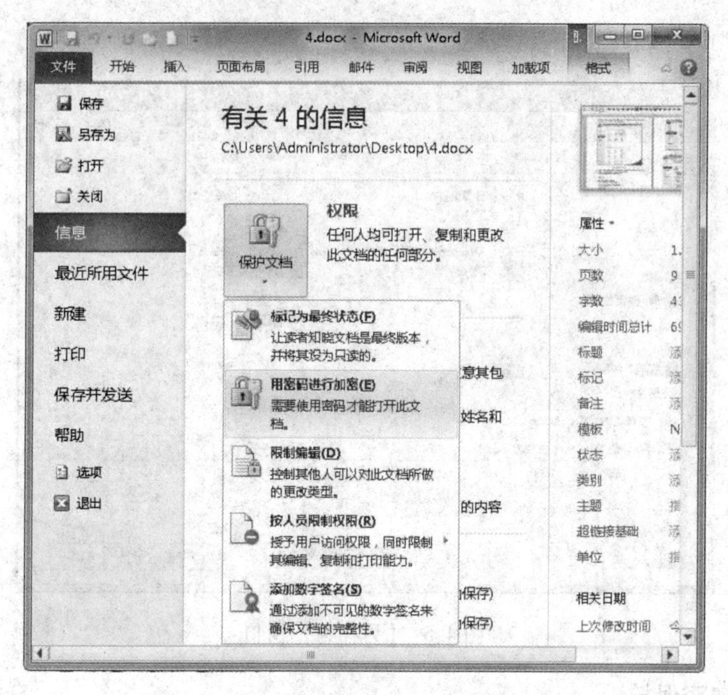

图 4.7 【保护文档】下拉列表

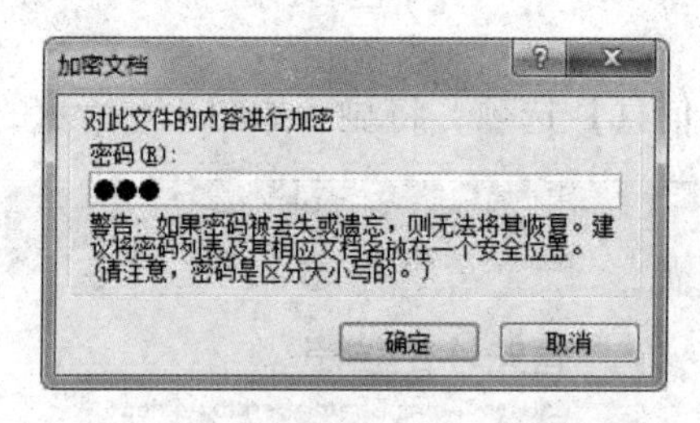

图 4.8 【加密文档】对话框

（4）单击【确定】按钮，Word 2010 会要求再次输入确认密码，输入后单击【确定】按钮即可。

设置密码之后的文档被关闭之后，再次打开时系统会要求输入打开密码，而只有密码输入正确之后文档才可以打开，所以对文档加密可以起到保护文档的作用。

4. 设置文档自动保存时间

为了防止停电、死机等意外情况发生而导致编辑的文档数据丢失，可以利用 Word 2010 提供的自动保存功能实现每隔一段时间系统自动对文档进行保存。

设置文档自动保存的方法如下。

（1）单击【文件】选项卡中的【选项】按钮，将弹出如图 4.9 所示的【Word 选项】对话框。

（2）单击对话框左侧的【保存】选项，并在右侧的界面中勾选【保存自动恢复信息时间间隔】复选项，然后在后面的数值框中输入文档自动保存的时间，单击【确定】按钮，完成设置。

图 4.9 【Word 选项】对话框

4.3.3 打开文档

打开已存在的文档有多种方法。

(1) 单击【文件】选项卡中的【打开】按钮，弹出【打开】对话框，在对话框中选择要打开的文件，然后单击【打开】按钮。

(2) 单击快速访问工具栏中的【打开】按钮。

(3) 按组合键 Ctrl + O。

(4) 按组合键 Ctrl + F12。

(5) 如果要打开的文档是最近访问过的，可以单击【文件】→【最近使用文件】选项，在显示的界面中单击要打开的文档。

4.3.4 关闭文档

文档在完成编辑、排版之后要关闭。关闭文档可以采用下列方法。

(1) 单击【文件】选项卡中的【关闭】按钮。

(2) 单击文档标题栏右侧的【关闭】按钮。

(3) 双击标题栏左侧的应用程序图标。

(4) 右击任务栏上的文档按钮，在弹出的快捷菜单中选择【关闭】选项。

4.3.5 文档视图

所谓视图，简单地说就是文档窗口的显示方式。用户可根据自己的工作需要在不同的视图下查看、编辑文档。Word 2010 提供了五种视图方式。

1. 页面视图

页面视图是 Word 2010 默认的视图方式，是使用 Word 编辑文档时最常用的一种视图。它的每一页如同生活中使用的纸张一样，有明确的纸张边界。它能够直观地显示所编辑的文档信息和排版结果，以及页码、页眉页脚、插入的图片等信息，几乎与打印的效果相同。

2. 阅读版式视图

阅读版式视图最大的特点是便于阅读。它模拟书本阅读的方式，让用户感觉好像在阅读书籍一样。在阅读内容紧凑的文档时，它能把相连的两页显示在同一个版面上，十分方便。这种视图是为浏览文档而准备的，一般不允许对文档进行编辑。若要编辑文档，可以单击页面右上角的【视图选项】按钮，在弹出的菜单中选择【允许键入】选项，便可以对文档进行编辑操作。

3. Web 版式视图

Web 版式视图主要用于编辑 Web 页。如果选择 Web 版式视图，编辑窗口将显示文档的 Web 布局视图，此时显示的内容与使用浏览器打开该文档时的内容一样。在 Web 版式视图下，文本能自动换行以适应窗口的大小。

4. 大纲视图

大纲视图用于显示、修改或创建文档的大纲。文档切换到该视图后会显示大纲标签和大纲功能区。在该视图下可以设置文档各个标题的级别，为创建索引和目录做准备。

5. 草稿视图

草稿视图是 Word 2010 中比较常用的视图方式。在该视图方式下所有的文档页都连接在一起，中间用虚线分页符分隔。分页符和分节符在该视图下是可见的，而页码、页眉页脚、图形、图片等信息在该视图下是不可见的。

要在各种视图之间切换，可单击 Word 窗口下方状态栏右侧的 5 个视图按钮，也可单击【视图】选项卡，在【文档视图】选项组中选择相应的视图方式，如图 4.10 所示。

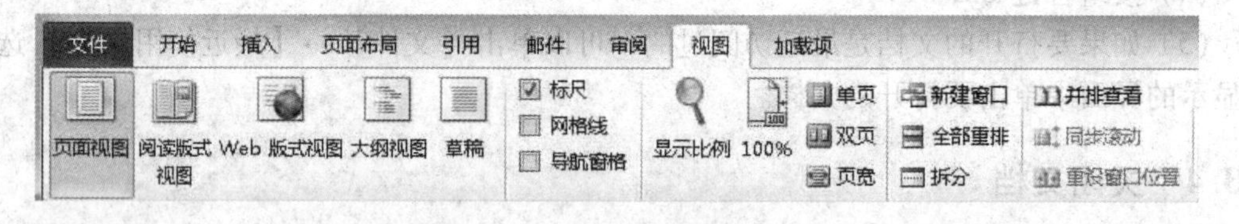

图 4.10 【视图】选项卡的功能区

4.4 文档编辑

4.4.1 文本的输入

新建 Word 文档后，需要在文档中输入文本内容，从而使文档更加完整；输入文本后，还需要运用文本的复制、粘贴、移动、查找和替换等功能对文本内容进行编辑，从而使文本的内容更加完善。熟练运用文本的各种编辑功能可以提高工作效率。下面介绍文本的输入方法及文本的各种编辑方法。

1. 插入点的定位和移动

(1) 用鼠标定位。将鼠标移动到要插入内容的位置后单击，此处便会出现闪动的光标，即为插入点。

(2) 用键盘移动或定位。常用的移动插入点的按键及功能如下。

Home：将插入点移动到当前行首。

End：将插入点移动到当前行尾。

Ctrl + Home：将插入点移动到文档开头。

Ctrl + End：将插入点移动到文档末尾。

2. 输入正文

启动 Word 2010 后，工作区内有一闪动的光标（插入点），表示可以在此输入文字。输入时，如果要输入中文，则需要启用中文输入法；如果要输入英文，则需要将输入法切换到英文输入状态。Word 有自动换行的功能，当文本到达文档右侧边界时，会自动换到下一行。当需要另起一个自然段时，按 Enter 键。

输入法切换中常使用的快捷键有如下几个。

Ctrl + Space：中文/英文切换。

Shift + Space：全角/半角切换。

Ctrl + Shift：输入法依次切换。

Ctrl + “.”：中文/英文标点切换。

Shift：中文输入法下，中文/英文切换。

3. 插入一个文件

在文档中插入一个文件是指将另一个文件的全部内容插入到当前文档的插入点处，操作步骤如下：首先，在文档中设置插入点；然后，单击【插入】选项卡【文本】选项组中【对象】按钮右侧的下三角按钮，并在弹出的下拉列表中选择【文件中的文字】选项；最后，选择要插入的文件，并单击【插入】按钮。

4. 统计文档的字数

Word 2010 可以统计文档的字数，操作步骤如下：单击【审阅】选项卡【校对】选项组中的【字数统计】按钮。除此之外，Word 2010 还可以统计文档的页数、单词数、段落数、行数等信息。

4.4.2　文档编辑

文档编辑是指对文档中已有的字符、段落或整个文档进行编辑，如复制重复的信息，移动或删除信息，查找和替换等。

1. 选中文本

选中文本是文档编辑的基础，大部分编辑操作都是在选中文本的基础上进行的。被选中文本部分将呈现浅蓝色底纹。选中文本可以使用鼠标，也可以使用键盘。

1) 用键盘组合键选中文本

使用组合键选中文本，可提高选中文本的速度。常用的组合键见表 4.1。

表 4.1　使用组合键选中文本的方法

组 合 键	选 中 结 果
Shift + →或 Shift + ←	从当前光标所在位置选中到下一字或上一字
Shift + ↑或 Shift + ↓	从当前光标所在位置选中到上一行或下一行
Shift + End 或 Shift + Home	从当前光标所在位置选中到行尾或行首
Shift + PgDn 或 Shift + PgUp	从当前光标所在位置选中到本屏尾或本屏首
Ctrl + Shift + End 或 Ctrl + Shift + Home	从当前光标所在位置选中到文件尾或文件首
Ctrl + A	选中整个文档

2）使用鼠标选中文本

使用鼠标选中文本，常用的操作是将鼠标指针置于待选中文本的第一个字前面，按住鼠标左键并拖动到要选中的最后一个字，释放鼠标左键，则第一个字到最后一个字之间的文字将被选中。使用鼠标选中文本常用的方法见表 4.2。

表 4.2　使用鼠标选中文本的方法

操 作 方 法	选 中 结 果
双击该单词的任意位置	选中一个单词
按住 Ctrl 键，并单击句子上的任意位置	选中一个句子
将鼠标指针移到最左边的选择栏中（此时鼠标指针变成指向右上方的箭头），然后单击鼠标左键	选中一行文本
在选择栏中单击并拖动鼠标至相应位置	选中多行文本
双击段落旁边的选择栏	选中一个段落
按住 Ctrl 键，并在选择栏内任意位置单击，或在选择栏内连击三次鼠标左键	选中整个文档

如果需要取消文本的选中状态，在文档的任意位置上单击鼠标或者按一下方向键即可。

2. 移动文本

移动文本是指将选中的文本从文档中的一个位置移到另一个位置。移动文本有一个简单的方法，即选中对象后，将鼠标置于该部分并按住左键（此时鼠标指针旁出现一条虚线和一个虚框），然后拖动鼠标直接到插入点处后放开鼠标，选中的对象便被移动到新位置上。这种方法适合于少量文本在一页内移动。

另外，还可以使用剪贴板移动文本，操作步骤如下。

（1）选中要移动的文本，单击【开始】选项卡【剪贴板】选项组中的【剪切】按钮，或者按组合键 Ctrl + X。此时，选中的文本已从文档中删除，并被放到剪贴板上。

（2）将插入点定位到欲插入的位置，再单击【粘贴】按钮，或按组合键 Ctrl + V，即可插入剪切的文本，完成移动。

3. 复制文本

如果文档中需要有反复出现的信息，则利用复制功能可以节省重复输入的时间。复制文本的方法有两种：一种是拖动的方法，即选中要复制的文本，按住 Ctrl 键，并用鼠标拖动选定的文本到目的位置；另一种是使用剪贴板复制，即选中要复制的文本，单击【开始】选项卡【剪贴板】选项组中的【复制】按钮，或者按组合键 Ctrl + C，将插入点定位到目的位置，再单击【粘贴】按钮，或者按组合键 Ctrl + V。

4. 删除对象

删除对象的方法是选中对象后，单击【剪切】按钮，将其置于剪贴板上，或按 Delete 键删除所选对象。Delete 键与【剪切】按钮的区别是：前者删除后不能再使用，而后者是将删除掉的信息放到剪贴板上，可以再使用。另外，还可以用 Backspace 键删除光标前的一个字符，用 Delete 键删除光标后的一个字符。

5. 查找、定位和替换

查找和替换是 Word 2010 的常用功能。查找是指从已有的文档中根据指定的关键字找到匹配的字符串，进行查看或修改。查找和替换通常分为简单查找与替换和带格式的查找与替换两种情况。

1）简单查找与替换

简单查找与替换是指按系统默认值进行操作，不限定要查找和替换的文字的格式。系统默认的查找范围为主文档区。

简单查找文档中的内容或定位到某个位置，可以利用 Word 2010 提供的导航功能。

单击【开始】选项卡【编辑】选项组中的【查找】按钮，或在【视图】选项卡的【显示】选项组中勾选【导航窗格】复选项，都可以打开【导航】窗格，还可以将【导航】窗格用鼠标拖动的方法拖出，使之成为一个独立的窗口，如图 4. 11 所示。

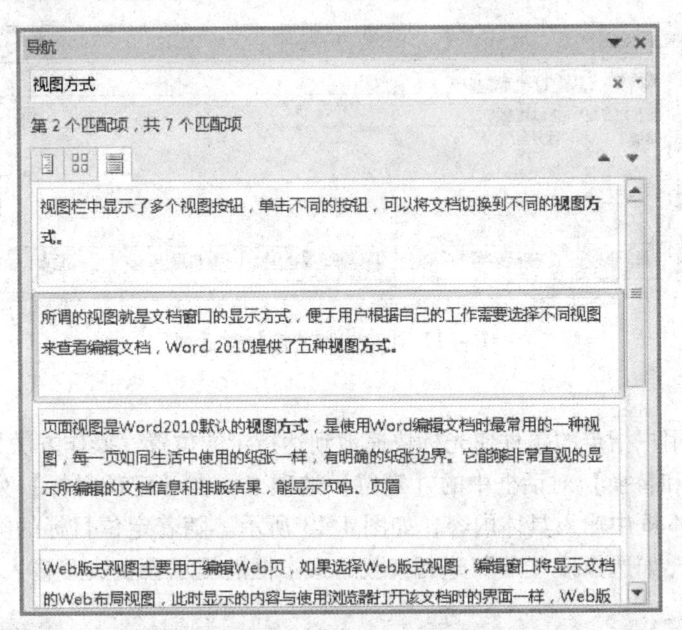

图 4. 11 【导航】窗格

Word 2010 新增的文档导航功能可以轻松地查找、定位到想查阅的段落或特定的对象。导航方式有四种：文档标题导航、文档页面导航、关键词导航和特定对象导航。

（1）文档标题导航。文档标题导航是最简单的导航方式，使用方法也最简单。在打开【导航】窗格后，单击【浏览您的文档中的标题】按钮，Word 2010 会对文档进行智能分析，并将文档标题在【导航】窗格中列出，然后单击标题，就会自动定位到相关段落。

提示：文档标题导航使用的前提条件是打开的文档事先设置有标题。如果文档没有设置标题，就无法用文档标题进行导航，而如果文档事先设置了多级标题，导航效果会更好、更精确。

（2）文档页面导航。当 Word 中内容很多时，Word 会自动分页，文档页面导航就是根据 Word 文档的默认分页进行导航的。单击【导航】窗格上的【浏览您的文档中的页面】按钮，Word 2010 会在【导航】窗格上以缩略图的形式列出文档分页，单击分页缩略图，就可以定位到相关页面。

（3）关键词导航。单击【导航】窗格上的【浏览您当前搜索的结果】按钮，然后在文本框中输入关键词，【导航】窗格上就会列出包含关键词的导航链接，单击这些导航链接，就可以快速定位到文档的相关位置。

（4）特定对象导航。一篇完整的文档，往往包含图形、表格、公式、批注等对象，Word 的导航功能可以快速查找文档中的这些特定对象。单击搜索框右侧的▼按钮，在弹出的下拉列表中选择相关选项，就可以快速查找文档中的图形、表格、公式和批注等信息。

简单查找和替换还可以通过【查找和替换】对话框来实现，操作方法如下。

单击【开始】选项卡【编辑】选项组中【查找】按钮右侧的▼按钮，在弹出的下拉列表中单击【高级查找】选项，屏幕上即出现【查找和替换】对话框，此对话框在查找过程中始终出现在屏幕上，如图 4.12 所示。

【查找和替换】对话框有 3 个选项卡：【定位】【查找】和【替换】。

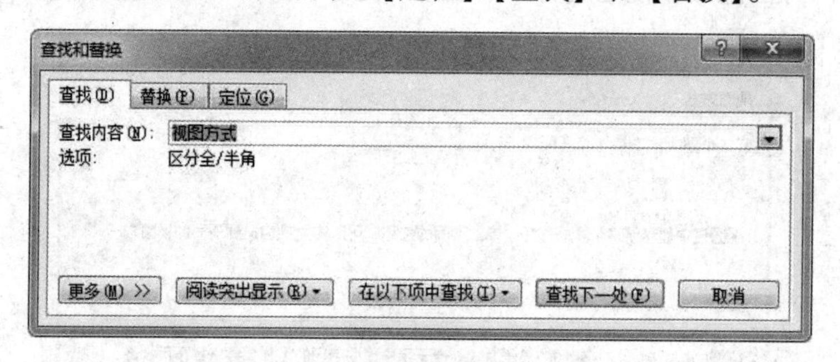

图 4.12 【查找和替换】对话框

- 定位

定位可根据用户指定的条件使光标快速地到达指定的位置，操作方法如下。

打开【查找和替换】对话框中的【定位】选项卡，在【定位目标】列表中选择查找的类型，在右侧文本框中输入具体内容，如图 4.13 所示。随着定位目标的类型不同，文本框的提示也不同，比如选择按“节”进行查找，文本框的提示会变成“输入节号”。

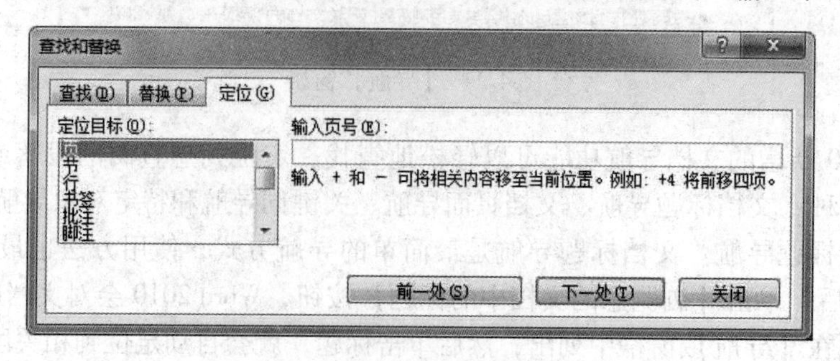

图 4.13 【定位】选项卡

确定查找位置后，【下一处】按钮会自动变成【定位】按钮，单击【定位】按钮，光标自动定位到指定的位置。

- 查找

查找文本的具体操作方法如下。

打开【查找和替换】对话框中的【查找】选项卡，在【查找内容】文本框中输入要查找的关键字，输入关键字后，系统会自动激活【查找下一处】按钮，单击【查找下一处】按钮，光标即定位到查找区域内的第一个与关键字相匹配的字符串处；再次单击【查找下一处】按钮，将继续进行查找；到达文档尾部时，系统会给出全部文档搜索完毕的提示框，单击【确定】按钮返回到原对话框。

单击【查找】选项卡中的【取消】按钮或按 Esc 键可随时结束查找操作。

- 替换

替换是先查找需要替换的内容，再按照指定的要求进行替换。替换文本的操作方法如下。

打开【查找和替换】对话框中的【替换】选项卡，弹出如图 4.14 所示的对话框。

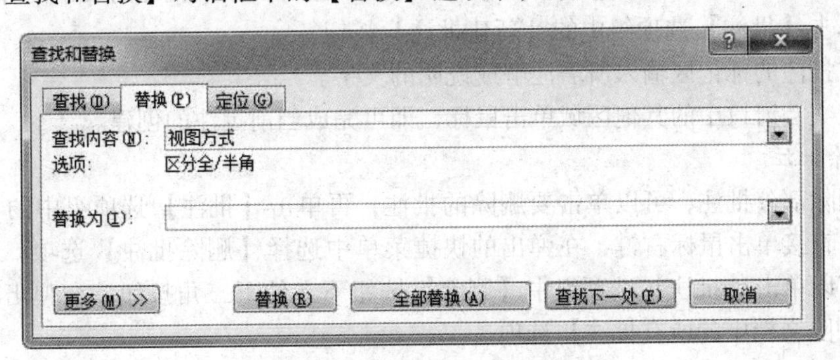

图 4.14 【替换】选项卡

在【查找内容】文本框中输入要查找的关键字，在【替换为】文本框中输入要替换的字符串，单击【查找下一处】按钮，光标即定位在文档中查找区域内的第一个与关键字相匹配的字符串处，再次单击【查找下一处】按钮，则继续进行查找。对找到的目标，系统以浅蓝色突出显示。如果要进行替换，单击【替换】按钮。如果要将所有相匹配的关键字全部进行替换，单击【全部替换】按钮即可。当查找到文档尾部时，系统将给出完成的提示。单击【取消】按钮，则结束查找和替换操作，同时关闭【查找和替换】对话框，返回到 Word 文档窗口。

2）带格式的查找与替换

带格式的查找与替换是指查找带有格式设置的文字，或将没有进行格式设置的文字替换成带有格式设置的文字。这项操作是通过【查找和替换】对话框中的【更多】按钮实现的。

在【查找和替换】对话框中，单击【更多】按钮，对话框中将显示更多搜索项。此时，用户可以根据需要选择所需格式，对查找的关键字和替换的关键字进行设置。

6. 撤消与恢复操作

在文档的编辑过程中，可能会出现一些误操作，这时可以使用 Word 2010 中的撤消功能进行撤消。如果发现撤消操作步骤过多，可以进行恢复。

1）撤消操作

撤消操作的方法有2种。

（1）单击快速访问工具栏中的【撤消】按钮。

（2）使用组合键 Ctrl + Z 或组合键 Alt + Backspace。

2）恢复操作

恢复操作是撤消操作的逆过程，它可以使被撤消的操作恢复。恢复操作的方法有2种。

（1）单击快速访问工具栏中的【恢复】按钮。

（2）使用组合键 Ctrl + Y。

7. 批注与修订文档

1）插入批注

批注是指审阅者根据自己对文档的理解，给文档添加的注解和说明文字。插入标注的具体操作方法如下。

（1）打开【审阅】选项卡。

（2）将插入点置于要插入批注的文字后面，或者选中要插入批注的文字内容。

（3）单击【批注】选项组中的【新建批注】按钮。

（4）在批注的标记区输入所需注解或说明的文字。

（5）在文档窗口中的其他区域单击鼠标，即可完成当前批注的创建。

2）删除批注

若要删除部分批注，可以单击要删除的批注，再单击【批注】选项组中的【删除】按钮，还可以直接单击鼠标右键，在弹出的快捷菜单中选择【删除批注】选项；若要删除所有批注，可以单击【批注】选项组中【删除】按钮下方的下三角按钮，在弹出的下拉列表中选择【删除文档中的所有批注】选项。

3）修订文档

修订模式下，审阅者对文档的各种修改细节可以以不同的标记在 Word 中准确地表现出来，以供文档的作者进行修改和确认。具体操作方法如下。

（1）单击【审阅】选项卡。

（2）单击【修订】选项组中的【修订】按钮。此时，对文档的所有修改操作都会以不同的标记在文档窗口或修订标记区显示出来，再次单击【修订】按钮即可结束修订。单击【更改】选项组中的【拒绝】按钮，可以删除修订，单击【接受】按钮则接受了文档的修改操作，修订标识消失。

实例 4.2：对给定的素材 4.1 按要求完成编辑操作。

（1）将文档中的所有“铁道部”替换为“中国铁路总公司”。

（2）将第三段和第二段合并为一段，整体作为第二段。

（3）对文档进行修订，将第二段中的“〈中华人民共和国中央人民政府组织法〉第十八条的规定”一句后面的逗号改为冒号，并将此句中的“〈〉”改为“《》”。接受全部修订。

操作方法：

（1）单击【开始】选项卡中【编辑】选项组中的【替换】按钮，打开【查找和替换】对话框，在【查找内容】文本框中输入“铁道部”，在【替换为】文本框中输入“中国铁路总公司”，单击【全部替换】按钮。

（2）将光标移到第三段段首，按两下 Backspace 键。

（3）单击【审阅】选项卡【修订】选项组中的【修订】按钮，然后删除逗号，输入冒号，再删除“〈〉”，输入“《》”，单击【更改】选项组中的【接受】按钮，在下拉列表中选择【接受对文档的所有修订】选项。

素材 4.1

铁道部，中华人民共和国政府部门。

1949 年 10 月 1 日，根据 1949 年 9 月 27 日中国人民政治协商会议第一届全体会议通过的〈中华人民共和国中央人民政府组织法〉第十八条的规定，设置了中央人民政府铁道部。

1954 年 9 月，根据国务院《关于设立、调整中央和地方国家机关及有关事项的通知》，中央人民政府铁道部即告结束。国务院按照《国务院组织法》的规定，将原中央人民政府铁道部改为中华人民共和国铁道部，接替相关工作，成为国务院组成部门。

4.5　文档格式设置

Word 提供了许多文档排版功能，用于改变字符的字体、字号、颜色、底纹、间距，以及段落的对齐方式、行间距、段落缩进等效果，使文档更加美观。

4.5.1　设置字符格式

字符格式包括字符的字体、字号、颜色、下划线、字形等效果。设置字符格式的方法有两种，一种是在【字体】对话框中设置，另一种是使用【开始】选项卡【字体】选项组中的按钮进行设置。

1.【字体】对话框的使用

打开【字体】对话框的方法有 3 种。

（1）单击【开始】选项卡【字体】选项组右下角的【对话框启动器】按钮。

（2）按 Ctrl + D 组合键。

（3）在文档中单击右键，在弹出的快捷菜单中选择【字体】选项。

打开的字体对话框如图 4.15 所示。

打开【字体】选项卡，进行字符格式设置，最后单击【确定】按钮完成设置。

【字体】对话框中各选项的功能如下。

1）【字体】选项卡

在【中文字体】和【西文字体】下拉列表中可以设置字体类型，如宋体、楷体、仿宋等。在【字形】列表中可以设置常规、倾斜、加粗等效果。在【字号】列表中可以设置字符大小。在【所有文字】区域，可以设置字体颜色、下划线线型、着重号等效果。在【效果】区域，可以设置删除线、上标、下标等多种特殊效果。

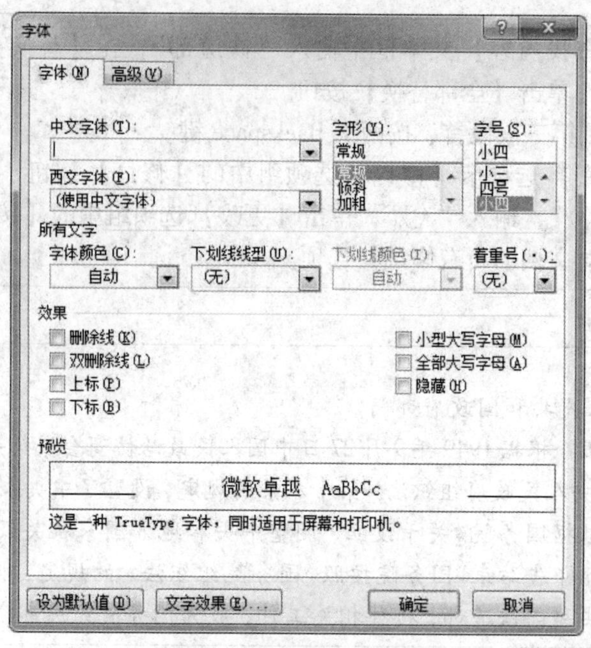

图 4.15 【字体】对话框

2)【高级】选项卡

打开【字体】对话框中的【高级】选项卡，可设置字符的缩放、间距和位置等，如图 4.16 所示。

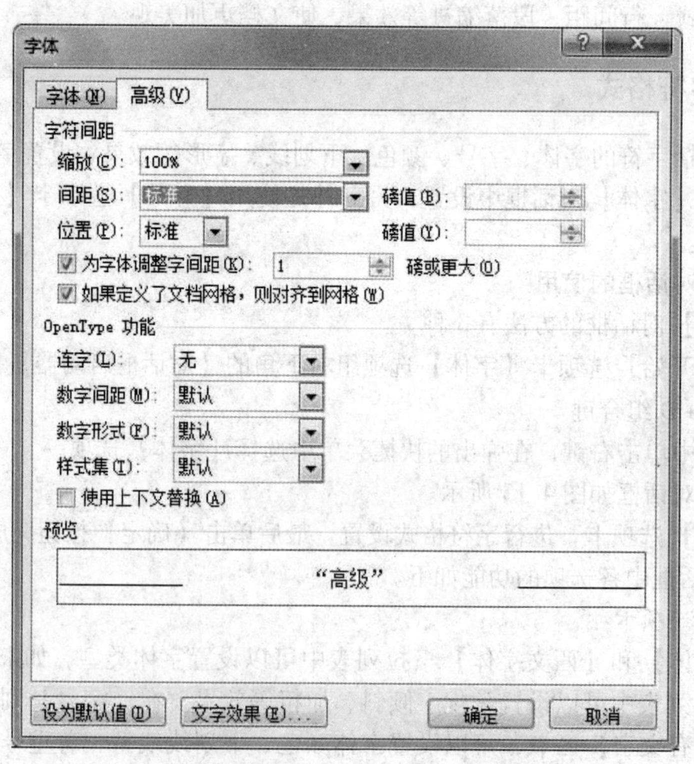

图 4.16 【字体】对话框中的【高级】选项卡

2.【字体】选项组中各个按钮的使用

利用【开始】选项卡【字体】选项组中的按钮可以设置字符格式。【字体】选项组中的各个按钮如图 4.17 所示，各个按钮的功能如下。

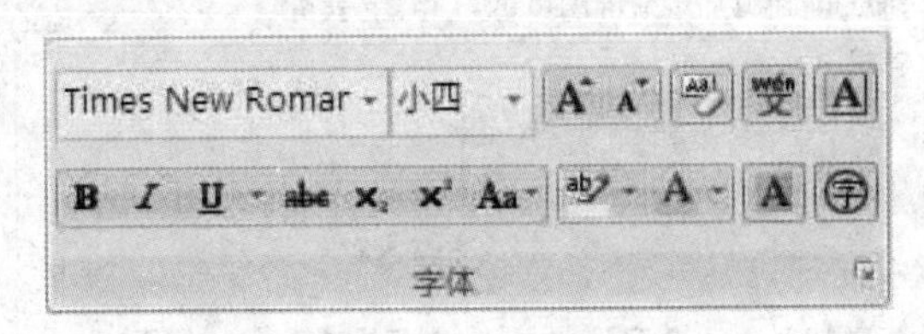

图 4.17 【字体】选项组中的各个按钮

(1)  按钮：设置字符的字体和字号。

(2)  按钮：增大字号和减小字号。

(3)  按钮：清除字符格式、添加拼音和添加字符边框。

(4) 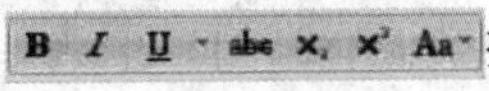 按钮：加粗、倾斜、添加下划线、添加删除线、下标、上标、更改大小写。

(5)  按钮：设置文本效果，突出显示文本，设置字符颜色，设置字符底纹，设置带圈字符。

4.5.2 设置段落格式

段落是文档的基本单位，按一次 Enter 键，就会产生一个段落标记，表示一个段落的结束。

段落标记的作用是存放整个段落的格式信息。如果删除一个段落标记，这个段落就会与后一个段落合并，而被合并的后一个段落的段落格式也将消失，取而代之的是前一个段落的段落格式。

段落格式设置包括设置段落缩进、对齐、行间距、段间距等。当需要对某一个段落进行格式设置时，要先选中该段落，或将光标放在该段落中，然后再进行段落格式设置。

1. 段落的对齐

段落的对齐方式包括左对齐、右对齐、居中对齐、两端对齐和分散对齐五种。

设置对齐方式可以使用【段落】对话框，也可以使用【开始】选项卡【段落】选项组中的“对齐”按钮，如图 4.18 所示。使用功能区的按钮操作很简单，只需在选中段落后，单击相应的按钮，即可改变段落的对齐方式。各个按钮的功能从左至右依次为：左对齐、居中对齐、右对齐、两端对齐、分散对齐。

图 4.18 段落对齐按钮

使用【段落】对话框设置对齐方式的操作步骤如下。

(1) 选中需要改变对齐方式的段落。

(2) 打开【开始】选项卡，再单击【段落】选项组右下角的【对话框启动器】按钮，将弹出【段落】对话框，在弹出的对话框中单击【缩进和间距】标签，如图 4.19 所示。

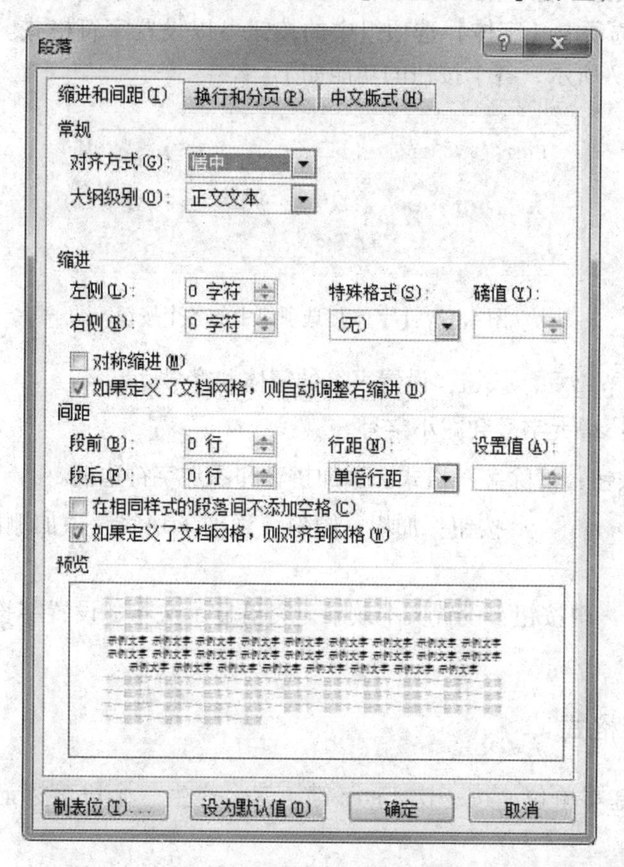

图 4.19 【段落】对话框中的【缩进和间距】选项卡

(3) 在【常规】区域的【对齐方式】下拉列表中选择一种对齐方式；在对话框中的【预览】区域可查看设置的效果。

(4) 单击【确定】按钮，关闭对话框。

2. 段落的缩进

对于一般的文档段落，大都规定首行缩进 2 个字符。在同一文档中，对各个段落的左、右边界和段落首行可以设置不同的缩进量。

Word 2010 中段落缩进方式有四种：左缩进、右缩进、首行缩进和悬挂缩进。设置段落缩进可以使用【开始】选项卡【段落】选项组中的【缩进】按钮、窗口中的水平标尺或【段落】对话框来完成。

1) 用标尺设置缩进

使用标尺和鼠标直接在文档中设置缩进是最简单的方法。Word 2010 的水平标尺上面有 4 个缩进标记，如图 4.20 所示。

使用标尺来改变缩进时，首先要选中要改变缩进的段落，然后将缩进标记拖动到合适的位置上即可。在拖动时，文档中会显示一条竖虚线，表明缩进所在的新位置。

如果在视图窗口中没有显示出标尺，可以通过打开【视图】选项卡，再勾选【显示】选项组中的【标尺】复选项来显示标尺。

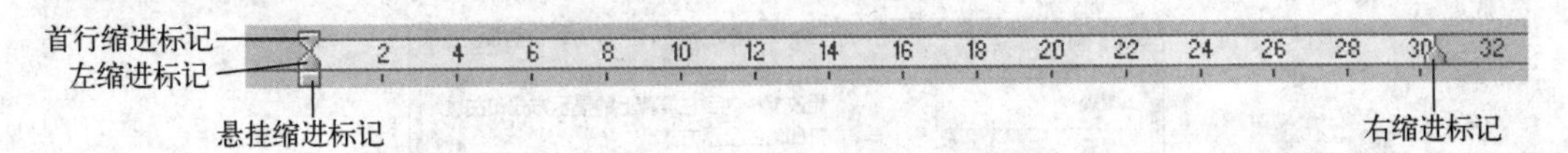

图 4.20　水平标尺

2）用【缩进】按钮设置缩进

单击【段落】选项组中的【增加缩进量】按钮或【减少缩进量】按钮，可以快速地增加或减少当前段落或所选段落的左缩进量。

3）用【段落】对话框设置缩进

如果要精确地设置段落的缩进量，则应使用【段落】对话框，具体操作步骤如下。

(1) 选中要改变缩进量的段落。

(2) 按前面方法打开如图 4.19 所示的【段落】对话框，单击【缩进和间距】标签。

(3) 在选项卡的【缩进】区域，单击【左侧】或【右侧】微调按钮，或直接在文本框中输入数值来设定增加或减少的缩进量；对于首行缩进或悬挂缩进的设置，要在【特殊格式】下拉列表中选择缩进类型（首行缩进或悬挂缩进），然后单击【磅值】微调按钮调节缩进量，或直接在文本框中输入缩进量。

(4) 在对话框中的【预览】区域可以查看改变的效果。

(5) 单击【确定】按钮，关闭对话框。

3. 设置行间距与段落间距

行间距指段落中文本行与行之间的距离。段落间距指段与段之间的间距，不同类型文本的段落之间的距离也应不同。例如，标题与段落之间的间距应该大一些，而正文各段之间的间距就应该保持正常的水平。设置行间距的操作步骤如下。

(1) 选中要改变行间距的段落。

(2) 按前面的方法打开如图 4.19 所示的【段落】对话框。

(3) 单击对话框中的【行距】下拉按扭，在列表中选择适当的行间距。其中，“单倍行距”，即行与行之间保持正常的 1 倍行距；“1.5 倍行距”，即行与行之间保持正常的 1.5 倍行距；2 倍行距，即行与行之间保持正常的 2 倍行距；“多倍行距”，需要在【设置值】文本框中输入具体倍数，改变行间距；“固定值”，即行间距是一定值，该值由【设置值】文本框中输入的值确定；“最小值”，即行间距至少是在【设置值】文本框中输入的值。

(4) 单击【确定】按钮，关闭对话框。

Word 中段落间距有段前间距和段后间距两种，可以在【段落】对话框中进行设置。改变段间距的操作步骤如下：选中要改变段间距的段落；在【段落】对话框中【间距】区域的【段前】和【段后】文本框中分别输入间距值；单击【确定】按钮，关闭对话框。

4. 段落标记的显示与隐藏

显示或隐藏段落标记的方法如下。

单击【文件】→【选项】按钮，将弹出如图 4.21 所示的对话框。单击左侧的【显示】选项，在【始终在屏幕上显示这些格式标记】区域勾选或撤选【段落标记】复选项，就可以设置段落标记的显示或隐藏状态。

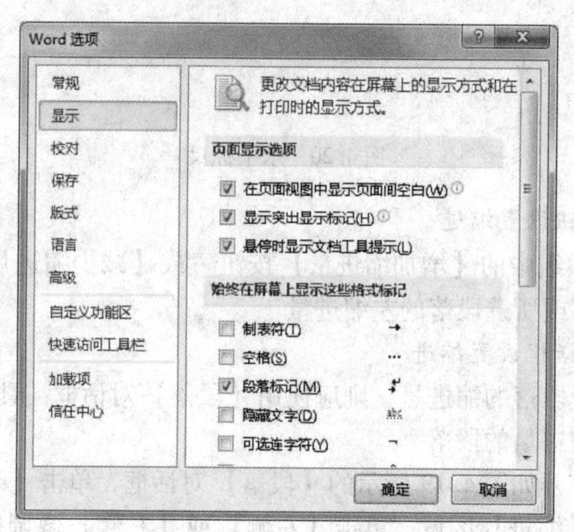

图 4.21 【Word 选项】对话框

实例 4.3：对给定的素材 4.2 按要求完成编辑操作。

（1）将标题“运输需要”设置为“楷体、二号、加粗、居中对齐”。

（2）将正文的三个段落设置为“首行缩进 2 个字符、左对齐”。

操作方法：

（1）选中标题文本，在【开始】选项卡的【字体】选项组中设置字体为“楷体”，字号为“二号”，并单击【加粗】按钮，然后单击【段落】选项组的【对话框启动器】按钮，在弹出的【段落】对话框中单击【缩进和间距】标签，然后在【常规】区域中的【对齐方式】下拉列表中选择【居中对齐】选项，单击【确定】按钮。

（2）选中正文三个段落，单击【段落】选项组的【对话框启动器】按钮，在弹出的【段落】对话框中单击【缩进和间距】标签，然后在【常规】区域中的【对齐方式】下拉列表中选择【左对齐】选项，在【缩进】区域中的【特殊格式】下拉列表中选择【首行缩进】选项，在【磅值】文本框中输入“2 字符”。

素材 4.2

运输需要

因生活而产生的运输需要。人们探亲、访友、旅游、休闲、看病、购物等，都可能需要改变其空间位置，以实现其最终目的。正因为如此，长期以来，人们把吃、穿、住、行作为基本的生存需要，这也是客运需求发生的基本原因。

因生产而产生的运输需要。在物质生产活动中，由于自然、经济和社会方面的因素，人们需要不断地改变物质的位置，才能使物质生产得以顺利进行。

因社会活动而产生的运输需要。随着社会的快速发展，人类对运输的需要也必然不断产生、不断变化。需要反映的是人们在一定时期的渴求和欲望。例如对于运输需要，一个人从主观上可以任其所想，但其目的的实现，则要取决于一定的条件，其中最主要的是须具备相应的支付能力。

4.5.3　边框和底纹设置

1. 设置边框

设置边框的方法如下。

(1) 选中要设置边框的文字或段落，打开【开始】选项卡，再单击【段落】选项组中的【边框】下三角按钮，在弹出的下拉列表中选择【边框和底纹】选项，将弹出【边框和底纹】对话框，如图 4.22 所示。

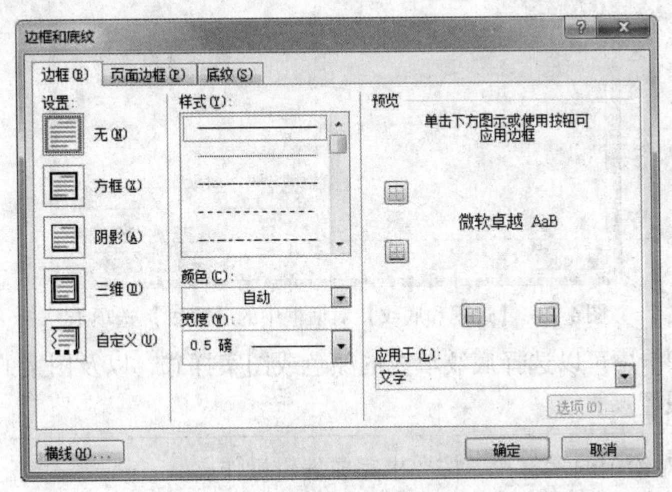

图 4.22　【边框和底纹】对话框

(2) 打开【边框】选项卡，在中间区域选择边框线条样式、颜色、宽度，在【应用于】下拉列表中选择应用于“文字”或“段落”，在左侧的【设置】区域中设置边框的类型，单击【确定】按钮。

(3) 页面边框可以在【页面边框】选项卡中设置。设置页面边框与设置文字或段落边框相似，但是在设置页面边框时可以选择艺术型页面边框，艺术型页面边框可以设置宽度，也可以设置颜色，如图 4.23 所示。

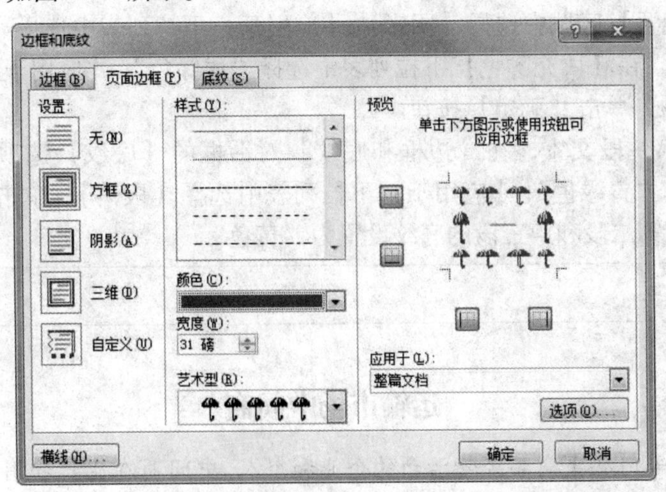

图 4.23　【边框和底纹】对话框的【页面边框】选项卡

2. 设置底纹

设置底纹的方法如下。

（1）选中要设置底纹的文字或段落，按前面方法打开【边框和底纹】对话框，单击【底纹】标签，如图 4.24 所示。

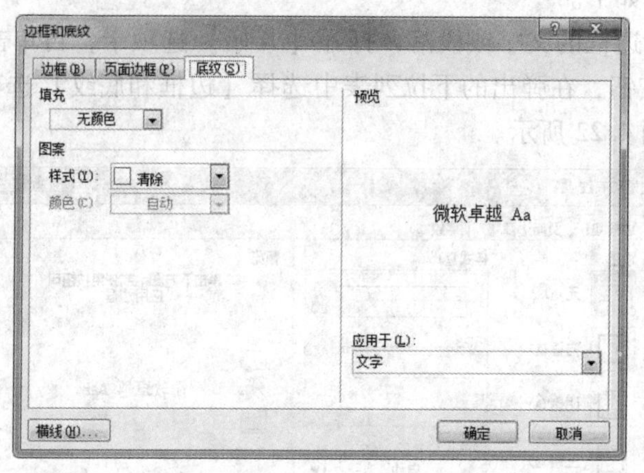

图 4.24 【边框和底纹】对话框中的【底纹】选项卡

（2）在该选项卡中可以选择底纹填充的颜色或图案样式，以及图案的颜色，单击【确定】按钮即完成设置。

实例 4.4：对给定的素材 4.3 按要求完成编辑操作。

（1）将标题文字格式设置为"浅绿色底纹"，并将边框设置为"黄色、3 磅、阴影"的样式。

（2）将正文第一段设置为"青绿色底纹"，第二、三段设置为"黄色底纹"。

操作方法：

（1）选中标题文本，单击【开始】选项卡【段落】选项组中的【边框】下三角按钮，在弹出的下拉列表中选择【边框和底纹】选项，在弹出的对话框中单击【边框】标签，在【边框】选项卡中的【颜色】下拉列表中选择"黄色"，【宽度】下拉列表中选择"3 磅"，【设置】区域中选择【阴影】，【应用于】下拉列表中选择【文本】；切换到【底纹】选项卡，在【填充颜色】下拉列表中选择"浅绿色"，【应用于】下拉列表中选择【文本】选项，单击【确定】按钮。

（2）选中第一段文本，在【边框和底纹】对话框的【底纹】选项卡中的【填充】下拉列表中选择"青绿色"，【应用于】下拉列表中选择【段落】，单击【确定】按钮。按相同的方法将第二段和第三段的底纹设置为"黄色"。

素材 4.3

运输市场中间商

中间商是指专门从事商品经营活动的企业和个人。中间商在生产和消费之间起到调节供求矛盾和沟通信息的作用，在商品从生产者流向消费者的过程中，参与商品流通业务和促进交易行为实现。

运输市场中间商是市场中间商的一种特殊类型，是指专门为运输生产者组织客源、货源，或为运输生产供需双方提供中介服务，促进运输交易行为实现的运输经营者。

运输市场中间商的类型，按其发挥功能的不同可以分为以下几种：经营型场站组织、代理公司、运输经纪人、运输委托商。

4.5.4　复制字符格式或段落格式

对于已经设置了字符格式的文本或设置了段落格式的段落，可以将它的格式复制到文档中其他要求格式相同的文本或段落中，而不用对每段文本重复设置，具体的操作步骤如下。

（1）选中已设置格式的源文本。

（2）单击【开始】选项卡【剪贴板】选项组中的【格式刷】按钮。

（3）鼠标外观变为一个小刷子后，按住左键，用拖动的方法选中要设置相同格式的目标文本，则所有选中的文本的格式都会变为源文本的格式；若在段落前的选择区拖动鼠标，则整个段落与源文本具有相同的格式。

4.5.5　添加项目符号和编号

项目符号和编号是放在文本前的点或其他符号，起强调作用。合理使用项目符号和编号，可以使文档的层次结构更清晰、更有条理。

1. 设置项目符号

（1）选中要更改的文本或项目符号列表。

（2）在【开始】选项卡的【段落】选项组中，单击【项目符号】按钮右侧的下三角按钮，然后在弹出的下拉列表中选择【定义新项目符号】选项，如图 4.25 所示。

（3）在弹出的【定义新项目符号】对话框中单击【符号】按钮，将弹出如图 4.26 所示的对话框，在该对话框中单击要使用的符号，再单击【确定】按钮。

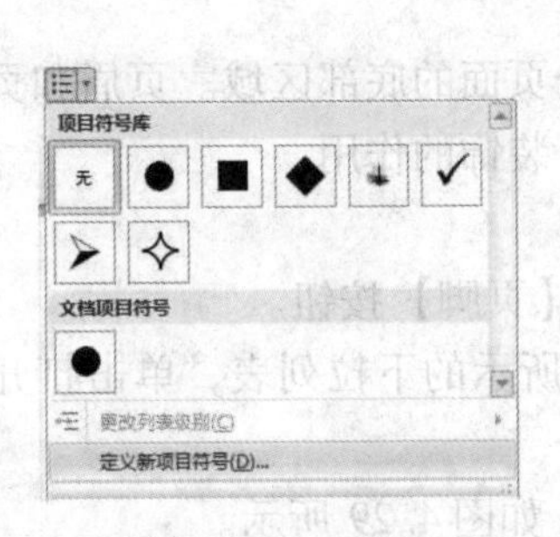

图 4.25　【项目符号】下拉列表

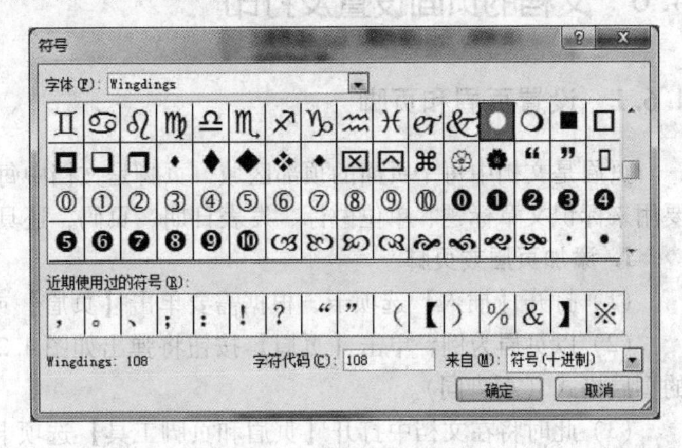

图 4.26　【符号】对话框

2. 设置编号

（1）选中要更改的文本或编号列表。

（2）在【开始】选项卡的【段落】选项组中，单击【编号】按钮右侧的下三角按钮，然后在弹出的下拉列表中选择【定义新编号格式】选项，将弹出如图 4.27 所示的对话框。

（3）若要更改编号样式，单击【编号样式】下三角按钮，然后在弹出的下拉列表中根据需要选择数字、字母等格式的编号，如图 4.27 所示。

（4）单击【确定】按钮。

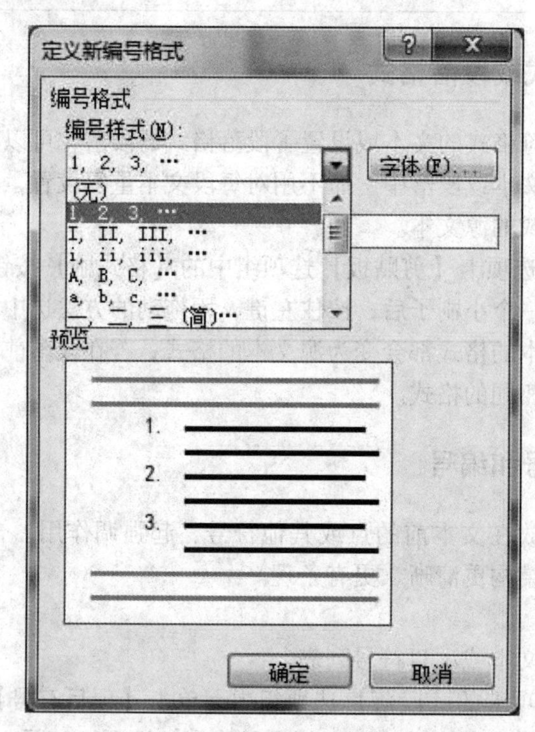

图 4.27 【定义新编号格式】对话框

4.6 文档的页面设置及打印

4.6.1 设置页眉和页脚

页眉是文档中每个页面的顶部区域，页脚是文档中每个页面的底部区域。页眉和页脚主要用来标识文章标题、单位徽标、发表日期、页码，还具有装饰的作用。

1. 添加页眉或页脚

（1）打开【插入】选项卡，根据需要单击【页眉】或【页脚】按钮。

（2）以页眉为例，单击【页眉】按钮将弹出如图 4.28 所示的下拉列表，单击打开内置的页眉格式（页脚同）。

（3）此时将在文档中打开【页眉和页脚工具】选项卡，如图 4.29 所示。

（4）在页眉或页脚中输入所需文本。

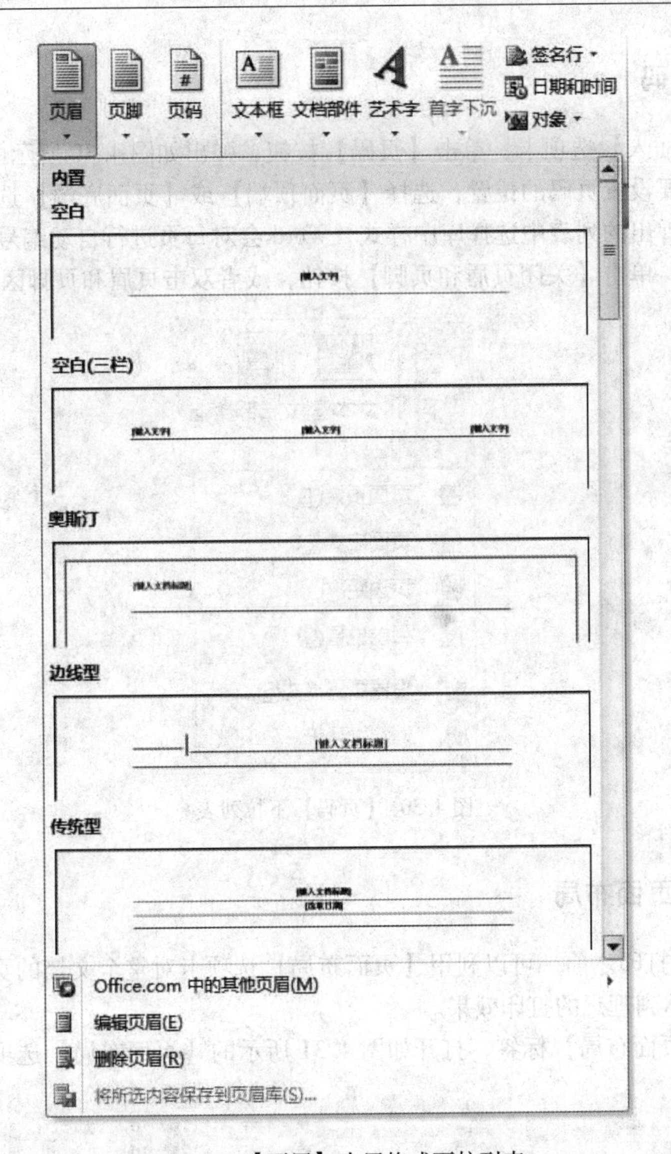

图 4. 28 【页眉】内置格式下拉列表

图 4. 29 【页眉和页脚工具】选项卡

（5）完成输入操作后，单击【关闭页眉和页脚】按钮即可。注意：只有在关闭【页眉和页脚工具】选项卡后，才能编辑文档的正文。

2. 删除页眉或页脚

（1）打开【插入】选项卡，根据需要单击【页眉】或【页脚】按钮（以页眉为例）。

（2）在如图 4. 28 所示的下拉列表中，选择【删除页眉】选项即可，也可以用此方法删除页脚。

4.6.2 插入页码

(1) 打开【插入】选项卡，单击【页码】按钮，弹出如图4.30所示的下拉列表。

(2) 根据需要设置页码的位置，选择【页面顶端】或【页面底端】选项。

(3) 在右侧弹出的列表中选择库中样式，Word会对每页进行自动编号。

(4) 完成后，单击【关闭页眉和页脚】按钮，或者双击页眉和页脚区域外的任意位置。

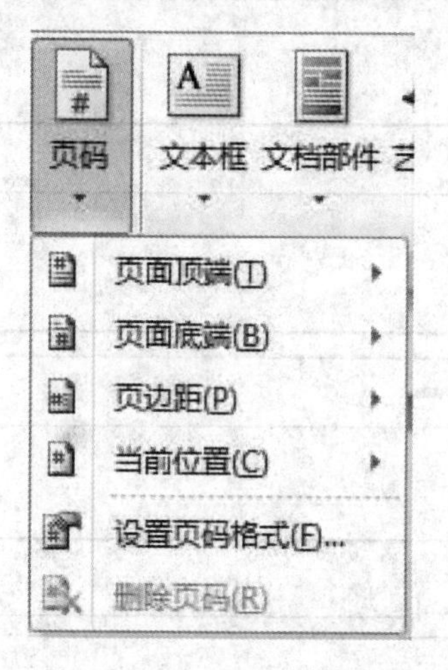

图4.30 【页码】下拉列表

4.6.3 文档的页面布局

在Word文档打印之前，可以利用【页面布局】选项卡对整个文档的页边距、纸张大小等进行设置，以达到理想的打印效果。

(1) 单击【页面布局】标签，打开如图4.31所示的【页面布局】选项卡。

图4.31 【页面布局】选项卡

(2) 单击【页边距】按钮，在弹出的下拉列表中可以设置文档页面上、下、左、右的空白边宽度。

(3) 单击【纸张方向】按钮，在弹出的下拉列表中可以设置纸张是纵向还是横向。

(4) 单击【纸张大小】按钮，在弹出的下拉列表中可以设置纸张的大小。通常情况下，公文等正式下发的文件都使用A4大小的纸张。

4.6.4 文档的打印

在【打印】界面，默认打印机的属性将自动出现在左侧，而文档预览会自动显示在右侧，如图4.32所示。

(1) 单击【文件】→【打印】选项，打开如图 4.32 所示的界面。

(2) 若要在打印前返回到你的文档进行更改，再单击一次【文件】标签即可。

(3) 当打印机的属性和文档都设置好后，单击【打印】按钮。

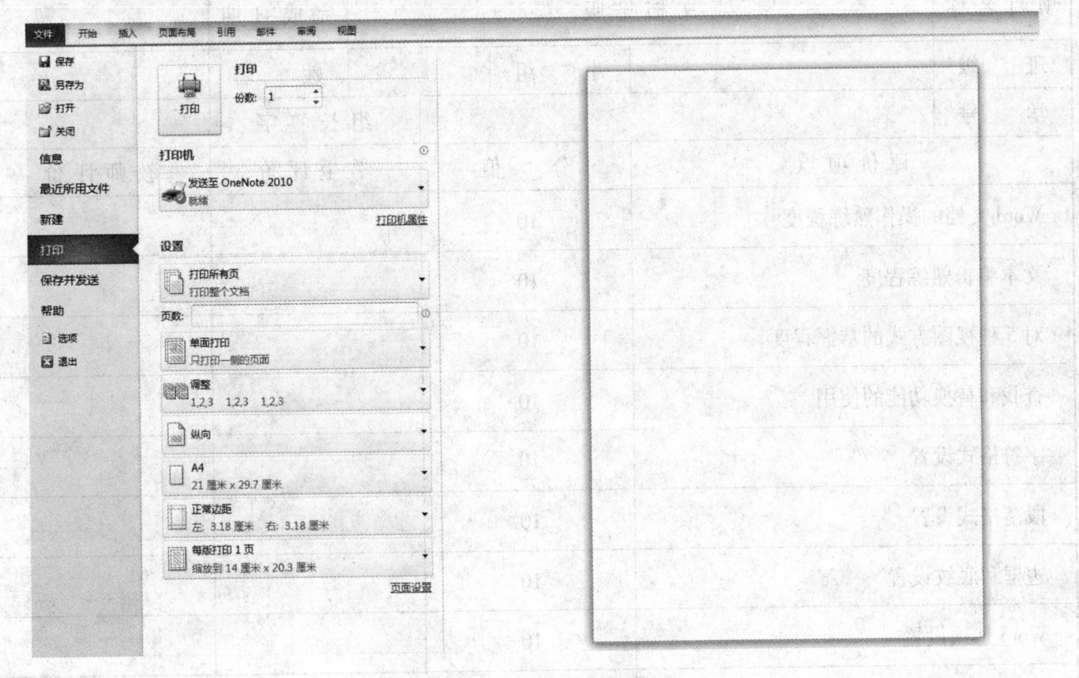

图 4.32　【打印】选项卡

评价单

项目名称	文档排版		完成日期	
班　级		小　组	姓　名	
学　号			组长签字	
评价项点		分　值	学生评价	教师评价
Word 文档的操作熟练程度		10		
文本编辑熟练程度		10		
对 5 种视图方式的掌握程度		10		
查找和替换功能的使用		10		
字符格式设置		10		
段落格式设置		10		
边框和底纹设置		10		
Word 选项设置		10		
态度是否认真		10		
与小组成员的合作情况		10		
总分		100		
学生得分				
自我总结				
教师评语				

知识点强化与巩固

一、填空题

1. Word 2010 文档的扩展名是（　　）。
2. 在 Word 2010 中保存文档可以使用组合键（　　）。
3. 打开 Word 2010 软件后，系统默认的视图是（　　）视图。
4. 在编辑 Word 文档时，执行了误操作后，可以按（　　）组合键撤消误操作。
5. 第一次启动 Word 2010 后，系统自动创建的文件的名称为（　　）。
6. 选中文本后，单击【剪切】按钮，则选中的内容被删除并被移到（　　）上。
7. 段落对齐方式有 5 种，分别是左对齐、（　　）、（　　）、分散对齐和（　　）。
8. 在 Word 2010 中，要新建文档，第一步要打开（　　）选项卡。
9. 要设置文档中文本的颜色、文本效果等格式，可以使用（　　）选项卡中的按钮。
10. 在 Word 2010 中，要选择多处不连续的文本，可以采取按（　　）键，同时用鼠标拖动的方法选择。

二、选择题

1. 打开 Word 2010，系统新建文件的默认名称是（　　）。
A. DOC1　　B. SHEET1　　C. 文档 1　　D. BOOK1
2. Word 2010 的主要功能是（　　）。
A. 幻灯片处理　　B. 声音处理　　C. 图像处理　　D. 文字处理
3. 在 Word 2010 中，当前输入的文字显示在（　　）。
A. 文档的开头　　B. 文档的末尾　　C. 插入点的位置　　D. 当前行的行首
4. 下列视图中最接近打印效果的视图是（　　）。
A. 草稿视图　　B. 页面视图　　C. 大纲视图　　D. 阅读版式视图
5. 在 Word 2010 编辑状态下，若要进行字体效果设置（如设置文本的隐藏），首先应打开（　　）对话框。
A.【字体】　　B.【段落】　　C.【边框和底纹】　　D.【查找】
6. 在 Word 2010 编辑状态下，对选中的文本不能进行（　　）设置。
A. 加下划线　　B. 加着重号　　C. 动态效果　　D. 阴影效果
7. 用 Word 2010 编辑文档时，要将选中区域的内容放到剪贴板上，可单击【剪贴板】选项组中的（　　）按钮。
A.【剪切】或【替换】　　B.【剪切】或【清除】
C.【剪切】或【复制】　　D.【剪切】或【粘贴】
8. 在 Word 2010 中，在不选中文本的情况下设置字体则该操作（　　）。
A. 不对任何文本起作用　　B. 对全部文本起作用
C. 对当前文本起作用　　D. 对插入点后新输入的文本起作用
9. 在 Word 2010 主窗口的右上角，可以同时显示的按钮是（　　）。
A.【最小化】【还原】和【最大化】　　B.【还原】【最大化】和【关闭】
C.【最小化】【还原】和【关闭】　　D.【还原】和【最大化】
10. 新建 Word 文档的组合键是（　　）。

A. Ctrl + N B. Ctrl + O C. Ctrl + C D. Ctrl + S

11. 在 Word 2010 的默认状态下，直接打开最近使用过的文档的方法是（ ）。

A. 单击快速工具栏中的【打开】按钮

B. 单击【文件】选项卡中的【打开】按钮

C. 按组合键 Ctrl + O

D. 选择【文件】选项卡中的【最近使用文件】选项

12. 在 Word 2010 中，当前编辑的是 C 盘的某一文档，要将该文档复制到 D 盘，应当使用（ ）。

A.【文件】选项卡中的【另存为】选项 B.【文件】选项卡中的【保存】选项

C.【文件】选项卡中的【新建】选项 D.【开始】选项卡中的【粘贴】选项

13. 在 Word 2010 中，当前编辑的是新建的文档“文档 1”，单击【文件】选项卡中的【保存】按钮后，（ ）。

A.“文档 1”被存盘 B. 弹出【另存为】对话框

C. 系统自动以“文档 1”为名存盘 D. 系统不能以“文档 1”为名存盘

14. 在 Word 2010 编辑状态下，要改变段落的缩进方式，调整左右边界，最直观快捷的方法是使用（ ）。

A.【字体】对话框 B.【段落】对话框

C. 标尺 D.【开始】选项卡中的按钮

15. 单击【开始】选项卡中【编辑】选项组中的【查找】按钮，将弹出（ ）。

A.【查找】对话框 B.【替换】对话框

C.【选择】窗格 D.【导航】窗格

16. 在 Word 2010 编辑状态下，执行“复制”命令后（ ）。

A. 插入点所在段落的文本被复制 B. 被选中的文本被复制

C. 光标所在段落的文本被复制 D. 被选中的文本被复制到插入点处

17. 在 Word 2010 中打开文档的实质是（ ）。

A. 将指定的文档从剪贴板中读出并显示

B. 为指定的文档打开一个空白窗口

C. 将指定的文档从外存读入内存并显示

D. 显示并打印指定文档的内容

18. 在 Word 2010 编辑状态下进行字体设置操作，按新设置的字体格式显示的文字是（ ）。

A. 插入点所在段落中的文字 B. 文档中被选中的文字

C. 插入点所在行中的文字 D. 文档中全部的文字

19. 在 Word 2010 编辑状态下，依次打开了 a1、a2、a3、a4 这 4 个文档，则当前活动窗口是（ ）。

A. a1 文档窗口 B. a2 文档窗口 C. a3 文档窗口 D. a4 文档窗口

20. 在 Word 2010 中，具有设置文本行间距功能的按钮位于（ ）选项组中。

A.【字体】 B.【段落】 C.【插图】 D.【样式】

21.【另存为】按钮位于（ ）选项卡中。

A.【插入】　B.【文件】　C.【开始】　D.【页面布局】

22. 在【字体】对话框中的【效果】区域内，可以设置（　　）效果。

A. 删除线　B. 加粗　C. 隐藏　D. 倾斜

23. 下列哪项不能在【字体】对话框中的【高级】选项卡中完成设置?（　　）

A. 缩放　B. 位置　C. 效果　D. 间距

24.【复制】和【粘贴】按钮位于【开始】选项卡中的（　　）选项组中。

A.【剪贴板】　B.【粘贴】　C.【编辑】　D.【剪切】

25. 以下关于 Word 2010 中字号大小的比较，正确的是（　　）。

A. 五号 > 四号，13 磅 > 12 磅　B. 五号 < 四号，13 磅 < 12 磅

C. 五号 < 四号，13 磅 > 12 磅　D. 五号 > 四号，13 磅 < 12 磅

26. 在 Word 2010 中，下列说法正确的是（　　）。

A. 使用“查找”功能时，可以区分全角和半角字符，不能区分大小写字符

B. 使用“替换”功能时，发现内容替换错了，可以单击【撤消】按钮还原

C. 使用“替换”功能进行文本替换时，只能替换半角字符

D. 使用“替换”功能时，【替换】和【全部替换】按钮作用完全相同

27. 关于 Word 2010，以下说法中错误的是（　　）。

A. 剪切功能是将选取的对象从文档中删除，并存放在剪贴板中

B. 粘贴功能是将剪贴板上的内容粘贴到文档中插入点所在的位置上

C. 剪贴板是外存中一个临时存放信息的特殊区域

D. 剪贴板是内存中一个临时存放信息的特殊区域

28. 在 Word 2010 中选中某段文字后，连击两次【开始】选项卡中的【B】按钮，则（　　）。

A. 这段文字呈粗体格式　B. 这段文字呈细体格式

C. 这段文字格式不变　D. 产生出错报告

29. 在 Word 2010 的编辑状态下，选中文档中的一行文本，按 Delete 键后，系统将（　　）。

A. 删除文档中所有内容

B. 删除被选中的行

C. 删除被选中行及其之后的所有内容

D. 删除被选中行及其之前的所有内容

30. 在 Word 2010 中，【替换】按钮在（　　）选项卡中。

A.【文件】　B.【开始】　C.【插入】　D.【页面布局】

三、判断题

1. 在 Word 2010 中没有调整字符间距的功能。（　　）

2. 在 Word 2010 的编辑状态下，要完成移动、复制、删除等操作，必须先选中要编辑的内容。（　　）

3. 屏幕截图和删除背景功能是 Word 2010 的新增功能。（　　）

4. 页边距可以通过标尺设置。（　　）

5. 在 Word 2010 中要复制格式，可以使用格式刷来实现。（　　）

6. 在 Word 2010 中设置艺术型边框时，所有的艺术型边框不能更改颜色。（　　）

7. 选中一个段落后，设置底纹时，应用范围选择“段落”和“文字”的效果相同。 ( )

8. 在 Word 2010 中，将鼠标放在文档左边的文本选择区双击，可以选中一行文本。 ( )

9. 在 Word 2010 中，只能对数字设置上标或下标效果，不能对汉字设置上标或下标效果。 ( )

10. 在 Word 2010 中，段落有两种缩进方式：左缩进和右缩进。 ( )

项目二　表格制作

知识点提要

1. 表格及行、列的插入与删除
2. 表格边框和底纹的设置
3. 表格行高和列宽的设置
4. 单元格的合并与拆分
5. 表格中文字格式的设置
6. 表格的排序与计算

任务单

任务名称	表格制作	学　时	2学时
知识目标	1. 熟练掌握表格行与列的插入与删除操作。 2. 熟练掌握表格中行高和列宽的设置方法。 3. 掌握表格中文字对齐方式的设置方法。		
能力目标	1. 培养学生熟练使用表格工具制作表格的能力。 2. 培养学生发现问题并解决问题的能力。 3. 培养学生沟通、协作的能力。		
素质目标	培养学生细心踏实、善于思考、勇于探索的职业精神。		

任务描述

一、制作如下表所示的“铁路某站段职工工资单”表格，并按如下要求进行设置。

铁路某站段职工工资单

编号	姓名	底薪	实得底薪	全勤	表现	房补	生活费	其他扣款	实发工资	签名
1	蒋**	925	925	100	166.32		140			
2	韦**	850	850	100	157.08		140			
3	朱**	975	975	50	157.08		135	70		
4	韩**	775	775	100	157.08	50	135			
5	周**	700	700	100	120.12		135			

1. 在桌面新建一个文件夹，以“学号” + “姓名”方式命名；在文件夹内新建一个Word文档，命名为“成绩单”。

2. 设置表格外框线为“1.5磅、绿色、实线”，内框线为“1磅、绿色、实线”。

3. 将表格的第一行（标题行）填充“黄色”底纹，“实发工资”列（除标题行外）填充“水绿色，强调文字颜色5，淡色60%”底纹。

4. 所有单元格中的内容居中对齐。

5. 将标题行文本设置为“五号、宋体、加粗”效果。

6. 使用表格公式计算所有员工的实发工资总和。

7. 对表格中的数据按实发工资降序排序。

二、制作一份与下图所示的“铁路X站段入职申请表”相同的表格，并按如下要求进行修改。

1. 在上题文件夹中新建一个Word文档，命名为“入职申请表”，并在该文档中制作表格。

2. 表格所有行“行高0.75厘米”；表格标题文本为“黑体、二号”，其余文本均为“楷体、五号”。

3. 表格外边框为“1.5磅、黑色、实线”，表格的第7行、第12行和第20行下边框为“0.5磅、双实线”，其余内边框为“1磅、黑色、实线”。

续表

<table>
<tr><td>任务名称</td><td>表格制作</td><td>学　时</td><td>2学时</td></tr>
<tr><td>任务描述</td><td colspan="3">

铁路X站段入职申请表

编号：　　　　　　　　感谢您的关注，期待您的加入！

<table>
<tr><td rowspan="2">姓名</td><td>中文</td><td></td><td>性别</td><td>出生日期</td><td>民族</td><td>政治面貌</td><td>身高</td><td>体重</td><td rowspan="4">照片</td></tr>
<tr><td>拼音</td><td></td><td></td><td>年　月　日</td><td></td><td></td><td>cm</td><td>kg</td></tr>
<tr><td colspan="2">视　力</td><td colspan="2">左　　右</td><td>血型</td><td></td><td>婚姻</td><td colspan="2">未婚☐ 已婚☐ 离异☐</td></tr>
<tr><td colspan="2">宗教信仰</td><td colspan="2"></td><td>既往病史</td><td colspan="4">无☐　有☐（请注明）</td></tr>
<tr><td colspan="2">E－mail</td><td colspan="2">@</td><td>身份证号</td><td colspan="2"></td><td>户口性质</td><td colspan="2">☐农业
☐非农业</td></tr>
<tr><td colspan="2">籍　贯</td><td></td><td>户籍地</td><td></td><td>家庭地址</td><td colspan="4"></td></tr>
<tr><td colspan="2">联系电话</td><td colspan="3">移动：</td><td colspan="2">宅电：</td><td>邮编</td><td colspan="2"></td></tr>
</table>

<table>
<tr><td rowspan="5">家庭成员</td><td>关系</td><td>姓名</td><td>工作单位</td><td>职务</td><td>学历</td><td>电话</td><td>出生日期</td></tr>
<tr><td></td><td></td><td></td><td></td><td></td><td></td><td>年　月</td></tr>
<tr><td></td><td></td><td></td><td></td><td></td><td></td><td>年　月</td></tr>
<tr><td></td><td></td><td></td><td></td><td></td><td></td><td>年　月</td></tr>
<tr><td></td><td></td><td></td><td></td><td></td><td></td><td>年　月</td></tr>
</table>

<table>
<tr><td rowspan="8">教育背景（请从高中阶段开始填写）</td><td>期间</td><td>学校名称</td><td>专业</td><td>学历</td><td>学位</td><td>学校所在地</td></tr>
<tr><td>—</td><td></td><td></td><td></td><td></td><td>省　市</td></tr>
<tr><td>—</td><td></td><td></td><td></td><td></td><td>省　市</td></tr>
<tr><td>—</td><td></td><td></td><td></td><td></td><td>省　市</td></tr>
<tr><td>—</td><td></td><td></td><td></td><td></td><td>省　市</td></tr>
<tr><td>—</td><td></td><td></td><td></td><td></td><td>省　市</td></tr>
<tr><td colspan="3">主要课程（最高学历）</td><td colspan="3">成绩及排名（请在申请表后附成绩单）</td></tr>
<tr><td colspan="3"></td><td colspan="3"></td></tr>
</table>

<table>
<tr><td>能否出差</td><td></td><td>能否加班</td><td></td><td>能否接受工作调动</td><td></td><td>期望月薪</td><td></td></tr>
<tr><td colspan="2">填表人申明</td><td colspan="6">1. 本人保证所填写资料属实
2. 保证遵守公司各项规章制度
3. 若有不实之处，本人愿意无条件接受公司处罚甚至辞退，并不要求任何补助。
申请人：</td></tr>
</table>

</td></tr>
<tr><td>任务要求</td><td colspan="3">1. 仔细阅读任务描述中的要求，认真完成任务。
2. 上交电子作品。
3. 小组间可以讨论交流操作方法。</td></tr>
</table>

资料卡及实例

4.7 表格的创建与编辑

Word 2010 提供了强大的表格制作及编辑功能，利用这些功能可以方便快捷地创建各种表格。

4.7.1 创建表格

Word 2010 提供了 6 种创建表格的方法，分别是自动创建表格、插入表格、绘制表格、文本转换成表格、创建 Excel 电子表格和快速创建表格。单击【插入】选项卡中的【表格】按钮，在弹出的下拉列表中选择相应的选项即可利用对应的方法创建表格，如图 4.33 所示。

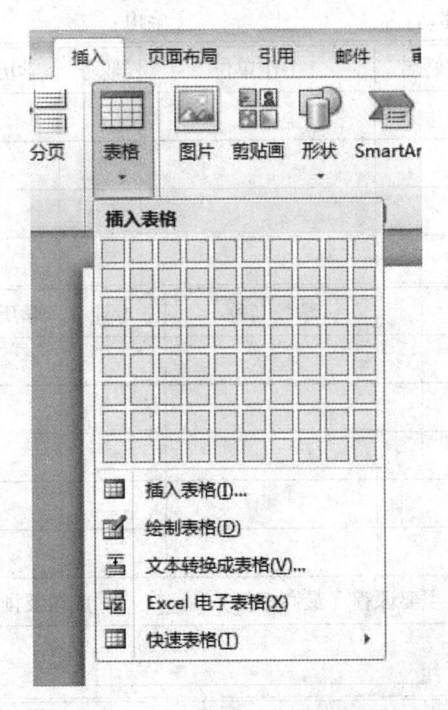

图 4.33 单击【插入】选项卡中的【表格】按钮创建表格

1. 自动创建表格

(1) 将光标定位在文档中要创建表格的位置，单击【插入】选项卡【表格】选项组中的【表格】按钮。

(2) 在弹出的下拉列表中有一个由 8 行 10 列方格组成的虚拟表格，将鼠标指针放在此虚拟表格中，虚拟表格会以红色突出显示选中的表格；同时，文档中光标所在的位置也会根据鼠标的选择显示出创建的表格；移动鼠标指针，当虚拟表格中的行数和列数满足需求时，单击鼠标左键，即可在文档中创建一个空白表格，如图 4.34 所示。

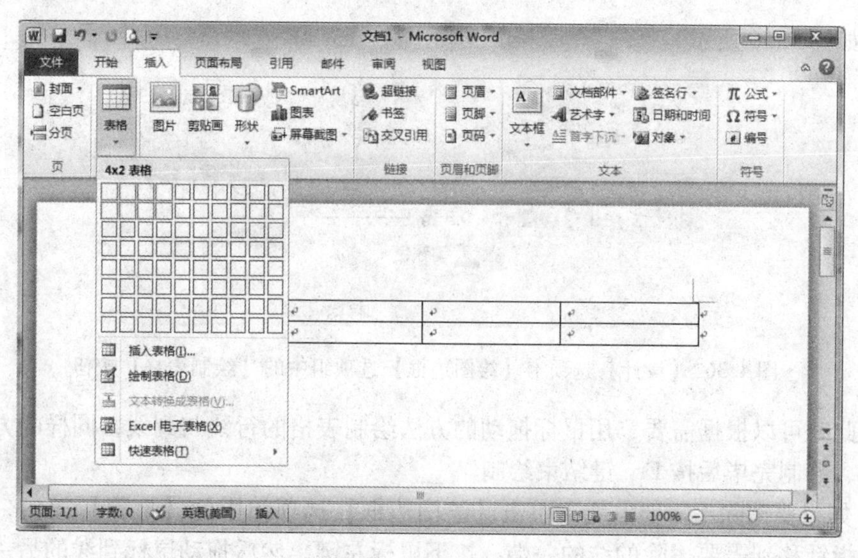

图 4. 34　自动创建表格

2. 插入表格

（1）将光标定位于文档中要创建表格的位置。

（2）打开【插入】选项卡，再单击【表格】选项组中的【表格】按钮，在弹出的菜单中选择【插入表格】选项。

（3）在弹出的【插入表格】对话框中的【列数】和【行数】文本框中分别输入“列数”和“行数”，其中“行数”最大值为32767，“列数”最大值为63，如图 4. 35 所示。

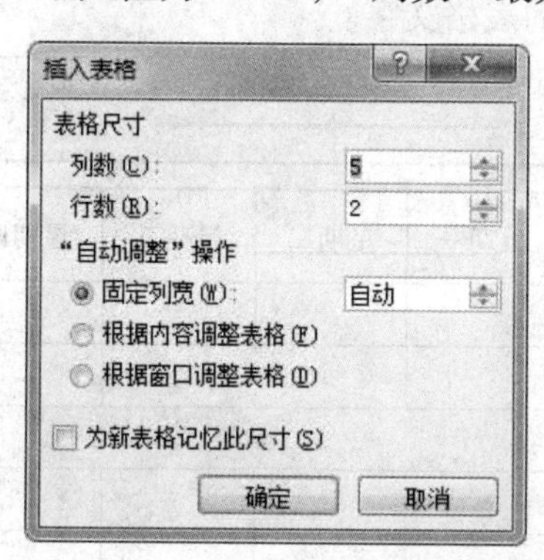

图 4. 35　【插入表格】对话框

（4）设置完成后，单击【确定】按钮，即可在文档中插入表格。

3. 绘制表格

手动绘制表格方式可以让用户根据需要绘制复杂的表格，具体操作步骤如下。

（1）将光标定位于文档中要绘制表格的位置。

（2）打开【插入】选项卡，再单击【表格】选项组中的【表格】按钮，在弹出的菜单中选择【绘制表格】选项，此时鼠标指针呈✎形状。

（3）在需要绘制表格的位置拖动鼠标，在文档中绘制一个虚线框，释放鼠标即可得到一个表格的外框。此时【设计】选项卡中【绘图边框】选项组中的【绘制表格】按钮会自动被选中，如图 4.36 所示。

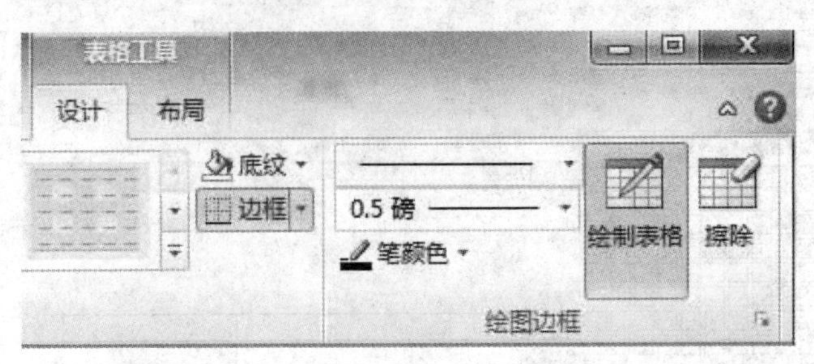

图 4.36 【设计】选项卡【绘图边框】选项组中的【绘制表格】按钮

(4) 此时可以根据需要，用鼠标拖动的方法绘制表格的行线与列线，同样的方法也可以绘制斜线，绘制完毕后按 Esc 键结束绘制。

(5) 如果要擦除不需要的线，单击【绘图边框】选项组中的【擦除】按钮，将橡皮形状的鼠标指针移到需要擦除的线的一端，按下鼠标左键，然后拖动鼠标到线的另一端，再放开鼠标左键，就可以擦除此线。

实例 4.5：在 Word 2010 中绘制一个与如下“表格样例 4.1”一样的表格。

操作方法：

单击【插入】选项卡中的【表格】按钮，在弹出的下拉列表中选择【绘制表格】选项。在文档中需要绘制表格的位置拖拽鼠标来绘制表格的外框，再用相同的方法依次绘制所有行线和列线，以及第 1 行第 1 列的斜线，再使用【擦除】按钮擦除第 4 行所有的列线，最后依次输入所有的表格文字。

【表格样例 4.1】

星期 节次	星期一	星期二	星期三	星期四	星期五
1 ~ 2 节					
3 ~ 4 节					
午休					
5 ~ 6 节					
7 ~ 8 节					

4. 文本转换成表格

在 Word 2010 中可以将符合一定要求的文本转换为表格，具体操作步骤如下。

(1) 先输入需要转换为表格的文本，在输入时通过按 Tab 键、空格键或输入英文状态的逗号来指明在何处将文本分列，通过插入段落标记来指明在何处将文本分行。

(2) 选中输入的所有文本。

(3) 打开【插入】选项卡，再单击【表格】选项组中的【表格】按钮，在弹出的菜单中选择【文本转换成表格】选项，弹出【将文字转换成表格】对话框，在【列数】文本框中填写要转换表格的列数，如图 4.37 所示。

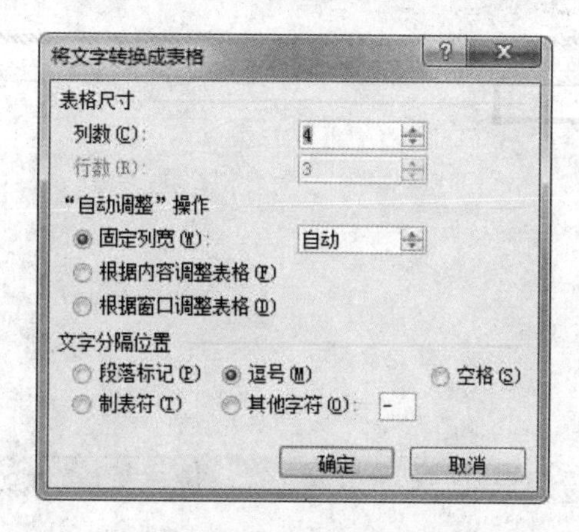

图4.37 【将文字转换成表格】对话框

(4) 在【文字分隔位置】区域选择输入的分隔符类型。

(5) 单击【确定】按钮，文本就转换成了表格。

实例4.6：将下列文字转换成表格。

编号，姓名，性别，联系电话，备注

001，刘丽，女，13888888888，

002，张彦，女，13999999999，

003，李斌，男，13777777777，

操作方法：

(1) 输入文本，在输入时通过按Tab键、空格键或输入英文状态的逗号来将文本分列，每行结束后通过按Enter键来将文本分行。

(2) 选中输入的文本，单击【插入】→【表格】→【文本转换成表格】选项，在弹出的对话框的【文字分隔位置】区域先选择输入的分隔符类型，然后再单击【确定】按钮，将得到如"表格样例4.2"所示的表格。

【表格样例4.2】

编　号	姓　名	性　别	联系电话	备　注
001	刘丽	女	13888888888	
002	张彦	女	13999999999	
003	李斌	男	13777777777	

5. 创建Excel电子表格

Excel是专门用于制作表格的Microsoft Office组件。为了能够将Word中制作出的表格数据直接引入到Excel中，可在创建表格时就将其创建为Excel表格，具体操作步骤如下。

(1) 将光标定位于文档中要创建表格的位置。

(2) 打开【插入】选项卡，再单击【表格】选项组中的【表格】按钮，在弹出的菜单中选择【Excel电子表格】选项，系统将自动调用Excel程序，并创建一个Excel表格，如图4.38所示。

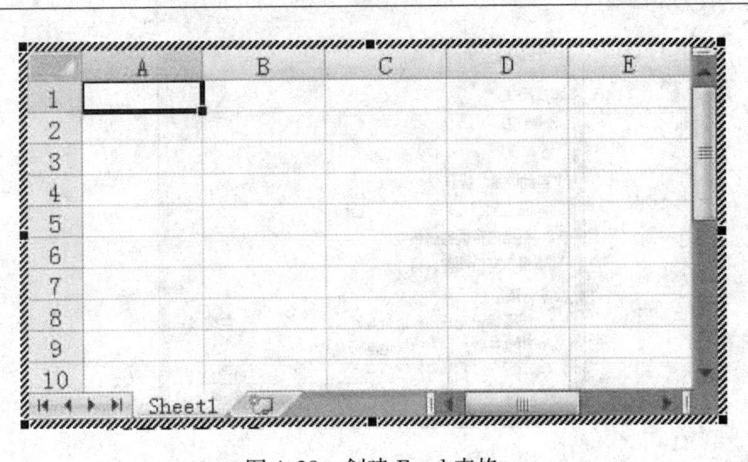

图 4.38 创建 Excel 表格

（3）将鼠标指针移动到虚线框任意一个黑色的控制点上，按住鼠标左键向任意方向拖动鼠标，可调节该表格的大小及显示的行数和列数。

（4）编辑完毕后，单击 Excel 表格外的任意空白处，即可退出 Excel 表格的编辑状态。

6. 快速创建表格

Word 2010 提供了几种表格模板样式，使用快速创建表格功能，可以快速插入已有的表格模板，以节省绘制时间，具体操作步骤如下。

（1）将光标定位于文档中要创建表格的位置。

（2）打开【插入】选项卡，再单击【表格】选项组中的【表格】按钮，在弹出的菜单中选择【快速表格】选项，根据需要在弹出的界面中选择表格模板样式即完成表格的创建，如图 4.39 所示。在创建的表格中可以修改数据或格式。

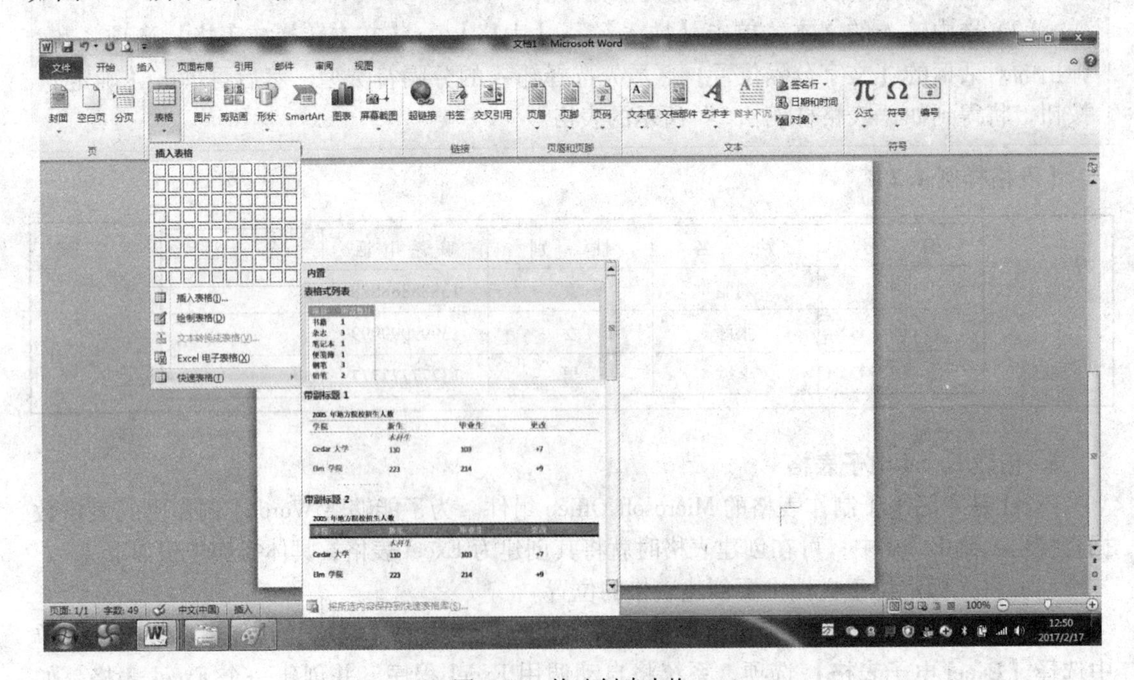

图 4.39 快速创建表格

4.7.2　删除表格

删除表格的方法主要有以下两种。

方法1：单击表格左上角的全选按钮⊞选中整个表格，单击【布局】选项卡【行和列】选项组中的【删除】按钮，在弹出的下拉列表中选择【删除表格】选项，即可删除表格。

方法2：单击表格左上角的全选按钮 ⊞选中整个表格，然后按 Backspace 键，即可删除整个表格。

4.7.3　编辑表格

一般情况下，不可能一次就创建出完全符合要求的表格，所以需要对表格进行适当的修改，以满足需求。

1. 选中表格

对表格中的内容进行编辑之前，首先需要选中编辑的对象。

(1) 选中一个单元格：将鼠标指针移至表格中单元格的左端线上，待鼠标指针呈指向右上方向的黑色箭头形状➚时，单击鼠标左键即可选中该单元格。

(2) 选中多个单元格：先单击选中第一个单元格，拖动鼠标至其他单元格，可选中多个连续的单元格；选中第一个单元格，按住 Ctrl 键的同时再分别选中其他单元格，可选中多个不连续的单元格。

(3) 选中行：将鼠标指针移至该行最左端线之外，待鼠标指针呈指向右上方向的白色箭头形状⇗时，单击鼠标左键即可选中该行；选中一行后，向上或向下拖动鼠标，可选中连续的多行；选中一行之后，按住 Ctrl 键的同时再分别选中其他行，可选中多个不连续的行。

(4) 选中列：将鼠标指针移至该列上方，待鼠标指针呈指向下方的黑色箭头形状⬇时，单击鼠标左键即可选中该列；选中一列之后，向左或向右拖动鼠标，可选中连续的多列；选中一列之后，按住 Ctrl 键的同时再分别选中其他列，可选中多个不连续的列。

(5) 选中整个表格：将鼠标指针移至表格内，表格的左上角将出现全选按钮⊞，单击该按钮，可选中整个表格。

2. 插入和删除行或列

在表格中插入和删除行或列主要使用【布局】选项卡中【行和列】选项组中的按钮，如图 4.40 所示。

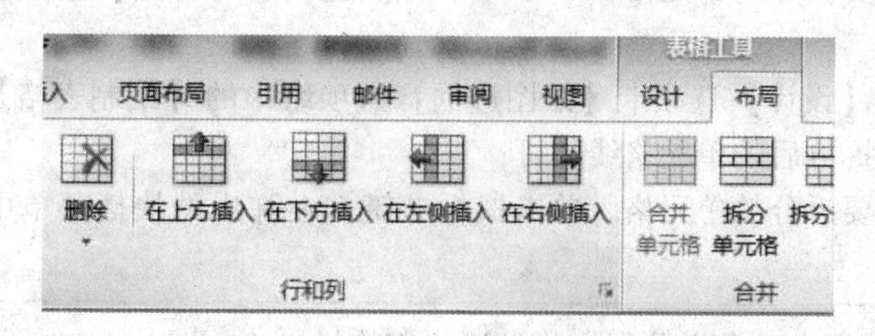

图 4.40　【布局】选项卡中【行和列】选项组中的按钮

1）插入行或列

在表格中单击要插入行或列的位置，根据需要在【行和列】选项组所提供的4个按钮中选择一个。其中，和指的是插入行；和指的是插入列。

注意：将光标定位在某一行最后一个单元格的外侧，按Enter键，即可在该行下方插入一行；若要在表格的最下面插入行，可以将光标置于最后一行的最后一个单元格中，按一次Tab键就插入一行。

2）删除行或列

选中要删除的行或列，单击【布局】选项卡【行和列】选项组中的【删除】按钮，在弹出的下拉列表中根据需要选择相应的选项。

3. 合并和拆分单元格

合并和拆分单元格可以使用【布局】选项卡【合并】选项组中提供的按钮，如图4.41所示。

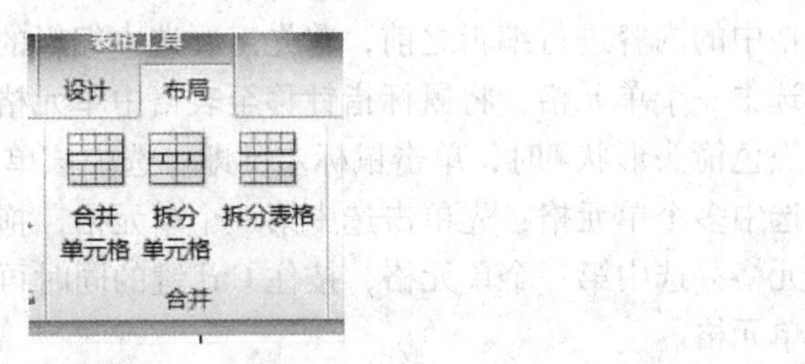

图4.41 【布局】选项卡【合并】选项组中的按钮

1）合并单元格

合并单元格的方法主要有如下三种：

方法一：选中要合并的单元格，单击【布局】选项卡【合并】选项组中的【合并单元格】按钮；

方法二：使用【设计】选项卡【绘图边框】选项组中的【擦除】按钮；

方法三：选中要合并的单元格，单击鼠标右键，在弹出的快捷菜单中选择【合并单元格】选项。

2）拆分单元格

拆分单元格的方法主要有如下三种：

方法一：选中要拆分的单元格，单击【布局】选项卡【合并】选项组中的【拆分单元格】按钮；

方法二：单击【设计】选项卡【绘图边框】选项组中的【绘制表格】按钮，利用鼠标拖动的方法绘制出拆分后的单元格线即可；

方法三：选中要拆分的单元格，单击鼠标右键，在弹出的快捷菜单中选择【拆分单元格】选项。

实例4.7：利用合并及拆分的方法设计“表格样例4.3”中的表格。

操作方法：

（1）插入一个10行7列的表格：单击【插入】→【表格】→【插入表格】选项，

在弹出的对话框中的【行数】文本框中输入“10”，【列数】文本框中输入“7”。

（2）将第 1 行的所有单元格合并：选中第 1 行的所有单元格，右击，在弹出的快捷菜单中选择【合并单元格】选项。

（3）同理合并第 2、3、4 行的第 7 列；合并第 5 行的所有单元格；合并第 8 行的所有单元格。

（4）将第 6 行和第 7 行更改为每行 6 个单元格：选中第 6 行和第 7 行的所有单元格，右击，在弹出的快捷菜单中选择【合并单元格】选项；然后再次右击，在弹出的快捷菜单中选择【拆分单元格】选项，并在弹出的对话框中的【行数】文本框中输入“2”，【列数】文本框中输入“6”。

（5）同理将第 9 行和第 10 行更改为每行 5 个单元格。

（6）输入表格中的所有文字信息。

【表格样例 4. 3】

员工晋升公示表

<table>
<tr><td colspan="7">填表日期：　年　月　日</td></tr>
<tr><td>姓名</td><td></td><td>性别</td><td></td><td>最高学历</td><td></td><td rowspan="3">照片</td></tr>
<tr><td>原任部门</td><td></td><td></td><td>拟晋升部门</td><td></td><td></td></tr>
<tr><td>原任职务</td><td></td><td></td><td>拟晋升职务</td><td></td><td></td></tr>
<tr><td colspan="7">教育经历</td></tr>
<tr><td>起止时间</td><td>学校名称</td><td>专业</td><td>学历</td><td>就学形式</td><td colspan="2">毕业/结业/肄业</td></tr>
<tr><td></td><td></td><td></td><td></td><td></td><td colspan="2"></td></tr>
<tr><td colspan="7">家庭背景</td></tr>
<tr><td>姓名</td><td>关系</td><td>工作单位</td><td>职位</td><td colspan="3">联系电话</td></tr>
<tr><td></td><td></td><td></td><td></td><td colspan="3"></td></tr>
</table>

4. 调整行高和列宽

调整行高和列宽主要有模糊调整和精确调整两种方法。

（1）模糊调整：使用鼠标调整，不需要输入精确的数值。

操作方法：将鼠标光标放到要调整行高或列宽的单元格边框上，当鼠标指针变成两条平行线时拖动鼠标到合适的位置即可。

（2）精确调整：主要使用【布局】选项卡【单元格大小】选项组中的各个按钮和文本框，如图 4. 42 所示。

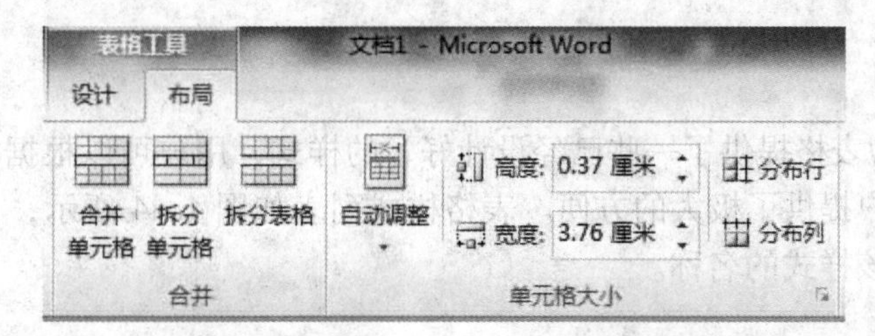

图 4. 42　【布局】选项卡【单元格大小】选项组中的按钮和文本框

操作方法：选中要调整的行或列，在【单元格大小】选项组中的【高度】或【宽度】文本框中输入要设置的高度或宽度值，单位是“厘米”。

4.8 表格的格式设置

4.8.1 表格的边框和底纹

1. 边框

设置表格的边框主要在【设计】选项卡【绘图边框】选项组中完成，如图 4.43 所示。

操作方法：根据需要利用【绘图边框】选项组中的【笔样式】按钮、【笔划粗细】按钮 0.5 磅 和【笔颜色】按钮 笔颜色 进行设置，然后单击【绘制表格】按钮 绘制表格 并拖动鼠标在表格中相应的位置重新描绘一次边框即可。

2. 底纹

设置表格的底纹主要利用【设计】选项卡【表格样式】选项组中的【底纹】按钮来完成，如图 4.43 所示。

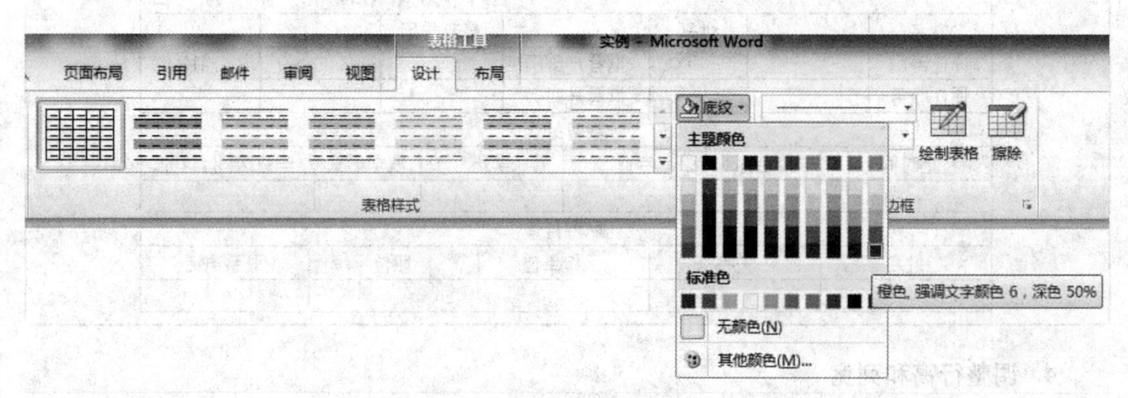

图 4.43 【设计】选项卡

操作方法：选中要设置底纹的单元格，单击【表格格式】选项组中的【底纹】按钮，在弹出的下拉列表中进行设计，将鼠标放在下拉列表的各颜色块上，会显示出该颜色的名称，如图 4.43 所示，用户可根据需求进行选择。

4.8.2 表格样式

Word 2010 还为表格提供了一些已经设计好了的样式，用户可以根据需要在样式列表中进行选择，这为用户提供了极大的方便。表格样式列表如图 4.44 所示，当鼠标光标置于某个样式上时会显示该样式的名称。

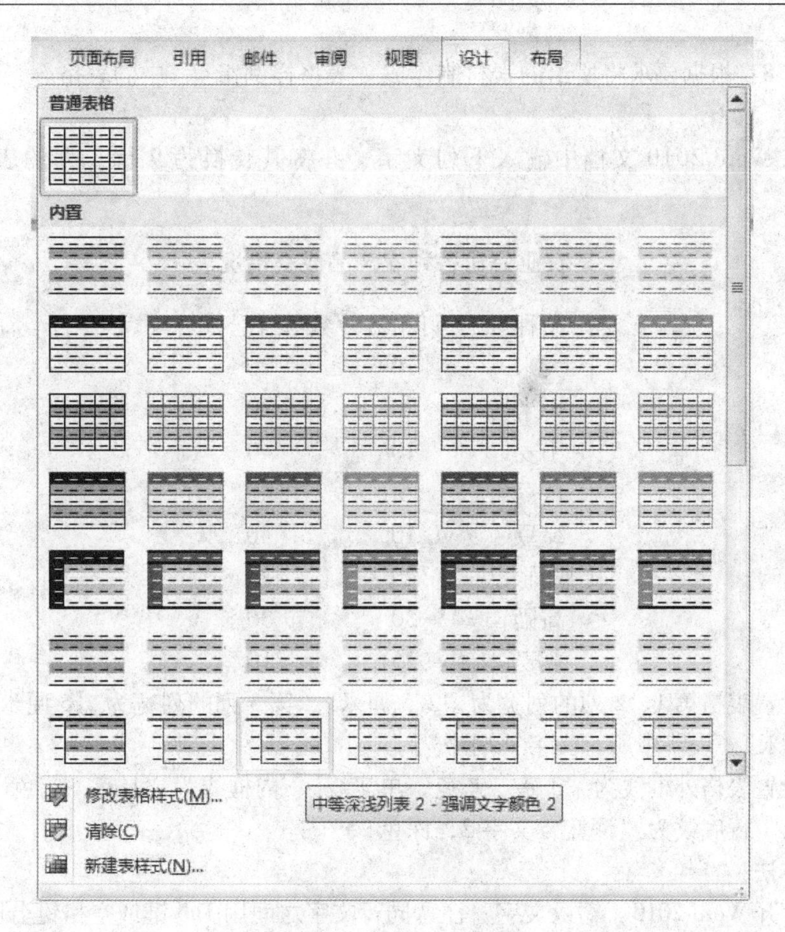

图 4.44　表格样式列表

4.8.3　单元格内容的对齐方式

单元格内容的对齐方式是表格格式设置中最常用的一项功能之一。Word 2010 表格中提供的单元格内容对齐方式有 9 种，分别为：靠上两端对齐、靠上居中对齐、靠上右对齐、中部两端对齐、水平居中、中部右对齐、靠下两端对齐、靠下居中对齐、靠下右对齐。这 9 种对齐方式按钮位于【布局】选项卡【对齐方式】选项组中，如图 4.45 所示。

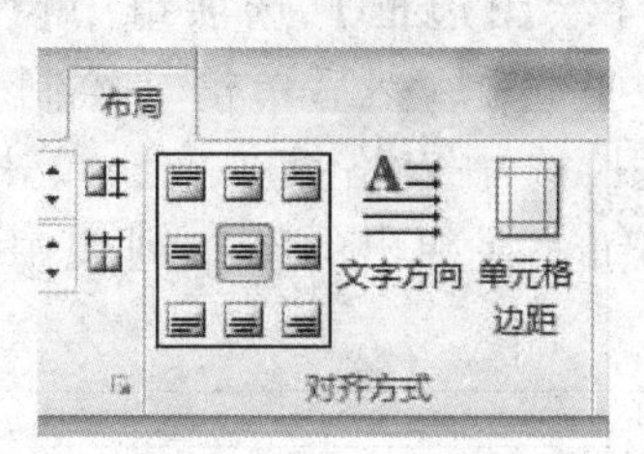

图 4.45　【布局】选项卡【对齐方式】选项组中的对齐按钮

操作方法：选中要设置对齐方式的单元格，根据需要单击图 4.45 所示的 9 个按钮中的一个即可。

实例4.8：根据要求将所给的素材制作成“表格样例4.4”中的表格。

要求：

（1）在Word 2010文档中输入下列文字，并将其转换为9行3列的表格（不包含标题）；

某农业公司各种农产品成交情况表

品种 订单数 数量（公斤）
大米 10 20
小米 20 30
小麦 10 40
黄豆 5 40
绿豆 10 40
转基因大豆 20 30
高粱 30 30
燕麦 25 10

（2）设置表格第1、2列的列宽为“2.5厘米”，第3列的列宽为“6厘米”，所有行高为“1厘米”，表格中所有文字“居中”；

（3）设置表格外框线为“3磅、蓝色、单实线”，内框线为“1磅、蓝色、单实线”；设置表格第1行底纹为“深蓝，文字2，深色25%”。

操作方法：

（1）打开Word 2010，输入文字，注意同行文字之间用Tab键或空格键分隔，各行间文字用段落标记符号分隔；输入完毕后选中输入的文本，然后单击【插入】选项卡中的【表格】按钮，在弹出的下拉列表中选择【文本转换成表格】选项，再在弹出的对话框中单击【确定】按钮。

（2）选中第1、2列，在【布局】选项卡的【单元格大小】选项组中设置“宽度”为2.5厘米，同理设置第3列；选中整个表格，在【布局】选项卡的【单元格大小】选项组中设置“高度”为1厘米，然后单击【布局】选项卡【对齐方式】选项组中的【水平居中】按钮。

（3）在【设计】选项卡【绘图边框】选项组中设计笔样式为“单实线”，笔划粗细为“3磅”，颜色为“蓝色”，然后单击【绘制表格】按钮，用鼠标重新描绘外边框；同理设置内边框；选中表格第1行，单击【设计】选项卡【表格样式】选项组中的【底纹】按钮，在弹出的下拉列表中单击“深蓝，文字2，深色25%”颜色块。

【表格样例 4.4】

某农业公司各种农产品成交情况表

品种	订单数	数量（公斤）
大米	10	20
小米	20	30
小麦	10	40
黄豆	5	40
绿豆	10	40
转基因大豆	20	30
高粱	30	30
燕麦	25	10

4.9　表格的计算和排序

在日常工作中，常常要对表格中的数据进行计算或者排序。Word 虽然不是专门的表格计算软件，但为了方便用户使用，Word 2010 也提供了一些简单的表格计算和排序的功能。

表格的计算和排序主要使用【布局】选项卡【数据】选项组中的各个按钮，如图 4.46 所示。

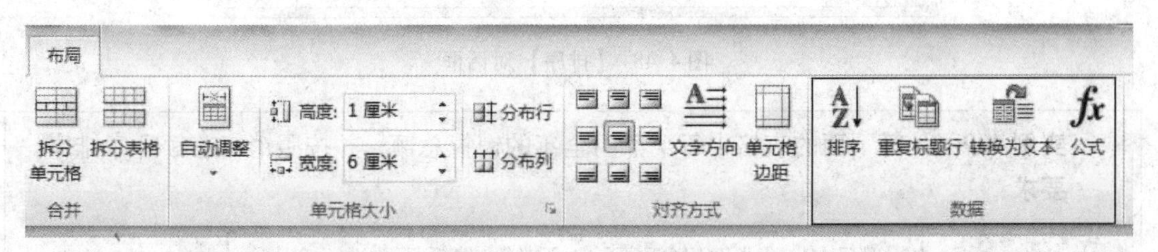

图 4.46　【布局】选项卡【数字】选项组中的各个按钮

1. 表格计算

将光标定位到存放计算结果的单元格，单击【数据】选项组中的【公式】按钮，弹出【公式】对话框，如图 4.47 所示。在【粘贴函数】下拉列表中选择需要的函数，这时光标将定位在【公式】文本框中，在该文本框中输入参数“ABOVE”或“LEFT”，再单击【确定】按钮即可进行计算。

注意：表格计算中有两个参数“ABOVE”和“LEFT”。其中，“ABOVE”表示参与计算的是所选单元格上方的单元格；“LEFT”表示参与计算的是所选单元格左侧的单元格。

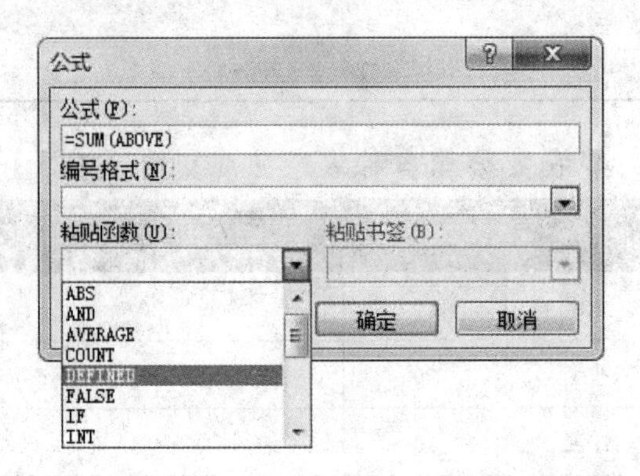

图 4.47 【公式】对话框

2. 表格排序

将光标定位于表格中，打开【布局】选项卡，单击【数据】选项组中的【排序】按钮，即可打开【排序】对话框，如图 4.48 所示。在该对话框中根据需要设置排序的关键字和排序方式，然后单击【确定】按钮。

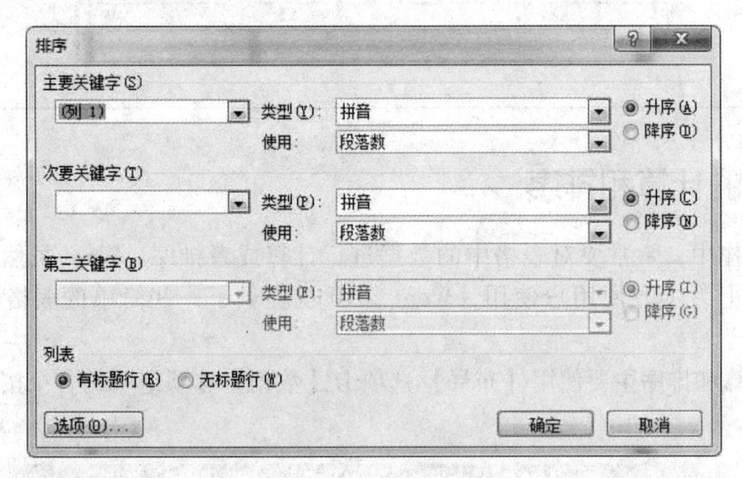

图 4.48 【排序】对话框

实例 4.9：计算下面的表格中每个部门全年的销售总额，并按照销售总额升序排序。

要求：

部门	上半年销售额/万元	下半年销售额/万元	合计
甲车间	1000	1200	
乙车间	600	700	

操作方法：

（1）计算：单击【布局】选项卡【数据】选项组中的【公式】按钮，弹出【公式】对话框，并在【公式】文本框中输入“=SUM（LEFT）”。

（2）排序：单击【布局】选项卡【数据】选项组中的【排序】按钮，弹出【排序】对话框，设置【主要关键字】为“合计”，并选中该行最后的【升序】单选项。

【表格样例 4.5】

部门	上半年销售额/万元	下半年销售额/万元	合计
乙车间	600	700	1300
甲车间	1000	1200	2200

评价单

<table>
<tr><td>项目名称</td><td colspan="3">制作职工入职登记表、成绩单</td><td>完成日期</td><td></td></tr>
<tr><td>班　　级</td><td></td><td>小　　组</td><td></td><td>姓　　名</td><td></td></tr>
<tr><td>学　　号</td><td colspan="2"></td><td colspan="2">组长签字</td><td></td></tr>
<tr><td colspan="2">评价项点</td><td colspan="2">分　　值</td><td>学生评价</td><td>教师评价</td></tr>
<tr><td colspan="2">表格的创建</td><td colspan="2">10</td><td></td><td></td></tr>
<tr><td colspan="2">行高、列宽的调整</td><td colspan="2">10</td><td></td><td></td></tr>
<tr><td colspan="2">单元格对齐方式的设置</td><td colspan="2">10</td><td></td><td></td></tr>
<tr><td colspan="2">表格边框和底纹的设置</td><td colspan="2">10</td><td></td><td></td></tr>
<tr><td colspan="2">表格的排序与计算</td><td colspan="2">10</td><td></td><td></td></tr>
<tr><td colspan="2">单元格的合并与拆分</td><td colspan="2">10</td><td></td><td></td></tr>
<tr><td colspan="2">表格的插入与删除</td><td colspan="2">10</td><td></td><td></td></tr>
<tr><td colspan="2">整体布局是否合理</td><td colspan="2">10</td><td></td><td></td></tr>
<tr><td colspan="2">态度是否认真</td><td colspan="2">10</td><td></td><td></td></tr>
<tr><td colspan="2">与小组成员的合作情况</td><td colspan="2">10</td><td></td><td></td></tr>
<tr><td colspan="2">总分</td><td colspan="2">100</td><td></td><td></td></tr>
<tr><td>学生得分</td><td colspan="5"></td></tr>
<tr><td>自我总结</td><td colspan="5"></td></tr>
<tr><td>教师评语</td><td colspan="5"></td></tr>
</table>

知识点强化与巩固

一、选择题

1. 在 Word 2010 编辑状态下，若光标位于表格外右侧的行尾处，按 Enter 键，结果是（　　）。

A. 光标移到下一列　　B. 光标移到下一行，表格行数不变

C. 插入一行，表格行数改变　　D. 在本单元格内换行，表格行数不变

2. 在表格中要使两个单元格合并成一个单元格可以使用【布局】选项卡中的（　　）按钮。

A.【擦除】　B.【合并单元格】　C.【绘制表格】　D.【删除单元格】

3. 在 Word 2010 中，创建表格不能通过（　　）实现。

A. 使用绘图工具　　B. 使用【插入表格】选项

C. 使用【绘制表格】选项　　D. 使用【快速表格】选项

4. 在 Word 2010 中，关于快速表格样式的用法，以下说法正确的是（　　）。

A. 只能用快速表格方法生成表格

B. 可在生成新表时使用快速表格样式

C. 每种快速表格样式已经固定，不能对其进行任何形式的修改

D. 在使用一种快速表格样式后，不能再更改为其他样式

5. 在 Word 2010 编辑状态下，将光标定位于某个单元格中，右击，在弹出的快捷菜单中单击【选择】→【行】选项，按同样的方法再单击【选择】→【列】选项，则表格中被选中的部分是（　　）。

A. 插入点所在的行　　B. 插入点所在的列

C. 一个单元格　　D. 整个表格

6. 在 Word 2010 中选中某一单元格，按 Delete 键，删除的是（　　）。

A. 整个表格　B. 一行　C. 一列　D. 单元格中的内容

7. 在用鼠标拖动表格列线，调整表格列宽时，若要使调整的列线右侧的单元格列宽不变，应按（　　）键。

A. Ctrl　B. Alt　C. Shift　D. Esc

8. 在 Word 2010 中选中了整个表格，单击【布局】选项卡中的【删除】按钮，在弹出的下拉列表中单击【删除行】选项，结果是（　　）。

A. 删除第一行　B. 表格不变　C. 删除表格中内容　D. 删除整个表格

9. 在 Word 2010 中，选中表格中的某一个单元格，将鼠标指向该单元格的左边框线位置，当鼠标变成双箭头形状时拖动鼠标，结果是（　　）。

A. 该单元格的左边线被移动　　B. 该单元格左边线所在的列线整体被移动

C. 单元格的内容被移动　　D. 没有变化

10. 将光标定位于表格右下方最后一个单元格中，按 Tab 键，结果是（　　）。

A. 光标被移出表格　　B. 在表格的最后插入一行

C. 表格最后一行被删除　　D. 光标被移到左侧的单元格

11. 在 Word 2010 的表格操作中，改变表格的行高与列宽可用鼠标操作，方法是（　　）。

A. 当鼠标指针在表格线上变为双箭头形状时拖动鼠标

B. 双击表格线

C. 单击表格线

D. 单击【拆分单元格】按钮

12. 在 Word 2010 中，(　　) 可选中矩形区域。

A. 拖动鼠标　　B. 按 Shift 键同时拖动鼠标

C. 按 Alt 键同时拖动鼠标　　D. 按 Ctrl 键同时拖动鼠标

13. 在 Word 2010 中，关于表格操作，下列叙述不正确的是 (　　)。

A. 可以将两个或多个连续的单元格合并成一个单元格

B. 可以将两个表格合并成一个表格

C. 不能将一个表格拆分成多个表格

D. 可以为表格加实线边框

14. 在 Word 2010 编辑状态下，文档中有两个表格，中间有一个回车符，删除回车符后 (　　)。

A. 两个表格合并成一个表格

B. 两个表格不变，光标被移到下边的表格中

C. 两个表格不变，光标被移到上边的表格中

D. 两个表格均被删除

15. 在 Word 2010 中，对表格中的数据进行排序时，不能按照数据的 (　　) 排序。

A. 笔画　　B. 数字　　C. 字号　　D. 拼音

16. 下列关于 Word 2010 表格的行高的说法，正确的是 (　　)。

A. 行高不能修改

B. 行高只能用鼠标拖动的方法来调整

C. 行高只能用对话框来设置

D. 行高既可以用鼠标拖动的方法来调整，也可以用对话框来设置

17. 在编辑表格时，若单击了【分布行】按钮，则结果是 (　　)。

A. 表格行高被调整为原有行高中的最大值

B. 表格行高被调整为原有行高中的最小值

C. 表格行高被调整为原有行高中的预设值

D. 表格行高被调整为原有行高高度总和的平均值

18. 在 Word 2010 的表格中，添加的信息 (　　)。

A. 只限于文字形式　　B. 只限于数字形式

C. 可以是文字、数字和图形对象等　　D. 只限于文字和数字形式

二、判断题

1. 在 Word 2010 中，表格和文本是可以互相转换的。(　　)

2. 在 Word 2010 中，表格一旦建立，行、列不能随便增、删。(　　)

3. 在 Word 2010 中，不能对表格中的数据进行排序操作。(　　)

4. 表格中的行线和列线只能一起移动，不能局部移动。(　　)

5. 在绘制表格时，可以逐行来绘制，即先绘制第一行，再绘制第二行，依次绘制。(　　)

项目三　图文混排

知识点提要

1. 分栏、首字下沉效果设置
2. 样式的定义和使用
3. 带圈字符和拼音指南等中文版式的设置
4. 图片和艺术字的插入
5. 形状和 SmartArt 的插入
6. 公式的编辑

任务单（一）

任务名称	图文混排（一）	学　时	2 学时
知识目标	1. 掌握图形的绘制与编辑方法。 2. 掌握 SmartArt 图形的使用方法。 3. 掌握图形选择、组合的方法。		
能力目标	1. 能用 Word 绘制各种简单的图形。 2. 能对文档中添加的对象根据需求进行编辑。 3. 培养学生沟通、协作的能力。		
素质目标	培养学生细心踏实、善于思考、勇于探索的职业精神。		
任务描述	选择合适的工具在 Word 中绘制如下图所示的中国中铁股份有限公司组织结构图。 中国中铁股份有限公司 股东大会 监事会 董事会 董事会秘书 董事会办公室 综合处 投资者关系处 产权管理处 经理层 总裁办公室 战略规划部 人力资源部 财务部 资本运营部 法律事务部 监察部 内控审计部 安质环保部 国际业务部 科技设计部 市场营销部 生产管理部 工业设备部 企业文化部 房地产开发管理中心		
任务要求	1. 仔细阅读任务描述中的设计要求，认真完成任务。 2. 上交电子作品。 3. 小组间互相学习彼此设计中的优点。		

任务单（二）

任务名称	图文混排（二）	学　　时	2 学时
知识目标	1. 掌握 Word 中项目符号的使用方法，以及首字下沉、分栏效果的设计方法。 2. 掌握艺术字、图片、图形的插入方法。 3. 掌握图片、图形的编辑方法。		
能力目标	1. 能对 Word 文档的布局进行合理设计。 2. 能对文档中添加的对象根据需求进行编辑。 3. 培养学生沟通、协作的能力。		
素质目标	培养学生细心踏实、善于思考、勇于探索的职业精神。		
任务描述	在网上自行搜集素材，以“铁路安全生产”为主题设计一份宣传板报，要求如下。 1. 纸张设置：A4，横向。 2. 适当使用艺术字、图片、文本及图形等对象。 3. 对图片或图形进行合理编辑。 4. 可以设置页面背景和页面边框效果。 5. 布局合理，文字与图片搭配协调。 参考样例： 落实责任 强化管理 深入开展安全生产大检查 前言 事故概况 中央领导重要指示 铁道部党组书记、部长盛光祖对加强安全工作提出要求 集团公司党政主要领导对开展安全大检查活动等工作作出要求 客专维修基地开展安全大检查活动实施方案		
任务要求	1. 仔细阅读任务描述中的设计要求，认真完成任务。 2. 上交电子作品。 3. 小组间互相学习彼此设计中的优点。		

资料卡及实例

4.10 版面效果设置

4.10.1 设置分栏效果

如果要使文档具有类似于报纸的分栏效果，可以使用 Word 2010 的分栏功能。在分栏的文档中，文字是逐栏排列的，排满一栏后才转排下一栏。对每一栏，都可以单独进行格式化和版面设计。

设置分栏效果主要使用【页面布局】选项卡【页面设置】选项组中的【分栏】按钮，如图 4.49 所示。用户首先选中要分栏的文字，再根据需要在如图 4.49 所示的下拉列表中进行选择；如果下拉列表中没有合适的选项，用户可以单击列表中的【更多分栏】选项，在弹出的【分栏】对话框中自行设置，如图 4.50 所示。

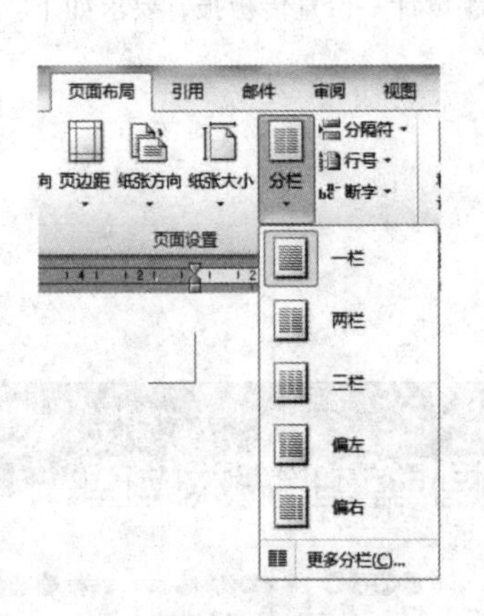

图 4.49 【分栏】下拉列表

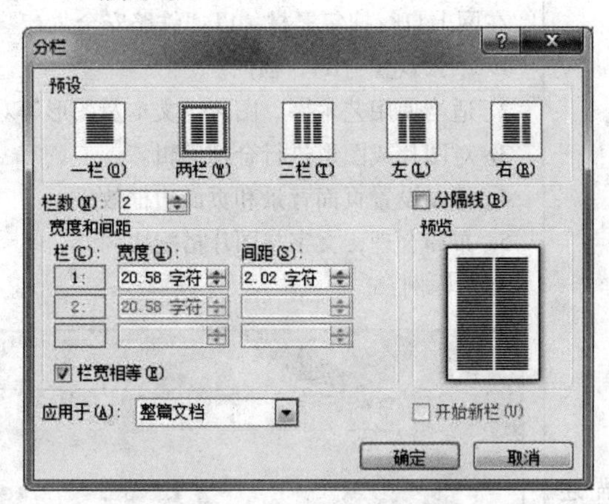

图 4.50 【分栏】对话框

4.10.2 首字下沉

首字下沉是使段落的首字放大，可用于文档或章节的开头，也可用于为新闻稿或请柬增添趣味。

设置首字下沉主要使用【插入】选项卡【文本】选项组中的【首字下沉】按钮，如图 4.51

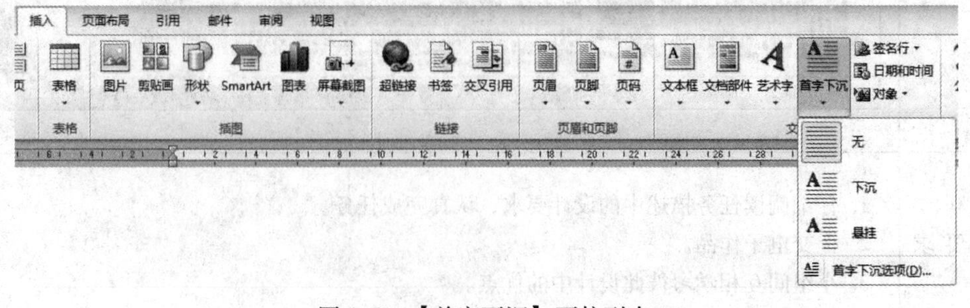

图 4.51 【首字下沉】下拉列表

所示。用户首先要将光标定位在要设置首字下沉效果的段落中，根据需要在下拉列表中选择相应的选项；如果下拉列表中没有合适的选项，用户可以单击列表中的【首字下沉选项】选项，在弹出的【首字下沉】对话框中自行设置，如图 4.52 所示。

图 4.52　【首字下沉】对话框

需要注意的是，在进行首字下沉操作之前要保证下沉的“首字”之前不能有空格，否则【首字下沉】按钮是灰色的，用户无法使用。

实例 4.10：对“素材 4.4”中给定的内容按要求进行设置。

(1) 将正文第一段分为 3 栏，栏宽相等，添加分隔线。

(2) 为正文第二段设置首字下沉效果，下沉 2 行，距正文 1 厘米。

操作方法：

(1) 选中第一段文字，并单击【页面布局】选项卡【页面设置】选项组中的【分栏】按钮，在弹出的下拉列表中选择【更多分栏】选项，然后在弹出的【分栏】对话框中单击【三栏】按钮，勾选【分隔线】和【栏宽相等】复选项，单击【确定】按钮。

(2) 将鼠标光标定位到第二段文字，并单击【插入】选项卡【文本】选项组中的【首字下沉】按钮，在弹出的下拉列表中选择【首字下沉选项】选项，在弹出的对话框中单击【下沉】按钮，在【下沉行数】文本框中输入“3”，在【距正文】文本框中输入“1 厘米”（也可通过微调按钮设置），单击【确定】按钮。

素材 4.4

高速铁路

高速铁路在不同国家不同时代有不同规定。中国国家铁路局的定义：新建的时速达 250 公里（含预留）及以上的动车组列车，初期运营时速不小于 200 公里的客运专线铁路，其特点是新建的，时速不低于 250 公里及客专性。世界其他国家的定义：欧洲早期组织即国际铁路联盟 1962 年把旧线改造时速达 200 公里、新建时速达 250 ~ 300 公里的定为高铁；1985 年日内瓦协议有了新规定：新建客货共线型高铁时速为 250 公里以上，新建客运专线型高铁时速为 350 公里以上。

> 按照国家中长期铁路网规划和铁路“十一五”“十二五”规划，以“四纵四横”快速客运网为主骨架的高速铁路建设全面加快推进，建成了京津、沪宁、京沪、京广、哈大等一批设计时速350公里、具有世界先进水平的高速铁路，形成了比较完善的高铁技术体系。通过引进消化吸收再创新，系统掌握了时速200~250公里动车组制造技术，成功搭建了时速350公里的动车组技术平台，研制生产了CRH380型新一代高速列车。

4.10.3 样式的建立与应用

在用户使用Word 2010进行排版的过程中，如果一个文档中不相连的部分要设置相同的格式，用户反复进行格式设置不仅烦琐，而且很容易出错。因此，Word 2010提供了“样式”这个功能，极大地减轻了用户的工作量。

所谓样式，就是系统或用户定义并保存的一系列排版格式，包括字体、字号、颜色、对齐、缩进、制表位和边距等信息格式。

1. 样式的创建

（1）单击【开始】选项卡【样式】选项组右下角的【对话框启动器】按钮，弹出【样式】对话框，如图4.53所示。

（2）单击【样式】对话框左下角的【新建样式】按钮，弹出【根据格式设置创建新样式】对话框，如图4.54所示。

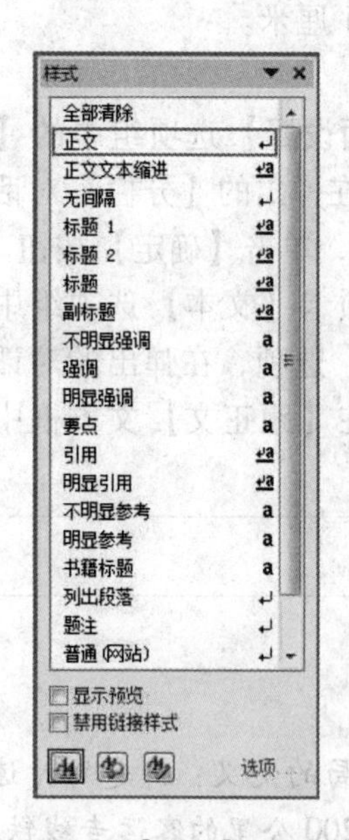

图4.53 【样式】对话框

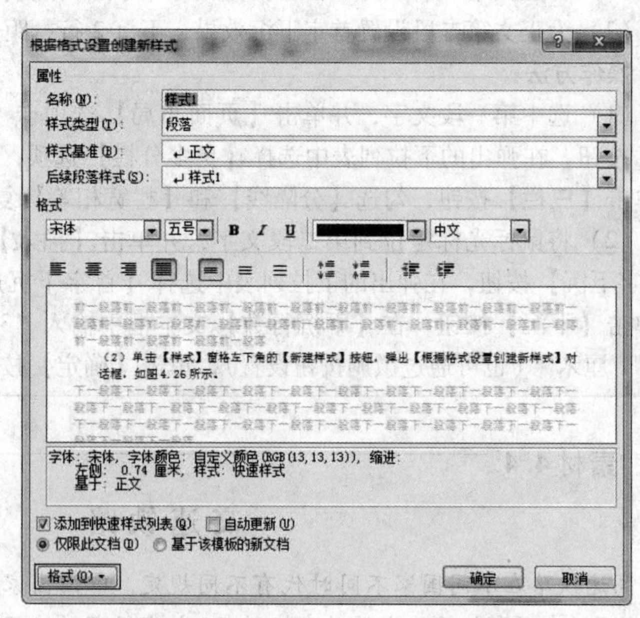

图4.54 【根据格式设置创建新样式】对话框

（3）在该对话框中的【名称】文本框中输入新样式的名称，然后单击左下角【格式】按钮，根据需要进行格式的设置，最后单击【确定】按钮，完成样式的创建。

2. 样式的修改

对已经存在的样式，若需要修改，可按如下步骤来操作。

（1）将鼠标指针置于【开始】选项卡【样式】选项组中要修改的某个样式上，单击鼠标右键，在弹出的快捷菜单中选择【修改样式】选项，弹出【修改样式】对话框。

（2）在【修改样式】对话框中可根据需要对样式信息进行调整、修改，单击【确定】按钮，完成修改。

3. 样式的应用

无论是系统自带的样式还是用户创建或修改的样式，都会显示在【开始】选项卡的【样式】选项组中，如图 4.55 所示。

图 4.55　【样式】选项组中的样式列表

应用样式的方法：选中要应用样式的字符或段落，单击【样式】选项组中样式列表右下角的【其他】按钮，如图 4.56 所示，将显示出所有的样式，根据需要选择其中一个样式。

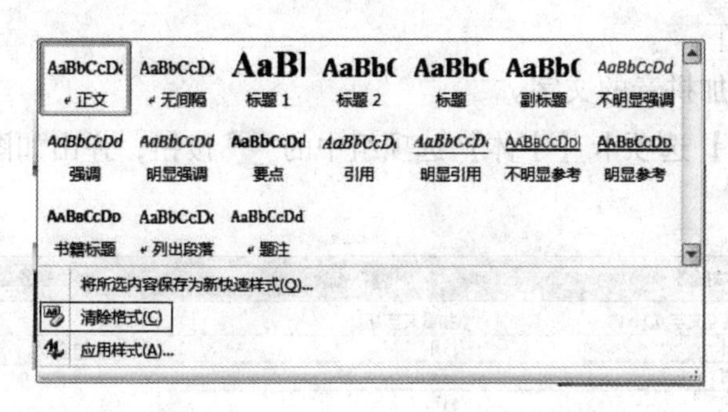

图 4.56　文档中所有样式的列表

4. 清除样式

选中应用了样式的字符或段落，单击【样式】选项组右下角的【其他】按钮，在弹出的下拉列表中选择【清除格式】选项即可，如图 4.56 所示。

实例 4.11：样式操作。

（1）创建一个新样式，名称为“自制表格”，样式类型为“表格”，表格外边框设置为“红色、0.75 磅、双实线”，表格文字设置为“隶书、五号、加粗、蓝色”。

（2）在文档中输入任意一段文字，应用该样式。

操作方法：

（1）单击【开始】选项卡【样式】选项组中的【对话框启动器】按钮，在弹出的下拉列表中单击【新建样式】按钮，在弹出的对话框中的【属性】区域中设置样式名称为“自制表格”，样式类型为“表格”，在【格式】区域中设置字符格式为“隶书、五号、加粗、蓝色”，再单击左下角的【格式】→【边框和底纹】选项，在弹出的【边框和底纹】对话框中设置表格的外边框为“红色、0.75 磅、双实线”，最后单击【确定】按钮。

（2）在文档中随意创建一个表格并选中整个表格，然后单击【样式】选项组中的【自制表格】样式按钮。

4.10.4　其他特殊的中文排版方式

1. 拼音指南

利用 Word 2010 提供的“拼音指南”功能，可以为汉字标注汉语拼音。“拼音指南”功能主要利用【开始】选项卡【字体】选项组中的【拼音指南】按钮来完成，如图 4.57 所示。

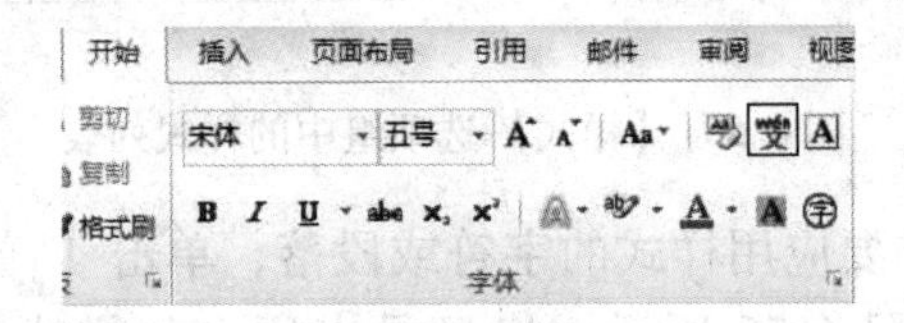

图 4.57　【开始】选项卡【字体】选项组中的【拼音指南】按钮

具体操作步骤如下。

（1）选中需要添加拼音的文字。

（2）单击【开始】选项卡【字体】选项组中的 wén 文 按钮，弹出如图 4.58 所示的【拼音指南】对话框。

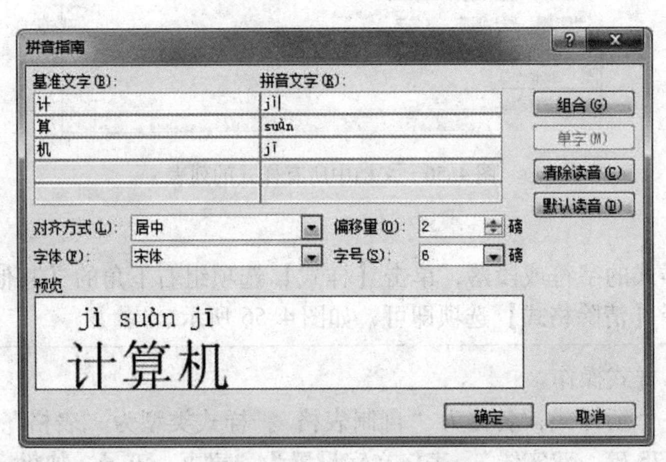

图 4.58　【拼音指南】对话框

（3）在对话框中设置对齐方式、偏移量、字号、字体等内容，单击【确定】按钮。

对话框中的偏移量是指拼音与文字之间的距离，字体、字号及对齐方式都是针对拼音设置的，文字格式不会发生变化。

如果遇到多音字，可能系统添加的拼音与需要的拼音不一致，这时可以在【拼音指南】对话框中的【拼音文字】栏中输入拼音。带声调的韵母可以用软键盘来输入，方法如下：切换到中文输入法，右击输入法状态栏，单击【软键盘】中的【拼音字母】选项，在弹出的软键盘中，可以找到标有声调的拼音字母。

2. 带圈字符

利用 Word 2010 提供的“带圈字符”功能可以在字符周围添加圆圈或其他类型的边框以示强调。“带圈字符”功能主要利用【开始】选项卡【字体】选项组中的【带圈字符】按钮来完成，如图 4. 59 所示。

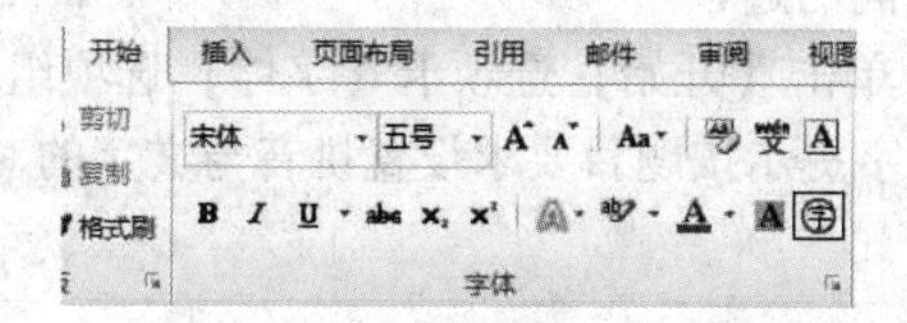

图 4. 59　【开始】选项卡【字体】选项组中的【带圈字符】按钮

具体操作步骤如下。

（1）单击【开始】选项卡【字体】选项组中的【带圈字符】按钮㊫，弹出【带圈字符】对话框，如图 4. 60 所示。

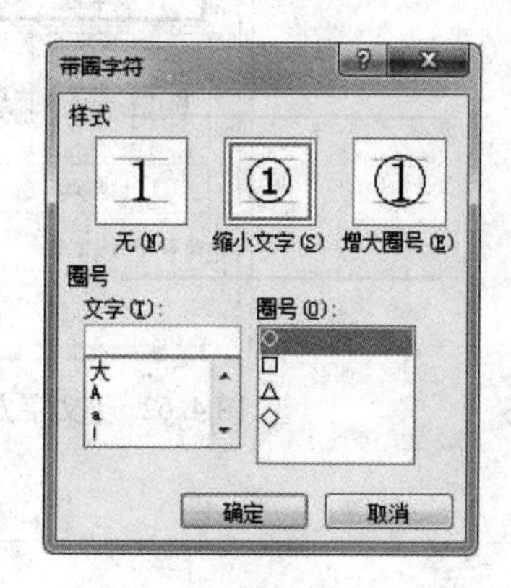

图 4. 60　【带圈字符】对话框

（2）在【带圈字符】对话框中的【样式】和【圈号】区域中，根据需要设置带圈字符的效果，单击【确定】按钮后则在文档中加入了带圈字符。

如果为文档中已输入的文字设置带圈字符效果，需要先选中文字，此时【圈号】区域中的【文字】文本框中将显示已选中的文字。

3. 改变文字方向

一般情况下文字的排版方式都是水平排版，也可以对文字进行竖直排版。“改变文字方向”功能主要利用【页面布局】选项卡【页面设置】选项组中的【文字方向】按钮来完成。单击该按钮将弹出如图 4. 61 所示的下拉列表，用户根据需要在下拉列表中选择一项即可；如果列表中没有用户需要的选项，可以单击最下方的【文字方向选项】选项，在弹出的【文字方向 – 主文档】对话框中进行设置，如图 4. 62 所示。

实例 4. 12：对“素材 4. 5”中给定的内容按要求进行设置。

（1）为“江城子 · 密州出猎”这几个字设置带圈字符效果，样式为增大的“菱形”。

（2）为正文诗句添加拼音，拼音与文字偏移量为“3 磅”，字号“14 磅”，对齐方式为“居中”。

操作方法：

（1）选中“江”字，单击【开始】选项卡【字体】选项组中的【带圈字符】按钮，在弹出的【带圈字符】对话框中选择“增大圈号”样式，圈号选择“菱形”，单击【确定】按钮。其他字执行相同的过程。

（2）选中正文诗句，单击【开始】选项卡【字体】选项组中的【拼音指南】按钮，在弹出的对话框中根据文字提示按题目要求设置拼音与文字的对齐方式、偏移量、字号，单击【确定】按钮。

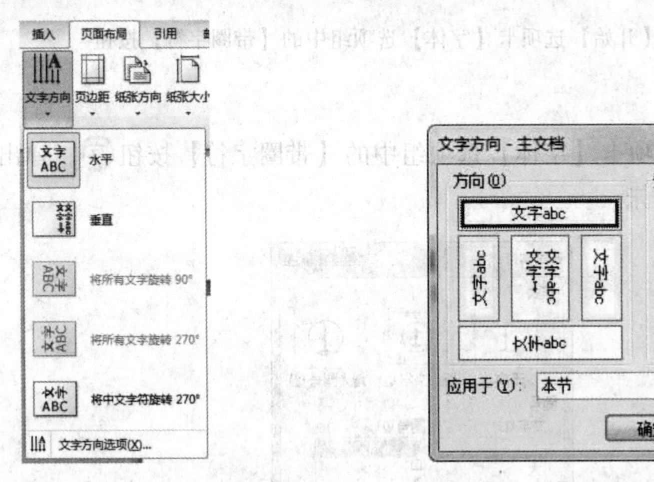

图 4.61 【文字方向】列表

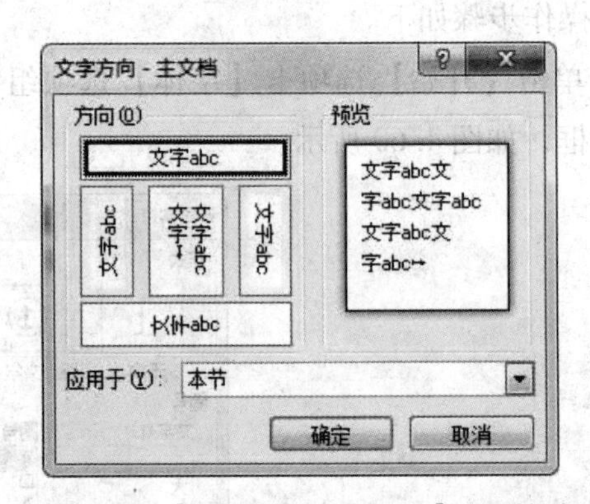

图 4.62 【文字方向－主文档】对话框

素材 4.5

江城子·密州出猎

作者：［宋］苏轼

老夫聊发少年狂，左牵黄，右擎苍，锦帽貂裘，
千骑卷平冈。为报倾城随太守，亲射虎，看孙郎。
酒酣胸胆尚开张，鬓微霜，又何妨？持节云中，
何日遣冯唐？会挽雕弓如满月，西北望，射天狼。

4.11 在 Word 中插入对象

4.11.1 图片的插入与编辑

1. 插入图片

插入图片主要使用【插入】选项卡【插图】选项组中的【图片】按钮，如图 4.63 所示。

图 4.63　【插入】选项卡【插图】选项组中的【图片】按钮

操作步骤：首先将光标定位于要插入图片的位置，然后单击【插入】选项卡【插图】选项组中的【图片】按钮，弹出【插入图片】对话框，如图 4.64 所示；在对话框中找到要插入的图片，单击右下角的【插入】按钮，即可把图片插入到指定的位置。

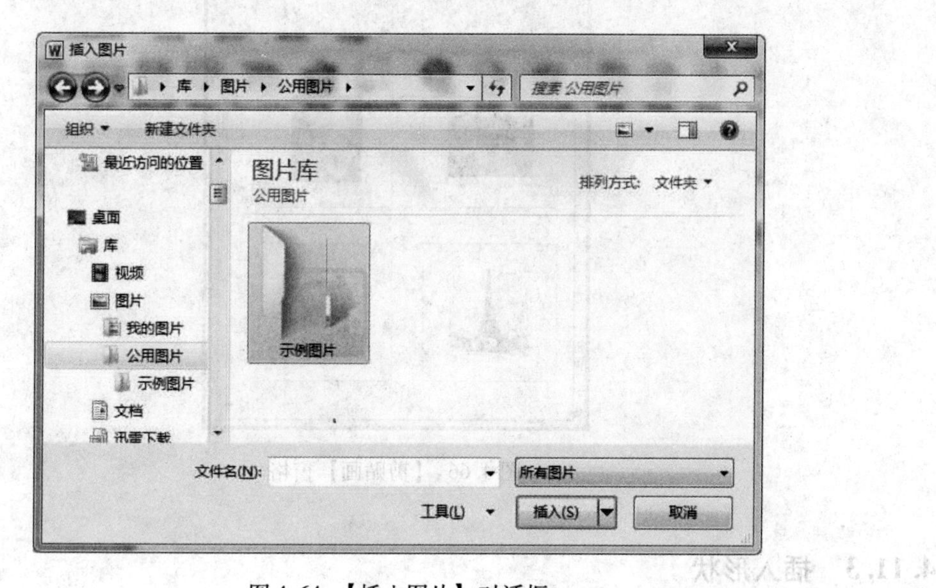

图 4.64　【插入图片】对话框

2. 编辑图片

Word 2010 提供了一些简单的图片编辑功能，当用户插入的图片不符合要求时可以使用这些功能对文档进行一些简单的编辑，极大地方便了用户。

操作步骤：选中要插入的图片，会激活【图片工具】的【格式】选项卡，如图 4.65 所示，用户通过【格式】选项卡中提供的各种按钮即可编辑图片。

图 4.65　【格式】选项卡

4.11.2　插入剪贴画

剪贴画是 Word 自带的一种矢量图片，包括人物、动植物、建筑、科技等许多种类的图片，精美且实用。在文档中有选择地使用它们，可以起到非常好的美化和点缀作用。

单击【插入】选项卡【插图】选项组中的【剪贴画】按钮，在窗口的右侧将显示【剪贴画】窗格，如图4.66所示。在文档中将光标定位于要插入剪贴画的位置，在【剪贴画】窗格中单击要插入的图片即可。

图4.66 【剪贴画】窗格

4.11.3 插入形状

Word 2010 中所说的“形状”也就是在早期的 Word 版本中所说的“自选图形”。用户可以通过 Word 提供的线条、方形、圆形、标注、旗帜等图形绘制自己需要的各种复杂的图形。

1. 插入形状

形状的插入主要使用【插入】选项卡【插图】选项组中的【形状】按钮，如图4.67所示。单击【形状】按钮，即可弹出下拉列表，如图4.68所示；在列表中，用户可以选择合适的图形。

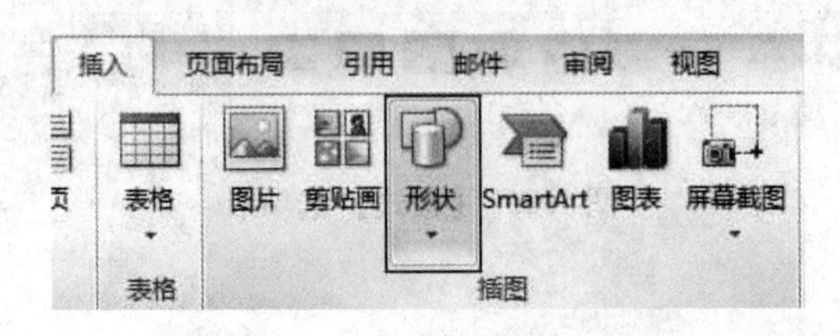

图4.67 【插入】选项卡【插图】选项组中的【形状】按钮

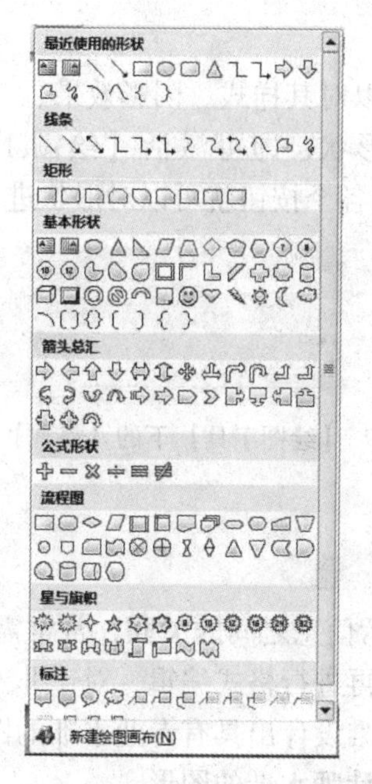

图 4. 68 【形状】下拉列表

实例 4. 13：绘制几个如下图所示的常见交通标志。

操作方法：

（1）单击【插入】选项卡【插图】选项组中的【形状】按钮，在弹出的下拉列表中单击【椭圆】形状图标，此时鼠标指针呈“十”字形状，按住 Shift 键同时用鼠标拖动的方法在文档中绘制一个正圆。

（2）选中绘制完成的圆，单击【格式】选项卡【形状样式】选项组中的【形状填充】按钮，在弹出的下拉列表中选择“白色”，再单击【形状轮廓】按钮，在弹出的下拉列表的颜色块中选择“红色”，同时单击【粗细】选项，在弹出的快捷菜单中选择合适的细线，完成外圈的绘制。

（3）内圈的绘制方法与外圈相同，唯一不同的是在【粗细】快捷菜单中要选择合适的粗线。

（4）对齐内圈和外圈：选中外圈，按 Ctrl 键同时单击内圈，即可将内圈和外圈同时选中，然后单击【格式】选项卡【排列】选项组中的【对齐】按钮，在弹出的下拉列表中依次选择【左右居中】和【上下居中】选项，即可完成“禁止通行”标志的绘制。

（5）其他标志绘制方法类似，请读者自行绘制。

2. 编辑形状

在文档中插入形状后，还可以对其样式、阴影效果、三维效果及大小进行调整，使其符合我们的要求。选中要编辑的形状，即可激活【绘图工具】下的【格式】选项卡，如图 4.69 所示；利用该选项卡中的各个按钮就可以对形状进行编辑操作。

图 4.69　【绘图工具】下的【格式】选项卡

4.11.4　插入 SmartArt 图形

在 Word 中，为了清晰地表示信息之间的关联，常常需要插入图形帮助分析、理解。如果采用传统的方法即先绘制图形再进行格式编辑，对于非专业设计人员来说，不但需要花费大量的时间来设计图形，而且很难设计出具有专业水准的图形。通过使用 SmartArt 图形，只需轻点几下鼠标即可创建具有设计师水准的图形。

Word 2010 提供了 8 种类型的 SmartArt 图形。在创建 SmartArt 图形之前，需要选择一种图形类型，使其最适合所要阐述的信息。

1. 插入 SmartArt 图形

将光标定位于需要插入 SmartArt 图形的位置，单击【插入】选项卡【插图】选项组中的【SmartArt】按钮，弹出【选择 SmartArt 图形】对话框，如图 4.70 所示；在对话框左侧列表中选择一种 SmartArt 分类，然后在中间列表中选择一个具体的 SmartArt 图形，单击右下角的【确定】按钮。

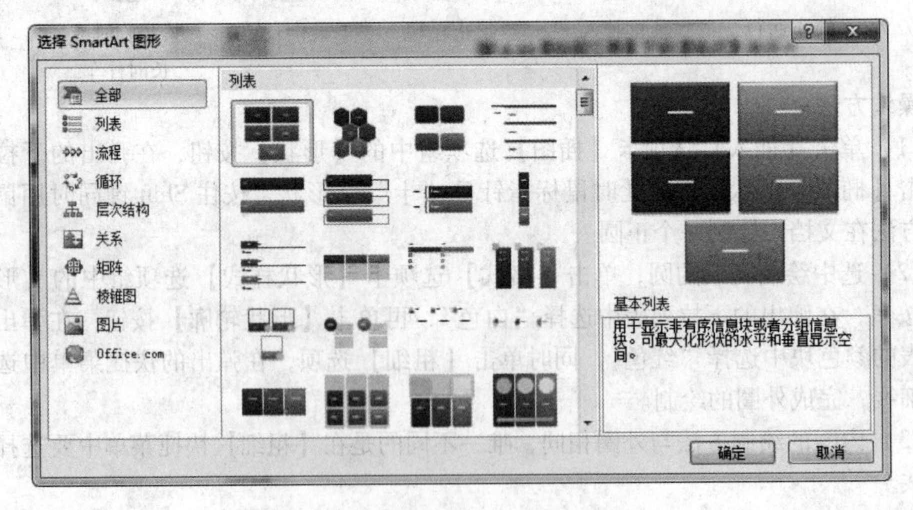

图 4.70　【选择 SmartArt 图形】对话框

2. 编辑 SmartArt 图形

选中要编辑的 SmartArt 图形，将激活 SmartArt 工具下的【设计】和【格式】选项卡，如图 4.71、图 4.72 所示。通过这两个选项卡中的工具按钮可对 SmartArt 图形的布局、颜色和样式等进行编辑。

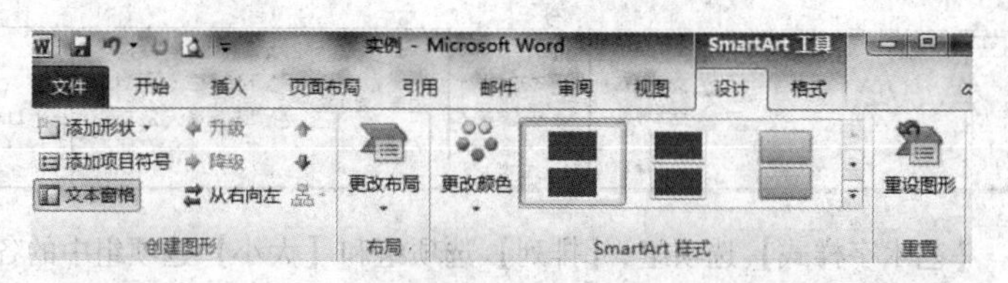

图 4.71　【SmartArt 工具】下的【设计】选项卡

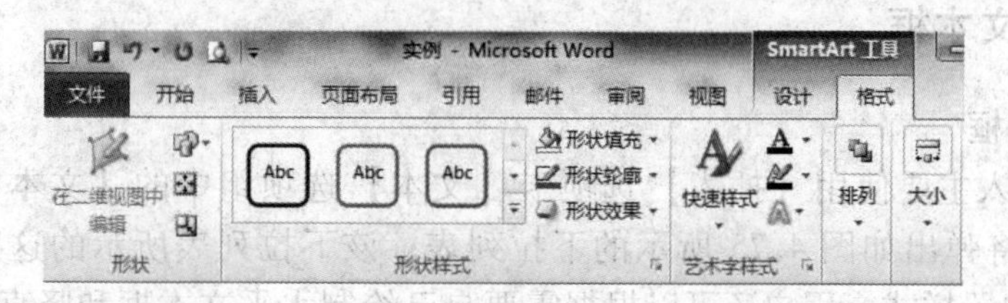

图 4.72　【SmartArt 工具】下的【格式】选项卡

4.11.5　插入艺术字

为了让文档中的文字更加美观，Word 2010 提供了一些已经设计好样式的文字，称为艺术字。

1. 插入艺术字

艺术字的插入主要使用【插入】选项卡【文本】选项组中的【艺术字】按钮，单击该按钮将弹出【艺术字】如图 4.73 所示的下拉列表，其中包含 30 种艺术字样式，选择其中一种样式并输入文本即可完成艺术字的插入。

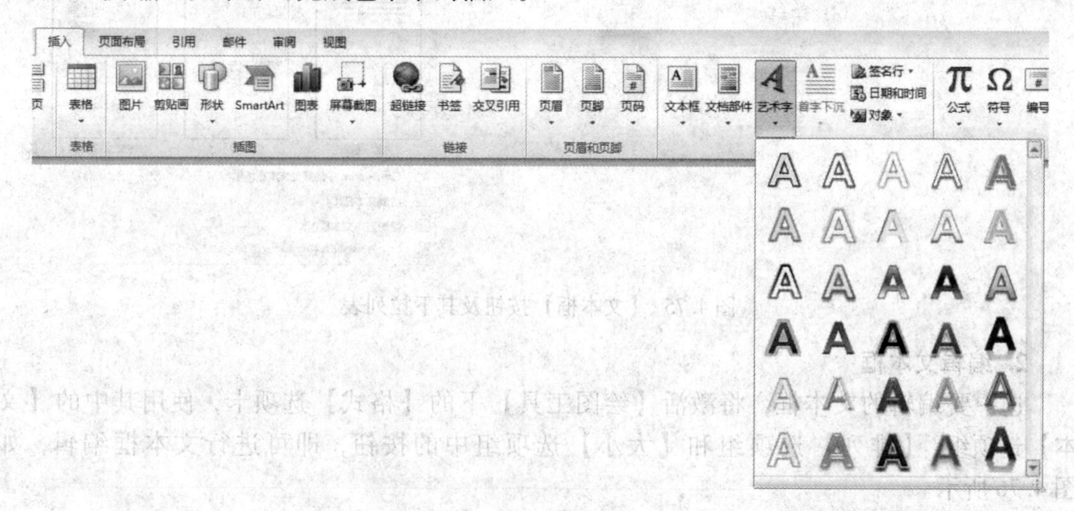

图 4.73　【艺术字】按钮及其下拉列表

2. 编辑艺术字

选中要编辑的艺术字，将激活【绘图工具】下的【格式】选项卡，使用其中的【艺术字样式】选项组、【排列】选项组和【大小】选项组中的按钮即可进行艺术字编辑，如图 4.74 所示。

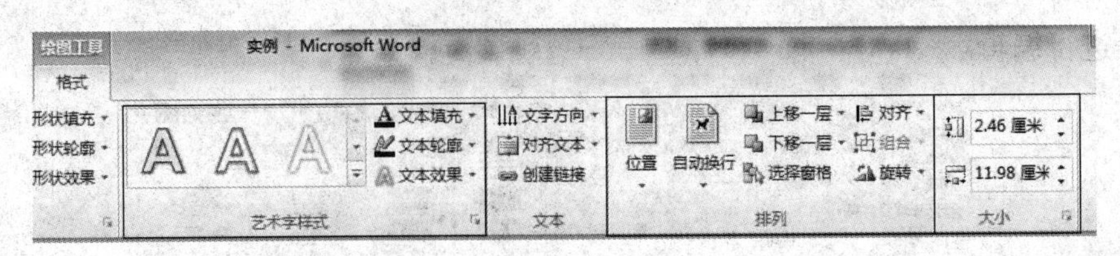

图 4.74 【艺术字样式】选项组、【排列】选项组和【大小】选项组中的各个按钮

4.11.6 插入文本框

1. 插入文本框

文本框的插入主要使用【插入】选项卡【文本】选项组中的【文本框】按钮，单击【文本框】按钮将弹出如图 4.75 所示的下拉列表；该下拉列表所示的这些文本框样式是 Word 设置好的内置样式，用户还可以根据需要自己绘制水平文本框和竖直文本框；用户选择其中一种文本框样式，输入文本即可。

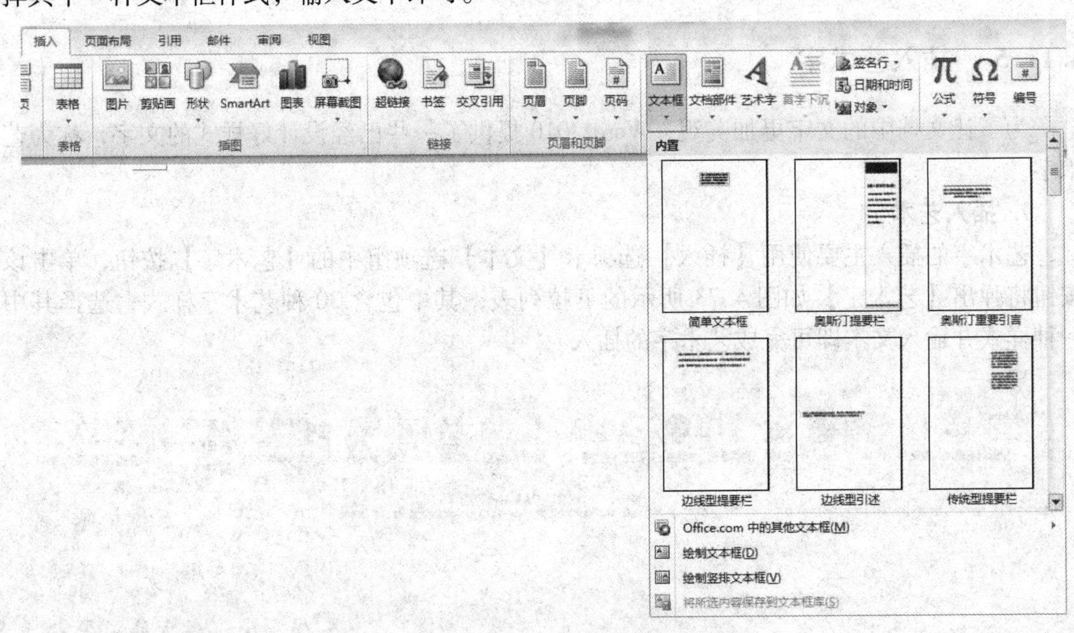

图 4.75 【文本框】按钮及其下拉列表

2. 编辑文本框

选中要编辑的文本框，将激活【绘图工具】下的【格式】选项卡，使用其中的【文本】选项组、【排列】选项组和【大小】选项组中的按钮，即可进行文本框编辑，如图 4.76 所示。

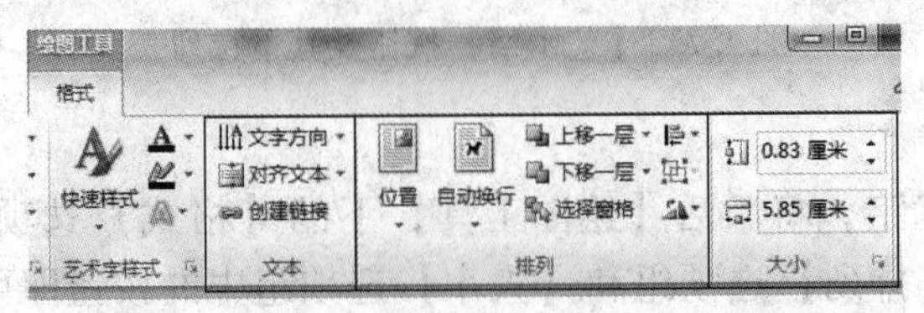

图 4.76 【文本】选项组、【排列】选项组和【大小】选项组中的各个按钮

4.11.7　屏幕截图

屏幕截图是 Word 2010 的一项新增功能，可以方便地将屏幕图像保存到文档中，不再需要借助第 3 方软件，极大地方便了用户。

将光标定位在要插入图像的位置，单击【插入】选项卡【插图】选项组中的【屏幕截图】按钮，在弹出的下拉列表中进行选择，如图 4.77 所示。单击【屏幕截图】下拉列表中【可用视窗】区域中的窗口图片，则本机中打开的任意一个窗口都可以作为图片截取并插入到文档中；单击【屏幕剪辑】选项，则可以将屏幕中任意的一部分作为图片截取并插入到文档中。

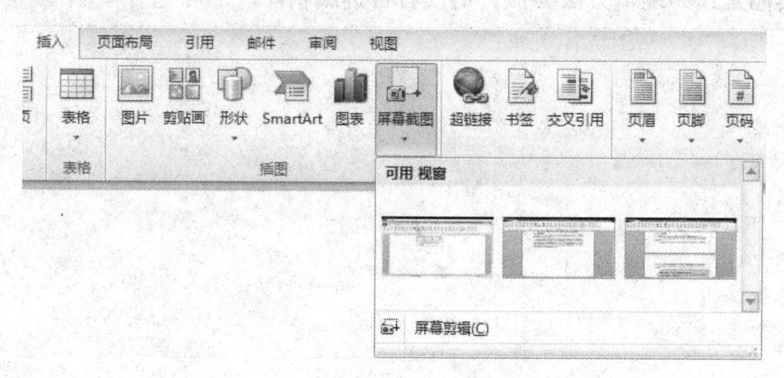

图 4.77　【屏幕截图】按钮及其下拉列表

4.11.8　插入公式

Word 2010 中提供的“插入公式”这个功能可以方便地编辑复杂的数学公式。操作方法：单击【插入】选项卡【符号】选项组中的【公式】按钮π，即可激活【公式工具】下的【设计】选项卡，如图 4.78 所示。通过【设计】选项卡中提供的按钮即可编辑数学公式。

图 4.78　【公式工具】下的【设计】选项卡

实例 4.14：使用“插入公式”功能制作几个常用的数学公式。

（1）乘法因式分解：　$a^2 - b^2 = (a + b)(a - b)$

（2）一元二次方程的求根公式：　$x = \dfrac{-b \pm \sqrt{b^2 - 4ac}}{2a}$

（3）三角函数公式：　$\tan \dfrac{A}{2} = \pm \sqrt{\dfrac{1 - \cos A}{1 + \cos A}}$

（4）极限公式： $$\lim_{n\to\infty}\left(1+\frac{1}{x}\right)^{x}=\mathrm{e}$$

操作方法：

（1）单击【插入】选项卡【符号】选项组中的【公式】按钮，激活【公式工具】下的【设计】选项卡，单击【结构】选项组中的【上下标】按钮，在弹出的下拉列表中单击第一个形式【上标】按钮，在相应的位置分别输入“a”和“2”，完成a^2的输入；同理完成b^2的输入。

（2）根据所给公式输入其他各项，完成第一个公式的编辑。

（3）其他公式的编辑方法类似，请读者自选编辑。

评价单

项目名称	校报设计			完成日期	
班　　级		小　　组		姓　　名	
学　　号				组长签字	
评价项点		分　值		学生评价	教师评价
文件创建、保存等操作是否熟练		10			
文件背景、边框的设置		10			
图片或图形对象插入的熟练程度		10			
图片或图形对象格式设置的熟练程度		10			
设计布局是否合理		10			
对象编辑操作是否熟练		10			
内容设计是否满足要求		10			
态度是否认真		10			
是否能独立完成任务		10			
与小组成员的合作情况		10			
总分		100			
学生得分					
自我总结					
教师评语					

知识点强化与巩固

一、选择题

1. 要使图片按比例缩放，应（　　）。

A. 把鼠标放在图片中心位置拖动　　B. 拖动四个角的控制点

C. 拖动图片边框线　　D. 拖动边框线中间的控制点

2. 在 Word 2010 中，如果要在文档中层叠图形对象，应单击（　　）选项卡中的按钮。

A.【绘图工具】下的【格式】　　B.【表格工具】下的【布局】

C.【图片工具】下的【格式】　　D.【页面布局】

3. 要使某段文本的第一个字下沉，应该单击【插入】选项卡【文本】选项组中的（　　）按钮。

A.【艺术字】　B.【对象】　C.【首字下沉】　D.【文档部件】

4. 在 Word 2010 中，要对文档进行“分栏”设置，应该单击（　　）选项卡中的【分栏】按钮。

A.【开始】　B.【插入】　C.【页面布局】　D.【视图】

5. 在 Word 2010 编辑状态下，若要在当前窗口中绘制形状，可以单击（　　）。

A.【文件】选项卡中的【新建】按钮　　B.【开始】选项卡中的【粘贴】按钮

C.【插入】选项卡中的【图片】按钮　　D.【插入】选项卡中的【形状】按钮

6. 在 Word 2010 中，下列关于分栏的说法正确的是（　　）。

A. 可以将指定的段落分成指定宽度的两栏

B. 任何视图下均可以看到分栏效果

C. 设置的各栏宽度和间距与页面宽度无关

D. 栏与栏之间不可以设置分隔线

7. 在 Word 2010 的编辑状态下，要将另一个文档中的内容全部添加到当前文档中，可以单击（　　）。

A.【文件】选项卡中的【打开】按钮　　B.【文件】选项卡中的【新建】选项

C.【插入】选项卡中的【对象】按钮　　D.【插入】选项卡中的【超链接】按钮

8. 在 Word 2010 中编辑文本时，要切换中文和英文输入法状态，可以使用组合键（　　）。

A. Ctrl + Shift　B. Ctrl + 空格　C. Shift + 空格　D. Alt + 空格

9. 在 Word 2010 中，要复制图形，在选中图形之后可以使用组合键（　　）。

A. Ctrl + C　B. Ctrl + V　C. Ctrl + X　D. Ctrl + Z

10. 在 Word 2010 中插入图形后，不可以对图形对象进行的操作是（　　）。

A. 裁剪　B. 旋转　C. 改变形状　D. 设置填充颜色

11. 要在文档中插入分隔符，可以使用的选项卡是（　　）。

A.【开始】　B.【插入】　C.【页面布局】　D.【审阅】

二、判断题

1. 对于在 Word 文档中插入的艺术字，既能设置其字体，又能设置其字号。（　　）

2. 导航窗格是 Word 2010 的新增功能。（　　）

3. 在 Word 文档中插入的图片和图形，在任何情况下都不能组合到一起。（　　）

4. 在 Word 文档中插入的图片可以裁剪，但不能改变颜色。（　　）
5. 在 Word 文档中要选中多个图形对象，可以按住 Ctrl 键的同时用鼠标依次单击对象。（　　）
6. Word 样式是格式的组合，用户不能自己定义样式，只能应用系统自带的样式。（　　）
7. 样式只包含字体、字号格式，不包含颜色格式。（　　）

第5章 Excel 2010 电子表格制作

项目一　Excel 工作表的创建与编辑

知识点提要

1. Excel 的启动和退出
2. 工作簿的基本操作
3. 工作表的基本操作
4. 单元格的操作与使用
5. 数据的输入和编辑操作
6. 工作表排版

任务单（一）

任务名称	动车组票价表制作	学　时	2学时

知识目标

1. 掌握对工作表、工作簿进行操作的基本方法。
2. 掌握用 Excel 软件录入各种类型数据的方法与技巧。
3. 掌握单元格属性的设置方法。
4. 掌握数据有效性、条件格式的设置方法。
5. 掌握设置表格边框、底纹的方法。

能力目标

1. 能够完成基本数据输入和数据格式的设置。
2. 能够完成表格边框和底纹的设置。
3. 能够完成数据有效性、条件格式等属性的设置。

素质目标

1. 具有自主学习的能力。
2. 具有沟通、协作的能力。

任务描述

1. 用 Excel 2010 软件，制作如下图所示的工作表，并将其保存在桌面上。

	A	B	C	D	E	F	G	H	I
1	南昌西—上海虹桥动车组票价（经由杭州东）								
2	运行区间		运价里程	公布票价			执行票价		
3				商务座	一等座	二等座	商务座	一等座	二等座
4	南昌西	抚州东	97	140.5	75.0	44.5	140.5	75.0	44.5
5		鹰潭北	140	203.0	108.5	64.5	203.0	108.5	64.5
6		弋阳	181	262.5	140.0	83.0	262.5	140.0	83.0
7		上饶	246	349.5	186.5	110.5	349.5	186.5	110.5
8		江山	322	454.0	242.0	143.5	454.0	242.0	143.5
9		金华	443	610.5	325.5	193.5	610.5	325.5	193.5
10		义乌	491	686.0	366.0	217.0	686.0	366.0	217.0
11		杭州东	636	832.0	443.5	263.5	832.0	443.5	263.5
12		嘉兴南	711	935.5	498.5	298.0	935.5	498.5	298.0
13		上海虹桥	795	1051.5	560.5	336.5	1051.5	560.5	336.5

作者:
该执行票价根据市场规律确定。

2. 分别将 A1 至 I1，A2 至 B3，C2 至 C3、D2 至 F2、G2 至 I2、A4 至 A13 单元格合并。
3. 将 A2 至 I3 单元格字体设置为“加粗”，并添加“黄色”底纹。
4. 将 A1 至 I1 单元格的字体设置为“宋体、加粗”，字号大小为“16 磅”，其他单元格字号大小为“12 磅”。
5. 将 G2 至 I3 单元格字体颜色改为“红色”。
6. 为 G2 单元格插入批注，内容为“该执行票价根据市场规律确定。”。
7. 为 D3 至 I3 单元格设置数据有效性，有效条件允许为“序列”，序列内容为“商务座,一等座,二等座”，内容必须通过下拉列表选择输入。
8. 设置 D4 至 I13 单元格数据格式为“数值型”，并保留 1 位小数位数。
9. 设置 A1 至 I13 单元格数据对齐方式为“水平居中、垂直居中”。
10. 设置第 1 行行高为“26 磅”，2 至 13 行行高为“18 磅”。
11. 为表格设置边框线。
12. 将工作表标签 Sheet1 的名称改为“经由杭州东”，将工作表 Sheet2 删除。
13. 保护工作表，设置工作表为只能浏览，不能对其进行任何操作，密码为“123”。

任务要求

1. 仔细阅读任务描述中的设计要求，认真完成任务。
2. 上交电子作品。
3. 小组间互相学习设计中的优点。

任务单（二）

<table>
<tr><td>任务名称</td><td>车站职工信息统计表制作</td><td>学　时</td><td>2 学时</td></tr>
<tr><td>知识目标</td><td colspan="3">1. 掌握插入、删除行和列的方法。
2. 掌握创建自定义序列的方法。
3. 掌握页面属性、打印属性的设置方法。</td></tr>
<tr><td>能力目标</td><td colspan="3">1. 能够完成对行、列的基本操作。
2. 能够完成自定义序列设置。
3. 能够完成页面设置及打印设置。</td></tr>
<tr><td>素质目标</td><td colspan="3">1. 具有自主学习的能力。
2. 具有沟通、协作的能力。</td></tr>
<tr><td>任务描述</td><td colspan="3">1. 用 Excel 2010 软件，制作如下图所示的工作表，并将其保存在桌面上。
<table>
<tr><th></th><th>A</th><th>B</th><th>C</th><th>D</th><th>E</th><th>F</th><th>G</th><th>H</th><th>I</th><th>J</th></tr>
<tr><td>1</td><td></td><td>序号</td><td>员工姓名</td><td>性别</td><td>身份证号</td><td>出生日期</td><td>现聘岗位</td><td>现聘同级岗位时间</td><td>原聘岗位</td><td>原聘岗位时间</td></tr>
<tr><td>2</td><td></td><td>01</td><td>李雪峰</td><td>男</td><td>230821197810020011</td><td>1978/10/2</td><td>副高</td><td>201211</td><td>中级</td><td>200211</td></tr>
<tr><td>3</td><td></td><td>02</td><td>赵一萌</td><td>女</td><td>230401197403250026</td><td>1974/3/25</td><td>中级</td><td>200605</td><td>助级</td><td>200304</td></tr>
<tr><td>4</td><td></td><td>03</td><td>张柏涛</td><td>男</td><td>230202197710130021</td><td>1977/10/13</td><td>副高</td><td>200912</td><td>中级</td><td>200012</td></tr>
<tr><td>5</td><td></td><td>04</td><td>吴浩</td><td>男</td><td>230204198007090023</td><td>1980/7/9</td><td>中级</td><td>201103</td><td>助级</td><td>200807</td></tr>
<tr><td>6</td><td></td><td>05</td><td>邹翔宇</td><td>男</td><td>230203197310161943</td><td>1973/10/16</td><td>员级</td><td>200412</td><td></td><td></td></tr>
<tr><td>7</td><td></td><td>06</td><td>李宇航</td><td>男</td><td>230604196912191927</td><td>1969/12/19</td><td>中级</td><td>200809</td><td>助级</td><td>200208</td></tr>
<tr><td>8</td><td></td><td>07</td><td>李洪宇</td><td>男</td><td>230106197010180005</td><td>1970/10/18</td><td>副高</td><td>201401</td><td>中级</td><td>200307</td></tr>
<tr><td>9</td><td></td><td>08</td><td>任金鑫</td><td>男</td><td>220112198108240013</td><td>1981/8/24</td><td>助级</td><td>201211</td><td>员级</td><td>201107</td></tr>
<tr><td>10</td><td></td><td>09</td><td>张雪</td><td>女</td><td>230507198510080011</td><td>1985/10/8</td><td>助级</td><td>201607</td><td>员级</td><td>201407</td></tr>
</table>
2. 为 B1 至 J1 单元格添加“黄色”底纹。
3. 将出生日期列时间“年/月/日”的形式更改为“某年某月某日”的形式。
4. 在表格的上方添加标题行，合并 B1:J1 单元格，并输入内容“三间房车站职工基本信息统计表”，将字号设置为“18 磅”，行高设置为“25 磅”，标题文字垂直和水平方向都居中。
5. 将员工姓名创建一个自定义序列，再填充到表格的 C 列中。姓名从上到下依次为：李雪峰、赵一萌、张柏涛、吴浩、邹翔宇、李宇航、李洪宇、任金鑫、张雪。
6. 通过模糊查找数据的方法找到所有姓李的员工。
7. 为身份证号列设置数据有效性，用户在向该区域中输入数据时提示“请输入身份证号，必须为 18 位!”；有效条件为该区域中的数据文本长度只能为 18 位；当用户的输入出错时显示“输入非法，请重新输入!”。
8. 为数据区域内部加“细线条、黑色”边框，外部加“粗线条、黑色”边框。
9. 利用条件格式功能将出生日期在 1975 年之前的单元格字体设置为“红色、加粗”，并添加“黄色”底纹。
10. 设置纸张大小为 B5，纸张方向为横向，打印区域为 B1 至 J8，预览打印效果。</td></tr>
<tr><td>任务要求</td><td colspan="3">1. 仔细阅读任务描述中的设计要求，认真完成任务。
2. 上交电子作品。
3. 小组间互相学习设计中的优点。</td></tr>
</table>

资料卡及实例

5.1 Excel 2010 简介

Excel 2010 是 Microsoft Office 2010 系列软件之一，是一个功能强大的工具。它可以有效地完成日常工作中的公司行政管理、人事管理、财务管理、生产管理、售后服务管理和资产管理等方面的任务。

Excel 2010 不但可以制作美观的电子表格，还具有强大的数据分析和处理功能，可以利用公式和函数快捷、高效地计算数据，并对数据进行排序和筛选、分类和汇总，以及图表化数据等，同时还可以保护与共享数据，以及从外部程序获取数据。掌握 Excel 2010 的精华，可以大大简化工作，提高工作效率和在职场中的竞争力。

5.1.1 Excel 2010 的启动和退出

启动 Excel 2010 的操作过程是：单击【开始】→【所有程序】→【Microsoft Office】→【Microsoft Excel 2010】选项，即可启动 Excel 2010。Excel 2010 的工作界面如图 5.1 所示。

退出 Excel 2010 的方法非常简单，有以下两种常用方法可以选择。

（1）单击窗口右上角的【关闭】按钮。

（2）单击【文件】→【退出】按钮。

5.1.2 Excel 2010 工作界面

Excel 2010 启动后，会自动创建一个名为“工作簿 1”的文件。Excel 2010 的工作界面如图 5.1 所示，主要包括快速访问工具栏、选项卡标签、标题栏、功能区、【帮助】按钮、编辑区、状态栏、工作表标签、视图切换按钮栏和【显示比例】按钮等。

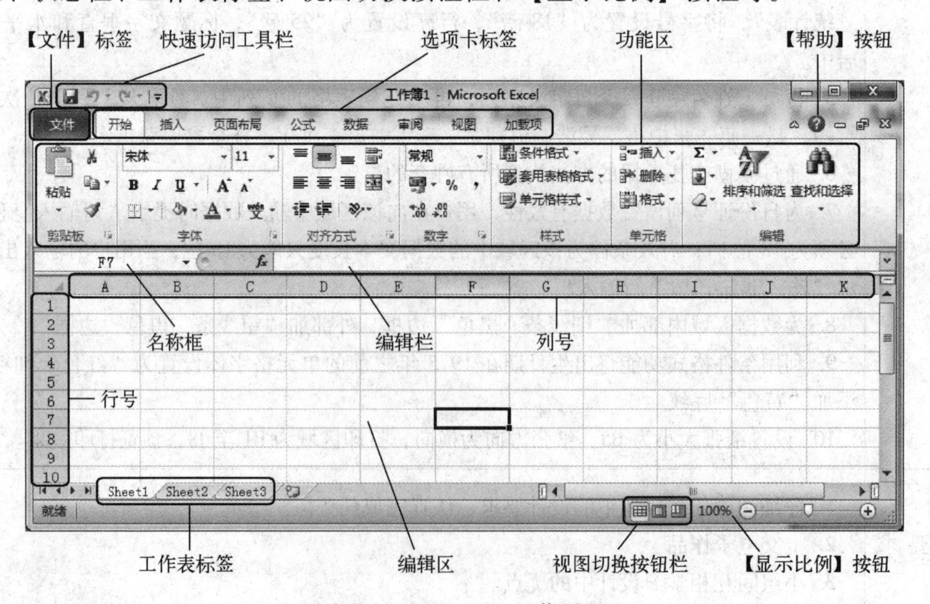

图 5.1　Excel 2010 工作界面

1. 标题栏

标题栏位于窗口的最上端，在标题栏上自左至右显示的是应用程序图标、快速访问工具栏、当前正在编辑的文档名称、应用程序名称“Microsoft Excel”、【最小化】按钮、【最大化/还原】按钮和【关闭】按钮。

2.【文件】标签

Excel 2010 中的【文件】标签位于 Excel 窗口左上角。单击【文件】标签可以打开【文件】选项卡，选项卡采用全页面形式，分为三栏，最左侧是功能选项和常用按钮，选项包括【信息】【最近所用文件】【新建】【打印】【保存并发送】，按钮包括【保存】【另存为】【打开】【关闭】等。

3. 快速访问工具栏

快速访问工具栏在标题栏的左侧，用于显示常用的工具按钮。用户可以通过如下方法自定义常用的工具按钮：单击【自定义快速访问工具栏】按钮，在弹出的下拉列表中通过单击某个选项即可设置某个按钮的显示或隐藏，如图 5.2 所示；要显示更多的命令按钮，单击【其他命令】选项，在弹出的【Excel 选项】对话框中完成设置即可。

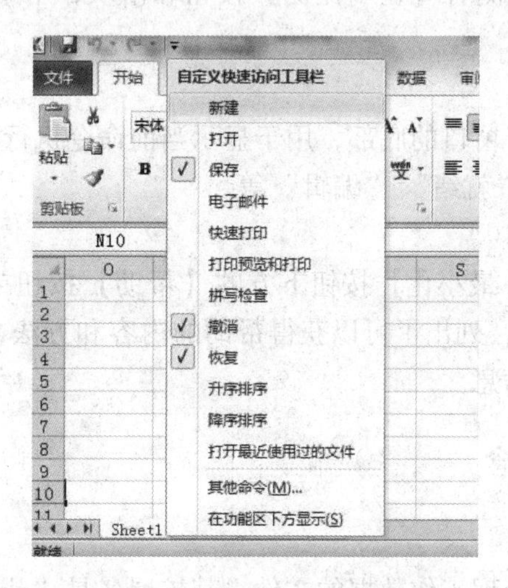

图 5.2　快速访问工具栏设置

4. 选项卡

Excel 2010 将各种工具按钮进行分类管理，放在不同的选项卡中。Excel 2010 窗口中有 8 个选项卡，分别为【文件】【开始】【插入】【页面布局】【公式】【数据】【审阅】【视图】选项卡。

5. 功能区

功能区由不同的选项卡及对应的界面组成，单击不同的选项卡将显示不同的界面，界面中提供了多组命令按钮。

6. 编辑栏

编辑栏位于功能区的下方，其左边是名称框，用于显示活动单元格地址，也可以直接在里面输入单元格地址，以定位该单元格；右边为编辑框，用来输入、编辑和显示活动单元格的数据和公式；中间三个按钮分别是：【取消】按钮 ✕、【输入】按钮 ✓、【插入函数】按钮 fx 。平时只显示【插入函数】按钮 fx ，在单元格的输入和编辑过程中才会显示【取消】按钮 ✕ 、【输入】按钮 ✓ ，用于对当前操作的取消或确认。

7. 编辑区

工作表中间的最大区域是 Excel 2010 的编辑区，是用户输入数据与编辑表格的区域。用户可以在编辑区为活动单元格输入内容，如数据、文字或公式等。用鼠标单击编辑区中的某一单元格后即可在此单元格输入相应内容。

8. 工作表标签

工作表标签位于工作表左侧底端的标签栏，用于显示工作表的名称。单击工作表标签将打开相应工作表，使用标签栏滚动按钮，可以滚动显示工作表标签。

9. 视图切换按钮栏

视图切换按钮栏位于工作表右侧底端，通过单击不同的视图切换按钮可以将文档以不同的视图方式呈现给用户。

10. 【显示比例】按钮

在视图切换按钮栏的右侧有【显示比例】按钮和滑块，用于设置当前文档页面的显示比例。

11. 状态栏

状态栏位于 Excel 2010 窗口的底部，用于显示当前命令执行过程中的有关提示信息及一些系统信息，如“输入”、“就绪”、“编辑”等。

12. 【帮助】按钮

单击 Excel 2010 窗口【最小化】按钮下方的【帮助】按钮或按 F1 键，就会打开【Excel 帮助】窗口。该窗口中，列出了可以获得帮助的内容和方法，单击目录中的相关项点就可以找到相应的帮助说明信息。

5.1.3 Excel 的基本概念

1. 工作簿

工作簿是用来储存并处理工作数据的文件，其扩展名是“xlsx”。也就是说，在 Windows 操作系统中，所有通过 Excel 创建和处理的数据都是以工作簿文件的形式存放在计算机磁盘中的。

2. 工作表

工作表是一个二维表格结构，一个工作簿可以包含一个或多个工作表。例如，Sheet1，Sheet2 等均代表一个工作表，类似于一本书由若干页组成，这里的“书”称为工作簿，每一“页”称为一个工作表。一个新的工作簿默认包含三个工作表，实际应用中可以根据需要对工作表进行增加、删除及更名。

3. 单元格

单元格是工作表的基本单位，由工作表的行列交叉形成，每一格即称为一个单元格，所有用户录入的数据及处理的结果均放在一个个的单元格中。每个单元格的地址由交叉的列号和行号组成，如“A1”代表第 A 列第 1 行的单元格。工作表中只有一个活动单元格用于接收用户输入的内容，此单元格称为活动单元格。

5.2　工作簿的基本操作

5.2.1　新建工作簿

每当启动 Excel 2010 之后，默认情况下程序会自动创建一个名为“工作簿 1”的空白工作簿。在“工作簿 1”未关闭之前，再次新建的工作簿会自动被命名为“工作簿 2”“工作簿 3”……创建新的工作簿有以下几种方法。

1. 创建空白工作簿

（1）单击【文件】→【新建】选项，将显示如图 5.3 所示的面板；选择其中的【空白工作簿】选项，双击鼠标或单击右下方的【创建】按钮。

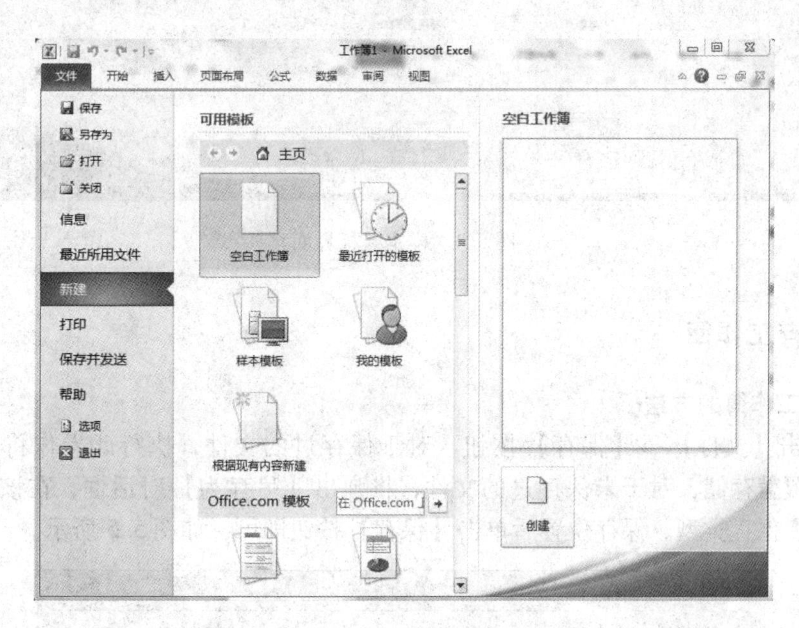

图 5.3　新建工作簿

（2）单击快速访问工具栏中的【新建】按钮创建新空白工作簿。

（3）运用组合键 Ctrl + N 创建新空白工作簿。

2. 创建基于模板的工作簿

除了通用型的空白工作簿模板之外，Excel 2010 中还内置了多种工作簿模板，如贷款分期付款模板、个人月预算模板等。另外，Office.com 网站还提供了表单表格、费用报表、图表、列表等特定的功能模板。借助这些模板，用户可以创建比较专业的 Excel 2010 工作簿。在 Excel 2010 中使用模板创建工作簿有以下两种方法。

（1）单击【文件】→【新建】→【样本模板】选项，将弹出如图 5.4 所示的界面。该界面提供了销售报表模板、账单模板等 Excel 自带的模板，单击右侧【创建】按钮。

（2）单击【文件】→【新建】选项，在【Office.com 模板】下有表单表格、费用报表、图表、列表等在线模板，单击右侧【下载】按钮，在创建的基于模板的工作簿中编辑相应的内容。

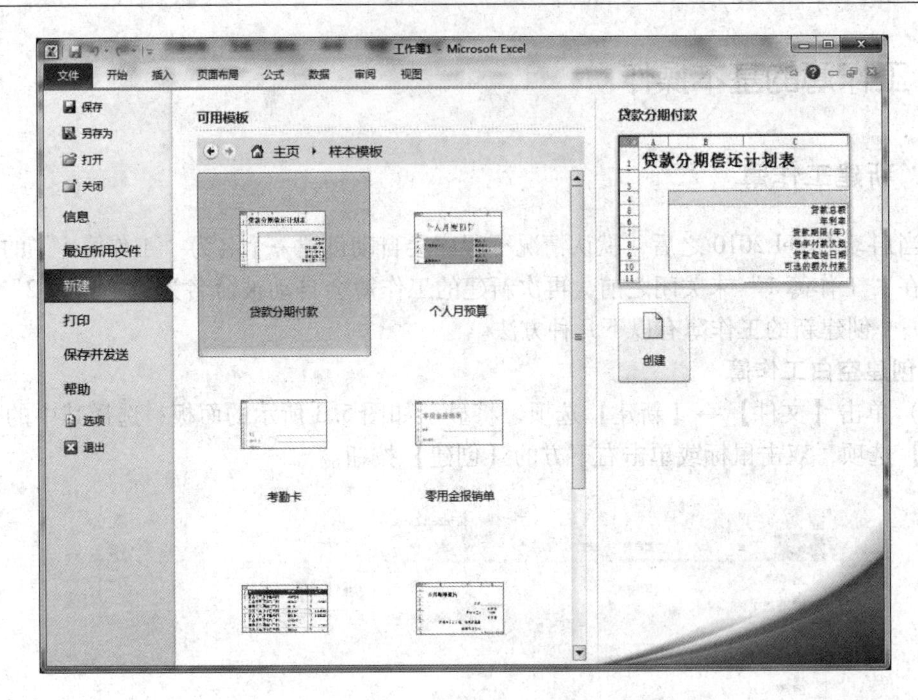

图 5.4　样本模板界面

5.2.2　保存工作簿

1. 保存工作簿的方法

（1）单击【文件】→【保存】按钮。对于保存过的文件，执行此操作将会按原文件名、原路径覆盖存储，对于未保存过的文件，将弹出【另存为】对话框，在该对话框中设置好文件名、保存类型、保存位置后单击【保存】按钮即可，如图 5.5 所示。

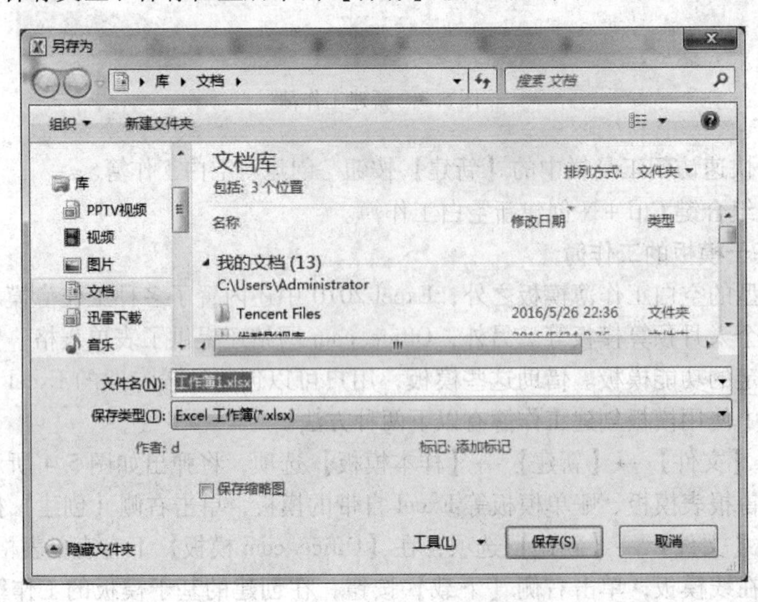

图 5.5　【另存为】对话框

（2）单击【文件】→【另存为】按钮，可以为已保存过的文件再保存一个副本。

（3）单击快速访问工具栏中的【保存】按钮。

（4）按 Ctrl+S 组合键。

Excel 2010 文件保存后的扩展名是“xlsx”，也可以保存为 97－2003 版本的文件格式。

2. 工作簿的加密保护

Excel 2010 有数据保护功能，为防止数据被篡改，提供了多层保护控制。Excel 2010 文件设置密码后，关闭文件后再次打开时，系统会要求输入密码，只有密码输入正确才可以打开工作簿，对工作簿起到了加密保护的作用。

工作簿的加密方法如下。

（1）单击【文件】→【另存为】按钮，在弹出的对话框中单击底部的【工具】→【常规选项】选项，弹出【常规选项】对话框，如图 5.6 所示。设置“打开权限密码”，用户可以用这个密码阅读 Excel 文件；设置“修改权限密码”，用户可以用这个密码打开和修改 Excel 文件；勾选【建议只读】复选项，用户在试图打开 Excel 文件的时候，会弹出建议只读的提示窗口。

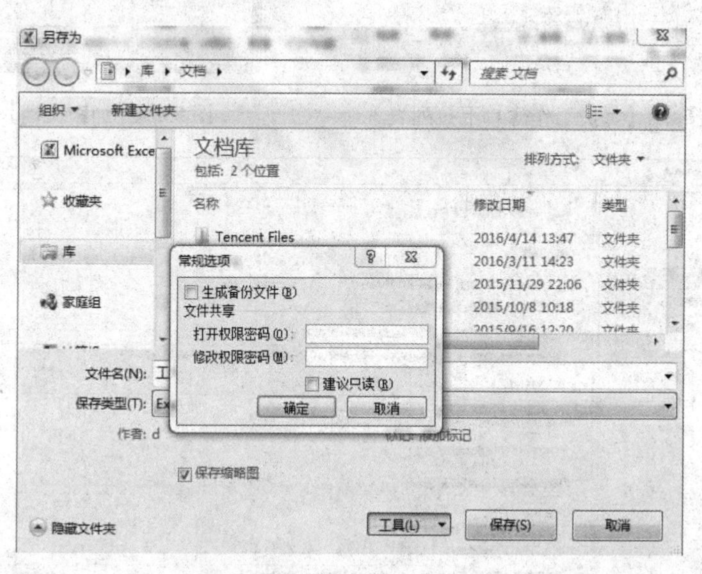

图 5.6 【常规选项】对话框

（2）单击【文件】→【信息】→【保护工作簿】按钮，如图 5.7 所示，选择下拉列表中的【用密码进行加密】选项，弹出如图 5.8 所示的【加密文档】对话框，输入密码，单击【确定】按钮，再输入相同的密码，则密码设置成功。

3. 设置工作簿自动保存时间

为了防止停电、死机等意外情况发生而导致编辑的文档数据丢失，可以利用 Excel 2010 提供的自动保存功能，设置每隔一段时间系统自动对工作簿进行保存。Excel 2010 默认的自动保存时间是 10 分钟，用户可根据需要自行设置。

设置工作簿自动保存的方法如下：单击【文件】→【选项】选项，弹出如图 5.9 所示的【Excel 选项】对话框，单击【保存】选项，在【保存自动恢复信息时间间隔】复选项后面的数值框中，输入时间，单击【确定】按钮，完成设置。

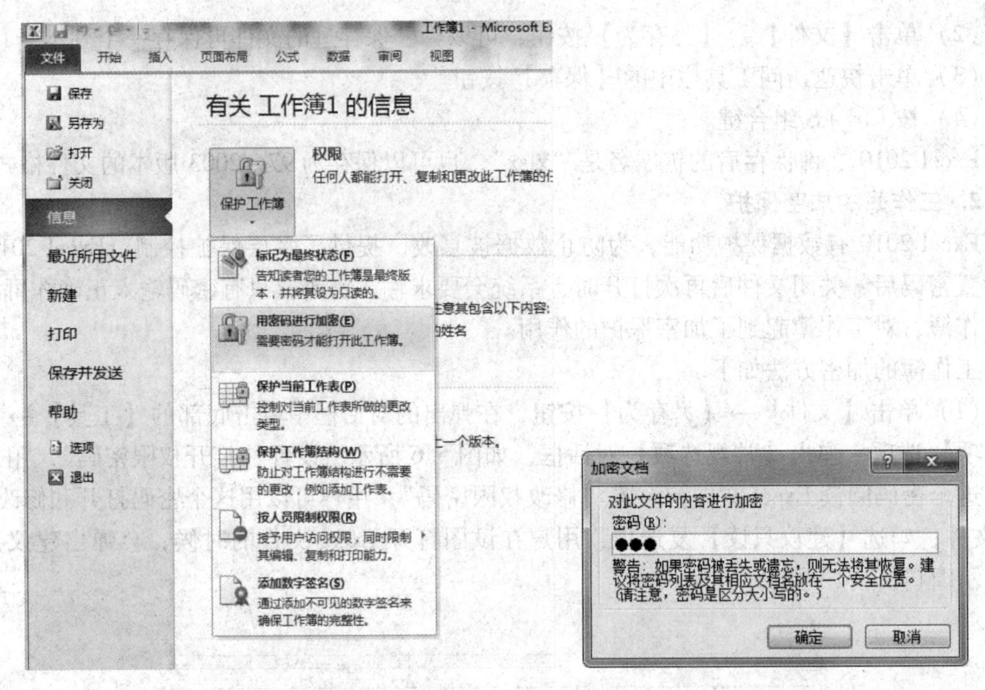

图 5.7 【保护工作簿】下拉列表　　　　图 5.8 【加密文档】对话框

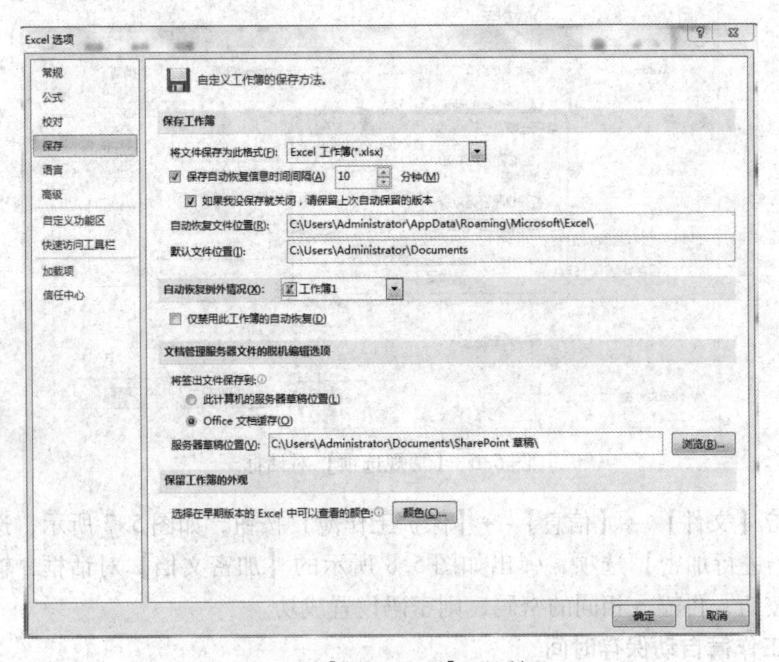

图 5.9 【Excel 选项】对话框

5.2.3 打开工作簿

打开已存在的工作簿有多种方法。

(1) 单击【文件】→【打开】按钮，在弹出的【打开】对话框中选择要打开的文件，单击【打开】按钮。

（2）单击快速访问工具栏中的【打开】选项。

（3）按 Alt + O 组合键。

如果要打开的工作簿是最近访问过的，可以单击【文件】→【最近使用文件】选项，在弹出的界面中单击要打开的工作簿。

5.2.4　关闭工作簿

处理完数据后要关闭工作簿，关闭工作簿有多种方法。

（1）单击【文件】→【关闭】按钮。

（2）单击标题栏的【关闭】按钮。

（3）双击标题栏左侧的应用程序图标。

（4）右击任务栏上的工作簿按钮，在弹出的快捷菜单中选择【关闭窗口】选项。

5.2.5　共享工作簿

共享工作簿是使用 Excel 进行协作的一项功能。当一个工作簿被设置为共享工作簿后，可以放在网络上供多位用户同时查看和修订。被允许的参与者们可以在同一个工作簿中输入、修改数据，也可以看到其他用户的操作结果。共享工作簿的所有者可以增加共享用户、设置允许编辑区域和权限、删除某些共享用户并解决修订冲突等，完成各项修订后还可以停止共享工作簿。

设置共享工作簿的方法如下：单击【审阅】选项卡【更改】选项组中的【共享工作簿】按钮，弹出【共享工作簿】对话框，如图 5.10 所示；在对话框中勾选【允许多用户同时编辑，同时允许工作簿合并】复选项；切换到【高级】选项卡中，根据需要进行设置，完成设置后单击【确定】按钮；保存并关闭共享的工作簿文件，将该文件放到一个新建文件夹内，设置这个文件夹在公司网络内共享即可。

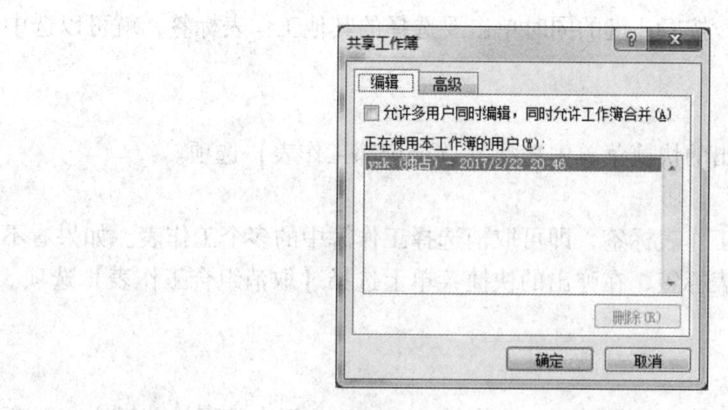

图 5.10　【共享工作簿】对话框

如果要取消共享工作簿，只需撤选【共享工作簿】对话框中【编辑】选项卡上的【允许多用户同时编辑，同时允许工作簿合并】复选项，并单击【确定】按钮即可。

由于多个用户可同时操作共享工作簿，当工作簿内容有变动时，如果想要知道到底是哪位用户修改了哪些数据，可以查看冲突日志。

查看冲突日志有两种方法：一是在工作表上将鼠标指针停留在被修改过的单元格上，此时详细的修改信息将会突出显示出来；二是在单独的冲突日志工作表上罗列出每一处冲突，具体方法如下。

（1）单击【审阅】选项卡【更改】选项组中的【修订】按钮，在弹出的下拉列表中选择【突出显示修订】选项。

（2）在弹出的【突出显示修订】对话框中勾选【编辑时跟踪修订信息，同时共享工作簿】复选项，执行该操作将开启工作簿共享和冲突日志。

（3）勾选【在屏幕上突出显示修订】复选项，这样在工作表上进行修改后，Excel 会以突出显示的颜色标记修改、插入或删除的单元格。

（4）勾选【在新工作表上显示修订】复选项，将启动冲突日志工作表。

（5）单击【确定】按钮，当弹出对话框提示保存工作簿时，再次单击【确定】按钮，保存工作簿。

5.3 工作表的基本操作

5.3.1 选择工作表

1. 选择单个工作表

单击要选择的工作表标签，可以选择单个工作表。

2. 选择多个工作表

1）选择多个连续的工作表

单击第一张工作表标签，按 Shift 键的同时单击要选择的最后一张工作表标签，就可以选中多个连续的工作表。

2）选择多个不连续的工作表

单击第一张工作表标签，按 Ctrl 键的同时单击要选择的其他工作表标签，就可以选中两个或多个不连续的工作表。

3）选择全部工作表

右击工作表标签，在弹出的快捷菜单中选择【选定全部工作表】选项。

3. 取消工作表的选择

单击任意一个未选定的工作表标签，即可取消选择工作簿中的多个工作表。如果看不到未选定的工作表，右击工作表标签，在弹出的快捷菜单上选择【取消组合工作表】选项。

5.3.2 插入工作表

单击工作表标签名后面的插入按钮，或者按 Shift + F11 组合键可快速插入一张新工作表。若要在 Sheet1 之前插入一张工作表，右击 Sheet1 标签，在弹出的快捷菜单中选择【插入】选项，在打开的【插入】对话框中单击【工作表】按钮，单击【确定】按钮即可。

若想一次性插入 n 张工作表，则先选中现有的 n 张工作表标签，然后单击【开始】选项卡【单元格】选项组中的【插入】按钮，在弹出的快捷菜单中选择【插入工作表】选项，即可完成操作。

5.3.3　移动、复制工作表

在工作表标签上右击，从弹出的快捷菜单中选择【移动或复制】选项，将弹出【移动或复制工作表】对话框，在该对话框中可以将选定的工作表移动到同一工作簿的不同位置，也可以移动到其他工作簿的指定位置。如果勾选对话框下方的【建立副本】复选项，就会在目标位置复制一个相同的工作表。

将鼠标指针放在要移动的工作表标签上方，拖动工作表到另一位置，松开鼠标左键，即可移动一个工作表；如果要复制工作表，则在拖动鼠标的同时按住 Ctrl 键即可。

5.3.4　重命名、删除工作表

1. 重命名工作表

在工作表标签上右击，选择快捷菜单中的【重命名】选项，即可重命名该工作表。

2. 删除工作表

不需要的工作表可以通过右击，选择快捷菜单中的【删除】选项来删除。若想一次性删除多张工作表，则在选中要删除的多张工作表后，选择快捷菜单中的【删除】选项即可。

5.3.5　保护

Excel 2010 中对数据的保护可以通过给文件添加密码来实现。另外，若要防止用户在工作表或工作簿中意外或故意更改、移动或删除重要数据，可以通过“保护工作表”“保护工作簿”功能来保护某些工作表或工作簿元素。

1. 保护工作表

默认情况下，工作表在被保护状态下时，该工作表中的所有单元格都会被锁定，用户只能读取工作表信息，不能对锁定的单元格进行任何更改，如用户不能在锁定的单元格中插入、修改、删除数据或者设置数据格式。

如果要保护的工作表中只是部分区域需要限制操作，那么在保护工作表之前，要对允许操作的单元格进行设定，具体操作如下。

（1）选中要解除锁定的单元格或区域。

（2）单击【开始】选项卡【单元格】选项组中的【格式】按钮，在弹出的下拉列表中选择【设置单元格格式】选项。

（3）在弹出的对话框中打开【保护】选项卡，撤选【锁定】复选项，然后单击【确定】按钮。

如果某些单元格的公式不希望显示出来，可以执行如下操作。

（1）选中要隐藏公式的单元格。

（2）单击【开始】选项卡【单元格】选项组中的【格式】按钮，在弹出的下拉列表中选择【设置单元格格式】选项。

（3）在弹出的对话框中打开【保护】选项卡，勾选【隐藏】复选项，然后单击【确定】按钮。

当所有单元格都按要求设置好之后，就可以对工作表设置保护了，具体的操作方法是：

单击【审阅】选项卡【更改】选项组中的【保护工作表】按钮，此时会弹出如图 5. 11 所示对话框，根据需要勾选相应的复选项；如果需要防止被别人取消保护，可以指定取消保护密码；单击【确定】按钮即完成了对工作表的保护设置。

2. 保护工作簿

保护工作簿包括保护工作簿结构和保护工作簿窗口（保护工作簿窗口就是使工作簿窗口在每次打开时大小和位置都相同）。

保护工作簿的操作方法如下：单击【审阅】选项卡【更改】选项组中的【保护工作簿】按钮，此时将弹出如图 5. 12 所示对话框，在该对话框中根据需要进行设置即可。

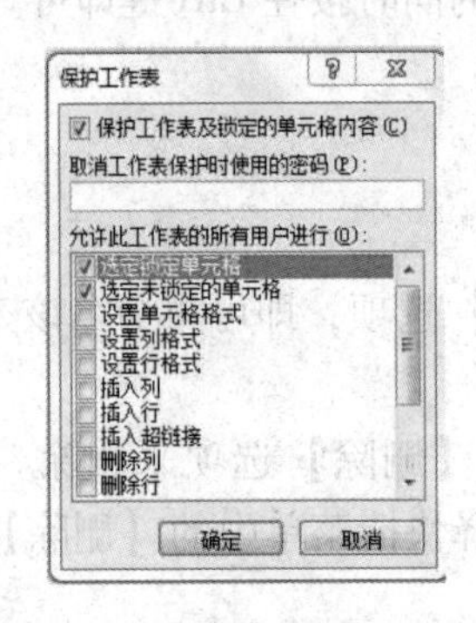

图 5. 11 【保护工作表】对话框

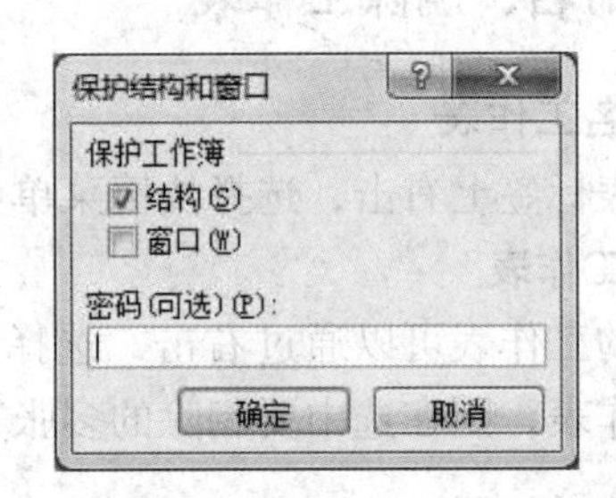

图 5. 12 【保护结构和窗口】对话框

5. 3. 6　隐藏和恢复工作表

有时工作表暂时不使用或者有隐私不想被别人看到，可以先把工作表隐藏起来，操作方法如下。

右击要隐藏的工作表标签，弹出快捷菜单，如图 5. 13 所示，选择【隐藏】选项，即可将此工作表隐藏。

如果想恢复显示被隐藏的工作表，只需右击任意工作表标签，在弹出的快捷菜单中选择【取消隐藏】选项，在弹出的对话框中选择要显示的工作表，如图 5. 14 所示，单击【确定】按钮，即完成取消隐藏工作表操作。

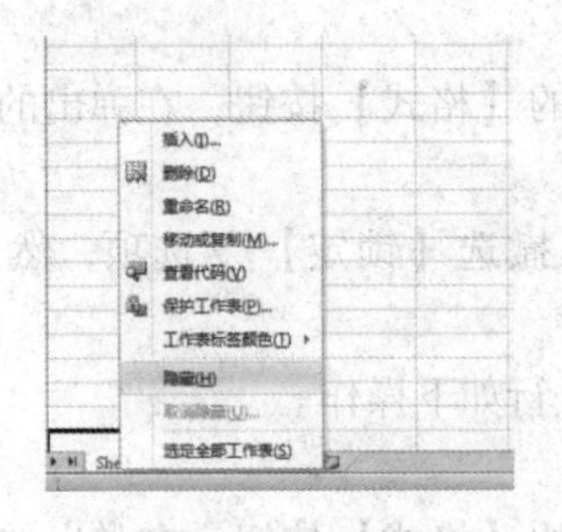

图 5. 13　隐藏工作表

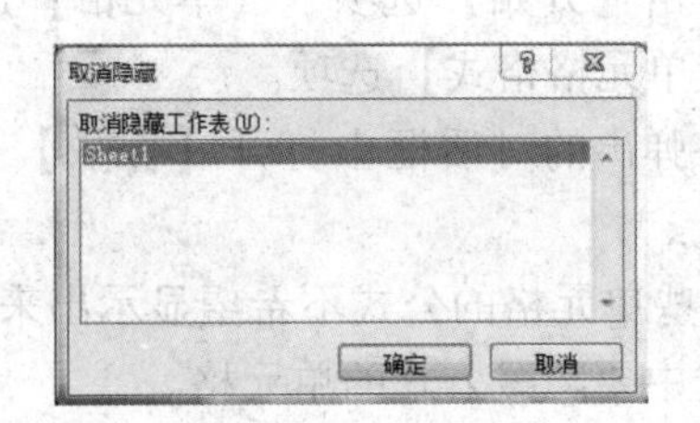

图 5. 14 【取消隐藏】对话框

5. 3. 7　拆分和冻结工作表窗格

如果工作表中的数据过多，通常需要使用滚动条来查看全部内容。在查看时工作表的标题、项目名等也会随着数据一起移出屏幕，造成只能看到内容，看不到标题、项目名等情况的发生。使用 Excel 2010 的拆分和冻结工作表窗格功能就可以解决该类问题。

1. 拆分工作表窗格

通过拆分工作表窗格的方法可以将工作表拆分为 2 个或 4 个独立的窗格，从而实现在独立的窗格中查看不同位置的数据。拆分工作表窗格的方法主要有两种，即通过菜单选项拆分和通过拖动标记拆分，具体操作如下。

1）通过菜单选项拆分

选中要拆分的某一单元格位置，单击【视图】选项卡【窗口】选项组中的【拆分】选项，将窗口拆分为 4 个独立的窗格，如图 5.15 所示。拆分后再次单击【拆分】选项，则可取消工作表窗格的拆分。

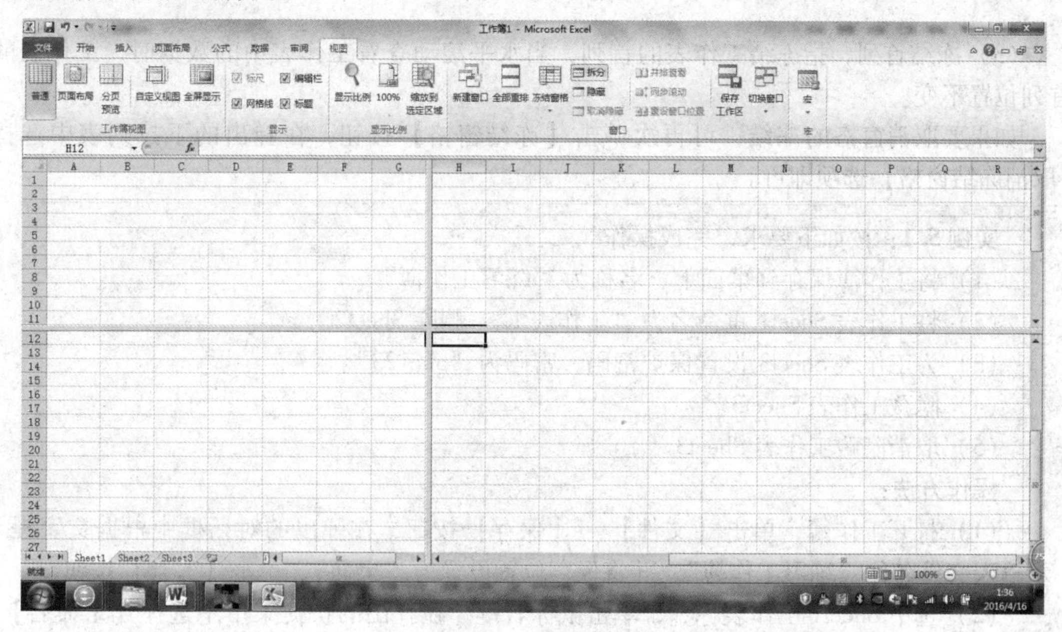

图 5.15　拆分窗格

2）通过拖动标记拆分

将鼠标指针移动到垂直滚动条上方的按钮或水平滚动条右端的按钮上，当其变为形状时，按住鼠标左键并在垂直或者水平方向上拖动，便可将窗口拆分为上、下两个或左、右两个窗格，拆分后用鼠标将标记拖回原来的位置则可取消拆分。

2. 冻结工作表窗格

将某一单元格所在的行或列冻结后，用户可以任意查看工作表的其他部分而不移动被冻结的行或列，这样可以方便用户查看表格中的数据，具体操作方法如下。

单击【视图】选项卡【窗口】选项组中的【冻结窗格】按钮，在弹出的下拉列表中选择所需的冻结方式即可，如图 5.16 所示。冻结窗格的主要方式有以下三种。

（1）冻结拆分窗格，即以中心单元格左侧和上方的框线为边界将窗口分为 4 部分，冻结后拖动滚动条查看工作表中的数据时，中心单元格左侧和上方的行与列的位置不变。

（2）冻结首行，指冻结工作表的首行，当垂直滚动查看工作表中的数据时，工作表的首行位置不变。

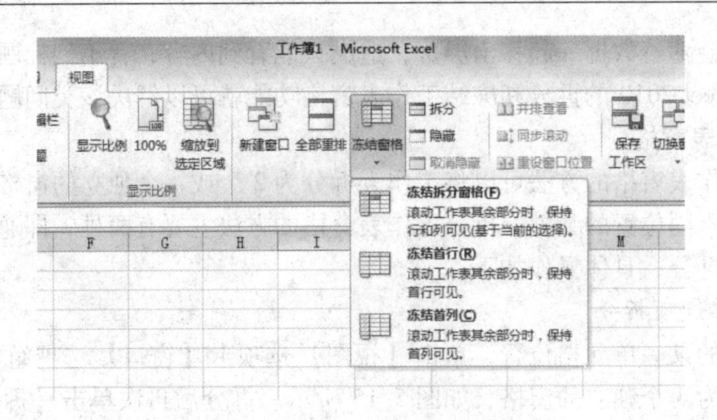

图5.16 【冻结窗格】下拉列表

（3）冻结首列，指冻结工作表的首列，当水平滚动查看工作表中的数据时，工作表的首列位置不变。

如果要取消窗格的冻结，可再次单击【冻结窗格】按钮，在弹出的下拉列表中选择【取消冻结窗格】选项即可。

实例5.1：按如下要求，完成操作。

（1）将工作簿保存到桌面上，名称为“练习工作簿”。

（2）将工作表Sheet1重命名为“工作表1”，删除Sheet2。

（3）为工作表Sheet3设置保护密码，密码为“abc123”。

（4）隐藏工作表Sheet3。

（5）取消隐藏工作表Sheet3。

操作方法：

（1）打开工作簿，单击【文件】→【保存】按钮，在弹出的对话框中根据文字提示输入文件名称“练习工作簿”，并将保存位置设置为“桌面”，单击【保存】按钮。

（2）选中Sheet1工作表标签，单击鼠标右键，在弹出的快捷菜单中选择【重命名】选项，并输入“工作表1”，再选中Sheet2工作表标签，单击鼠标右键，在弹出的快捷菜单中选择【删除】选项，单击【确定】按钮。

（3）选中Sheet3工作表标签，单击【审阅】选项卡中的【保护工作表】按钮，在弹出的对话框中的文本框中输入密码“abc123”，单击【确定】按钮后再次输入确认密码“abc123”，单击【确定】按钮。

（4）在Sheet3工作表标签处右击，在弹出的快捷菜单中选择【隐藏】选项，则工作表Sheet3就被隐藏了。

（5）在任意工作表标签处右击，在弹出的快捷菜单中选择【取消隐藏】选项，在弹出的【取消隐藏】对话框中选择Sheet3工作表，单击【确定】按钮。

5.4 单元格、行和列的基本操作

5.4.1 选中单元格

在工作表中，信息存储在单元格中，用户要对某个或多个单元格进行操作，必须先选中该单元格，被选中的单元格称为活动单元格。选中活动单元格后，可以通过右键快捷菜单对单元格进行名称的定义，也可以在名称框（编辑栏的左边）中定义该单元格的名称。

对表格进行格式设置或修饰时，经常要同时选择多个单元格进行操作，如果这多个单元格是不连续的，可以按住 Ctrl 键，再逐个单击要选中的单元格；或者在名称框 3 个单元格中输入单元格的名称，各名称间用逗号分隔，如要同时选中“A1”“B5”“F10”3 个单元格，可以在名称框中输入“A1，B5，F10”。

如果多个单元格是连续的，则要选中这些单元格可通过以下 3 种方法实现（以要选中“A1”到“H20”的连续区域为例）。

（1）直接从 A1 单元格开始按住鼠标左键拖动指针到 H20 单元格。

（2）选中 A1 单元格，按住 Shift 键的同时单击 H20 单元格。

（3）单击名称框，在其中输入“A1:H20”

如果想同时选中当前工作表的所有单元格，则可以单击【全选】按钮或按组合键 Ctrl + A。【全选】按钮位于编辑区左上角，行号列号交汇处，如图 5.17 所示。

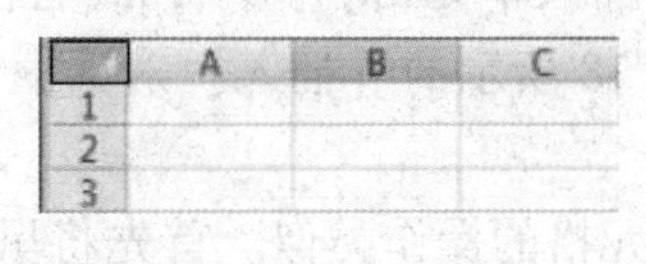

图 5.17　【全选】按钮

5.4.2　移动和复制单元格

1. 单元格的移动操作

1）使用剪切、粘贴方法

首先选中要移动的单元格，然后右击鼠标，在弹出的快捷菜单中选择【剪切】选项（或按 Ctrl + X 组合键），选中的单元格外围将环绕一个虚线边框，表示选中的单元格内容已被剪切到剪贴板上；选中目标位置，然后右击鼠标，在弹出的快捷菜单中选择【粘贴】选项（或按 Ctrl + V 组合键），目标位置原来的内容就会被覆盖。

2）使用鼠标拖动方法

首先选中要移动的单元格或一个区域（通常用鼠标进行），将鼠标指针移到选中单元格或区域的外边框上，鼠标指针变形为黑十字箭头“✥”后，按住鼠标左键将选中单元格或区域拖动到目标位置（若同时按 Ctrl 键，则可以复制到目标位置），释放鼠标左键即完成移动操作。伴随拖动操作，Excel 2010 同时会显示被移动对象的范围轮廓线和该范围当前的地址，协助用户为拖动的内容定位。

2. 单元格的复制操作

1）使用复制粘贴方法

利用粘贴方法复制首先选中要复制的单元格，然后右击鼠标，在弹出的快捷菜单中选择【复制】选项（或按 Ctrl + C 组合键），选中的单元格外围会环绕一个虚线边框，表示选中的单元格内容已复制到剪贴板上，选中移动单元格的新位置，右击鼠标，在弹出的快捷菜单中选择【粘贴】选项（或按 Ctrl + V 组合键）。

2）使用填充柄方法

使用填充柄复制的方法适用于原区域和目标区域是相邻区域的情况。该方法是借助于Excel 2010的填充柄实现的。填充柄是位于选中的单元格或区域右下角的小黑方块，当鼠标指针指向填充柄时，鼠标的指针将变成黑十字形状“＋”。

首先选中想要复制的单元格，然后拖动填充柄把数据复制到相邻的单元格中。需要注意的一点是，如果所选单元格内包含数字，则用此方法复制会产生一个序列。

5.4.3 插入、删除单元格

在编辑表格的过程中，如果对单元格的位置不满意，可以通过插入和删除单元格的方法来改变单元格的位置。具体操作步骤如下。

在Excel 2010工作界面中，选中要插入位置的单元格，右击鼠标，在弹出的快捷菜单中选择【插入】选项，或切换至【开始】选项卡，单击【单元格】选项组中的【插入】按钮，从弹出的下拉列表中选择【插入单元格】选项，或右击单元格，在弹出的快捷菜单中选择【插入】选项，打开如图5.18所示的【插入】对话框，选中相应的单选项后单击【确定】按钮即可完成插入操作。

删除单元格的操作和插入单元格的操作类似。首先将鼠标指针移至要删除的单元格上，右击鼠标，从弹出的快捷菜单中选择【删除】选项，将弹出如图5.19所示的【删除】对话框，根据实际需要选中相应的单选项后单击【确定】按钮即可。

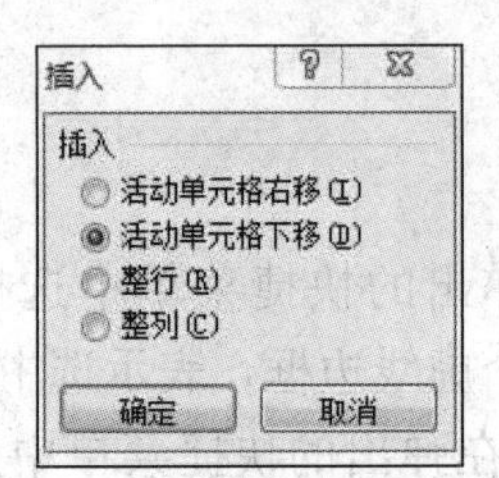

图5.18 【插入】对话框

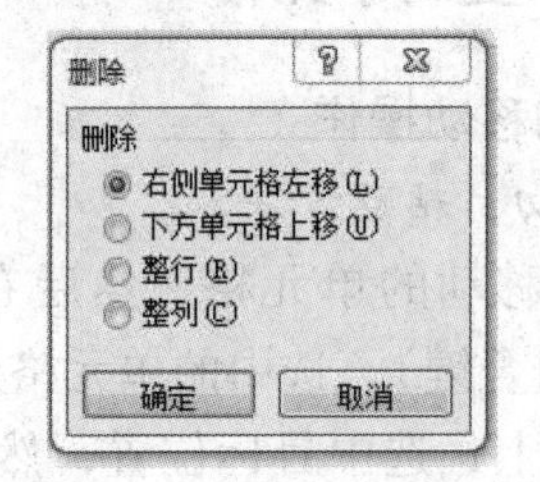

图5.19 【删除】对话框

5.4.4 合并、拆分单元格

1. 合并单元格

合并单元格就是将多个单元格合并成一个。先选中所要合并的单元格（这些单元格必须能组成一个矩形区域），然后在选中的区域右击鼠标，在弹出的快捷菜单中选择【设置单元格格式】选项，打开【设置单元格格式】对话框，切换至【对齐】选项卡，勾选【文本控制】下的【合并单元格】复选项，如图5.20所示，单击【确定】按钮即可，还可以单击【开始】选项卡【对齐方式】选项组中的【合并后居中】按钮。

如果要合并的单元格内有多项数据，系统则会弹出如图5.21所示的警示对话框，提示“选定区域包含多重数值。合并到一个单元格后只能保留最左上角的数据”，单击【确定】按钮，则继续进行合并操作，单击【取消】按钮，则放弃本次操作，请谨慎操作，以免丢失数据。

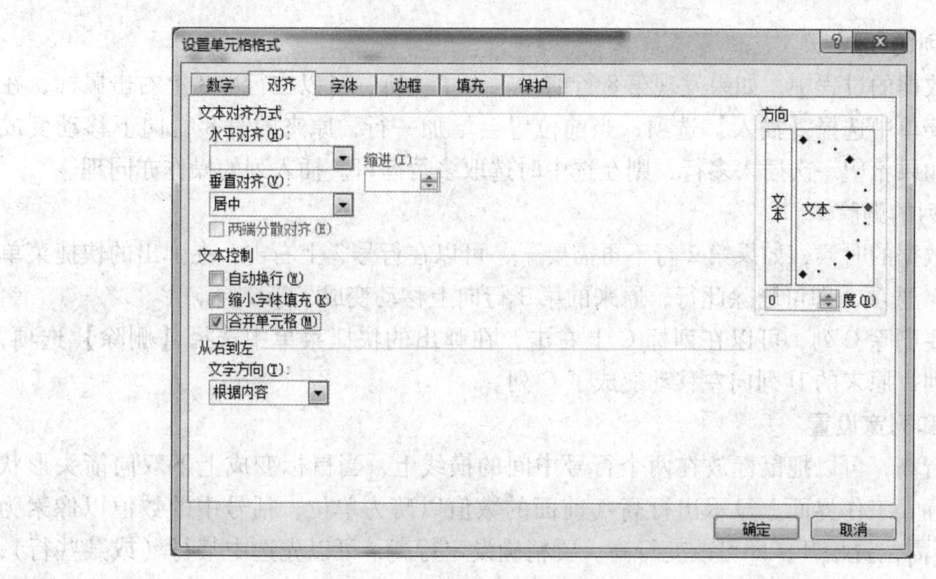

图 5.20　【设置单元格格式】对话框

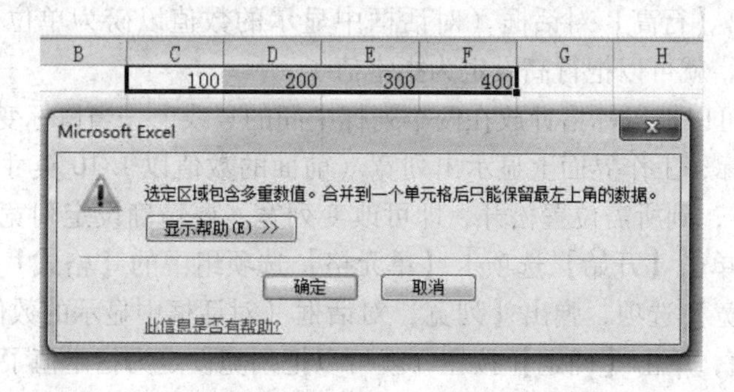

图 5.21　警示对话框

2. 拆分单元格

在 Excel 2010 中，单元格作为数据存储的最小单位，是不能再被拆分的，而所谓的拆分单元格其实就是取消合并单元格。选中要拆分的单元格，单击【开始】选项卡【对齐方式】选项组中的【合并后居中】按钮，这样就完成了单元格的拆分，原来的数据会存储在左上角第一个单元格中，其他单元格内容均为空。

5.4.5　行和列的基本操作

1. 行和列的选中

要选中一行，如第 3 行，可单击行号 3；要选中 2、3、4 行，可用鼠标从行号 2 拖动到行号 4；要选中不连续的行，如第 3 行和第 5 行，先单击行号 3，按住 Ctrl 键的同时，再单击行号 5。

要选中一列，如第 B 列，可单击列标 B；要选中 A、B、C 列，可用鼠标从列标 A 拖动到列标 C；要选中不连续的列，如第 B 列和第 D 列，先单击列标 B，按住 Ctrl 键的同时，再单击列标 D。

2. 行和列的插入

在输入数据的过程中，如果发现第8行前少输入了一行，可以在行号8上右击鼠标，在弹出的快捷菜单中选择【插入】选项，当前位置会增加一行，原来的第8行向下移动变成了第9行；如果希望一次插入多行，则在选中时选取多行即可。插入列的操作亦同理。

3. 行和列的删除

在编辑数据的时候，如果第2行不再需要了，可以在行号2上右击，在弹出的快捷菜单中选【删除】选项，即可删除此行，原来的第3行向上移动变成了第2行。

同理，要删除C列，可以在列标C上右击，在弹出的快捷菜单中选择【删除】选项，即可删除此列，原来的D列向左移动变成了C列。

4. 行高和列宽设置

要调整行高，可以把鼠标放在两个行号中间的横线上，当鼠标变成上下双向箭头形状时，拖动鼠标，工作界面上显示出行高（前面的数值以磅为单位，括号中的数值以像素为单位），到所需位置松开，即可改变行高。要精确设定行高，可以先选中某行（或某些行），然后单击【开始】选项卡【单元格】选项组中的【格式】按钮，在弹出的下拉列表中选择【行高】选项，弹出【行高】对话框（对话框中显示的数值以磅为单位），输入需要的值，单击【确定】按钮，就可以把行高设定为指定值了。

要调整列宽，可以把鼠标指针放在两个列标中间的竖线上，当鼠标变为水平双向箭头形状时，左右拖动鼠标，工作界面上显示出列宽（前面的数值以1/10英寸为单位，括号中的数值以像素为单位），到所需位置松开，即可改变列宽。要精确设定列宽，可以先选中某列（或某些列），然后单击【开始】选项卡【单元格】选项组中的【格式】按钮，在弹出的下拉列表中选择【列宽】选项，弹出【列宽】对话框（对话框中显示的数值以1/10英寸为单位），输入需要的值，单击【确定】按钮，就可以把列宽设定为指定值了。

把鼠标指针放在两个行号中间的横线上，当鼠标变为上下双向箭头时双击，就可以把行高设为最合适的值；把鼠标指针放在两个列标中间的竖线上，当鼠标变为水平双向箭头时双击，就可以把列宽设定为最合适的值。

5. 行和列的隐藏

暂时不想看到的行或列，可以将其隐藏。比如要隐藏第2列，可在列标B上右击，在弹出的快捷菜单中选择【隐藏】选项，就可以把B列隐藏了。要重新显示B列，可以选中A列和C列（跨越被隐藏的列），右击，在弹出的快捷菜单中选择【取消隐藏】选项即可。同理可实现行的隐藏和取消。

5.5 输入和编辑数据

5.5.1 输入数据

在Excel 2010的单元格中，可以输入多种类型的数据，包括文本型、数值型、货币型、日期型、时间型等多种。最常见的类型有文本型、数值型和日期型。其中，文本型的默认对齐方式为左对齐，数值型的默认对齐方式为右对齐。

在单元格中输入数据时，首先要使输入数据的单元格成为活动单元格。输入结束后，可以按 Enter 键或方向键使下一个想要输入数据的单元格成为活动单元格。若需要在同一单元格内换行输入，可使用 Alt + Enter 组合键。

1. 输入文本型数据

在 Excel 2010 中，文本型数据包括汉字、英文字母、空格等。表格中类似编号、身份证号码、电话号码的数据，都是由纯数字构成的文本数据。如果直接输入这些数据，Excel 默认将它们当作数值数据对待，这样会造成一些数据不能正常显示。例如，编号"001"会显示为"1"；较长的数字还会被用科学计数法来表示，如身份证号码"230204199602180012"会被显示为"2. 30204E + 17"，其真实值已经被四舍五入为"230204199602180000"。所以，在输入这种数据时，可以先将单元格的数据格式设置为"文本"，然后再输入数据。

将单元格的数据格式设置为"文本"的方法：选中单元格，右击鼠标，在弹出的快捷菜单中选择【设置单元格格式】选项，弹出【设置单元格格式】对话框，切换到【数字】选项卡，在【分类】列表中选中【文本】选项，单击【确定】按钮，完成设置后就可以正常输入身份证号码了。

实际工作中，也可不用设置单元格格式方法，而是直接在输入身份证号之前，先输入一个英文的单引号"'"，这样 Excel 2010 会将它们当作文本数据处理，并在单元格中自动隐藏单引号（但在编辑栏中会显示）。

2. 输入数值型数据

在 Excel 2010 中，数值型数据包括数字 0 ~ 9 及含有正号、负号、货币符号、百分号等任意一种符号的数据。默认情况下，数值自动沿单元格右边对齐。

在 Excel 2010 单元格中，默认的通用数字格式可显示的最大数字为 99999999999。如果输入数字超出此范围，Excel 2010 将用科学表示法表示。例如，输入 12345678901234567 8，单元格会将其表示为 1. 23457E + 17。

如果输入的小数位数多于设置的有效位数，将会四舍五入。例如，输入数据 1. 234，而有效位数为 2 位，则显示数据为 1. 23。当字段的宽度发生变化时，科学表示法表示的有效位数会发生变化，以能够显示为限，但单元格中的存储值不变。因此，在一些情况下，单元格中显示的数字只是其真实值的近似表示。

输入数值型数据的方法：选中单元格，右击鼠标，在弹出的快捷菜单中选择【设置单元格格式】选项，弹出【设置单元格格式】对话框，选择【数值】选项，单击【确定】按钮，输入的数据即为数值型数据。

3. 输入分数

要在单元格中输入分数形式的数据，有以下两种方法。

（1）在编辑的单元格中输入"0"和一个空格，再输入分数，否则 Excel 会把分数当作日期处理。例如，要在单元格中输入分数"5/6"，首先要在编辑的单元格中输入"0"和一个空格，接着再输入"5/6"，按 Enter 键，单元格中就会出现分数"5/6"。

（2）选中单元格，右击鼠标，在弹出的快捷菜单中选择【设置单元格格式】选项，弹出【设置单元格格式】对话框，选择【分数】选项，选中相应的分数形式，单击【确定】按钮，输入的数据即为分数。

4. 输入日期和时间

输入日期时，年、月、日之间要用"/"号或" - "号隔开，如"2010 - 5 - 20"；输入时间时，时、分、秒之间要用冒号隔开，如“07:28:30”；若要在单元格中同时输入日期和时间，日期和时间之间应该用空格隔开。

输入日期和时间的方法：选中单元格，右击鼠标，在弹出的快捷菜单中选择【设置单元格格式】选项，弹出【设置单元格格式】对话框，选择【日期】或【时间】选项，选择要设置的区域，单击【确定】按钮，输入的数据即为时间和日期。

5.5.2 编辑数据

在工作表中，用户可能需要替换单元格中已有的数据。单击单元格，使单元格处于活动状态，单元格中的数据会自动被选中，一旦重新输入数据，单元格中原来的内容就会被新输入的内容代替。

在 Excel 2010 中，如果单元格中包含大量字符或复杂的公式，而用户只想修改其中的一小部分，可按以下两种方法进行编辑。

(1) 双击单元格，或者单击单元格再按 F2 键，在单元格中进行编辑。

(2) 单击单元格，使其成为活动单元格，再单击编辑栏，在编辑栏中进行编辑。

在实际使用过程中，我们经常会用到“选择性粘贴”这项功能，通过选择性粘贴，我们能够将剪贴板中的内容粘贴为不同于内容源的内容与格式，如可以有选择地粘贴剪贴板中的数值、格式、公式、批注等，使复制和粘贴操作更灵活，具体操作方法如下。

(1) 选中需要复制的单元格区域，右击被选中的区域，在弹出的快捷菜单中选择【复制】选项。

(2) 定位鼠标光标至目标粘贴位置，右击该单元格区域，在弹出的快捷菜单中选择【选择性粘贴】选项，将弹出如图 5.22 所示的【选择性粘贴】对话框。

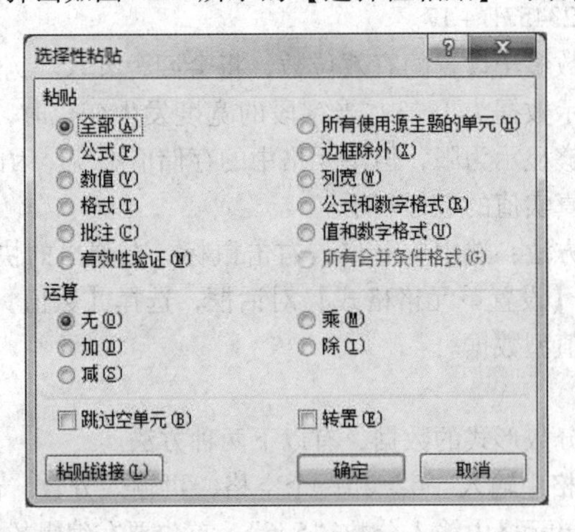

图 5.22 【选择性粘贴】对话框

(3) 在【粘贴】区域中选中需要粘贴的单选项，单击【确定】按钮。

有时，为了满足某些需要，必须把工作表的行和列进行转置（如图 5.23 所示），而重新输入数据又很浪费时间，这一情况用“选择性粘贴”功能可以快速解决（如图 5.24 所示），操作方法如下。

	A	B	C	D	E	F	G	H
1	三间房车站年度绩效考核统计表							
2	序号	姓名	一季度	二季度	三季度	四季度	总分	排名
3	1	李雪峰	100	100	94	98	391	2
4	2	赵一萌	99	98	91	96	384	5
5	3	张柏涛	97	97	94	96	384	5
6	4	吴浩	99	94	84	92	369	9
7	5	邹翔宇	98	97	68	87	349	11
8	6	张宇航	95	84	82	87	347	12
9	7	刘洪宇	99	100	98	99	396	1
10	8	任金鑫	94	92	86	91	363	10
11	9	杨雅琪	99	98	96	98	391	2
12	10	张雪	92	88	74	84	337	13
13	11	刘春峰	99	89	96	95	378	7
14	12	彭浩楠	97	94	86	92	369	8
15	13	周雪	97	95	98	97	387	4

图 5.23　待转置数据

J	K	L	M	N	O	P	Q	R	S	T	U	V	W
三间房车站年度绩效考核统计表													
序号	1	2	3	4	5	6	7	8	9	10	11	12	13
姓名	李雪峰	赵一萌	张柏涛	吴浩	邹翔宇	张宇航	刘洪宇	任金鑫	杨雅琪	张雪	刘春峰	彭浩楠	周雪
一季度	100	99	97	99	98	95	99	94	99	92	99	97	97
二季度	100	98	97	94	97	84	100	92	98	88	89	94	95
三季度	94	91	94	84	68	82	98	86	96	74	96	86	98
四季度	98	96	96	92	87	87	99	91	98	84	95	92	97
总分	391	384	384	369	349	347	396	363	391	337	378	369	387
排名	2	5	5	9	11	12	1	10	2	13	7	8	4

图 5.24　转置后数据

（1）选中待转置数据区域，右击被选中的区域，在弹出的快捷菜单中选择【复制】选项。

（2）定位鼠标光标至目标粘贴位置，右击该单元格区域，在弹出的快捷菜单中选择【选择性粘贴】选项，将弹出如图 5.22 所示的【选择性粘贴】对话框。

（3）在【运算】区域下方勾选【转置】复选项，单击【确定】按钮。

5.5.3　自动填充数据

1. 使用填充柄填充数据

在 Excel 2010 工作表中，通过拖动填充柄向左、向右、向上、向下可以快速地复制或填充数据，当某列的左右已有数据时，双击填充柄会以左侧或右侧的数据最末行为底向下填充数据。

使用填充柄进行拖动操作时，如果被复制的是普通字符和数值，则在拖动填充过程中，只是简单的复制；如果想实现数值的递增填充，则可在拖动过程中按住 Ctrl 键。如果数据是字符和数值的组合（如“事项 5”），则在快速填充过程中，字符部分会保持不变而数值部分会呈递增形式（“事项 6”“事项 7”……）；若用户仅想实现复制功能，则在拖动同时按住 Ctrl 键即可。

2. 使用【序列】对话框填充序列

有时我们在填充数据过程中，可能会用到特殊序列，如等差序列、等比序列等，此时可以利用【序列】对话框来实现，具体操作为：在第一个单元格内输入起始数据，选中该单元格，单击【开始】选项卡【编辑】选项组中的【填充】按钮，弹出如图5.25所示的下拉列表，在下拉列表中选择【系列】命令，在弹出的【系列】对话框中选择序列产生的位置、类型、填充步长值及终止值，如图5.26所示，单击【确定】按钮，就可以自动填充等差或等比等序列。

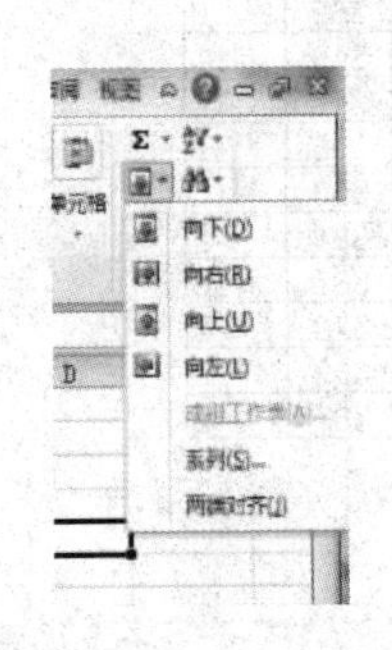

图5.25 【填充】下拉列表

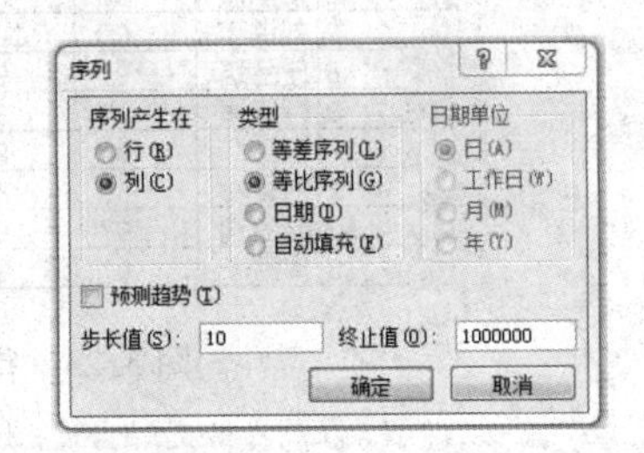

图5.26 【序列】对话框

3. 自定义序列

Excel 2010中虽然已经内置了多种常用的序列，如星期、月份、季度等，但是有很多时候在我们的工作中经常用到的一些固定的序列系统中却没有，如“春、夏、秋、冬”，所以系统提供了自定义序列的方法，可以很好地解决该问题。下面介绍具体的操作方法。

1）手动添加自定义序列

单击【文件】→【选项】按钮，打开【Excel选项】对话框，单击左侧的【高级】标签，把右侧滚动条拖至对话框底部，单击【编辑自定义列表】按钮，此时将会打开如图5.27所示的【自定义序列】对话框；在【输入序列】列表中输入要创建的序列，单击【添加】按钮，则新的自定义序列将出现在左侧【自定义序列】列表的最下方，单击【确定】按钮，完成添加操作并关闭对话框。

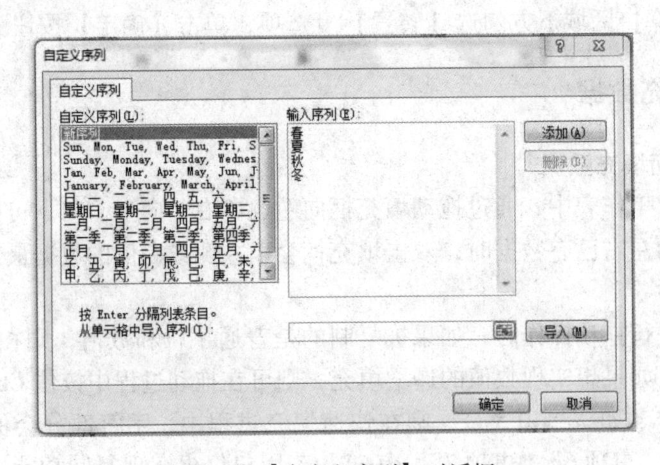

图5.27 【自定义序列】对话框

注意：输入序列时，序列项之间要用英文标点“,”分隔或用Enter键分隔。

2）从工作表中导入自定义序列

如果工作表中已输入了要自定义序列的数据，也可以把该数据导入到自定义序列中，方便后续的使用，具体操作步骤如下。

在工作表中输入序列，或者打开一个包含该序列的工作表，并选中该序列，单击【文件】→【选项】按钮，打开【Excel 选项】对话框，单击左侧的【高级】标签，把右侧滚动条拖至对话框底部，单击【编辑自定义列表】按钮，将弹出【自定义序列】对话框，此时，用户已选中的序列地址会自动添加至【导入】文本框中，单击右侧的【导入】按钮，该序列就会出现在左侧【自定义序列】列表的最下方，导入操作完成。

实例 5.2：按如下要求，完成操作。

（1）打开工作表 Sheet1，在单元格 A1 中填写序号“0001”。

（2）在 B1 单元格中输入数据“1”，向下填充等比数列，设步长值为“10”，设终止值为“100000”。

（3）在 C1 单元格中输入数据“1”，向下填充等差数列，设步长值为“3”，设终止值为“20”。

（4）创建自定义序列“春夏秋冬”，并填充到 B10:B14 区域。

操作方法：

（1）打开工作表 Sheet1，选中 A1 单元格，右击鼠标，在弹出的快捷菜单中选择【设置单元格格式】→【数字】→【文本】选项，单击【确定】按钮，返回工作表，在 A1 中输入“0001”。

（2）在 B1 单元格中输入数据“1”，单击【开始】选项卡【编辑】选项组中的【填充】按钮，在弹出的下拉列表中选择【系列】选项，在弹出的对话框中的【步长值】文本框中输入“10”，【终止值】文本框中输入“100000”，选中【列】和【等比序列】单选项，单击【确定】按钮。

（3）等差数列的填充参考（2）的操作步骤。

（4）单击【文件】→【选项】按钮，在弹出的对话框中单击【高级】选项，在右侧界面中单击【编辑自定义列表】按钮，弹出【自定义序列】对话框，在【输入序列】文本框中输入“春夏秋冬”，使用 Enter 键作为分隔符，依次单击【添加】和【确定】选项。在 B10 单元格输入数据“春”，使用填充柄填充数据到 B14 单元格。

5.5.4 查找、替换、定位数据

在处理大型工作表时，数据的查找、替换和定位功能十分重要，它可以节省查找某些内容的时间。在需要对工作表中反复出现的某些数据进行修改时，替换功能将使这项复杂的工作变得十分简单。

1. 查找数据

查找功能可以用来查找整个工作表，也可以用来查找工作表的某个区域。前者可以单击工作表中的任意一个单元格，后者需要先选中该单元格区域，具体操作步骤如下。

单击【开始】选项卡【编辑】选项组中的【查找和选择】按钮，在弹出的下拉列表中单击【查找】选项，弹出【查找和替换】对话框，或按 Ctrl + F 组合键，也会弹出如图 5.28 所示的【查找和替换】对话框。

在【查找内容】文本框中输入要查找的关键字，随着输入，系统会自动激活【查找下

一个】按钮；单击【查找下一个】按钮，插入点即定位在查找区域内的第一个与关键字相匹配的字符串处，再次单击【查找下一个】按钮，将继续进行查找。到达文档尾部时，系统会给出全部搜索完毕提示框，单击【确定】按钮返回到【查找和替换】对话框。

单击【查找和替换】对话框中的【选项】按钮，将弹出如图 5.29 所示的更有效的【查找和替换】对话框。在该对话框中，可以继续设置查找的范围是工作表或者是工作簿，搜索方式是按行或者是按列，以及查找范围是在单元格公式中、单元格数值中或者是在单元格批注中等，单击对话框中的【关闭】按钮或按 Esc 键可随时结束查找操作。

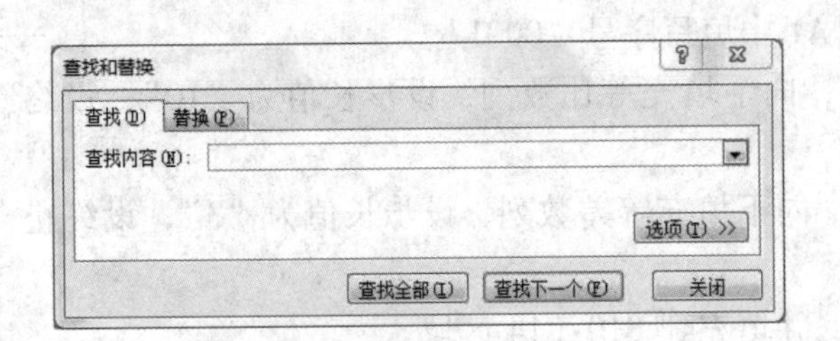

图 5.28 【查找和替换】对话框

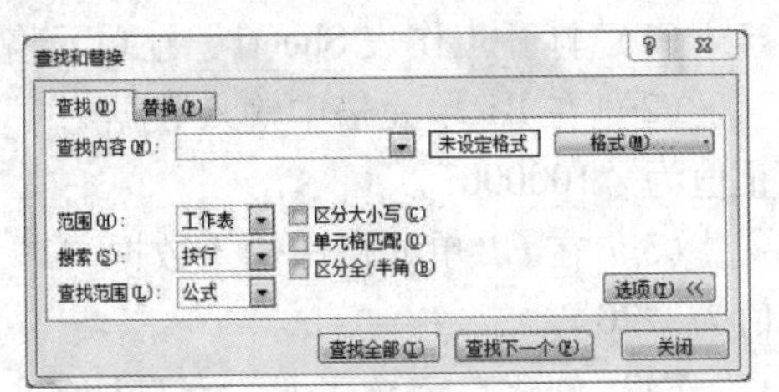

图 5.29 单击【选项】按钮后弹出的【查找和替换】对话框

2. 替换数据

查找功能仅能查找到某个数据的位置，而替换功能可以在找到某个数据的基础上用新的数据进行代替。替换数据的操作类似查找操作，单击【开始】选项卡【编辑】选项组中的【查找和选择】按钮，在弹出的下拉列表中单击【替换】按钮，或按 Ctrl + H 组合键，将弹出如图 5.30 所示的【查找和替换】对话框。

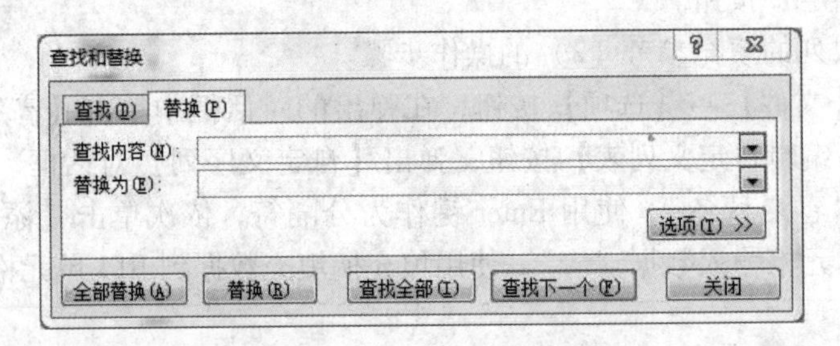

图 5.30 【查找和替换】对话框

在【查找内容】文本框中输入要查找的内容，在【替换为】文本框中输入替换后的新内容，单击【替换】按钮进行替换，也可以单击【查找下一个】按钮跳过此次查找的内容并继续进行搜索。单击【全部替换】按钮，可以把所有与查找内容相符的单元格内容替换成新的内容，完成后自动关闭对话框。同样，更多有效的替换功能需要单击【选项】按钮。

3. 模糊查找数据

在 Excel 2010 数据处理中，用户常常需要搜索某类有规律的数据，比如以 A 开头的名称或以 B 结尾的编码等。这时，就不能以完全匹配目标内容的方式来精确查找了，可使用通配符模糊搜索查找数据。在模糊查找数据中，有两个可用的通配符能够用于模糊查找，分别是“?”（问号）和“＊”（星号）。“?”可以在搜索目标中代替任何单个的字符或数字，而“*”可以代替任意多个连续的字符或数字。表5.1介绍了Excel 2010模糊查找数据的写法。

表5.1　模糊查找数据的写法

搜索目标	模糊查找写法
以A开头的编码	A*
以B结尾的编码	*B
包含66的电话号码	*66*
李姓三字的人名	李??

4. 定位数据

在数据量比较少的情况下，要到达Excel中某一位置时，通常会用鼠标拖动滚动条到达需要的位置，查找某已知固定的值，或按Ctrl+F组合键，在【查找内容】文本框中输入对应的值即可一个个地查找到其对应的位置。当数据量较多，或要定位满足条件的多个单元格时，用这种方法效率将会非常低，这时就需要使用定位数据的方法。下面通过查找空值的例子介绍定位的方法。

选中要定位的数据区域，按Ctrl+G组合键或者F5快捷键，打开如图5.31所示的【定位】对话框，单击【定位条件】按钮，弹出【定位条件】对话框，选中【空值】单选项，单击【确定】按钮，此时便找到了所选区域中所有空单元格，在活动单元格（如图5.32所示的A1单元格）中输入数据，同时按Ctrl+Enter组合键，则所有的空值都变为相同的数据。

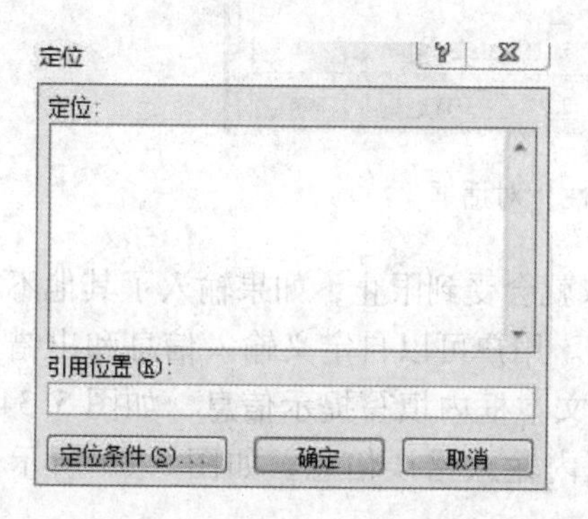

图5.31　【定位】对话框

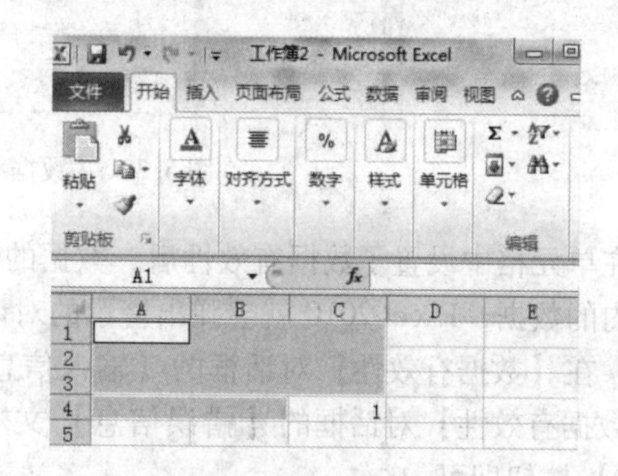

图5.32　定位窗口

5.5.5　数据有效性

设置数据有效性是对单元格或单元格区域输入的数据从内容到数量上的限制。对于符合条件的数据，允许输入，而对于不符合条件的数据，则禁止输入，这样就可以依靠系统检查数据的有效性，避免错误的数据输入。

设置数据有效性除了能够对单元格的输入数据进行条件限制，还可以在单元格中创建下拉列表以方便用户选择输入。

下面介绍设置数据有效性的常用方法。

1. 利用数据有效性限定条件

我们平时处理的数据有很多具有特殊性，如年龄必须为正整数等。通过数据有效性限定条件后，可以避免非法数据的录入。以设置年龄的数据有效性为例，操作方法为：选中要设置的单元格或单元格区域，单击【数据】选项卡中的【数据有效性】按钮，弹出【数据有效性】对话框；切换到【设置】选项卡，在【允许】下拉列表中选择【整数】选项，在【数据】下拉列表中选择【介于】选项，在【最小值】文本框中输入“0”，在【最大值】文本框中输入“100”；切换到【输入信息】选项卡，可以设置选中单元格时显示的提示信息，切换到【出错警告】选项卡，可以设置在单元格中输入无效数据时显示的出错警告；设置完毕后单击【确定】按钮即可。

2. 利用数据有效性创建下拉列表

选中要设置的单元格或单元格区域，如 A1:A4，单击【数据】选项卡中的【数据有效性】按钮，弹出【数据有效性】对话框；选择【允许】下拉列表中的【序列】选项，在【来源】文本框中输入数据，如“男,女”（分割符号“,”必须为英文逗号的半角模式），如图 5.33 所示。

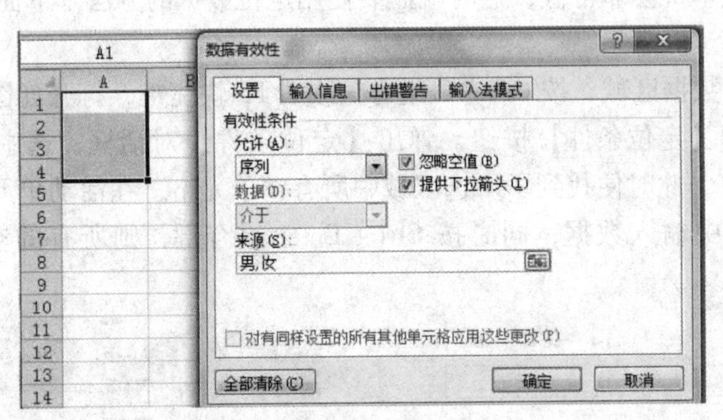

图 5.33 【数据有效性】对话框

在单元格中设置了数据有效性后，数据的输入就会受到限止，如果输入了其他不在设定范围内的数据，Excel 2010 就会弹出警示的对话框。用户可以自定义输入信息和出错信息的警告，在【数据有效性】对话框的【输入信息】文本框内填写提示信息，如图 5.34 所示，在【数据有效性】对话框的【错误信息】文本框内输入错误信息，如图 5.35 所示，单击【确定】按钮即可。

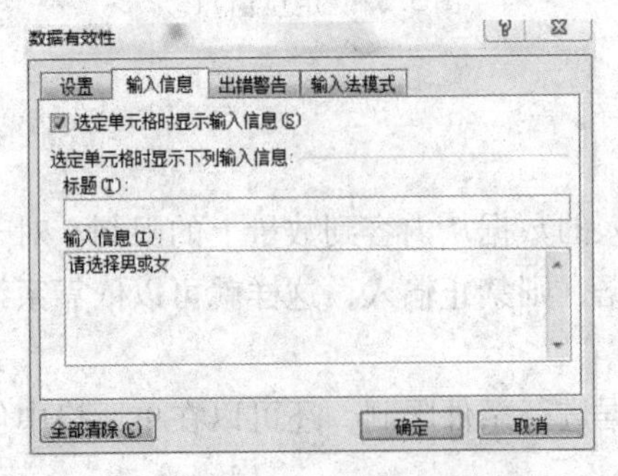

图 5.34 设置输入时的提示信息

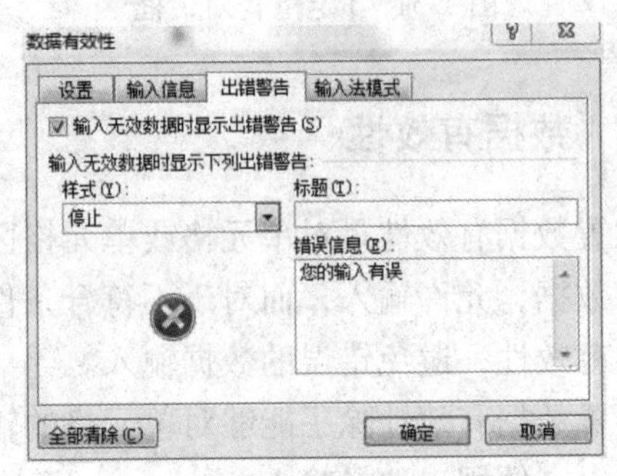

图 5.35 设置出错时的警告信息

单击【确定】按钮后将返回到工作表中，选中该区域的单元格，将弹出如图 5.36 所示的下拉列表。

若要设置的下拉列表的内容已经是工作表中存在的数据，则可以通过单击【来源】右侧的红色箭头按钮（如图 5.37 所示），然后用鼠标选中工作表中相应的数据区域即可。

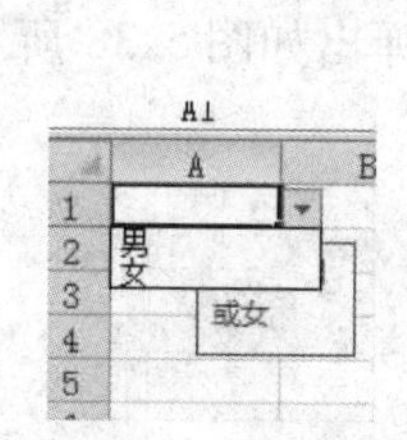

图 5.36 单元格的下拉列表

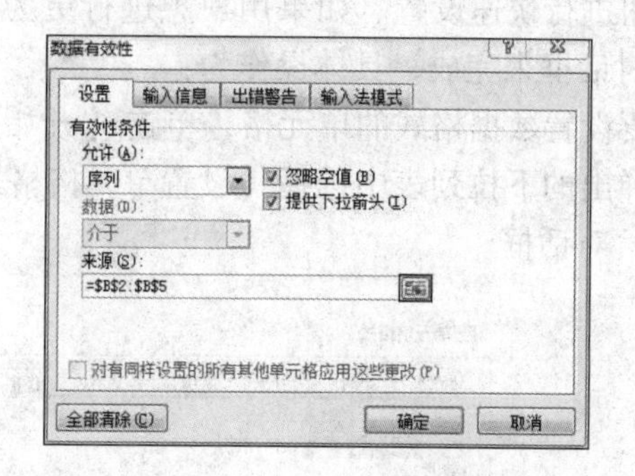

图 5.37 引用工作表数据

实例 5.3：按如下要求，完成操作。

（1）打开工作表 Sheet1，在 B1 单元格内输入文本“性别”，为数据区域 B2:B10 设置数据有效性，要求用户输入时弹出下拉列表，选择“男”或“女”。

（2）在 B2:B10 单元格中输入时提示信息“请输入性别男或女”。

（3）在 B2:B10 单元格中输入错误时，弹出出错警告“您的输入有误，请您重新输入”。

（4）在 C1 单元格中输入文本“身份证号”，为数据区域 C2:C10 设置数据有效性，要求用户仅能输入长度为 18 位的数据。

操作方法：

（1）打开工作表 Sheet1，在 B1 单元格内输入文本“性别”，选中数据区域 B2:B10，单击【数据】选项卡中的【数据有效性】按钮，在弹出对话框中的【允许】下拉列表中选择【序列】选项，在【来源】文本框中输入数据“男，女”。

（2）切换到【输入信息】选项卡，在【输入信息】文本框中输入“请输入性别男或女”。

（3）切换到【出错警告】选项卡，在【错误信息】文本框中输入“您的输入有误，请您重新输入”，单击【确定】按钮。

（4）在 C1 单元格中输入文本“身份证号”，选中数据区域 C2:C10，单击【数据】选项卡中的【数据有效性】按钮，在弹出对话框中的【允许】下拉列表中选择【文本长度】选项，在【数据】下拉列表中选择【等于】选项，在【长度】文本框中输入“18”，单击【确定】按钮。

5.6 工作表排版

在实际工作中，为了便于数据的查阅或存档，我们常常需要对数据工作表进行一定的美化处理，以使得工作表清晰、美观。

5.6.1 设置数字格式

【开始】选项卡的【数字】选项组中提供了很多常用的数字格式设置按钮，用户可以通过这些按钮进行快速设置。如果用户想进行更为详细的属性设置，则可以通过【设置单元格格式】对话框来完成，具体操作为：

选中要设置数据格式的单元格，单击【开始】选项卡【单元格】选项组中的【格式】按钮，在弹出的下拉列表中选择【设置单元格格式】选项，弹出如图 5.38 所示的【设置单元格格式】对话框。

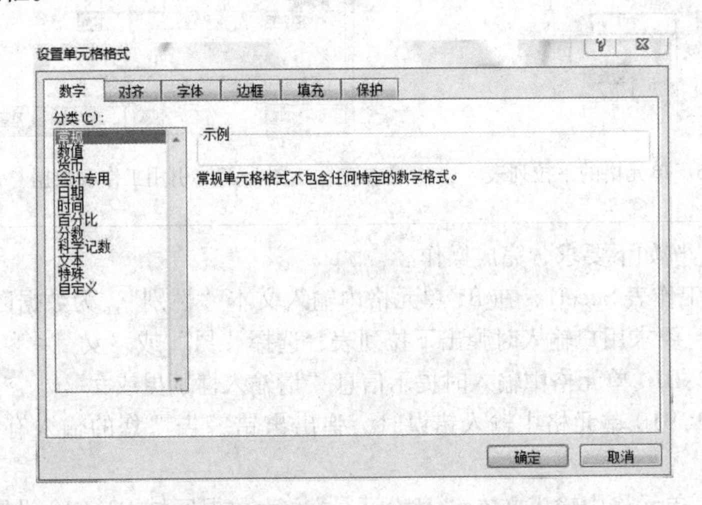

图 5.38 【设置单元格格式】对话框

在此对话框中，用户可以设置数字格式，包括常规、数值、货币等格式，也可以在相应的选项中设置小数保留的位数等具体信息。

5.6.2 设置对齐方式

在 Excel 2010 中，数据有很多种对齐方式。默认情况下，单元格中的文本数据左对齐，数字数据右对齐。用户可以根据自身需要为数据选择一种合适的对齐方式。Excel 2010 有两种常用的调整对齐方式的方法。

（1）在选中单元格之后，根据需要单击【开始】选项卡【对齐】选项组中的六个对齐按钮，这六个按钮分为两组，其中一组按钮是设置水平对齐方式的，另外一组是设置垂直对齐方式的。

（2）在选中单元格之后，右击鼠标，在弹出的快捷菜单中选择【设置单元格格式】选项，弹出【设置单元格格式】对话框，切换到【对齐】选项卡，就会出现如图 5.39 所示的对话框。如果要改变对齐方式，可以在【对齐】选项卡中，进行水平对齐、垂直对齐和文本旋转等操作。

如果要在同一单元格显示多行文本，可以勾选【自动换行】复选项。

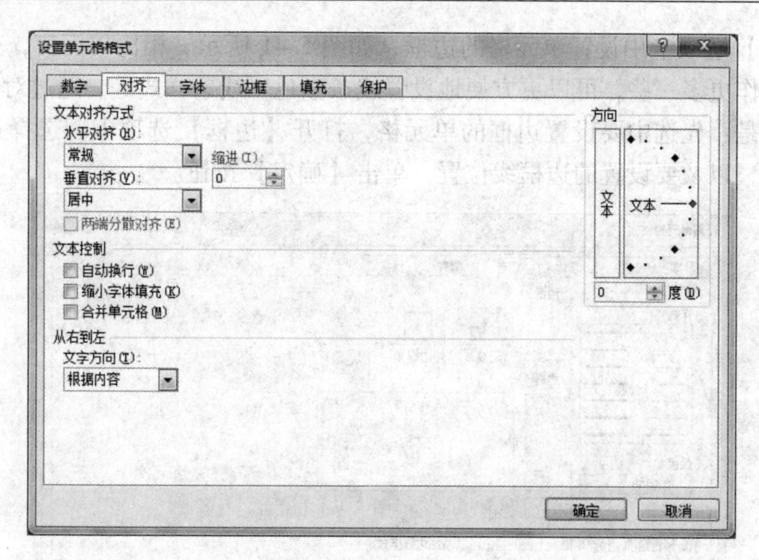

图 5.39　【对齐】选项卡

5.6.3　设置字体格式

除了可以通过【开始】选项卡【字体】选项组中的按钮来设置字体格式外，还可以在【设置单元格格式】对话框中的【字体】选项卡中进行单元格的字体、字形、字号、颜色、特殊效果等设置，如图 5.40 所示。

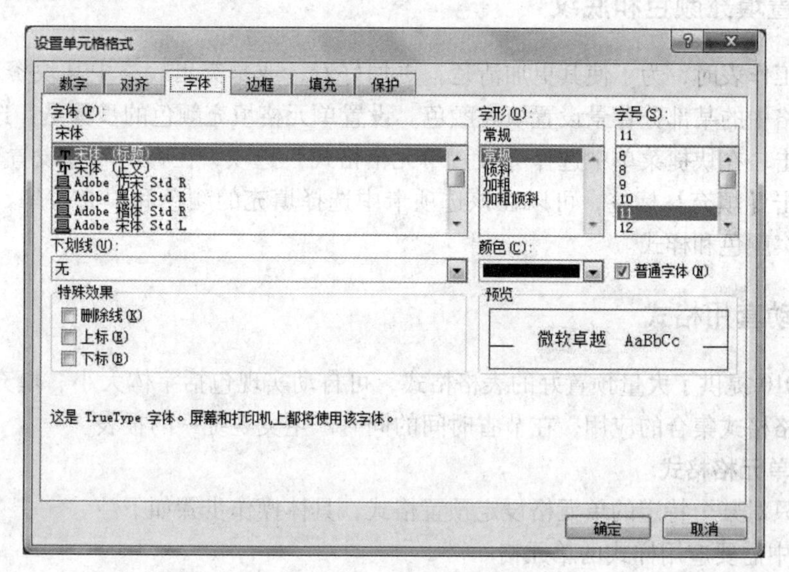

图 5.40　【字体】选项卡

5.6.4　设置单元格边框

为了使工作表更加清晰明了，可以给选中的一个或一组单元格添加边框。除了可以在【开始】选项卡的【字体】选项组中进行简单设置外，还可以在【设置单元格格式】对话框中的【边框】选项卡中设置单元格的边框，如图5.41所示。相比较而言，在第二种方式下可选择的操作更多一些，可以更方便地设置线条颜色、线条样式等。通过对话框设置单元格边框的步骤是：先选中要设置边框的单元格，打开【边框】选项卡，选择边框的线条样式及线条颜色，以及要设置的边框线位置，单击【确定】按钮。

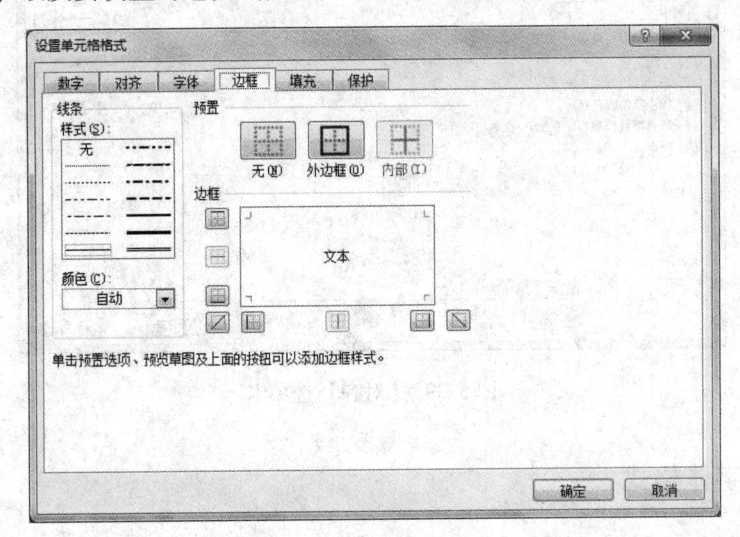

图5.41 【边框】选项卡

5.6.5 设置填充颜色和底纹

在制作工作表时，为了使其更加清楚，更加好看，或是突出表格中某块资料的重要性，往往会为表格中的某部分背景设置填充颜色。设置单元格填充颜色的步骤是：选中需要填充的部分，右击，在快捷菜单中选择【设置单元格格式】选项，在弹出的【设置单元格格式】对话框中单击【填充】标签，可以在该选项卡中选择填充的颜色和填充效果，也可以设置单元格的图案颜色和样式。

5.6.6 自动套用格式

Excel 2010提供了大量预置好的表格格式，可自动实现包括字体大小、填充图案和对齐方式等单元格格式集合的应用，在节省时间的同时产生美观统一的报表。

1. 指定单元格格式

该功能只对某个特定的单元格设定预置格式，具体操作步骤如下。

(1) 选中需要应用样式的单元格。

(2) 单击【开始】选项卡【样式】选项组中的【单元格样式】按钮，打开预置列表，如图5.42所示。

(3) 从中选择一个预置格式，相应的格式即可应用到选中的单元格中。

(4) 若要自定义样式，可单击下拉列表中的【新建单元格样式】选项，打开【样式】对话框，在【样式名】文本框中输入样式名，在【包括样式（例子）】区域根据需要进行相应的设置，然后单击【确定】按钮即可。

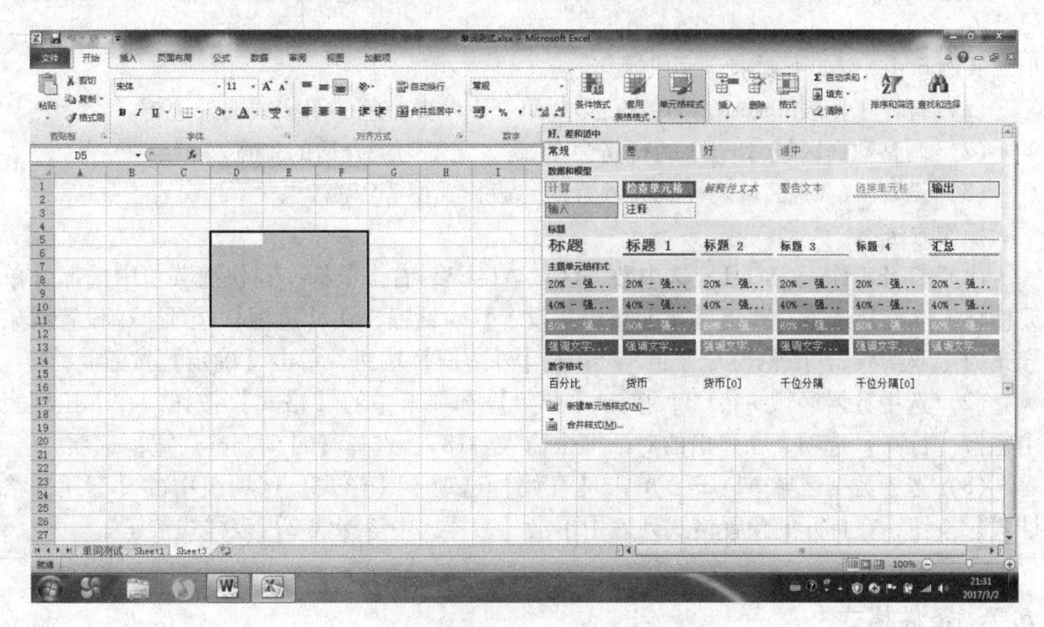

图 5.42 【单元格样式】预置列表

2. 套用表格样式

表格套用功能可以将制作的表格格式化，产生美观的报表。表格样式自动套用的操作方法如下：选中欲套用样式的单元格区域，单击【开始】选项卡【样式】选项组中的【套用表格格式】按钮，在打开的预置格式列表中选择要套用的表格样式，如图 5.43 所示，相应的格式即会填充到选中的单元格区域；同样，若要自定义样式，可单击下拉列表中的【新建表样式】选项，打开【新建表快速样式】对话框，在【名称】文本框中输入样式名称，在【表元素】列表中选择要设置的表元素后单击【格式】按钮，在弹出的对话框中设定好格式后，单击【确定】按钮。

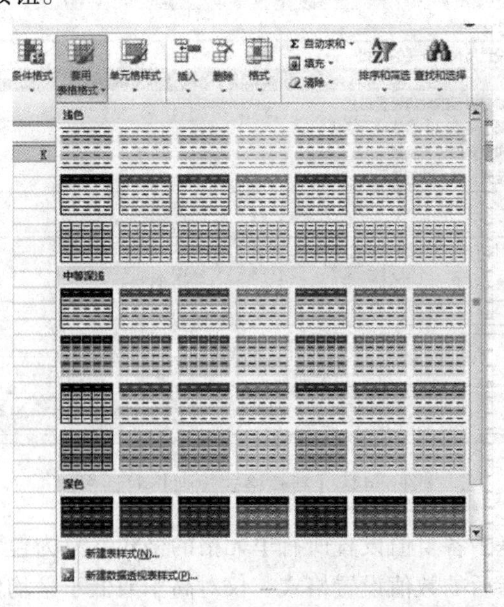

图 5.43 【套用表格格式】下拉列表

实例 5.4：按如下要求，完成操作。

（1）打开工作表 Sheet1，为数据区域 A1:C3 设置蓝色、双实线的外边框。

（2）调整数据区域 A1:C3 的行高为 18 磅，宽度为最合适的列宽。

（3）设置 A1:C3 区域表样式为预置的“表样式中等深浅 2”。

操作方法：

（1）打开工作表 Sheet1，选中数据区域 A1:C3，右击鼠标，在快捷菜单中选择【单元格格式设置】选项，弹出【单元格格式设置】对话框，在【边框】选项卡中设置线条样式为“双实线”，颜色为“蓝色”，单击【外边框】按钮，单击【确定】按钮。

（2）选中数据区域 A1:C3，单击【开始】选项卡中的【格式】按钮，在下拉列表中选择【行高】选项，在弹出的对话框中输入“18”；选择【自动调整列宽】选项。

（3）选中数据区域 A1:C3，单击【开始】选项卡【样式】选项组中的【套用表格样式】按钮，在打开的预置格式列表中单击【表样式中等深浅 2】表样式按钮。

5.6.7 条件格式

在 Excel 2010 中，有一项很强大的功能叫条件格式，该功能能够让用户对满足某些条件的数据进行快速标注，从而让使用者能够一目了然。

条件格式，顾名思义，先有条件，后有格式，即对于满足条件的单元格或区域设定指定的格式。

通常来说，条件格式中可以选择使用的条件类型大致有几种。单击【开始】选项卡【样式】选项组中的【条件格式】按钮，在弹出的下拉列表中选择【新建规则】选项，将弹出【新建格式规则】对话框，在该对话框中可以看到这几种条件类型，如图 5.44 所示。

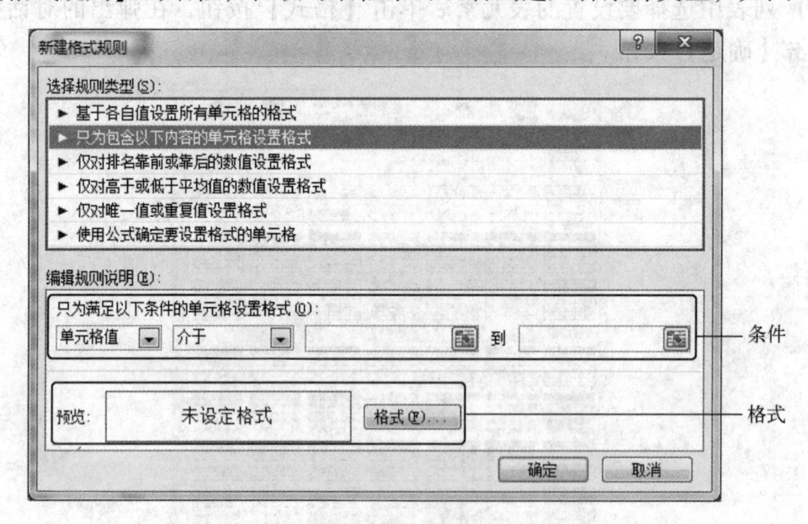

图 5.44 【新建格式规则】对话框

条件格式的类型有基于各自值设置所有单元格的格式、只为包含以下内容的单元格设置格式、仅对排名靠前或靠后的数值设置格式、仅对高于或低于平均值的数值设置格式、仅对唯一值或重复值设置格式、使用公式确定要设置格式的单元格共 6 项。这 6 项和单击【开始】选项卡【样式】选项组中【条件格式】按钮弹出的下拉列表中的选项有如图 5. 45 所示的对应关系。

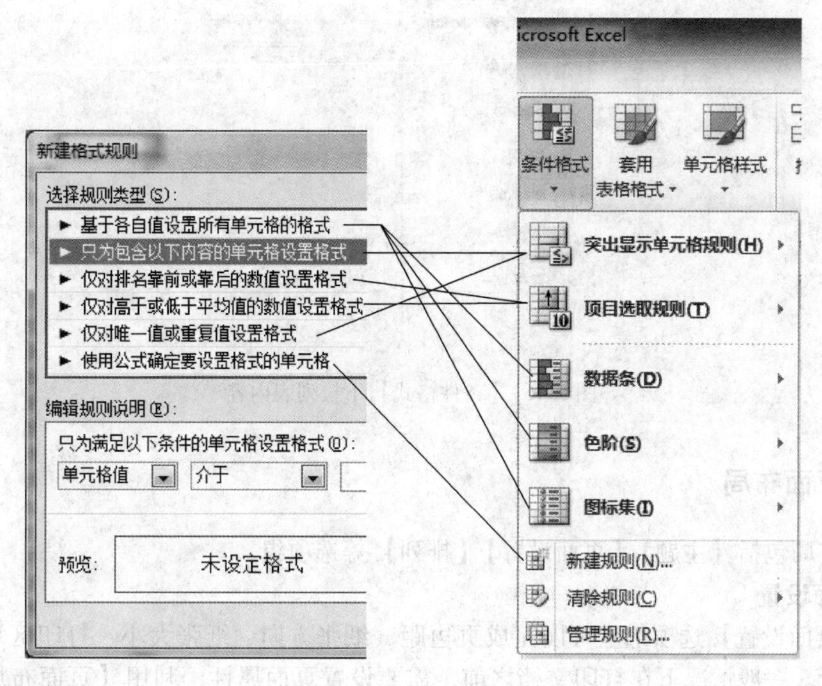

图 5. 45　对应关系

例：将所有支出费用在 1000 元以上的单元格中数字设置为“加粗、红色”，背景颜色设置为“淡蓝”，操作步骤如下。

（1）选中支出费用列中的所有单元格。

（2）设置条件：单击【开始】选项卡【样式】选项组中的【条件格式】按钮，在弹出的下拉列表中选择【新建规则】选项，弹出如图 5. 44 的【新建格式规则】对话框；在该对话框中选中【只为包含以下内容的单元格设置格式】选项，然后在【编辑规则说明区域】依次选择【单元格值】【大于】选项，并在右侧文本框中输入“1000”，这是设置支出费用超过 1000 的条件。

（3）设置格式：单击【格式】按钮，弹出【设置单元格格式】对话框；用户可在该对话框中的【字体】选项卡中设置字形为“加粗”，颜色为“红色”；切换至【填充】选项卡，在给定颜色块中选择“淡蓝”，单击【确定】按钮完成设置。

（4）返回工作表即可看到支出费用大于 1000 元的单元格背景色和字体颜色已经发生了变化。

注意：这种格式上的变化是基于数值的，如果数值发生变化导致不满足条件时，格式亦会自动跟随变化。

如果想撤销条件格式的设置，可以单击【条件格式】按钮，在弹出的下拉列表中选择【清除规则】选项，再根据需要在级联菜单中选择【清除整个工作表的规则】或【清除所选单元格的规则】选项，如图 5. 46 所示。

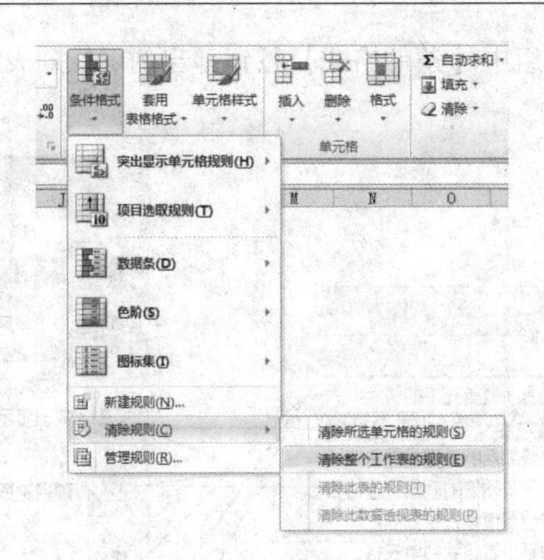

图 5.46 【条件格式】下拉列表内容

5.6.8 页面布局

页面布局包括【主题】【页面设置】【排列】等选项组。

1. 页面设置

在【页面设置】选项组里可以完成页边距、纸张方向、纸张大小、打印区域和打印标题等的设置。一般情况下在打印文档之前，需要设置页面属性，利用【页面布局】选项卡中的相关按钮和选项就可以完成页边距、纸张方向和纸张大小等常规设置。单击【页面设置】选项组右下角的按钮会弹出【页面设置】对话框，在该对话框中可以进行详细的设置。

设置打印区域是 Excel 2010 的重要功能。默认情况下，如果在工作表中执行打印操作的话，会打印当前工作表中所有非空单元格中的内容，而很多情况下，可能仅仅需要打印当前工作表中的一部分内容，而非所有内容，此时，可以为当前工作表设置打印区域。操作方法是：首先选中需要打印的工作表内容，然后切换到【页面布局】选项卡，在【页面设置】选项组中单击【打印区域】按钮，并在弹出的下拉列表中选择【设置打印区域】选项即可。

如果为当前工作表设置完打印区域后又希望能临时打印全部内容，则可以使用“忽略打印区域”功能。操作方法是：单击【文件】→【打印】选项，在打开的打印界面中单击【设置】区域的第一个打印范围下三角按钮，并在弹出的下拉列表中选择【忽略打印区域】选项。

用户在使用 Excel 制作表格时，多数情况下表格内容都会超过一页，如果直接打印，那么只会在第一页显示表格标题，余下的页则不会显示标题，这样阅读起来很不方便。为了解决该问题，Excel 2010 提供了“打印标题”功能，使用户在打印多页表格时，每页都能够显示相同的表头标题（可以是左侧标题，也可以是顶端标题）。操作方法是：单击【页面布局】选项卡【页面设置】选项组中的【打印标题】按钮，将弹出【页面设置】对话框，如图 5.47 所示；单击【顶端标题行】文本框右侧的按钮，然后在工作表中选中需要打印的表头所在的行，按 Enter 键确定；按 Enter 键后，选中的行会显示在【顶端标题行】文本框中，单击右下角的【确定】按钮，这样每页就都有表头了。

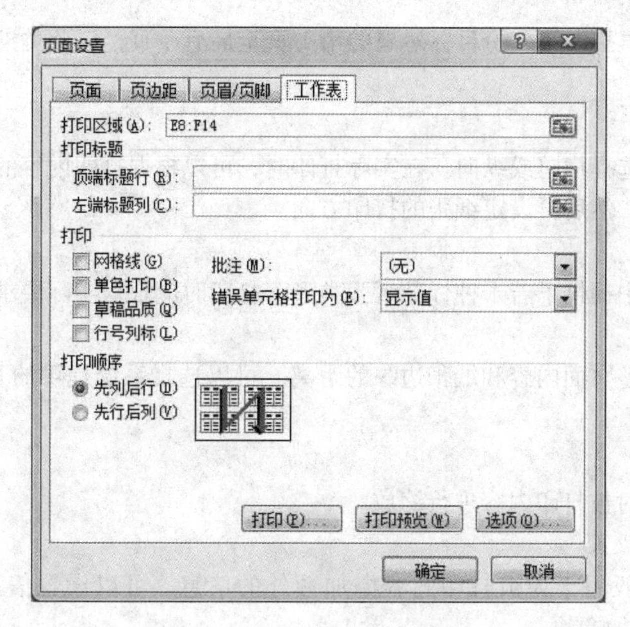

图 5.47 【页面设置】对话框

2. 页眉和页脚

页眉和页脚是显示在每一页的顶部和底部的文本或图片，如标题、页码、作者姓名或公司的标志，其内容可以每页都相同，也可以为奇数页和偶数页设置不同的页眉和页脚。页眉内容将被打印在文档顶部的页边与上边距之间的空白处，页脚内容将被打印在文档底部的页边与下边距之间的空白处，可以根据需要调整纸张边缘与打印内容之间的距离。

用户可以插入页眉、页脚、页码，使页面信息更完整。通过【页面设置】对话框中的【页眉/页脚】选项卡可以完成插入操作，也可以单击【插入】选项卡【文本】选项组中的【页眉和页脚】按钮，在打开的【页眉和页脚工具】下的【设计】选项卡中通过相关按钮和选项来完成插入操作。

3. 打印设置

表格数据经过分析、处理后，常常需要进行打印存档。在打印前通常需要设定好如下参数：打印份数、打印的目标范围、打印排序、纸张的方向、纸张的类型、页边距、缩放比例、页眉/页脚设置等。

1）打印份数

打印份数是指被打印的目标将被打印出多少份。

2）打印的目标范围

打印的目标范围可以是下列任意一种：工作簿中的全部工作表、处于活动状态的工作表、选定的数据区域、选定的图表。

3）打印排序

排序方式包括以下两种。

（1）排序方式“1,1,1　2,2,2　3,3,3”：指明打印时先打印出若干份目标对象的第 1 页，接着再打印出若干份目标对象的第 2 页，以此类推，直至打印完全部页。

（2）排序方式“1,2,3　1,2,3　1,2,3”：指明打印时先打印第一份目标对象的第 1 页至最后一页，接着再打印第二份目标对象的第 1 页至最后一页，以此类推，直至打印完指定的份数。

4）纸张的方向

纸张方向可以选择横向或纵向。在实际打印时，可以根据打印内容的宽度和高度，通过打印预览观察效果，然后再设定纸张的打印方向。

5）纸张的类型

纸张类型列表中提供了若干种标准纸张类型，打印时应根据实际要求选择。

6）页边距

页边距用于调整页面内容和纸张边缘的距离。可以选择系统提供的几种默认的页边距，也可以自定义设置。

7）缩放比例

缩放比例用于对被打印内容进行缩放。

8）页眉/页脚设置

页眉和页脚一般用于为被打印内容添加额外的信息，可以设置信息内容及其出现的位置。

评价单

项目名称			完成日期	
班　　级		小　　组	姓　　名	
学　　号		组长签字		
评价项点		分　值	学生评价	教师评价
数据的录入、填充序列		10		
单元格的合并		10		
添加底纹		10		
设置边框样式		10		
重命名、隐藏工作表		10		
自定义序列		10		
数据有效性		10		
条件格式		10		
模糊查找		10		
独立完成任务		10		
总分		100		
学生得分				
自我总结				
教师评语				

知识点强化与巩固

一、填空题

1. Excel 2010 的扩展名是（　　），文件的默认名是（　　）。
2. 若想在某单元格中输入身份证号，应把单元格的数字格式设置为（　　　）类型。
3. Excel 2010 默认的保存时间为（　　　）。
4. 用来给 Excel 2010 工作表中的行号进行编号的是（　　　）。
5. 在 Excel 2010 中，插入一张新工作表的快捷键是（　　　）。
6. 要设置 Excel 中单元格的字体、颜色等格式，可以使用（　　　）选项卡中设置字体格式的按钮。
7. 在 Excel 2010 中，要选择多张不连续的工作表，可以按（　　　）键，再用鼠标依次单击要选择的工作表。
8. 在 Excel 2010 中，工作表的最小组成单位是（　　　）。

二、选择题

1. 在 Excel 2010 主界面中，不包含的选项卡是（　　）。
   A.【开始】　B.【函数】　C.【插入】　D.【公式】
2. 用来给电子工作表中的列号进行编号的是（　　）。
   A. 数字　B. 字母　C. 数字与字母混合　D. 字母或数字
3. 工作表中单元格的默认格式为（　　）。
   A. 数字　B. 文本　C. 日期　D. 常规
4. 假定一个单元格的地址为 D25，则此类地址的类型是（　　）。
   A. 相对地址　B. 绝对地址　C. 混合地址　D. 三维地址
5. 启动 Excel 2010 后，在自动建立的工作簿文件中，默认工作表有（　　）个。
   A. 4　B. 3　C. 2　D. 1
6. 在具有常规格式的单元格中输入数值后，其显示方式为（　　）。
   A. 左对齐　B. 右对齐　C. 居中　D. 随机
7. Excel 2010 工作表具有（　　）。
   A. 一维结构　B. 二维结构　C. 三维结构　D. 四维结构
8. 在 Excel 2010 的【页面设置】区域中，不能够设置（　　）。
   A. 页面　B. 每页字数　C. 页边距　D. 页眉/页脚
9. 向 Excel 2010 工作簿文件中插入一张电子工作表，表标签中的英文单词为（　　）。
   A. Sheet　B. Book　C. Table　D. List
10. 若一个单元格的地址为 F5，则其右边紧邻的一个单元格地址为（　　）。
    A. F6　B. G5　C. E5　D. F4
11. 若一个单元格的地址为 F5，则其下边紧邻的一个单元格地址为（　　）。
    A. F6　B. G5　C. E5　D. F4
12. 在 Excel 2010 中，日期数据的数据类型为（　　）。
    A. 数字型　B. 文字型　C. 逻辑型　D. 时间型
13. 在 Excel 2010 中，通常把工作表中的每一行称为一个（　　）。

A. 记录　B. 字段　C. 属性　D. 关键字

14. 在 Excel 2010 中，通常把工作表中的每一列称为一个（　　）。

A. 记录　B. 字段　C. 属性　D. 关键字

15. 在 Excel 2010 中，按 Delete 键将清除被选区域中所有单元格的（　　）。

A. 内容　B. 格式　C. 批注　D. 所有信息

16. 在 Excel 2010 中，最小操作单位是（　　）。

A. 单元格　B. 一行　C. 一列　D. 一张表

17. 在 Excel 2010 中，进行查找与替换操作时，打开的对话框名称是（　　）。

A. 查找　B. 替换　C. 查找和替换　D. 定位

18. 对工作表中所选区域不能进行的操作是（　　）。

A. 调整行高　B. 调整列宽　C. 修改条件格式　D. 保存文档

19. Excel 2010 不能用于（　　）。

A. 处理表格　B. 统计分析　C. 创建图表　D. 制作演示文稿

20. 为了在工作表中输入一批有规律的递减数据，在使用填充柄实现时，应（　　）。

A. 先选中有关系的相邻区域　B. 先选中任意一个有值的单元格

C. 先选中不相邻的单元格　D. 不要选中任何区域

三、判断题

1. 在 Excel 2010 中，行增高时，该行各单元格中的字符也随之自动增高。（　　）
2. 在 Excel 2010 中，自动填充只能在一行或一列上的连续单元格中填充数据。（　　）
3. 在 Excel 2010 中，单击选中单元格后输入新内容，则原内容将被覆盖。（　　）
4. Excel 2010 中的清除操作是将单元格内容删除，包括其所在的单元格。（　　）
5. 单元格默认对齐方式与数据类型有关，如：文字是左对齐，数字是右对齐。（　　）
6. 在 Excel 2010 中，清除是指对选定的单元格和区域内的内容清除，单元格依然存在。（　　）
7. 在 Excel 2010 中，把鼠标指向被选中单元格边框，当指针变成箭头时，拖动鼠标到目标单元格，将完成复制操作。（　　）
8. Excel 2010 中的工作表标签不可以设置颜色。（　　）
9. 在 Excel 2010 中，【常用】工具栏中的【格式刷】按钮，可以复制格式和内容。（　　）
10. 在 Excel 2010 中，可同时打开多个工作簿。（　　）
11. Excel 2010 菜单中灰色和黑色的命令都是可以使用的。（　　）
12. 在 Excel 2010 中，若要选中多个不连续的单元格，可以选中一个区域，再按住 Shift 键，然后选中其他区域。（　　）
13. 在 Excel 2010 中，选取范围不能超出当前屏幕范围。（　　）
14. 在 Excel 2010 中，工作表的拆分分为三种：水平拆分、垂直拆分和水平垂直拆分。（　　）
15. 在打印工作表前就能看到实际打印效果的操作是打印预览。（　　）

项目二 公式和函数

知识点提要

1. 单元格地址的引用
2. 公式的创建、编辑和使用
3. 公式中常见的错误及修改方法
4. 函数的创建、编辑和使用
5. 了解常用函数：SUM、MAX、MIN、AVERAGE、IF、COUNT、RANK和SUMIF等

任务单（一）

<table>
<tr><td>任务名称</td><td>房建工区收料单处理</td><td>学　时</td><td>2 学时</td></tr>
<tr><td>知识目标</td><td colspan="3">1. 了解公式和函数的区别。
2. 能够灵活使用 Excel 公式完成计算。
3. 能够使用函数处理数据。</td></tr>
<tr><td>能力目标</td><td colspan="3">1. 能准确使用公式和函数。
2. 培养学生自主学习的能力。
3. 培养学生沟通、协作的能力。</td></tr>
<tr><td>素质目标</td><td colspan="3">1. 培养学生认真负责的工作态度和严谨细致的工作作风。
2. 培养学生的创新意识。
3. 提高学生信息化处理工作的意识和能力。</td></tr>
<tr><td>任务描述</td><td colspan="3">1. 绘制如下图所示的房建工区收料单，外边框为最粗实线，内边框为最细实线，将工作表名称更改为“房建工区收料单”。
2. 输入标题“收料单”，并将标题字体格式设为“黑体，20 号字，居中”，设置适当行高。
3. 根据下图，适当调整行高，设置单元格属性，并使用默认值格式输入图中数据。
<table>
<tr><td></td><td>A</td><td>B</td><td>C</td><td>D</td><td>E</td><td>F</td><td>G</td><td>H</td><td>I</td><td>J</td><td>K</td><td>L</td><td>M</td></tr>
<tr><td>1</td><td colspan="13">收　料　单</td></tr>
<tr><td>2</td><td>广州铁路（集团）公司</td><td></td><td></td><td></td><td></td><td></td><td></td><td></td><td></td><td></td><td>铁物标1.1</td><td></td><td></td></tr>
<tr><td>3</td><td></td><td></td><td></td><td></td><td>2016年 10月28日</td><td></td><td></td><td></td><td></td><td></td><td>字第　号</td><td></td><td></td></tr>
<tr><td>4</td><td>供应单位</td><td></td><td></td><td>账单或发票号</td><td></td><td>承付日期</td><td></td><td></td><td></td><td></td><td></td><td></td><td></td></tr>
<tr><td>5</td><td>进料根据</td><td></td><td></td><td>运单或车号</td><td></td><td>验收记录</td><td></td><td></td><td>库别 吴川房建工区</td><td></td><td></td><td></td><td></td></tr>
<tr><td>6</td><td rowspan="2">材料编号</td><td rowspan="2">校验号</td><td rowspan="2">材　料
名　称</td><td rowspan="2">规格 型号</td><td rowspan="2">计量单位</td><td colspan="2">数量</td><td colspan="2">购入价</td><td colspan="2">目录价</td><td rowspan="2">技证号</td><td></td></tr>
<tr><td>7</td><td>应收</td><td>实收</td><td>单价</td><td>金额</td><td>单价</td><td>金额</td><td></td></tr>
<tr><td>8</td><td></td><td></td><td>石灰</td><td></td><td>T</td><td>0.2</td><td>0.2</td><td>726.49573</td><td></td><td></td><td></td><td></td><td></td></tr>
<tr><td>9</td><td></td><td></td><td>白玻璃</td><td>4MM</td><td>M2</td><td>10</td><td>10</td><td>38.205128</td><td></td><td></td><td></td><td></td><td></td></tr>
<tr><td>10</td><td></td><td></td><td>除草剂</td><td></td><td>瓶</td><td>5</td><td>5</td><td>38.461538</td><td></td><td></td><td></td><td></td><td></td></tr>
<tr><td>11</td><td></td><td></td><td>长竹扫把</td><td></td><td>把</td><td>5</td><td>5</td><td>11.111111</td><td></td><td></td><td></td><td></td><td></td></tr>
<tr><td>12</td><td></td><td></td><td>乳胶漆</td><td></td><td>kg</td><td>9</td><td>9</td><td>15.384615</td><td></td><td></td><td></td><td></td><td></td></tr>
<tr><td>13</td><td></td><td></td><td>塑料扫把</td><td></td><td>T</td><td>5</td><td>5</td><td>5.982906</td><td></td><td></td><td></td><td></td><td></td></tr>
<tr><td>14</td><td></td><td></td><td>水泥</td><td></td><td>T</td><td>0.5</td><td>0.5</td><td>478.63248</td><td></td><td></td><td></td><td></td><td></td></tr>
<tr><td>15</td><td></td><td></td><td>中砂</td><td></td><td>M3</td><td>3</td><td>3</td><td>158.97436</td><td></td><td></td><td></td><td></td><td></td></tr>
<tr><td>16</td><td></td><td></td><td>补漏灵</td><td></td><td>kg</td><td>3</td><td>3</td><td>18.803419</td><td></td><td></td><td></td><td></td><td></td></tr>
<tr><td>17</td><td></td><td></td><td>铜芯线</td><td>BVV2.5MM2</td><td>100M</td><td>2</td><td>2</td><td>239.31624</td><td></td><td></td><td></td><td></td><td></td></tr>
<tr><td>18</td><td></td><td></td><td>铜芯线</td><td>BVV4.0MM2</td><td>100M</td><td>1</td><td>1</td><td>324.78632</td><td></td><td></td><td></td><td></td><td></td></tr>
<tr><td>19</td><td></td><td></td><td>防撬电镀挂锁</td><td>60"</td><td>把</td><td>15</td><td>15</td><td>21.367521</td><td></td><td></td><td></td><td></td><td></td></tr>
<tr><td>20</td><td></td><td></td><td>双面砂油毛毡</td><td></td><td>M2</td><td>24</td><td>24</td><td>15.384615</td><td></td><td></td><td></td><td></td><td></td></tr>
<tr><td>21</td><td></td><td></td><td>磁芯水龙头</td><td>DN15</td><td>个</td><td>10</td><td>10</td><td>15.384615</td><td></td><td></td><td></td><td></td><td></td></tr>
<tr><td>22</td><td></td><td></td><td>聚氨脂油膏</td><td></td><td>kg</td><td>73</td><td>73</td><td>11.794872</td><td></td><td></td><td></td><td></td><td></td></tr>
<tr><td>23</td><td></td><td></td><td>合计</td><td></td><td></td><td></td><td></td><td></td><td></td><td></td><td></td><td></td><td></td></tr>
<tr><td>24</td><td></td><td></td><td></td><td></td><td></td><td></td><td></td><td></td><td></td><td></td><td></td><td></td><td></td></tr>
<tr><td>25</td><td>业务</td><td></td><td></td><td></td><td>仓库</td><td></td><td></td><td></td><td>库财601</td><td></td><td></td><td></td><td></td></tr>
<tr><td>26</td><td></td><td></td><td></td><td></td><td></td><td></td><td></td><td></td><td></td><td></td><td></td><td></td><td></td></tr>
<tr><td>27</td><td></td><td></td><td></td><td></td><td></td><td></td><td></td><td></td><td></td><td></td><td></td><td></td><td></td></tr>
</table>
4. 按照“001，002，003”的编号方式，填充“材料编号”列数据，在单元格 A23 中输入“总数”，并使用函数统计材料种类数量，填入单元格 B23。
5. 使用公式计算出购入价金额（　　）金额 = 单价 * 实收（　　）。
6. 将购入价金额大于 400 的显示为“黑色、粗体”，并用“红色”填充该单元格。
7. 利用函数求出购入价金额合计值，填入单元格 I23 中。</td></tr>
<tr><td>任务要求</td><td colspan="3">1. 仔细阅读任务描述中的设计要求，认真完成任务。
2. 上交电子作品。
3. 小组间互相学习设计中的优点。</td></tr>
</table>

任务单（二）

<table>
<tr><td>任务名称</td><td>铁路局招聘考试成绩表统计</td><td>学　时</td><td>2学时</td></tr>
<tr><td>知识目标</td><td colspan="3">1. 了解公式和函数的区别。
2. 能够灵活使用Excel公式完成计算。
3. 能够使用函数处理数据。</td></tr>
<tr><td>能力目标</td><td colspan="3">1. 能准确使用公式和函数。
2. 培养学生自主学习的能力。
3. 培养学生沟通、协作的能力。</td></tr>
<tr><td>素质目标</td><td colspan="3">1. 培养学生认真负责的工作态度和严谨细致和工作作风。
2. 培养学生的创新意识。
3. 提高学生信息化处理工作的意识和能力。</td></tr>
<tr><td>任务描述</td><td colspan="3">1. 打开工作簿，将工作表Sheet1重命名为“铁路局招聘考试成绩表”，并在该表内输入人员信息，如下图所示。
2. 对G3到G18单元格进行有效性设置，有效性条件为“该区域中的内容只能为博士研究生、硕士研究生、本科、大专，当用户的输入出错时显示“学历输入非法，请重新输入!”。
<table>
<tr><th></th><th>A</th><th>B</th><th>C</th><th>D</th><th>E</th><th>F</th><th>G</th><th>H</th><th>I</th><th>J</th><th>K</th><th>L</th><th>M</th><th>N</th><th>O</th></tr>
<tr><td>1</td><td colspan="15">铁路局招聘考试成绩表</td></tr>
<tr><td>2</td><td>报考单位</td><td>报考职位</td><td>准考证号</td><td>姓名</td><td>性别</td><td>出生年月</td><td>学历</td><td>学位</td><td>笔试成绩</td><td>笔试成绩比例分</td><td>面试成绩</td><td>面试成绩比例分</td><td>总成绩</td><td>排名</td><td>提示</td></tr>
<tr><td>3</td><td>车务段</td><td>铁路行车组织</td><td>050008502132</td><td>董江波</td><td>女</td><td>1973/03/07</td><td></td><td></td><td>154.00</td><td></td><td>68.75</td><td></td><td></td><td></td><td></td></tr>
<tr><td>4</td><td>机务段</td><td>电力机车司机</td><td>050008505460</td><td>傅珊珊</td><td>男</td><td>1973/07/15</td><td></td><td></td><td>136.00</td><td></td><td>90.00</td><td></td><td></td><td></td><td></td></tr>
<tr><td>5</td><td>客运段</td><td>列车员</td><td>050008501144</td><td>谷金力</td><td>女</td><td>1971/12/04</td><td></td><td></td><td>134.00</td><td></td><td>89.75</td><td></td><td></td><td></td><td></td></tr>
<tr><td>6</td><td>车务段</td><td>铁路行车组织</td><td>050008503756</td><td>何再前</td><td>女</td><td>1969/05/04</td><td></td><td></td><td>142.00</td><td></td><td>76.00</td><td></td><td></td><td></td><td></td></tr>
<tr><td>7</td><td>车务段</td><td>铁路行车组织</td><td>050008502813</td><td>何宗文</td><td>男</td><td>1974/08/12</td><td></td><td></td><td>148.50</td><td></td><td>75.75</td><td></td><td></td><td></td><td></td></tr>
<tr><td>8</td><td>机务段</td><td>电力机车司机</td><td>050008503258</td><td>胡孙权</td><td>男</td><td>1980/07/28</td><td></td><td></td><td>147.00</td><td></td><td>89.75</td><td></td><td></td><td></td><td></td></tr>
<tr><td>9</td><td>车务段</td><td>铁路行车组织</td><td>050008500383</td><td>黄威</td><td>男</td><td>1979/09/04</td><td></td><td></td><td>134.50</td><td></td><td>76.75</td><td></td><td></td><td></td><td></td></tr>
<tr><td>10</td><td>供电段</td><td>接触网工</td><td>050008502550</td><td>黄芯</td><td>男</td><td>1979/07/16</td><td></td><td></td><td>144.00</td><td></td><td>89.50</td><td></td><td></td><td></td><td></td></tr>
<tr><td>11</td><td>车务段</td><td>铁路行车组织</td><td>050008504650</td><td>贾丽娜</td><td>男</td><td>1973/11/04</td><td></td><td></td><td>143.00</td><td></td><td>78.00</td><td></td><td></td><td></td><td></td></tr>
<tr><td>12</td><td>机务段</td><td>电力机车司机</td><td>050008501073</td><td>简红强</td><td>男</td><td>1972/12/11</td><td></td><td></td><td>143.00</td><td></td><td>90.25</td><td></td><td></td><td></td><td></td></tr>
<tr><td>13</td><td>客运段</td><td>列车员</td><td>050008502309</td><td>郎怀民</td><td>男</td><td>1970/07/30</td><td></td><td></td><td>134.00</td><td></td><td>86.50</td><td></td><td></td><td></td><td></td></tr>
<tr><td>14</td><td>客运段</td><td>列车员</td><td>050008501663</td><td>李小珍</td><td>男</td><td>1979/02/16</td><td></td><td></td><td>153.50</td><td></td><td>90.67</td><td></td><td></td><td></td><td></td></tr>
<tr><td>15</td><td>客运段</td><td>列车员</td><td>050008504259</td><td>项文双</td><td>男</td><td>1972/10/31</td><td></td><td></td><td>133.50</td><td></td><td>85.00</td><td></td><td></td><td></td><td></td></tr>
<tr><td>16</td><td>机务段</td><td>电力机车司机</td><td>050008500508</td><td>肖凌云</td><td>男</td><td>1972/06/07</td><td></td><td></td><td>128.00</td><td></td><td>67.50</td><td></td><td></td><td></td><td></td></tr>
<tr><td>17</td><td>供电段</td><td>接触网工</td><td>050008505099</td><td>肖伟国</td><td>男</td><td>1974/04/14</td><td></td><td></td><td>117.50</td><td></td><td>78.00</td><td></td><td></td><td></td><td></td></tr>
<tr><td>18</td><td>工务段</td><td>桥梁工</td><td>050008503790</td><td>谢立红</td><td>男</td><td>1977/03/04</td><td></td><td></td><td>131.50</td><td></td><td>58.17</td><td></td><td></td><td></td><td></td></tr>
<tr><td>19</td><td></td><td></td><td></td><td></td><td></td><td></td><td></td><td></td><td></td><td></td><td></td><td></td><td></td><td></td><td></td></tr>
<tr><td>20</td><td></td><td></td><td></td><td></td><td></td><td></td><td></td><td></td><td></td><td></td><td></td><td></td><td></td><td></td><td></td></tr>
</table>
3. 根据如下要求计算并将计算结果填入相应单元格内。
（1）计算笔试成绩比例分，计算公式为：（笔试成绩/3）＊60%。
（2）计算面试成绩比例分，计算公式为：面试成绩＊40%。
（3）利用求和函数计算总成绩，计算公式为：笔试成绩比例分+面试成绩比例分。</td></tr>
</table>

续表

<table>
<tr><td>任务名称</td><td>铁路局招聘考试成绩表统计</td><td>学　　时</td><td>2 学时</td></tr>
<tr><td>任务描述</td><td colspan="3">4. 在 I19 单元格输入“平均成绩”，利用平均值函数计算笔试成绩比例分的平均分、面试成绩比例分的平均分和总成绩平均分，并将计算结果分别填入 J19、L19 和 M19 单元格内。
5. 在 I20 单元格输入“最高分”，利用最大值函数计算笔试成绩比例分的最高分、面试成绩比例分的最高分和总成绩最高分，并将计算结果分别填入 J20、L20 和 M20 单元格内。
6. 在 I21 单元格输入“最低分”，利用最小值函数计算笔试成绩比例分的最低分、面试成绩比例分的最低分和总成绩最低分，并将计算结果分别填入 J21、L21 和 M21 单元格内。
7. 使用 RANK 函数，根据“总成绩”对所有考生排名，并将排名结果输入 N 列。
8. 利用 IF 函数计算：总成绩低于 60 分的，在 O 列对应单元格显示为“不及格”，否则什么都不显示。
9. 在 A22:B27 区域输入如下图内容，利用 VLOOKUP 函数，根据学位对照表信息，填写公务员参考人员学位信息。
<table>
<tr><td>22</td><td colspan="2">学位对照表</td></tr>
<tr><td>23</td><td>学历</td><td>学位</td></tr>
<tr><td>24</td><td>博士研究生</td><td>博士</td></tr>
<tr><td>25</td><td>硕士研究生</td><td>硕士</td></tr>
<tr><td>26</td><td>本科</td><td>学士</td></tr>
<tr><td>27</td><td>大专</td><td></td></tr>
<tr><td>28</td><td></td><td></td></tr>
<tr><td>29</td><td></td><td></td></tr>
</table></td></tr>
<tr><td>任务要求</td><td colspan="3">1. 仔细阅读任务描述中的设计要求，认真完成任务。
2. 上交电子作品。
3. 小组间互相学习设计中的优点。</td></tr>
</table>

资料卡及实例

5.7 公式

5.7.1 什么是公式

公式是可以进行以下操作的方程式：执行计算、返回信息、操作其他单元格的内容、测试条件等。公式始终以等号（=）开头。通过使用公式，Excel 可以轻松实现大批量数据的快速运算。

公式可以包含下列部分内容或全部内容：函数、引用、运算符和常量。

常量是一个不被计算的值，它始终保持不变。例如，日期 2008-10-9、数字 210，以及文本“季度收入”都是常量。

表达式或从表达式得到的值不是常量。如果在公式中使用常量而不是引用单元格的数据(如=30+70+110)，则只有在修改公式时结果才会发生变化。

运算符用于指定要对公式中的元素执行的计算类型。计算时有一个默认的次序（遵循一般的数学规则)，但可以使用括号更改该计算次序。计算运算符分为四种不同类型：算术运算符、比较运算符、文本运算符和引用运算符。

（1）算术运算符：用来完成基本的数学运算。若要进行基本的数学运算（如加法、减法、乘法或除法)、合并数字及生成数值结果，可使用算术运算符。常见的算术运算符包括：+(加)、-(减)、*(乘)、/(除)、%(百分比)、^(乘方)，示例见表 5.2。

（2）比较运算符：用来对两个数值进行比较，产生的结果为逻辑值 TRUE（真）或 FALSE（假)。常见的比较运算符包括：=(等于)、>(大于)、<(小于)、>=(大于等于)、<=(小于等于)、< >(不等于)，示例见表 5.2。

3. 文本运算符（&)：用来将一个或多个文本连接成为一个组合文本，如“North” & “wind”的结果为“Northwind”。

表 5.2 算数运算符和比较运算符示例

算术运算符	含义	示例	比较运算符	含义	示例
+（加号）	加法	3+3	=（等号）	等于	A1=B1
-（减号）	减法 负数	3-1 -1	>（大于号）	大于	A1>B1
*（星号）	乘法	3*3	<（小于号）	小于	A1<B1
/（正斜杠）	除法	3/3	>=（大于等于号）	大于或等于	A1>=B1
%（百分号）	百分比	20%	<=（小于等于号）	小于或等于	A1<=B1
^（脱字号）	乘幂	3^2	< >（不等号）	不等于	A1< >B1

4. 引用运算符：用来将单元格区域合并运算，示例见表 5.3。

表 5.3　引用运算符示例

引用运算符	含　义	示　例
:（冒号）	区域运算符，生成一个对两个引用之间所有单元格的引用（包括这两个引用）	B5:B15
,（逗号）	联合运算符，将多个引用合并为一个引用	SUM(B5:B15,D5:D15)
（空格）	交集运算符，生成一个对两个引用中共有单元格的引用	B7:D7 C6:C8

如果一个公式中有若干个运算符，Excel 将按运算符的优先顺序进行计算。如果一个公式中的若干个运算符具有相同的优先顺序（如一个公式中既有乘号又有除号），则 Excel 将按从左到右的顺序进行计算。

公式中运算符的优先级从高到低依次为：冒号、逗号、空格、负号、百分号、脱字号、星号和正斜杠、加号和减号、文本运算符、比较运算符。在某些情况下，执行计算的次序会影响公式的返回值，因此，了解如何确定计算次序及如何更改次序以获得所需结果是非常重要的。

5.7.2　创建公式

可以使用常量和计算运算符创建简单公式，也可以使用函数创建公式。

在计算的时候，单击需要计算的单元格，输入“=”，然后根据实际的需要输入涉及的单元格地址和运算符，编辑的结果可在编辑栏中查看。Excel 公式的输入有两种方法：第一种，用鼠标单击单元格实现引用，在求值的单元格中输入“=”号，然后用鼠标选中要运算的单元格；第二种，手写单元格地址实现单元格的引用，完成公式的输入。

以任务单（二）中任务描述第3（a）题（计算笔试成绩比例分）为例，要计算每位报考人员的笔试成绩比例分，先单击 J3 单元格，再根据公式“（笔试成绩/3）*60%”在 J3 单元格中输入“=I3/3*0.6”。

其余单元格可以通过复制单元格的方法进行计算。操作方法为：单击 J3 单元格，将鼠标指针放在单元格右下角，当鼠标指针呈细“黑十字”时，拖动鼠标，如图 5.48 所示。

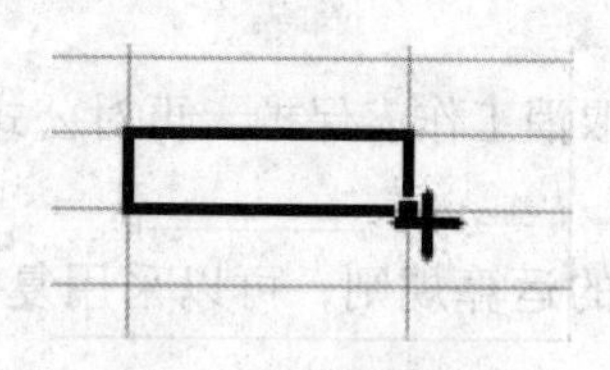

图 5.48　复制单元格

要想正确输入 Excel 公式，必须满足以下要求。

（1）公式必须以“=”开始。不管是单纯的公式还是更高级的函数，都需要以“=”为开始标记，否则，所有的公式只是字符，无法完成计算功能。

（2）“=”之后紧接运算数和运算符。

（3）准确使用单元格。公式中用到的数据单元格地址要看清楚，A、B、C、D 是列号，1、2、3、4 是行号。

（4）公式以 Enter 键的输入为结束。以“=”开始，以 Enter 键输入结束是公式最基本的要求，千万不能在输入完公式但没有按 Enter 键的情况下单击鼠标，以免公式遭到破坏。

当计算后的单元格出现如图 5.49 左侧所示的情况时，说明此单元格的宽度不能完全显示单元格中的数值，这时只需要调整列 J 的宽度就可以解决此问题，操作方法为：单击 J 列的列号，将其选中，单击【开始】选项卡【单元格】选项组中的【格式】按钮，在弹出的下拉列表中选择【自动调整列宽】选项，即可得到如图 5.49 右侧所示的结果；将鼠标指针移动到 J 列和 K 列列号连接位置处双击也可自动调整列宽。

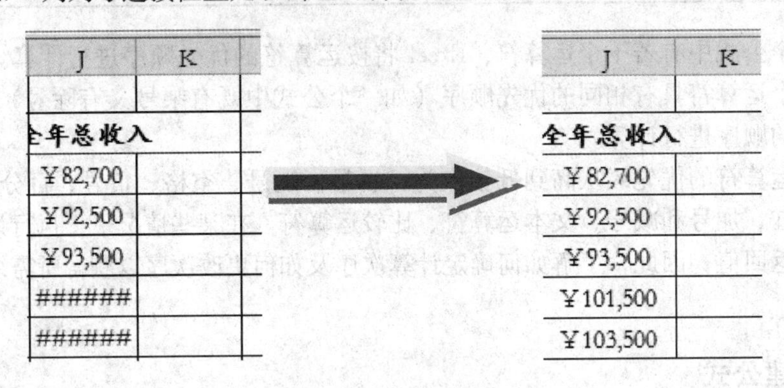

图 5.49 调整列宽

5.7.3 编辑公式

1. 修改公式

输入公式后，发现输入错误，需要对单元格中的公式进行修改。常见的修改公式的方法有以下三种。

(1) 双击单元格。双击需要修改公式的单元格即可进入编辑状态（修改状态）。

(2) 选中单元格后按 F2 键。单击需要修改公式的单元格，按 F2 键，可以快捷地修改 Excel 公式。

(3) 在编辑栏内编辑。选中需要修改公式的单元格，在 Excel 表格区域上方的公式编辑栏内修改公式。

如果工作表被保护，需要先取消工作表保护，再对公式进行修改。

2. 复制公式

若单元格中的数据具有相同的运算规则，可以采用复制公式的方法对其他单元格进行运算。

步骤一：选中包含要复制的公式的单元格。

步骤二：单击【开始】选项卡【剪贴板】选项组中的【复制】按钮。

步骤三：完成粘贴过程，执行下列操作之一。

(1) 若要粘贴公式和所有格式，则单击【开始】选项卡【剪贴板】选项组中的【粘贴】下三角按钮。

(2) 若要粘贴公式和数字格式，则单击【开始】选项卡【剪贴板】选项组中的【粘贴】下三角按钮，在弹出的下拉列表中单击【公式和数字格式】按钮，或者在目标单元格右击，在弹出的快捷菜单中选择【选择性粘贴】选项，在弹出的【选择性粘贴】对话框中选中【公式和数字格式】单选项，如图 5.50 所示。若只粘贴公式结果，则单击【开始】选项卡【剪贴板】选项组中的【粘贴】下三角按钮，在弹出的下拉列表中单击【值】按钮，或者在目标单元格右击，在弹出的快捷菜单中选择【选择性粘贴】选项，在弹出的【选择性粘贴】对话框中选中【数值】单选项，如图 5.51 所示。

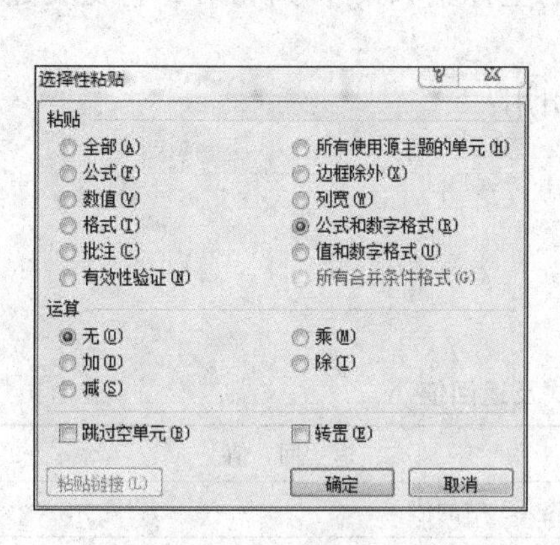

图 5.50　复制公式和数字格式

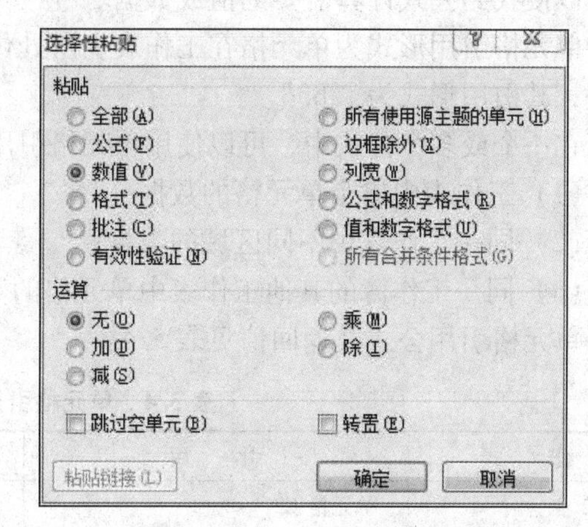

图 5.51　复制数值

（3）若要连续填充单元格公式，则选中要复制公式的单元格或区域，将鼠标移动到单元格或区域的右下角，当鼠标指针变成“黑十字”形状时，按下鼠标左键并拖动到指定位置，即可自动粘贴并应用公式。

步骤四：按 Enter 键完成公式编辑。

3. 删除公式

删除公式时，该公式的计算结果也会被删除。但是，可以在 Excel 2010 中设置为仅删除公式，而保留单元格中所显示的公式的计算结果。

要将公式与其计算结果一起删除，执行下列操作。

（1）选中包含公式的单元格或单元格区域。

（2）按 Delete 键。

要删除公式而不删除其计算结果，执行下列操作。

（1）选中包含公式的单元格或单元格区域。

（2）单击【开始】选项卡【剪贴板】选项组中的【复制】（也可以按 Ctrl + C 组合键），然后单击【开始】选项卡【剪贴板】选项组中的【粘贴】下三角按钮，在弹出的下拉列表中单击【值】按钮。

实例 5.5：按如下要求，完成操作。

打开素材中名为“学生成绩表”的 Excel 表格，计算出平均成绩，并将计算结果填入相应的单元格中（计算平均成绩的公式为：平均成绩 =（数学 + 英语 + 语文 + 物理 + 化学）/5）。

操作方法：

打开素材中名为“学生成绩表”的 Excel 表格，单击单元格 H3，在 H3 中输入“ =（C3 + D3 + E3 + F3 + G3）/5”，然后按 Enter 键；单击 H3 单元格，将鼠标指针放在单元格右下角，当鼠标指针呈细“黑十字”时向下拖动鼠标至 H9 单元格。

5.7.4 单元格引用

单元格引用是指对工作表中的单元格或单元格区域的引用。它可以在 Excel 公式中使用，以便找到公式计算需要的值或数据。

单元格引用形式为单元格在工作表上所处位置的坐标集如第 B 列和第 3 行交叉处的单元格，其引用形式为“B3”。

在一个或多个公式中，可以使用单元格引用来引用：

（1）工作表中单个单元格的数据；

（2）同一工作表中不同区域的数据；

（3）同一工作簿的其他工作表中单元格的数据。

单元格引用公式及返回值见表 5.4。

表 5.4 单元格引用公式及返回值

公　式	引　用	返　回　值
= C2	单元格 C2	单元格 C2 中的值
= 资产 - 债务	名为“资产”和“债务”的单元格	名为“资产”的单元格减去名为“债务”的单元格的值
{ = Week1 + Week2}	Week1 和 Week2 的单元格区域	名为 Week1 和 Week 2 的单元格区域的值的和
= Sheet2！B2	Sheet2 上的单元格 B2	Sheet2 上单元格 B2 中的值

单元格引用的方式包括：相对引用、绝对引用和混合引用。

1. 相对引用

复制公式时，Excel 2010 会根据目标单元格与原公式所在单元格的相对位置，相应地调整公式的引用标识。例如，C3 单元格中的公式为“= A1 * B1”，将公式复制到目标单元格 D4 中，就会变为“= B2 * C2”，A1 和 B1 为相对引用。

2. 绝对引用

复制公式时，无论目标单元格所在的位置如何改变，绝对引用所指向的单元格区域都不会改变，绝对引用符号为“$”。例如，C3 单元格中的公式为“= $A $1 * $B $1”，将公式复制到目标单元格 D4 中，D4 单元格中的公式不变，仍为“= $A $1 * $B $1”，$A $1 和 $B $1 为绝对引用。

3. 混合引用

混合引用分为以下两种情况。

（1）行相对、列绝对引用：如 C3 单元格中的公式为“= $A1 * $B1”，将公式复制到目标单元格 D4 中，D4 单元格公式会变为“= $A2 * $B2”，$A1 和 $B1 为单元格的行相对、列绝对引用。

（2）列相对、行绝对引用：如 C3 单元格中的公式为“= A $1 * B $1”，将公式复制到目标单元格 D4 中，D4 单元格公式会变为“= B $1 * C $1”，A $1 和 B $1 为单元格的列相对、行绝对引用。

4. 在相对引用、绝对引用和混合引用间切换

引用方式的切换可以采用如下步骤：

（1）选中包含公式的单元格；

（2）在编辑栏中，选中要更改的引用；

（3）按 F4 键在引用类型之间切换。

5.7.5 公式中的错误及解决办法

在 Excel 2010 中输入公式后，有时不能正确地计算出结果，并在单元格内显示一个错误信息。这些错误的产生，有的是因公式本身产生的，有的不是。下面介绍几种常见的错误信息和解决办法。

1. #VALUE！错误

含义：输入引用文本项的数学公式。如果使用了不正确的参数或运算符，或者当执行自动更正公式功能时不能更正公式，都将产生错误信息“#VALUE!”。这个错误的产生通常有下面三种情况。

（1）在需要输入数字或逻辑值时输入了文本，Excel 2010 不能将文本转换为正确的数据类型。例如：如果单元格 A1 包含一个数字，单元格 A2 包含文本，则公式“ = A1 + A2”将返回错误值“#VALUE!”。

解决方法：确认公式或函数所需的运算符或参数是否正确，以及公式引用的单元格中是否为有效的数值。

（2）将单元格引用、公式或函数作为数组常量输入。

解决方法：确认数组常量不是单元格引用、公式或函数。

（3）赋予需要单一数值的运算符或函数一个数值区域。

解决方法：将数值区域改为单一数值，或修改数值区域，使其包含公式所在的数据行或列。

2. #DIV/0！错误

含义：试图除以 0。这个错误的产生通常有下面两种情况。

（1）在公式中，除数使用了指向空单元格或包含零值单元格的单元格引用（在 Excel 中如果运算对象是空白单元格，Excel 会将此空值当作零值）。

解决方法：修改单元格引用，或者在用作除数的单元格中输入不为零的值。

（2）输入的公式中包含明显的除数零，如公式“ =1/0”。

解决方法：将 0 改为非 0 值。

3. #REF！错误

含义：删除了被公式引用的单元格范围。当删除了由其他公式引用的单元格，或将移动单元格粘贴到由其他公式引用的单元格中，单元格引用无效，将产生错误值“#REF!”。

解决方法：更改公式，或者在删除或粘贴单元格之后，立即单击【撤消】按钮，以恢复工作表中的单元格。

4. #NUM！错误

含义：提供了无效参数。当公式或函数中某个数字有问题时，将产生错误值“#NUM!”。这个错误的产生通常有下面两种情况。

（1）在需要数字参数的函数中使用了函数不能接受的参数。

解决方法：确认函数中使用的参数类型正确无误。

（2）由公式产生的数值太大或太小，Excel 不能表示。

解决方法：修改公式，使其结果在有效数值范围之间。

5. #NULL！错误

含义：使用了不正确的区域运算符或不正确的单元格引用。当试图为两个并不相交的区域指定某种函数的运算时，将产生错误值“#NULL!”。例如，输入：“=SUM(A1:A10C1:C10)”，就会产生这种情况。

解决方法：如果要引用两个不相交的区域，必须使用联合运算符——逗号，如果没有使用逗号，Excel 将试图对同时属于两个区域的单元格求和。由于 A1:A10 和 C1:C10 并不相交，所以就会出错，上式可改为“=SUM(A1:A10,C1:C10)”。

6. #NAME？错误

含义：在公式中使用了 Excel 所不能识别的文本。这种情况可能是输错了名称，或是输入了一个已删除的名称，另外如果没有将字符串置于双引号内，也会产生此错误值。

解决办法：如果是使用了不存在或错误的名称而产生这一错误，应改正使用的名称；确认所有字符串都在双引号内；确认公式中的所有区域引用都使用了冒号（:）。

5.8 函数

5.8.1 什么是函数

Excel 函数是预定义的公式。它通过使用一些称为参数的特定数值和特定的顺序或结构执行计算。函数可用于执行简单或复杂的计算。

要了解函数需要了解以下内容。

（1）结构。函数的结构以等号（=）开始，后面紧跟函数名称和左括号，然后以逗号分隔输入该函数的参数，最后是右括号。

（2）函数名称。如果要查看可用函数的列表，可选中一个单元格并按 Shift + F3 组合键。

（3）参数。参数是函数最复杂的组成部分，它规定了函数的运算对象、顺序或结构等，使得用户可以对某个单元格或区域进行处理，如分析存款利息、确定成绩名次、计算三角函数值等。参数可以是数字、文本、TRUE 或 FALSE 等逻辑值、数组、#N/A 等错误值或单元格引用。指定的参数都必须为有效参数值，参数也可以是公式或其他函数。

（4）参数工具提示。在单元格内键入函数时，会出现一个带有语法和参数的工具提示，如在单元格内键入“=sum(”时，会出现工具提示 SUM(**number1**, [number2], ...) （仅在使用内置函数时才会出现工具提示）。

以常用的求和函数 SUM 为例，它的语法是“SUM(number1,number2,…)”。其中，“SUM”称为函数名称，一个函数只有唯一的一个名称，它决定了函数的功能和用途。函数名称后紧跟左括号，接着是用逗号分隔的称为参数的内容，最后用一个右括号表示函数结束。

按照函数的来源，Excel 函数可以分为内置函数和扩展函数两大类。前者只要启动了 Excel，用户就可以使用它们；后者必须通过宏定义命令加载，然后才能像内置函数那样使用。

5.8.2　输入函数

使用函数处理数据主要有以下三种方法：单击编辑栏左侧的【插入函数】按钮 fx，单击【公式】选项卡中的【插入函数】按钮和手动输入法。【公式】选项卡还提供了一些更加快捷的按钮：单击【自动求和】按钮，将显示一些常用的函数，如求和函数、平均值函数、最大值函数、最小值函数、条件函数、计数函数等；单击【最近使用的函数】按钮，将显示最近使用过的十个函数，为用户反复使用相同的函数提供了快捷的方法。

1. 使用【插入函数】对话框输入函数

【插入函数】对话框是 Excel 输入公式的重要工具，下面是具体操作过程：选中存放计算结果（即需要应用公式）的单元格，单击编辑栏（或工具栏）中的【插入函数】按钮，如图 5.52 所示，将弹出【插入函数】对话框，在【选择函数】列表中找到要使用的函数，如果需要的函数不在里面，可以单击【或选择类别】下拉列表进行选择；单击【确定】按钮，弹出【函数参数】对话框，选择数据区域并确定参数后，单击【确定】按钮即可。

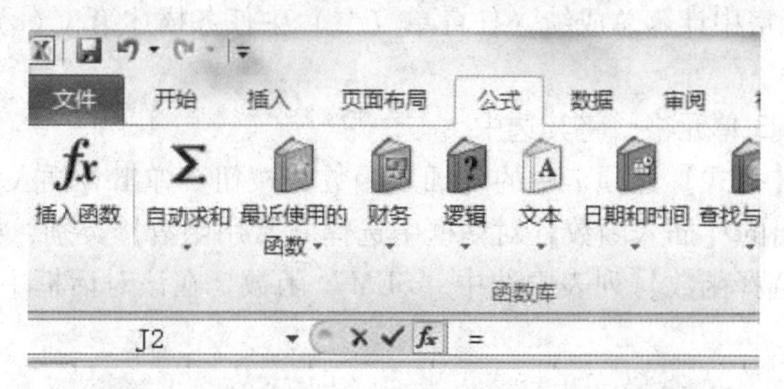

图 5.52　【插入函数】按钮

2. 利用编辑栏输入函数

如果要套用某个现成公式，或者输入一些嵌套关系复杂的公式，利用编辑栏输入会更加快捷。操作步骤如下：选中存放计算结果的单元格；单击编辑栏中的 fx 按钮，按照公式的组成顺序在弹出的对话框中依次输入各个部分；公式输入完毕后，单击编辑栏中的【√】按钮（或按 Enter 键）即可。

3. 手动输入函数

在单元格中，输入等号(=)，然后输入一个字母（如“a”），即可查看可用函数列表，而单击↓键可以向下滚动浏览该列表。在滚动浏览列表时，可以看到每个函数的屏幕提示（一个简短说明），如 ABS 函数的屏幕提示是“返回给定数值的绝对值，即不带符号的数值”。

在列表中，双击要使用的函数，Excel 将在单元格中输入函数名称，后面紧跟一个左括号，根据参数工具提示在左括号后面输入一个或多个参数。参数是函数使用的信息，它有时是数字，有时是文本，有时是对其他单元格的引用。例如，ABS 函数要求使用数字作为参数；UPPER 函数（可将小写文本转换为大写文本）要求使用文本字符串作为参数；PI 函数不需要任何参数，因为它只返回 Pi 值（3.14159…）。

完成函数输入后要查看结果，按 Enter 键，这时 Excel 将自动添加右括号，单元格将显示函数的计算结果。选中该单元格，在编辑栏内即可查看公式。

5.8.3 常用的函数及其使用

1. SUM 函数

SUM 函数用于计算某一单元格区域中的数字、逻辑值及数字的文本表达式之和。如果参数中有错误值或不能转换成数字的文本，将会导致错误。公式为“SUM(number1,number2,…)”，其中 number1，number2 为需要求和的参数。使用 SUM 函数时，参数的使用需要注意以下几点。

(1) SUM 函数的参数表中的数字、逻辑值及数字的文本表达式将被计算，如 SUM(“3”,2,TRUE)=6。

(2) 如果参数为数组或引用，只有其中的数字将被计算，数组或引用中的空白单元格、逻辑值、文本将被忽略，如 A1 单元格包含“3”，而 B1 单元格包含 TRUE，则 SUM(A1,2,B1)=2，因为对非数值型的值的引用不能被转换成数值。

(3) 如果参数为错误值或不能转换成数字的文本，将会导致错误。

例：在 M3 单元格中计算总成绩（任务单（二）中任务描述第 3（c）题），使用函数计算的步骤如下。

步骤一：单击 M3 单元格，将其选中。

步骤二：单击【公式】选项卡中的【插入函数】按钮，弹出【插入函数】对话框。

步骤三：在弹出的【插入函数】对话框中选择【常用函数】类别，如图 5.53 所示。

步骤四：在【选择函数】列表中选中“SUM”函数，在该对话框中的下半部分显示了该函数的功能。

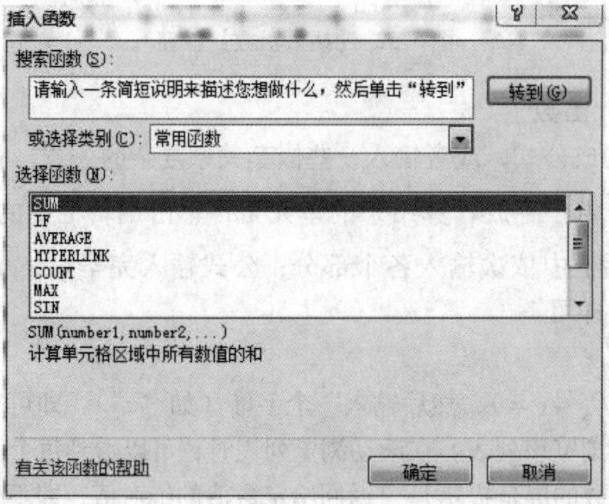

图 5.53 【插入函数】对话框

步骤五：单击【确定】按钮，弹出【函数参数】对话框，在该对话框中的下半部分显示了该函数参数的说明；单击对话框中的红色箭头按钮，选择要计算的数值区域，即笔试成绩比例分 J3 和面试成绩比例分 L3，参数【Number1】文本框中显示“J3:L3”，如图 5.54 所示。

步骤六：单击【确定】按钮，即可在 M3 单元格中显示该函数的计算结果。

例：如果单元格存储内容为 A2 = -5　A3 = 15　A4 = 30　A5 = '5　A6 = TRUE，对各单元格或单元格数据应用 SUM 函数，结果见表 5.5。

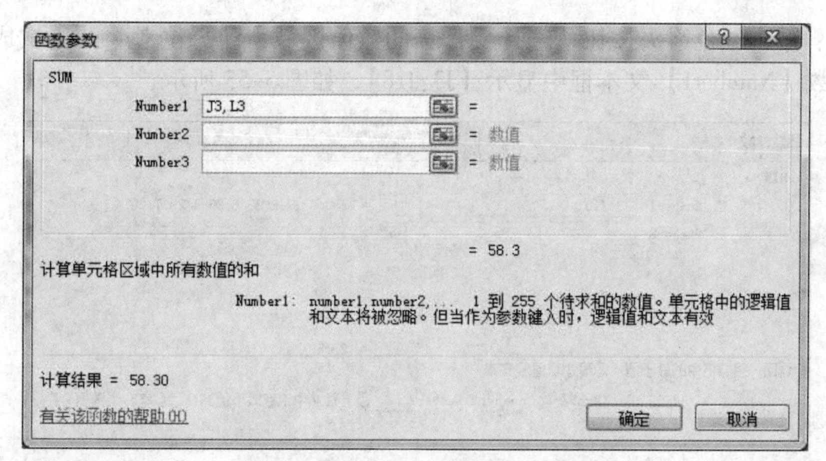

图 5.54　SUM【函数参数】对话框

表 5.5　SUM 函数调用案例

公　式	说　明	结　果
=SUM(3,2)	将 3 和 2 相加	5
=SUM("5",15,TRUE)	将 5、15 和 1 相加。文本值 " 5" 首先被转换为数字，逻辑值 TRUE 被转换为数字 1	21
=SUM(A2:A4)	将单元格 A2 至 A4 中的数字相加	40
=SUM(A2:A4,15)	将单元格 A2 至 A4 中的数字相加，然后将结果与 15 相加	55
=SUM(A5,A6,2)	将单元格 A5 和 A6 中的数字相加，然后将结果与 2 相加。由于引用中的非数字值未转换，即单元格 A5 中的值（"5"）和单元格 A6 中的值（TRUE）均被视为文本，所以这些单元格中的值将被忽略	2

2. MAX、MIN、AVERAGE 函数

MAX 函数的功能是求出选中区域的最大数值，MIN 函数的功能是求出选中区域的最小数值，AVERAGE 函数的功能是求出选中区域的平均值。MAX 和 MIN 函数的语法分别为 MAX(number1,number2,…) 和 MIN(number1,number2,…)，其中参数 number1,number2,…中 number1 是必需的，后续数值是可选的。使用 MAX 函数或 MIN 函数时，其参数有以下几点需要说明。

（1）参数可以是数字或者是包含数字的名称、数组或引用。

（2）逻辑值和直接键入到参数列表中代表数字的文本被计算在内。

（3）如果参数为数组或引用，则只使用该数组或引用中的数字；数组或引用中的空白单元格、逻辑值或文本将被忽略。

（4）如果参数不包含数字，函数 MAX 和函数 MIN 的返回值为 0。

（5）如果参数为错误值或为不能转换为数字的文本，将会导致错误。

步骤一：单击 J21 单元格，将其选中。

步骤二：单击编辑栏左侧的【插入函数】按钮，弹出【插入函数】对话框。

步骤三：在弹出的【插入函数】对话框中选择【常用函数】或【全部】类别。

步骤四：在【选择函数】列表中选中 MIN 函数，单击【确定】按钮，弹出【函数参数】对话框。

步骤五：单击红色箭头按钮，选择要计算的数值区域，即每位考生的笔试成绩比例分J3:J18，参数【Number1】文本框中显示【J3:J18】，如图5.55所示。

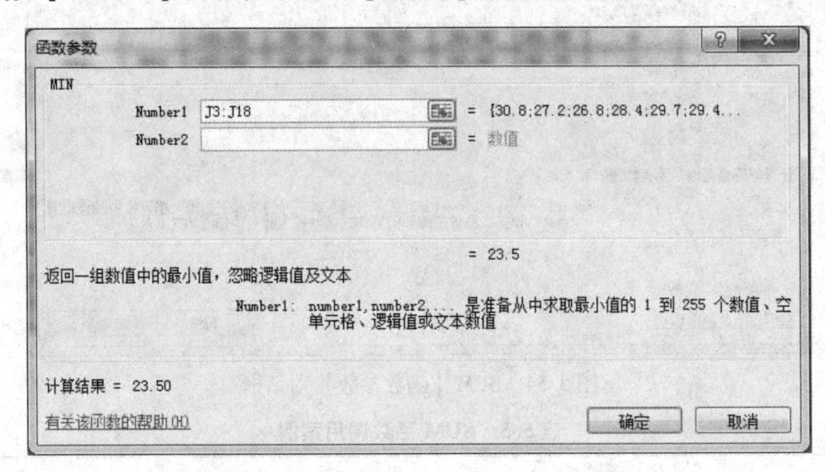

图5.55 MIN【函数参数】对话框

步骤六：单击【确定】按钮，即可在J21单元格中显示该函数的计算结果。

例：如果单元格存储内容为A2 = 10　A3 = 7　A4 = 9　A5 = 27　A6 = 2，对各单元格应用MAX、MIN或AVERAGE函数，结果见表5.6。

表5.6 MAX、MIN及AVERAGE函数调用案例

公　式	说　明	结　果
= MAX(A2:A6)	A2 到 A6 单元格数据中的最大值	27
= MAX(A2:A6,30)	A2 到 A6 单元格数据和 30 中的最大值	30
= MIN(A2:A6)	A2 到 A6 单元格数据中的最小值	2
= MIN(A2:A6,0)	A2 到 A6 单元格数据和 0 中的最小值	0
= AVERAGE(A2:A6)	单元格区域 A2 到 A6 中数据的平均值	11
= AVERAGE(A2:A6,5)	单元格区域 A2 到 A6 中数据与数字 5 的平均值	10

实例5.6：按如下要求，完成操作。

打开素材中名为“学生成绩表”的工作簿，在H10单元格中求出平均成绩的总和，在H11单元格和H12单元格中分别求出平均成绩的最大值和最小值。

操作方法：

(1) 打开工作簿，选中C3:H3单元格区域，单击【公式】选项卡中的【自动求和】按钮，然后用鼠标拖动的方法复制H3单元格公式至H4到H9单元格中，再选中H3:H10单元格，单击【自动求和】按钮。

(2) 选中H11单元格，单击【公式】选项卡中的【自动求和】下三角按钮，在弹出的下拉列表中选择【最大值】选项，然后选择数据范围H3:H9，最后按Enter键。

(3) 选中H12单元格，单击【公式】选项卡中的【自动求和】下三角按钮，在弹出的下拉列表中选择【最小值】选项，然后选择数据范围H3:H9，最后按Enter键。

3. COUNT 函数

COUNT 函数的功能是计算参数列表中数据的个数，但只有数值型的数据才会被计数。语法：COUNT(value1,[value2],…)；value1（必需），要计算其中数字的个数的第一项、单元格引用或区域；value2,…（可选），要计算其中数字的个数的其他项、单元格引用或区域，最多可包含 255 个。使用 COUNT 函数时，参数的使用有以下几点需要说明。

（1）如果参数为数字、日期或者代表数字的文本（如用引号引起的数字“1”），则将被计算在内。

（2）逻辑值和直接键入到参数列表中代表数字的文本会被计算在内。

（3）如果参数为错误值或不能转换为数字的文本，则不会被计算在内。

（4）如果参数为数组或引用，则只计算数组或引用中数字的个数，而不会计算数组或引用中的空单元格、逻辑值、文本或错误值。

（5）若要计算逻辑值、文本值或错误值的个数，请使用 COUNTA 函数。

例：以任务单（二）中任务描述的“铁路局招聘考试成绩表”为例，在 B20 单元格中计算考生的人数，使用函数计算的步骤如下。

步骤一：单击 B20 单元格，将其选中。

步骤二：单击编辑栏左侧的【插入函数】按钮，弹出【插入函数】对话框。

步骤三：在弹出的【插入函数】对话框中选择【常用函数】类别。

步骤四：在【选择函数】列表中选择 COUNT 函数，单击【确定】按钮，弹出【函数参数】对话框。

步骤五：单击红色箭头按钮，选择要计算的数值区域，即考生的人数 I3:I18，参数【Value1】文本框中显示【I3:I18】，如图 5.56 所示。

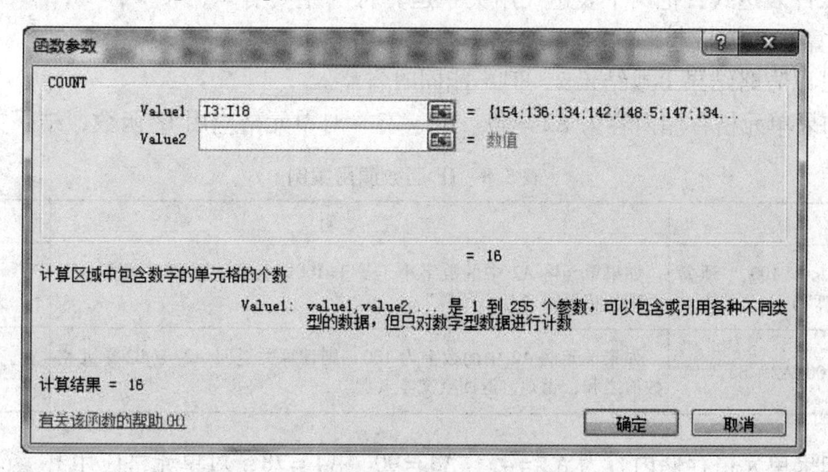

图 5.56　COUNT【函数参数】对话框

步骤六：单击【确定】按钮，即可在 B20 单元格中显示该函数的计算结果。

例：如果单元格存储内容为 A2 =“销售”　A3 = 2008/12/8　A4 为空　A5 = 19　A6 = 22.24　A7 = TRUE　A8 = #DIV/0!，对各单元格应用 COUNT 函数，结果见表 5.7。

表 5.7 COUNT 函数调用案例

公 式	说 明	结 果
=COUNT(A2:A8)	计算单元格区域 A2 到 A8 中包含数字的单元格个数	3
=COUNT(A5:A8)	计算单元格区域 A5 到 A8 中包含数字的单元格个数	2
=COUNT(A2:A8,2)	计算单元格区域 A2 到 A8 和值 2 中包含数字的单元格个数和值的个数之和	4

实例 5.7：按如下要求，完成操作。

打开素材中名为“学生成绩表”的工作簿，在 H13 单元格中利用 COUNT 函数统计学生人数。

操作方法：

打开工作簿，选中 H13 单元格，单击【公式】选项卡中的【插入函数】按钮，在弹出的对话框中选择 COUNT 函数并单击【确定】按钮，弹出【函数参数】对话框，在【Value1】文本框中输入“G3:G9”，单击【确定】按钮。

4. IF 函数

IF 函数根据指定的条件来判断“真”（TRUE）、“假”（FALSE），从而返回相应的内容。IF 函数的语法结构为“IF（条件表达式，结果 1，结果 2）”，对满足条件的数据进行处理，条件满足则输出结果 1，不满足则输出结果 2。例如，如果 A1 大于 10，则公式“=IF(A1>10,"大于 10","不大于 10")”将返回“大于 10”，如果 A1 小于或等于 10，则返回“不大于 10”。

参数的使用有以下几点需要说明。

（1）条件表达式：把两个表达式用关系运算符（主要有=，<>，>，<，>=，<= 6 个关系运算符）连接起来就构成条件表达式。

（2）可以省略结果 1 或结果 2，但不能同时省略。

例：如果单元格存储内容为 A2=50 B2=23，对单元格应用 IF 函数，结果见表 5.8。

表 5.8 IF 函数调用案例

公 式	说 明	结 果
=IF(A2<=100,"预算内","超出预算")	如果单元格 A2 中的数字小于等于 100，公式将返回“预算内”；否则，将返回“超出预算”	预算内
=IF(A2=100,A2+B2,"")	如果单元格 A2 中的数字为 100，则计算并返回 A2 与 B2 单元格数值之和；否则，返回空文本（"")	空文本（"")

例：如果单元格存储内容为 A2=45 A3=90 A4=78，对单元格应用 IF 函数，结果见表 5.9。

表 5.9 IF 函数嵌套调用案例

公 式	说 明	结 果
=IF(A2>89,"A",IF(A2>79,"B",IF(A2>69,"C",IF(A2>59,"D","F"))))	给单元格 A2 中的数字指定一个字母等级	F

续表

公式	说明	结果
=IF(A3 > 89,"A",IF(A3 > 79,"B",IF(A3 > 69,"C",IF(A3 > 59,"D","F"))))	给单元格 A3 中的数字指定一个字母等级	A
=IF(A4 > 89,"A",IF(A4 > 79,"B",IF(A4 > 69,"C",IF(A4 > 59,"D","F"))))	给单元格 A4 中的数字指定一个字母等级	C

例：以任务单（二）中任务描述的第 8 题为例，在 O3 单元格中提示考生成绩，考生总成绩低于 60 分的，其提示单元格中显示“不及格”，否则什么也不显示，具体操作步骤如下。

步骤一：单击 O3 单元格，将其选中。

步骤二：单击编辑栏左侧的【插入函数】按钮，弹出【插入函数】对话框。

步骤三：在【插入函数】对话框中选择【常用函数】类别。

步骤四：在【选择函数】列表中选择 IF 函数，单击【确定】按钮，弹出【函数参数】对话框，如图 5.57 所示。

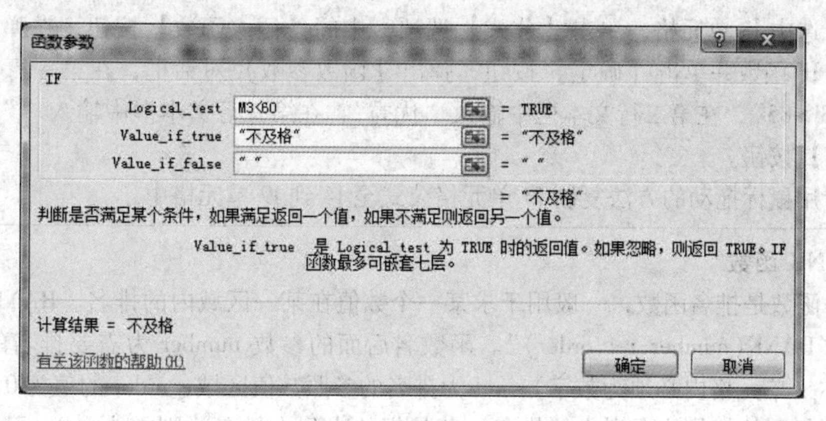

图 5.57　IF【函数参数】对话框

步骤五：分析本题，得出本题的条件为“总成绩小于 60 分”，而总成绩的单元格为 M3，因此，在第一个参数【Logical_text】文本框中填“M3 <60”。

步骤六：由题可知，总成绩小于 60 分的提示单元格中显示“不及格”，即当条件 M3 <60 为真时显示“不及格”，因此，在第二个参数【Value_if_true】文本框中填“不及格”。

步骤七：由题可知，总成绩大于等于 60 分时什么也不显示，即当条件 M3 <60 为假时显示为空（用两个连续的英文双引号表示），因此，在第三个参数【Value_if_false】文本框中填入两个连在一起的英文格式的双引号。

步骤八：单击【确定】按钮，完成计算，结果显示在 O3 中。

步骤九：鼠标放在 O3 单元格的右下角，当鼠标指针变成细的“黑十字”时，拖动鼠标到 O18，完成单元格的复制，计算出从 O3 开始到 O18 为止的所有考生成绩提示信息。

（3）如果测试条件过多，可采用 LOOKUP 函数。

例：如果单元格存储内容为 A2 = 45　A3 = 78，对单元格应用 LOOKUP 函数结果见表 5.10。

表 5.10 LOOKUP 函数调用案例

公式	说明	结果
=LOOKUP(A2,{0,60,63,67,70,73,77,80,83,87,90,93,97},{"F","D-","D","D+","C-","C","C+","B-","B","B+","A-","A","A+"})	根据 A2 单元格中的数字指定等级	F
=LOOKUP(A3,{0,60,63,67,70,73,77,80,83,87,90,93,97},{"F","D-","D","D+","C-","C","C+","B-","B","B+","A-","A","A+"})	根据 A3 单元格中的数字指定等级	C+

实例 5.8：按如下要求，完成操作。

（1）打开素材中名为“学生成绩表”的工作簿，在 I2 单元格中输入“评价”。

（2）用 IF 函数评价学生成绩，当平均成绩大于 85 时，在 I 列对应单元格显示“优秀”，否则什么都不显示。

操作方法：

（1）打开工作簿，在 I2 单元格中输入“评价”。

（2）选中 I3 单元格，单击【公式】选项卡中的【插入函数】按钮，在弹出的对话框中选择 IF 函数并单击【确定】按钮，弹出【函数参数】对话框，在第一行文本框中输入“H3 >85”，在第二行文本框中输入“优秀”，在第三行文本框中输入“”，最后单击【确定】按钮。

（3）用鼠标拖动的方法复制 I3 单元格公式至 I4 到 I9 单元格中。

5. RANK 函数

RANK 函数是排名函数，一般用于求某一个数值在某一区域内的排名。RANK 函数的语法结构为“RANK(number,ref,order)”。函数名后面的参数 number 为需要排名的数值或者单元格名称（单元格内必须为数字）；ref 为排名的参照数值区域；order 的值为 0 或 1，若省略该值，则得到的就是从大到小的排名，若是想从小到大排名，则需为 order 赋值 1。使用 RANK 函数时，需要注意以下几点。

(1) number 必须有一个数字值；ref 必须是一个包含数字数据值的数组或单元格区域。

（2）相同数值用 RNAK 函数计算得到的序数（名次）相同，但会导致后续数字的序数空缺。

例：以任务单（二）中任务描述的第 7 题为例，在 N3 单元格中计算考生总成绩的排名情况，具体操作步骤如下。

步骤一：单击 N3 单元格，将其选中。

步骤二：单击编辑栏左侧的【插入函数】按钮，弹出【插入函数】对话框。

步骤三：在【插入函数】对话框中选择【常用函数】选项。

步骤四：在【选择函数】列表中选 RANK 函数，单击【确定】按钮，弹出【函数参数】对话框，如图 5.58 所示。

步骤五：分析本题，要求求出考生的总成绩排名情况，因此，第一个参数为某个考生的总成绩，在【Number】文本框中输入“M3”；第二个参数为所有考生的总成绩区域，在【Ref】文本框中输入“$M $3：$M $18”；按照降序排序，在【Order】文本框中输入“0”

或者不填（默认为0）。

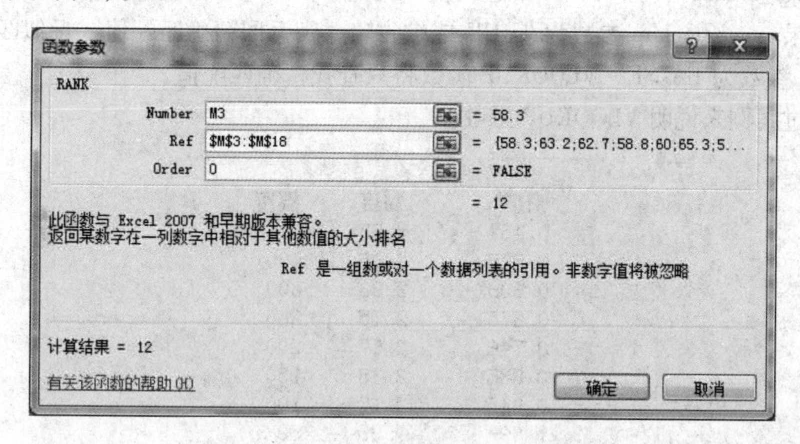

图5.58 RANK【函数参数】对话框

步骤六：单击【确定】按钮，完成计算，结果显示在N3单元格中。

步骤七：将鼠标光标放在N3单元格的右下角，当鼠标指针变成细的“黑十字”时，拖动鼠标到N18单元格，完成单元格的复制，计算出从N3开始到N18为止的所有考生总成绩的排名情况。

例：如果单元格存储内容为A2 =7　A3 =3.5　A4 =3.5　A5 =1　A6 =2，对单元格应用RANK函数，结果见表5.11（Order值为1表示按升序排列）。

表5.11　RANK函数调用案例

公　式	说　明	结　果
=RANK(A3,A2:A6,1)	3.5在A2:A6单元格区域中的排位	3
=RANK(A2,A2:A6,1)	7在A2:A6单元格区域中的排位	5

6. VLOOKUP函数

VLOOKUP函数能够搜索某个单元格区域首列满足条件的元素，确定待检索单元格在区域中的行序号，再进一步返回选定单元格的值。VLOOKUP函数语法形式为“VLOOKUP(lookup_value,table_array,col_index_num,range_lookup)”。使用VLOOKUP函数时，其参数有以下几点需要说明。

（1）lookup_value（必需）：要在表格或区域的第一列中搜索的值。lookup_value参数可以是值或引用。如果为lookup_value参数提供的值小于table_array参数第一列中的最小值，则VLOOKUP函数将返回错误值“#N/A”。

（2）table_array（必需）：包含数据的单元格区域。table_array第一列中的值是lookup_value搜索的值，这些值可以是文本、数字或逻辑值。其中，文本不区分大小写。

（3）col_index_num（必需）：table_array参数中必须返回的匹配值的列号。当col_index_num参数为1时，返回table_array第一列中的值；当col_index_num为2时，返回table_array第二列中的值，依此类推。

如果col_index_num参数小于1，则VLOOKUP函数返回错误值“#VALUE!”；如果大于table_array的列数，则VLOOKUP函数返回错误值“#REF!”。

（4）range_lookup（可选）：一个逻辑值，指定 VLOOKUP 函数查找精确匹配值还是近似匹配值。如果 range_lookup 参数为 TRUE 或被省略，则返回精确匹配值或近似匹配值；如果 range_lookup 参数为 FALSE，VLOOKUP 函数将只查找精确匹配值。

下面通过案例来说明 VLOOKUP 函数。

	A	B	C
1	密度	黏度	温度
2	0.457	3.55	500
3	0.525	3.25	400
4	0.606	2.93	300
5	0.675	2.75	250
6	0.746	2.57	200
7	0.835	2.38	150
8	0.946	2.17	100
9	1.09	1.95	50
10	1.29	1.71	0

图 5.59　VLOOKUP 函数案例数据

对图 5.59 中的数据应用 VLOOKUP 函数，结果见表 5.12。

表 5.12　VLOOKUP 函数调用案例

公　式	说　明	结　果
= VLOOKUP(1,A2:C10,2)	使用近似匹配搜索 A 列中的值 1，在 A 列中找到小于等于 1 的最大值 0.946，然后返回同一行中 B 列的值	2.17
= VLOOKUP(0.7,A2:C10,3,FALSE)	使用精确匹配在 A 列中搜索值 0.7；因为 A 列中没有精确匹配的值，所以返回一个错误值	#N/A
= VLOOKUP(0.1,A2:C10,2,TRUE)	使用近似匹配在 A 列中搜索值 0.1；因为 0.1 小于 A 列中最小的值，所以返回一个错误值	#N/A
= VLOOKUP(2,A2:C10,2,TRUE)	使用近似匹配搜索 A 列中的值 2，在 A 列中找到小于等于 2 的最大值 1.29，然后返回同一行中 B 列的值	1.71

7. SUMIF 函数

SUMIF 函数可以对区域中符合指定条件的值求和。例如，假设在含有数字的某一列中，需要让大于 5 的数值相加，可使用以下公式：= SUMIF(B2:B25," >5")。SUMIF 函数语法形式为：SUMIF(range,criteria,[sum_range])。

使用 SUMIF 函数时，其参数有以下几点需要说明。

（1）range（必需）：条件计算的单元格区域。每个区域中的单元格都必须是数字、名称、数组或包含数字的引用。空值和文本值将被忽略。

（2）criteria（必需）：用于确定对哪些单元格求和的条件，其形式可以为数字、表达式、单元格引用、文本及函数。例如，条件可以表示为 32、" >32"、B5、"32"、"苹果"或 TODAY()。

（3）sum_range 参数（可选）：欲求和的实际单元格。如果 sum_range 参数被省略，Excel 2010 会对在 range 参数中指定的单元格求和。

下面通过案例来说明 SUMIF 函数。

对图 5.60 中的数据应用 SUMIF 函数，结果见表 5.13。

	A	B	C
1	类别	食物	销售额
2	蔬菜	西红柿	2300
3	蔬菜	西芹	5500
4	水果	橙子	800
5		黄油	400
6	蔬菜	胡萝卜	4200
7	水果	苹果	1200

图 5.60 产品销售量统计表

表 5.13 SUMIF 函数调用案例

公 式	说 明	结 果
=SUMIF(A2:A7,"水果",C2:C7)	“水果”类别下所有食物的销售额之和	2000
=SUMIF(A2:A7,"蔬菜",C2:C7)	“蔬菜”类别下所有食物的销售额之和	12000
=SUMIF(B2:B7,"西*",C2:C7)	以“西”开头的所有食物（西红柿、西芹）的销售额之和	7800
=SUMIF(A2:A7,"",C2:C7)	未指定类别的所有食物的销售额之和	400

评价单

项目名称				完成日期	
班　　级		小　　组		姓　　名	
学　　号				组长签字	
评价项点		分　值		学生评价	教师评价
格式设置		10			
条件格式		10			
复制工作表		10			
公式计算		10			
SUM 函数		10			
MAX、MIN 函数		10			
IF 函数		10			
COUNT 函数		10			
RANK 函数		10			
VLOOKUP 函数		5			
独立完成任务		5			
总分		100			
学生得分					
自我总结					
教师评语					

知识点强化与巩固

一、填空题

1. 在 Excel 2010 中，把 A1、B1 等称作该单元格的（　　）。

2. 在输入以零开头的文本型数字（如学号等）时须在输入数据的前面加（　　）。

3. 在 Excel 2010 中，单元格 B2 和 B3 的值分别为 5 和 10，则公式“=and(B2>5,B3<8)”的值为（　　）。

4. 在 Excel 2010 中，单元格 B2 的内容为“2016/12/30”，则函数“month(B2)”的值为（　　）。

5. 在 Excel 2010 中，单元格 A1 的内容为“78”，则公式“=if(A1>70,"好","差")”的值为（　　）。

6. 在 Excel 2010 中，有条件的求和的函数为（　　）。

7. 在 Excel 2010 中，公式中使用的引用地址 E1 是相对地址，而 $E $1 是（　　）地址。

8. 在 Excel 2010 中，公式都是以“=”开始的，后面由（　　）和运算符构成。

9. 在 Excel 2010 中，对指定区域求和用（　　）函数。

10. 在 Excel 2010 中，当输入有算术运算关系的数字和符号时，要想将结果显示在单元格内，必须以（　　）方式输入。

二、选择题

1. 假定一个单元格的地址为 $E $3，则该地址的表示方式为（　　）。

A. 绝对地址　　B. 混合地址　　C. 相对地址　　D. 三维地址

2. 按（　　）键就可以在相对引用、绝对引用和混合引用之间进行切换。

A. F2　　B. F4　　C. F6　　D. F8

3. 在 Excel 2010 中，对一组数组求和的函数为（　　）。

A. AVERAGE　　B. MAX　　C. MIN　　D. SUM

4. 在向一个单元格输入公式或函数时，其前导字符必须是（　　）。

A. <　　B. >　　C. =　　D. %

5. 一个单元格所存入的公式为“=13*2+7”，则该单元格处于非编辑状态时显示的内容为（　　）。

A. 13*2+7　　B. =13*2+7　　C. 33　　D. =33

6. D3 单元格中保存的公式为“=B $3+C $3”，若把它复制到 E4 单元格中，则 E4 单元格中的公式为（　　）。

A. =B $3+C $3　　B. =C $3+D $3　　C. =B $4+C $4　　D. =C $4+D $4

7. D3 单元格中保存的公式为“=B3+C3”，若把它复制到 E4 单元格中，则 E4 单元格中的公式为（　　）。

A. =B3+C3　　B. =C3+D3　　C. =B4+C4　　D. =C4+D4

8. 若单元格 B2、C2、D2 的内容分别为 2800、89、88，单元格 E2 中有公式“=IF

(AND(B2 > 2000,OR(C2 > 90,D2 > 90)),“五星”,IF(AND(B2 > 1800,OR(C2 > 85,D2 > 85)),“四星”,“三星”))”，则最终单元格 E2 中显示的内容为（　　）。

A. 出错　　B. 三星　　C. 四星　　D. 五星

9. 在 Excel 2010 中，（　　）可以正确地表示数据表 1 中 B2 到 G8 的整个单元格区域。

A. 数据表 1#B2：G8　　B. 数据表 1 $B2：G8

C. 数据表 1！B2：G8　　D. 数据表 1：B2：G8

10. 在单元格中输入（　　）后按 Enter 键，可以得到计算结果 0.3。

A. 6/20　　B. =“6/20”　　C. =6/20　　D. “6/20”

11. 在 Excel 2010，假定 C4:C6 区域内保存的数值依次为 5、9 和 4，若 C7 单元格中的函数公式为“ =AVERAGE(C4:C6)”，则 C7 单元格的值为（　　）。

A. 6　　B. 5　　C. 4　　D. 9

12. Excel 2010 中有四种类型的运算符：算术运算符、比较运算符、文本运算符和引用运算符。其中，符号“:”属于（　　）。

A. 算术运算符　　B. 比较运算符　　C. 文本运算符　　D. 引用运算符

13. 在 Excel 2010 中，要计算 B1 到 B3 三个单元格中数据的平均值，应使用（　　）函数。

A. INT(B1:B3)　　B. SUM(B1:B3)　　C. AVERAGE(B1,B3)　　D. AVERAGE(B1:B3)

14. 在 Excel 2010 中，假定 C4:C6 区域内保存的数值分别为 5、9 和 4，若 C7 单元格中的公式为“ =SUM(C4:C6)”，则 C7 单元格的数值为（　　）。

A. 5　　B. 18　　C. 9　　D. 4

15. 在 Excel 2010 中，D3 表示该单元格位于（　　）。

A. 第 4 行第 3 列　　B. 第 3 行第 4 列　　C. 第 3 行第 3 列　　D. 第 4 行第 4 列

16. 在 Excel 2010 中，在单元格中输入公式“ =2^3 +5 * 4”，则结果为（　　）。

A. 26　　B. 52　　C. 28　　D. 25

17. 在 Excel 2010 中，下列运算符的优先级最高的是（　　）。

A. ^　　B. *　　C. /　　D. +

18. 在 Excel 2010 中，比较运算“3 >2”返回的运算结果为（　　）。

A. COPY　　B. FALSE　　C. MAX　　D. TRUE

19. 在 Excel 2010 中，求最小值的函数是（　　）。

A. SUM　　B. MAX　　C. MIN　　D. COUNT

20. 在 Excel 2010 中，各运算符号的优先级由高到低的顺序为（　　）。

A. 算术运算符，关系运算符，文本运算符

B. 算术运算符，文本运算符，关系运算符

C. 关系运算符，文本运算符，算术运算符

D. 文本运算符，算术运算符，关系运算符

三、判断题

1. 当用户复制某一公式后，系统会自动更新单元格的内容，但不计算其结果。（　　）

2. 在 Excel 2010 中，只能按数值的大小排序，不能按文字的拼音字母或笔画数排序。（　）

3. 在 Excel 2010 的相对引用中，当复制并粘贴一个相对引用公式时，被粘贴公式中的引用将发生变化。（　）

4. 函数 COUNT 用于计算单元格区域中单元格个数。（　）

5. Excel 2010 中相对引用的含义是：把一个含有单元格地址引用的公式复制到一个新的位置或将一个公式填入一个选定的范围时，公式中的单元格地址会根据情况而改变。（　）

6. 函数 VLOOKUP 的功能是计算平均值。（　）

项目三　数据处理

知识点提要

1. 数据的排序
2. 数据的筛选
3. 数据的分类汇总

任务单

任务名称	列车售货员销售产品统计	学　时	2学时
知识目标	1. 能够熟练掌握公式及函数计算操作。 2. 能够熟练掌握排序及筛选操作。 3. 能够熟练掌握分类汇总操作。		
能力目标	1. 能够快速、准确地处理Excel数据。 2. 培养学生自主学习的能力。 3. 培养学生沟通、协作的能力。		
素质目标	1. 培养学生认真负责的工作态度和严谨细致和工作作风。 2. 培养学生的创新意识。 3. 提高学生信息化处理工作的意识和能力。		
任务描述	1. 根据素材中的“列车售货员销售数据处理”Excel表格，使用VLOOKUP函数，将左上单元格区域“列车售货员销售产品清单”中的“产品名称”和“产品单价”列的信息填充到右侧“3月份销售统计表”的“产品名称”列和“产品单价”列中。 2. 利用公式，计算“3月份销售统计表”中的销售金额，并将结果填至该表的“销售金额”列中（计算公式：销售金额＝产品单价＊销售数量）。 3. 使用SUMIF函数，根据“3月份销售统计表”中的数据，计算左下单元格区域“分部销售业绩统计”中的“总销售额”，并将结果填入该表的“总销售额”列。 4. 使用RANK函数，在左下单元格区域“分部销售业绩统计”中，根据“总销售额”对各部门进行排名，并将结果填入“销售排名”列中。 5. 以“产品名称”为主要关键字对右侧的“3月份销售统计表”进行升序排序。 6. 复制数据表到工作表Sheet2中，筛选出同时满足“销售数量＞3”“所属部门是销售1部”“销售金额＞20”三个条件的产品。 7. 复制数据表到新工作表Sheet3中，进行分类汇总，分类字段为“产品名称”，汇总方式为“求和”，选定汇总项为“销售数量”和“销售金额”。		

列车售货员销售产品清单

产品型号	产品名称	产品单价
A01	方便面	5
A011	香肠	8
A02	瓜子	6
A03	花生	4
A031	啤酒	2
B01	恒大冰泉	2
B02	冰棒	3
B03	盒饭	20

3月份销售统计表

销售日期	产品型号	产品名称	产品单价	销售数量	经办人	所属部门	销售金额
2007/3/1	A01			4	甘倩琦	销售1部	
2007/3/1	A011			2	许　丹	销售1部	
2007/3/1	A011			2	孙国成	销售2部	
2007/3/2	A01			4	吴小平	销售3部	
2007/3/2	A02			3	甘倩琦	销售1部	
2007/3/2	A031			5	李成蹊	销售2部	
2007/3/5	A03			4	刘　惠	销售1部	
2007/3/5	B03			1	赵　荣	销售3部	
2007/3/6	A01			3	吴　仕	销售2部	
2007/3/6	A011			3	刘　惠	销售1部	
2007/3/15	A02			1	许　丹	销售1部	
2007/3/15	A02			3	吴　仕	销售2部	
2007/3/16	A01			3	甘倩琦	销售1部	
2007/3/16	A01			5	许　丹	销售1部	
2007/3/19	A02			4	孙国成	销售2部	
2007/3/23	A011			4	许　丹	销售1部	
2007/3/26	A01			4	赵　荣	销售3部	
2007/3/26	A01			2	吴　仕	销售2部	

分部销售业绩统计

部门名称	总销售额	销售排名
销售1部		
销售2部		
销售3部		

任务要求	1. 仔细阅读任务描述中的设计要求，认真完成任务。 2. 上交电子作品。

资料卡及实例

5.9 排序

排序是将杂乱无章的数据，通过一定的方法按关键字顺序排列的过程。排序条件随工作簿一起保存，每当打开工作簿时，都会对 Excel 表（而不是单元格区域）重新应用排序，这对于多列排序或花费很长时间创建的排序尤其重要。

排序可以对一列或多列中的数据按文本（升序或降序）、数字（升序或降序），以及日期和时间（升序或降序）进行，也可以按自定义序列（如大、中和小）或格式（包括单元格颜色、字体颜色或图标集）进行排序。大多数排序操作都是针对列进行的，但也可以针对行进行。

在按升序排序时，Excel 2010 使用如表 5.14 所示的排序规则，按降序排序时，则使用相反的规则。

表 5.14 排序规则

数字	数字按从最小的负数到最大的正数进行排序
日期	日期按从最早的日期到最晚的日期进行排序
文本	1. 字母数字文本按从左到右的顺序逐字符进行排序。例如，一个单元格中含有文本“A100”，Excel 2010 会将这个单元格放在含有“A1”的单元格后面，含有“A11”的单元格前面。 2. 文本及包含存储为文本的数字的文本按以下次序排序：0 1 2 3 4 5 6 7 8 9（空格）! " # $% & ( ) * , . / : ; ? @ [\ ] ^ _ ` { → } ~ + < = > A B C D E F G H I J K L M N O P Q R S T U V W X Y Z。 3. 撇号(')和连字符(-)会被忽略，但如果两个文本字符串除了连字符不同外其余都相同，则带连字符的文本排在后面。 4. 如果通过【排序选项】对话框将默认的排序次序更改为区分大小写，则字母字符的排序次序为：a A b B c C d D e E f F g G h H i I j J k K l L m M n N o O p P q Q r R s S t T u U v V w W x X y Y z Z
逻辑	在逻辑值中，FALSE 排在 TRUE 之前
错误	所有错误值（如 #NUM! 和 #REF!）的优先级相同
空白单元格	1. 无论是按升序还是按降序排序，空白单元格总是放在最后； 2. 空白单元格是空单元格，它不同于包含一个或多个空格字符的单元格

5.9.1 快速排序数据

使用排序快捷按钮可以完成简单的排序要求，具体操作如下。

（1）选中某一列中要排序的连续单元格。

（2）单击【数据】选项卡中的【升序】按钮 A↓Z 可以执行升序排序（从 A 到 Z 或从最小数字到最大数字）。

（3）单击【数据】选项卡中的【降序】按钮 Z↓A 可以执行降序排序（从 Z 到 A 或从最大数字到最小数字）。

5.9.2 按指定条件排序数据

如果需要按某些既定条件对数据进行排序，可以使用【数据】选项卡中的【排序】按

钮 。下面以项目二中任务单（二）的任务描述第 7 题为例进行介绍。

为了更加直观地了解考生的总成绩情况，以“总成绩”为关键字，对考生总成绩进行降序排序，操作步骤如下。

步骤一：选中要排序的区域（包含标题行），即 M3:M18 区域。

步骤二：单击【数据】选项卡中的【排序】按钮，弹出【排序提醒】对话框，由于各列数据有关联，选中【扩展选定区域】单选项，如图 5.61 所示。

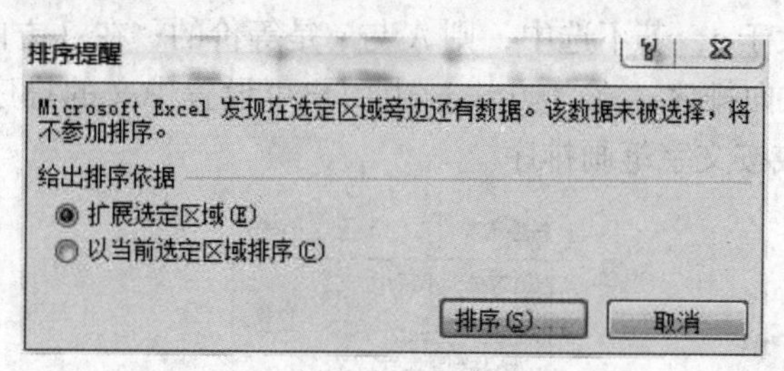

图 5.61　【排序提醒】对话框

步骤三：单击【排序】按钮，弹出【排序】对话框；在【主要关键字】下拉列表中选择“总成绩”，【排序依据】下拉列表中选择“数值”，【次序】下拉列表中选择“降序”，如图 5.62 所示。

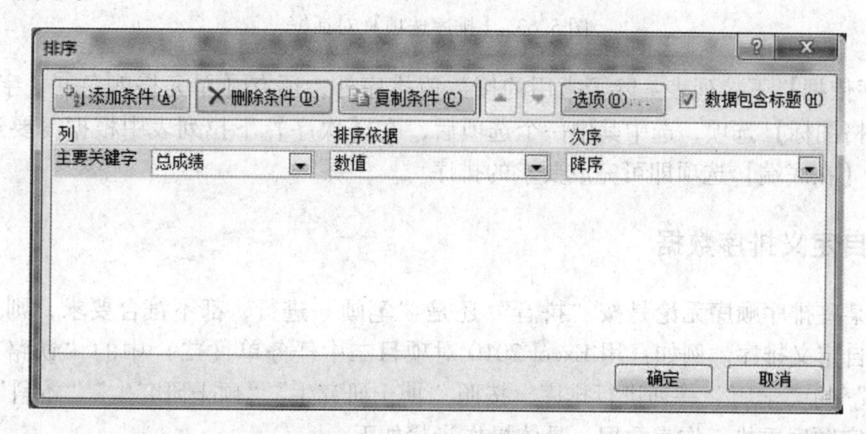

图 5.62　设置主要关键字

步骤四：单击【确定】按钮，完成排序。

如果第一个条件不能完成数据的排序（如在待排序的数据中有相同的数据时），可添加条件再次进行排序。数据先按照“主要关键字”进行排序；“主要关键字”相同的按“次要关键字”排序；如果前两者都相同，则再添加条件，按第二个“次要关键字”排序；可以添加多个条件。

【添加条件】按钮：单击【添加条件】按钮后，会在原来关键字的基础上，增加新的次要关键字；在上面关键字的数据都相同的情况下，会按新增加的关键字进行排序。

【删除条件】按钮：选中添加的条件行，单击【删除条件】按钮，此“关键字”将被删除；如果删除的是“主要关键字”，原第一次要关键字将成为新的主要关键字。

【复制条件】按钮：选中添加的条件行，单击【复制条件】按钮，将复制与选中的关键字一样的条件。

【数据包含标题】复选项：勾选【数据包含标题】复选项，第一行作为标题，不参加排序，始终放在原来的行位置，撤选【数据包含标题】复选项，则全部按定义的关键字进行排序。

【选项】按钮：在排序的时候有时还需要一些参数，单击【选项】按钮，弹出如图5.63所示的对话框。在该对话框中，若勾选【区分大小写】复选项，则在排序时会区分字母的大小写，即A大于a，若不选中，则A与a是等价的；在【方向】中用户可设置在行的方向排序或在列的方向排序；在【方法】中用户可设置中文的排序方法为按文字拼音顺序排序（字母排序）或按文字笔画排序。

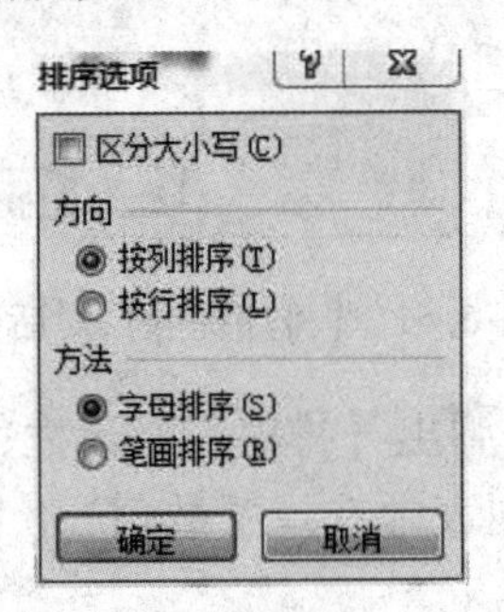

图5.63 【排序选项】对话框

【排序依据】下拉列表：除了常用的按数值排序外，还有【单元格颜色】【字体颜色】和【单元格图标】选项，选中其中一个选项后，在【次序】下拉列表中根据需要选择【在顶端】或【在底端】选项即可完成要求的排序。

5.9.3 自定义排序数据

如果某些排序顺序无论是按“拼音”还是“笔画”进行，都不符合要求，则这类问题需要使用自定义排序。例如：用Excel 2010对项目二中任务单（二）中的“铁路局招聘考试成绩表”的“学历”一列进行排序，按照“博士研究生”“硕士研究生”“本科”和“大专”的特定顺序重排工作表数据，具体操作步骤如下。

步骤一：选中数据区域，即从G3到G18。

步骤二：单击【数据】选项卡中的【排序】按钮，弹出【排序】对话框。

步骤三：在【主要关键字】下拉列表中选择排序的主要关键字为“学历”，在【排序依据】下拉列表中选择“数值”，在【次序】下拉列表中选择“自定义序列”，将弹出【自定义序列】对话框。

步骤四：在【自定义序列】对话框中输入指定的顺序：“博士研究生”“硕士研究生”“本科”和“大专”，并用Enter键分隔，如图5.64所示。单击【添加】按钮，把相应的数据存放到【自定义序列】列表中，可为下次使用节省时间。

步骤五：单击【确定】按钮，返回到【排序】对话框，【次序】中的内容为“博士研究生，硕士研究生，本科，大专”，如图5.65所示。

步骤六：单击【确定】按钮，即完成自定义排序数据。

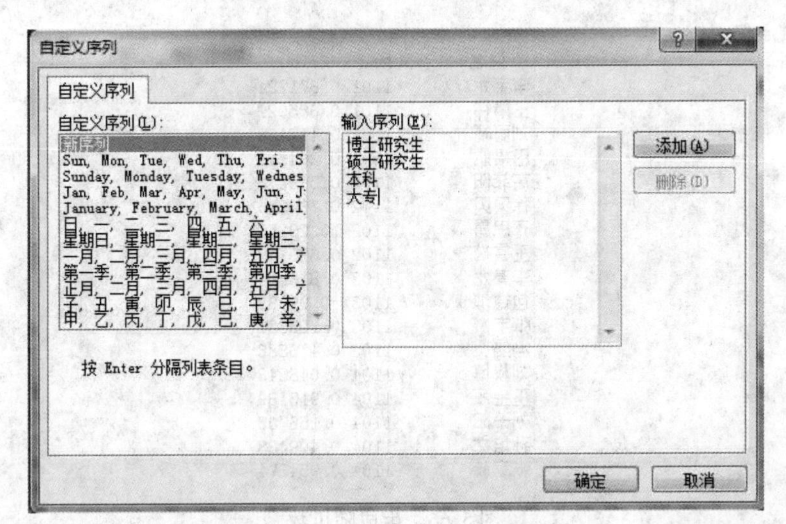

图 5. 64　【自定义序列】对话框

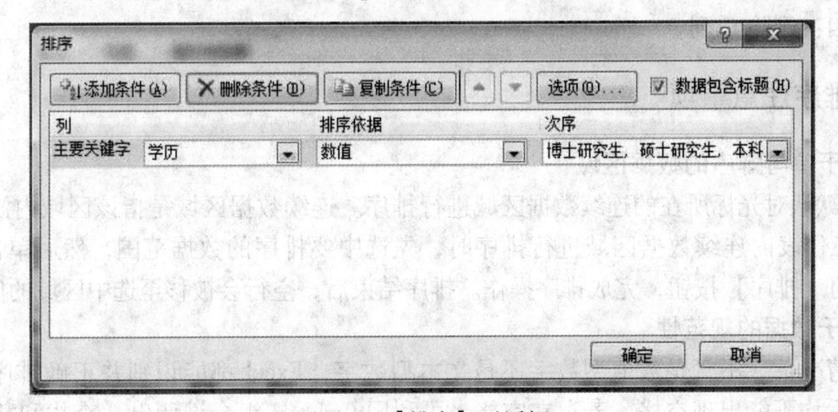

图 5. 65　【排序】对话框

5. 9. 4　随机排序数据

有时我们需要对数据进行随机排序，而不是按照某种关键字进行升序或降序排列。例如，在编排考场时对考生的排序就需要随机排序。对于这个问题，我们可以用函数 RAND 来实现。在单元格中输入“ = rand( )”，该单元格即得到一个大于等于 0，小于 1 的随机数。

例：使用 Excel 2010 对学生考场随机排序，具体操作步骤如下。

步骤一：单击 C2 单元格，在单元格中输入“ = rand( )”，按 Enter 键后将产生一个随机数。

步骤二：再次选中 C2 单元格，双击单元格右下角的填充柄，Excel 2010 会自动将随机数列填充到每个“考场”单元格的右侧，如图 5. 66 所示。

步骤三：选中 A1:C18 单元格，单击工具栏中的【升序】或【降序】按钮。这时，Excel 便自动用“扩展选定区域”的方式将整个工作表依据随机数的大小排列好了。

注意：排序时，C 列中的随机函数又重新产生了新的随机数，所以排序后的 C 列看上去并不是按升序或降序排列的，但这并不影响结果，以后每单击一次【升序】或【降序】按钮，Excel 2010 都会进行一次新的随机排序。

A	B	C
姓名	考场	
李宝龙	1101	0.671724
王婧祎	1101	0.685022
刘雨晴	1101	0.417468
巴福航	1101	0.204311
高菲阳	1102	0.588276
徐贝贝	1102	0.790256
齐思霞	1102	0.29258
王雪松	1102	0.699749
李姜龙	1103	0.818801
包德坤	1103	0.99893
张宇	1103	0.105331
冯晶	1103	0.476836
刘枞博	1104	0.048248
王金源	1104	0.913189
刘一阳	1104	0.156768
孙培文	1104	0.409433
张家赫	1104	0.954874

图 5.66 生成随机数

步骤四：删除 C 列。

5.9.5 排序注意事项

1. 关于参与排序的数据区域

Excel 默认对光标所在的连续数据区域进行排序。连续数据区域是指该区域内没有空行或空列。对工作表内连续数据区域进行排序时，先选中要排序的数据范围，然后单击【数据】选项卡中的【排序】按钮，完成排序操作。排序结束后，空行会被移至选中区域的底部。

2. 关于数据的规范性

一般情况下，不管是数值型数字还是文本型数字，Excel 都能识别并正确排序，但数字前、中、后均不能出现空格。若存在空格，可利用 Ctrl + H 组合键调出【查找和替换】对话框，在【查找内容】文本框中敲入一个空格，【替换为】文本框中不填任何内容，再按【全部替换】按钮，即成功删除所有空格。

3. 关于撤消 Excel 排序结果

让数据顺序恢复原状，最简单的方法是按 Ctrl + Z 组合键撤消操作。如果中途存过盘，那按 Ctrl + Z 组合键就只能恢复到存盘时的数据状态。

4. 合并单元格的排序

Excel 不允许被排序的数据区域中有不同大小的单元格同时存在，合并单元格与普通单个单元格不能同时被排序，所以经常会有“此操作要求合并单元格都具有同样大小”的提示。解决办法是拆分合并单元格，使其成为普通单元格。

5. 第一条数据没参与排序

使用工具栏按钮来排序，有时会出现第一条数据不被排序的情况，这是因为使用工具栏按钮排序时默认第一条数据为标题行。

解决办法：在第一条数据前新增一行，并填上内容，让它假扮标题行。

5.10 筛选

筛选可以显示那些满足指定条件的行，而隐藏那些不希望显示的行。筛选数据之后，对于筛选过的数据的子集，不需要重新排列或移动就可以复制、查找、编辑、设置格式、制作图表和打印。如有其他筛选需要，可以重新应用筛选以获得最新的结果，或者清除筛选以重新显示所有数据。

5.10.1　简单筛选数据

简单筛选数据包括自动筛选数据和自定义筛选数据等。使用自动筛选来筛选数据，可以快速又方便地查找和使用单元格区域或表中数据的子集。例如，可以通过筛选来查看指定的值，查看顶部或底部的值，或者快速查看重复值。

使用简单筛选可以创建三种筛选类型：按列表值筛选、按格式筛选或按条件筛选。对于每个单元格区域或列表来说，这三种筛选类型是互斥的。根据筛选数据的不同，自动筛选的选项也有所不同，这是根据数据的类型自动出现的筛选选项，如图 5.67 和图 5.68。

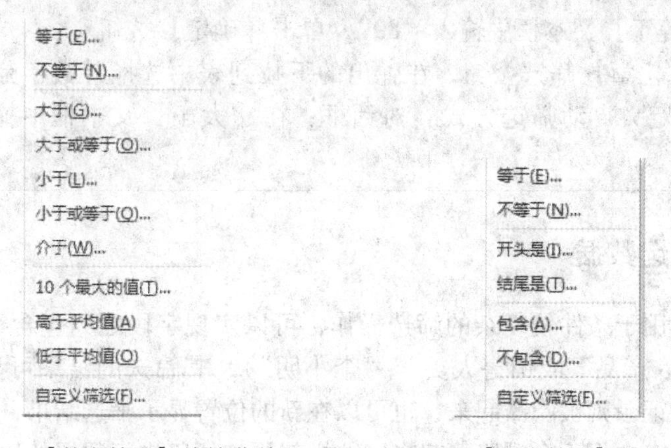

图 5.67　【数字筛选】快捷菜单　　　图 5.68　【文本筛选】快捷菜单

单击图 5.67 和图 5.68 中的选项将打开【自定义自动筛选方式】对话框，在该对话框中设置筛选条件：【与】单选项被选中表示第一行条件与第二行条件需要同时满足；【或】单选项被选中表示第一行条件与第二行条件只满足一个即可，如图 5.69。

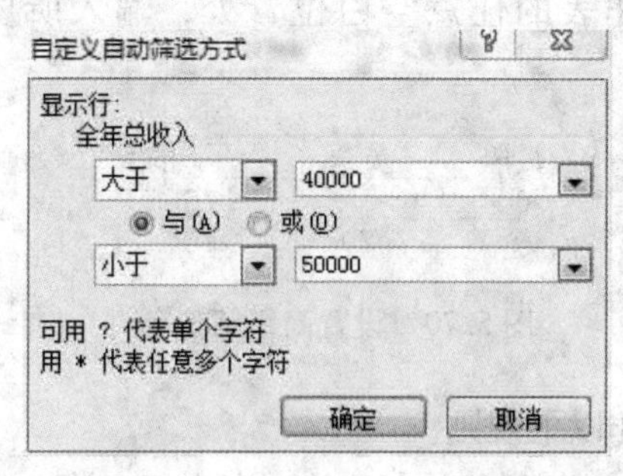

图 5.69　设置筛选条件

简单筛选数据，应该注意以下几点。

（1）进行多个条件筛选时，若要对表列或选择内容进行筛选，要求两个条件都必须为 True，选择“与”操作。

（2）进行多个条件筛选时，若要对表列或选择内容进行筛选，要求两个条件中的任意一个或者两个都为True，选择“或”操作。

(3) 如果需要查找某些字符相同但其他字符不同的文本，请使用通配符：“?”（问号）代表任何单个字符，如通过“sm?th”可找到“smith”和“smyth”；“*”（星号）代表任何数量的字符，如通过“*east”可找到“Northeast”和“Southeast”。

实例5.9：按如下要求，完成操作。

打开素材中名为“学生成绩表”的工作簿，筛选出平均成绩在75到80之间，且化学成绩大于60的学生成绩信息。

操作方法：

(1) 打开工作簿，选中数据区域C2：J9，单击【数据】选项卡中的【筛选】按钮。

(2) 单击【平均成绩】筛选按钮，在弹出的下拉列表中选择【数字筛选】→【介于】选项，弹出【自定义自动筛选方式】对话框；在【大于或等于】文本框中输入“75”，【小于或等于】文本框中输入“80”，单击【确定】按钮。

(3) 单击【化学】筛选按钮，在弹出的下拉列表中选择【数字筛选】→【大于】选项，弹出【自定义自动筛选方式】对话框；在【大于】文本框中输入“60”，单击【确定】按钮。

5.10.2 高级筛选数据

高级筛选一般用于条件较复杂的筛选操作，可以实现字段之间包含“或”关系的操作（例如，类型 = “农产品”或销售人员 = “李小明”），其筛选的结果可显示在原数据表格中，不符合条件的记录则被隐藏起来，也可以在新的位置显示筛选结果，不符合条件的记录可同时保留在数据表中而不会被隐藏起来，这样就更加便于进行数据的比对了。

例如：打开素材中名为“学生成绩表”的Excel表格，要筛选出“数学大于60”或“英语大于70”且“平均成绩超过75”的符合条件的记录，用“自动筛选”就无能为力了，而“高级筛选”可方便地实现这一操作，具体操作步骤如下。

步骤一：在要筛选的工作表的任意空白位置处，输入所要筛选的字段名和条件，如图5.70所示。

数学	英语	平均成绩
>60		>75
	>70	>75

图5.70 设置高级筛选条件

设置筛选条件时，要遵守以下规则。

(1) 高级筛选条件的区域可以任选，不必一定在第一行，筛选条件的表头标题要和数据表中的表头一致；

(2) 要在条件区域的第一行写上条件中用到的字段名，比如要筛选数据清单中“通信费”在900元以上的数据，“通信费”即为数据清单中对应列的字段名，条件区域的第一行一定是该字段名；

(3) 在具体输入条件时，我们要分析好条件之间是“与”关系还是“或”关系。筛选条件输入在同一行表示为“与”的关系，筛选条件输入在不同行表示为“或”的关系（“交通费”和“通信费”是“或”关系，“月平均工资”是“与”关系）。

步骤二：单击【数据】选项卡中的【高级】按钮。

步骤三：在弹出的【高级筛选】对话框中进行筛选操作，默认使用原表格区域显示筛选结果。筛选列表区域选择 C2 到 H9（假设原数据区域为 C2:H9）；筛选条件区域选择 K5 到 M7（假设筛选条件被填写在数据区域 K5:M4）。

如果需要将筛选结果在其他区域显示，则在【高级筛选】对话框中选中【将筛选结果复制到其他位置】单选项，单击【复制到】后面的红色箭头按钮选择目标单元格，如图 5.71 所示。

图 5.71　高级筛选设置筛选结果显示区域

步骤四：单击【确定】按钮，得出高级筛选结果。

5.10.3　模糊筛选数据

在这份“企业员工年度考核表”中，如果要查找姓“李”的所有员工记录，可通过如下操作步骤实现。

步骤一：选中要筛选的区域——姓名一列（包含标题行），即 C2:C19 区域。

步骤二：单击【数据】选项卡中的【筛选】按钮，再单击“姓名”列的 ▾ 按钮，然后再下拉列表中单击【文本筛选】→【开头是】选项，如图 5.72 所示。

步骤三：在弹出的如图 5.73 所示的【自定义自动筛选方式】对话框中，【姓名】下拉列表默认选择的是【开头是】选项，在后面的文本框中输入“李”。

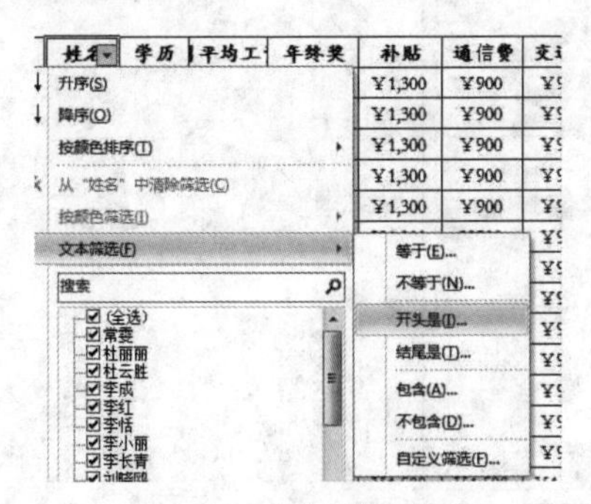

图 5.72　设置筛选条件

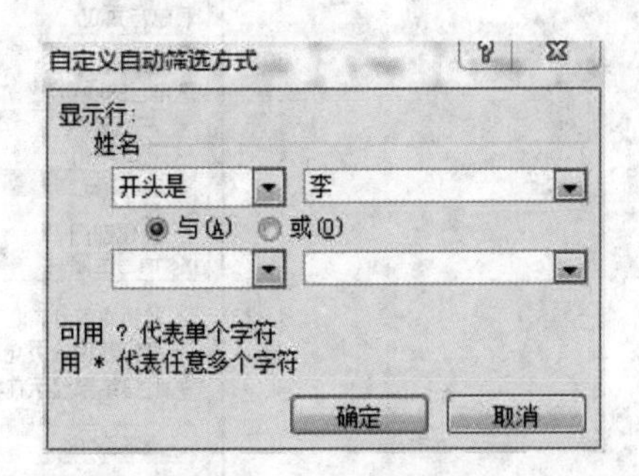

图 5.73　【自定义自动筛选方式】对话框

步骤四：单击【确定】按钮，完成筛选。

5.11 分类汇总

Excel 2010 的分类汇总功能可以使用户在对某一字段进行分类排序的同时，还可以对同一种类的数据进行汇总统计和整理。下面以素材中的“企业员工年度考核表”为例，对 Excel 2010 的分类汇总操作进行介绍。

5.11.1 插入分类汇总

分类汇总的操作步骤如下。

(1) 确保数据区域中要进行分类汇总计算的每列的第一行都有一个标签，每列中都包含类似的数据，并且该区域不包含任何空白行或空白列。

(2) 在该区域中选中分类字段所在的单元格。

(3) 按分类字段进行排序。

(4) 选中要进行分类汇总的区域（包含标题行），单击【数据】选项卡中的【分类汇总】按钮，弹出【分类汇总】对话框

(5) 设置“分类字段”“汇总方式”并“选定汇总项”，单击【确定】按钮，实现分类汇总

以项目三任务单中任务描述第 7 题为例，在“3 月份销售统计表”中进行分类汇总，分类字段为“产品名称”，汇总方式为“求和”，选定汇总项为“销售数量”和“销售金额”。统计出每种产品在 3 月份的销售数量和销售金额。

步骤一：进行分类汇总前要按分类字段进行排序，排序的过程如下。

(1) 选中 E2 到 L20 的数据区域。

(2) 单击【数据】选项卡中的【排序】按钮，弹出【排序】对话框，在【排序】对话框中设置主要关键字为“产品名称”，其余都可以使用默认值。

(3) 单击【确定】按钮，完成排序。

步骤二：选中要进行分类汇总的区域（包含标题行），即 E2 到 L20 区域，单击【数据】选项卡中的【分类汇总】按钮，弹出【分类汇总】对话框，如图 5.74 所示。

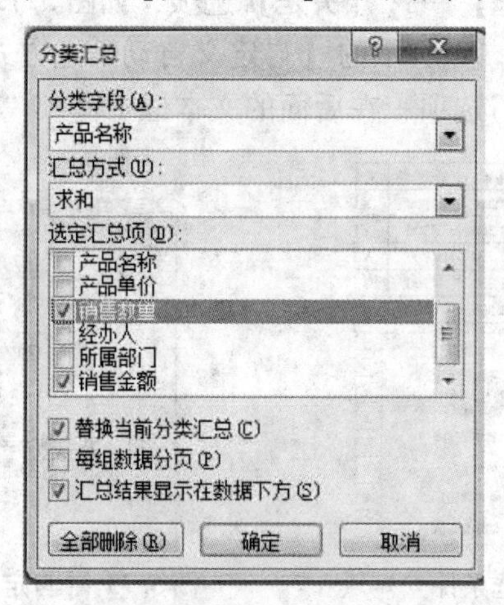

图 5.74 【分类汇总】对话框

步骤三：在对话框中，将分类字段设置为“产品名称”，汇总方式设置为“求和”，在选定汇总项列表中勾选【销售数量】和【销售金额】复选项，单击【确定】按钮，实现分类汇总，如图 5.75 所示。

	A	B	C	D	E	F	G	H
2	销售日期	产品型号	产品名称	产品单价	销售数量	经办人	所属部门	销售金额
3	39142	A01	方便面	5	4	甘倩琦	销售1部	20
4	39143	A01	方便面	5	4	吴小平	销售3部	20
5	39147	A01	方便面	5	3	吴　仕	销售2部	15
6	39157	A01	方便面	5	3	甘倩琦	销售1部	15
7	39157	A01	方便面	5	5	许　丹	销售1部	25
8	39167	A01	方便面	5	4	赵　荣	销售3部	20
9	39167	A01	方便面	5	2	吴　仕	销售2部	10
10			**方便面 汇总**		25			125
11	39143	A02	瓜子	6	3	甘倩琦	销售1部	18
12	39156	A02	瓜子	6	1	许　丹	销售1部	6
13	39156	A02	瓜子	6	3	吴　仕	销售2部	18
14	39160	A02	瓜子	6	4	孙国成	销售2部	24
15			**瓜子 汇总**		11			66
16	39146	B03	盒饭	20	1	赵　荣	销售3部	20
17			**盒饭 汇总**		1			20
18	39146	A03	花生	4	4	刘　惠	销售1部	16
19			**花生 汇总**		4			16
20	39143	A031	啤酒	2	5	李成蹊	销售2部	10
21			**啤酒 汇总**		5			10
22	39142	A011	香肠	8	2	许　丹	销售1部	16
23	39142	A011	香肠	8	2	孙国成	销售2部	16
24	39147	A011	香肠	8	3	刘　惠	销售1部	24
25	39164	A011	香肠	8	4	许　丹	销售1部	32
26			**香肠 汇总**		11			88
27			**总计**		57			325

图 5.75　按产品名称进行分类汇总的结果

此分类汇总分为三个层次，最里面层是记录层，中间层是部门小计层，最外层是总计层。当单击中间层中的每条小计左边的减号按钮时，会使其变为加号，这时最里面层的记录就会被隐藏起来；当记录全部被隐藏时，则变成如图 5.76 所示的汇总结果；当单击最外层总计行左边的减号按钮时，也会使其变成加号，这时汇总结果只显示一条总计信息。

	A	B	C	D	E	F	G	H
2	销售日期	产品型号	产品名称	产品单价	销售数量	经办人	所属部门	销售金额
10			**方便面 汇总**		25			125
15			**瓜子 汇总**		11			66
17			**盒饭 汇总**		1			20
19			**花生 汇总**		4			16
21			**啤酒 汇总**		5			10
26			**香肠 汇总**		11			88
27			**总计**		57			325

图 5.76　只含有最外两层的汇总结果

为了把隐藏的信息显示出来，可以单击相应的加号按钮，使之展开下一层小计或记录信息。

5.11.2　删除分类汇总

分类汇总结束后，若要删除分类汇总信息，按照如下步骤操作即可：

（1）选中分类汇总区域中的某个单元格；

（2）单击【数据】选项卡中的【分类汇总】按钮，打开【分类汇总】对话框；

（3）在【分类汇总】对话框中，单击【全部删除】按钮。

此时，数据表又恢复为分类汇总前的状态。

5.11.3 制作复杂的多级分类汇总表

现有如图5.77所示的数据，要求：以方法、厚度、品种进行分类汇总，并对数量、面积、金额求和。具体操作步骤如下。

步骤一：在进行分类汇总前需要先对数据进行排序，单击【数据】选项卡【排序和筛选】选项组中的【排序】按钮，在弹出的【排序】对话框中，双击【添加条件】按钮，这样便可以对“方法、厚度、品种”三个字段同时进行排序，关键字和次序的设置如图5.78所示，单击【确定】按钮。

	A	B	C	D	E	F	G	H	I
1	厚度	品种	方法	长度	宽度	数量	面积	单价	金额
2	5mm	金	加工	2245	442	3	2.977	10.00	29.77
3	5mm	金	加工	2245	492	4	4.418	10.00	44.18
4	5mm	金	加工	548	528	8	2.315	10.00	23.15
5	5mm	金	加工	2151	560	8	9.636	10.00	96.36
6	10mm	金	浇注	395	405	7	1.120	20.00	22.40
7	10mm	银	浇注	1249	340	3	1.274	40.00	50.96
8	10mm	银	浇注	2046	442	4	3.617	40.00	144.69
9	5mm	金	浇注	2344	810	2	3.797	30.00	113.92
10	5mm	金	浇注	2245	462	4	4.149	30.00	124.46
11	5mm	金	浇注	528	405	13	2.780	30.00	83.40
12	10mm	银	压延	2245	512	1	1.149	50.00	57.47

图5.77 复杂的多级分类汇总数据

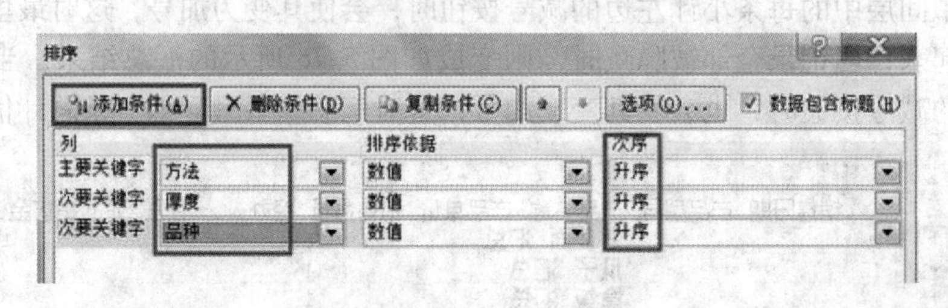

图5.78 对多关键字排序

步骤二：单击数据区域中的任一单元格，单击【数据】选项卡中的【分类汇总】按钮，在弹出的【分类汇总】对话框中设“分类字段”为“品种”，设“汇总方式”为“求和”，同时勾选【选定汇总项】列表中的【面积】【数量】【金额】复选项，再单击【确定】按钮，如图5.79所示。

步骤三：再次打开【分类汇总】对话框，并将“分类字段”更改为“厚度”，确保【替换当前分类汇总】复选项未被勾选，如图5.80所示，然后单击【确定】按钮；再次打开【分类汇总】对话框，用同样方法将“分类字段”更改为“方法”，完成后单击【确定】按钮。

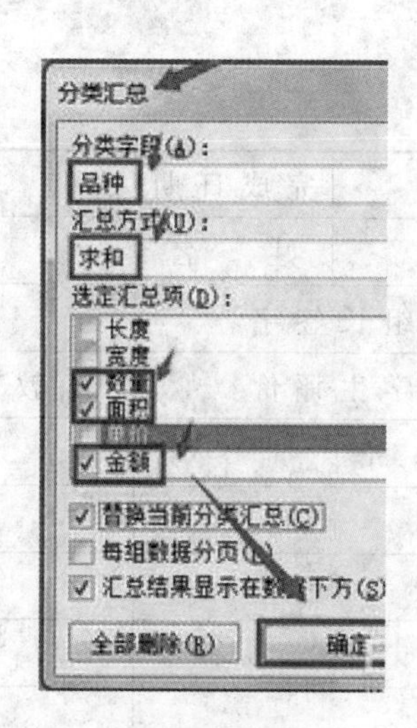

图 5.79 “品种”分类汇总设置

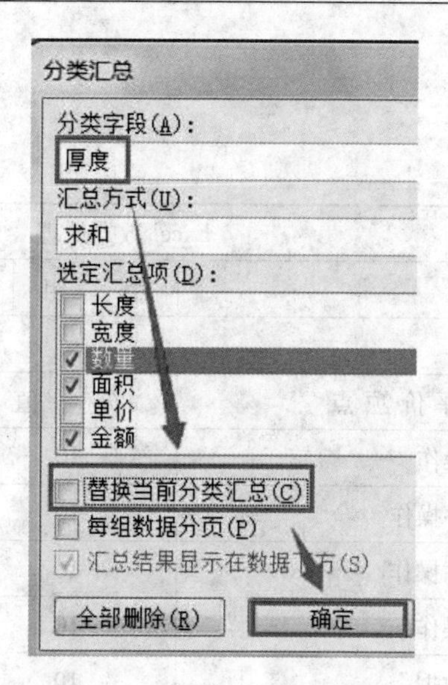

图 5.80 “厚度”分类汇总设置

通过以上操作，完成了对数据的 3 次汇总，得出了 5 个级别的汇总结果，如图 5.81 所示。

1 2 3 4 5

	A	B	C	D	E	F	G	H	I
1	厚度	品种	方法	长度	宽度	数量	面积	单价	金额
2	5mm	金	加工	2245	442	3	2.977	10.00	29.77
3	5mm	金	加工	2245	492	4	4.418	10.00	44.18
4	5mm	金	加工	548	528	8	2.315	10.00	23.15
5	5mm	金	加工	2151	560	8	9.636	10.00	96.36
6		金 汇总				23	19.346		193.46
7	5mm 汇总					23	19.346		193.46
8	10mm	金	浇注	395	405	7	1.120	20.00	22.40
9		金 汇总				7	1.120		22.40
10	10mm 汇总					7	1.120		22.40
11		金 汇总				30	20.466		215.86
12	10mm	银	浇注	1249	340	3	1.274	40.00	50.96
13	10mm	银	浇注	2046	442	4	3.617	40.00	144.69

图 5.81　多级分类汇总结果

评价单

项目名称	Excel 数据处理			完成日期	
班　　级		小　　组		姓　　名	
学　　号			组长签字		
评价项点		分　　值	学生评价		教师评价
快速排序操作		10			
多条件排序操作		10			
自定义排序操作		10			
随机排序操作		10			
简单筛选数据		10			
高级筛选数据		10			
模糊筛选数据		10			
分类汇总		10			
任务完成情况		10			
独立完成情况		10			
总分		100			
学生得分					
自我总结					
教师评语					

知识点强化与巩固

选择题

1. 在 Excel 2010 中，对数据进行排序时，【排序】对话框中能够指定的排序关键字个数为（　　）。

A. 1 个　　B. 2 个　　C. 3 个　　D. 任意个

2. 在 Excel 2010 的自动筛选中，每个标题上的下三角按钮都对应一个（　　）。

A. 下拉列表　　B. 对话框　　C. 窗口　　D. 工具栏

3. 在 Excel 2010 高级筛选中，条件区域中同一行的条件是（　　）。

A. “或”的关系　　B. “与”的关系　　C. 窗口　　D. 工具栏

4. 在 Excel 2010 高级筛选中，条件区域中不同行的条件是（　　）。

A. “或”的关系　　B. “与”的关系　　C. 窗口　　D. 工具栏

5. 在 Excel 2010 中，在对数据清单进行分类汇总前，必须要做的操作是（　　）。

A. 排序　　B. 筛选　　C. 合并计算　　D. 指定单元格

6. 在 Excel 2010 中，可以使用（　　）选项卡中的【分类汇总】选项来对记录进行统计分析。

A.【格式】　　B.【编辑】　　C.【工具】　　D.【数据】

7. 在 Excel 2010 中，筛选的结果是（　　）不符合条件的记录。

A. 删除　　B. 隐藏　　C. 修改　　D. 移动

8. 在 Excel 2010 中，对数据清单进行排序的操作是在（　　）选项卡中完成的。

A.【工具】　　B.【文件】　　C.【数据】　　D.【编辑】

9. 在 Excel 2010 中，利用单元格数据格式化功能，可以对数据的许多方面进行设置，但不能对（　　）进行设置。

A. 数据显示格式　　B. 数据排序方式　　C. 数据的字体　　D. 单元格的边框

10. 在 Excel 2010 中，打印学生成绩单时，欲对不及格学生的成绩用醒目的方式表示出来，最为方便的命令是（　　）。

A. 查找　　B. 条件格式　　C. 数据筛选　　D. 定位

11. 在 Excel 工作表中，使用高级筛选的方法对数据清单进行筛选时，在条件区域不同行中输入两个条件，表示（　　）。

A. “非”的关系　　B. “与”的关系

C. “或”的关系　　D. “异或”的关系

12. 在 Excel 2010 中，关于数据表排序，下列叙述中不正确的是（　　）。

A. 对汉字数据可以按拼音升序排序

B. 对汉字数据可以按笔画降序排序

C. 对日期数据可以按日期降序排序

D. 对整个数据表不可以按列排序

13. 在 Excel 2010 中，进行分类汇总之前，必须（　　）。

A. 按分类列对数据清单进行排序，并且数据清单的第一行里必须有列标题

B. 按分类列对数据清单进行排序，并且数据清单的第一行里不能有列标题

C. 对数据清单进行筛选，并且数据清单的第一行里必须有列标题

D. 对数据清单进行筛选，并且数据清单的第一行里不能有列标题

14. 在 Excel 2010 中，下面关于分类汇总的叙述，错误的是（　　）。

A. 分类汇总前必须要按分类字段进行排序

B. 汇总方式只能是求和

C. 分类汇总的关键词只能是一个字段

D. 分类汇总可以被删除，但删除汇总后排序操作不能撤消

项目四　图表与透视表

知识点提要

1. 图表的类型
2. 图表的创建
3. 图表的编辑
4. 图表的高级应用
5. 数据透视表的创建
6. 数据透视表的美化

任务单（一）

任务名称	国家铁路主要指标完成情况	学时	2学时
知识目标	1. 掌握图表分析的意义及内容。 2. 掌握图表建立及编辑的方法。		
能力目标	能够准确使用图表分析数据。		
素质目标	1. 培养学生独立自主的学习能力和判断能力。 2. 培养学生沟通及团队合作的能力。 3. 培养学生爱岗敬业、细心踏实、勇于创新的职业精神。		

任务描述

1. 作为中国铁路总公司的一名员工，请利用图表分析与整理出2016年1月－11月国家铁路主要指标完成情况比照上年的增减百分比，相关数据参照下表。

	A	B	C	D	E	F
1	2016年1-11月国家铁路主要指标完成情况					
2	指　标	计算单位	本年累计完成	上年同期完成	比上年同期增减	比上年同期增减/%
3	旅客发送量	万人	256863	231597	25267	10.9
4	旅客周转量	亿人公里	11716.07	11160.40	555.66	5.0
5	货运总发送量	万吨	240320	248634	-8314	-3.3
6	货运总周转量	亿吨公里	19144.16	19722.10	-577.94	-2.9
7	总换算周转量	亿吨公里	30860.23	30882.50	-22.27	-0.1
8	全国铁路固定资产投资	亿元	6999.09	6716.46	282.63	4.2
9	国家铁路固定资产投资	亿元	6686.80	6165.22	521.58	8.5

2. 根据所给的数据，在现有工作表中做一簇状柱形图：数据产生区域为A2到A9、F2到F9。

3. 图表标题为“2016年1－11月国家铁路主要指标完成情况”，分类轴标题为“指标”，数值轴标题为“比上年同期增减/%”。

4. 图例位置在图表区域右侧。

5. 将已创建完的图表移到Sheet2中。

6. 设置数据标签显示值。

7. 设置数据系列填充为“白色大理石”纹理。

8. 设置图表区的背景颜色为RGB（150，200，255）。

9. 添加趋势线，线形、颜色、阴影自拟。

10. 设置纵坐标轴最小刻度为“－10”，最大刻度为“20”。

11. 纵坐标轴数据格式为“倾斜、11磅、绿色”。

任务要求

1. 仔细阅读任务描述中的设计要求，认真完成任务。

2. 上交电子作品。

3. 小组间互相学习设计中的优点。

任务单（二）

<table>
<tr><td>任务名称</td><td>余票信息</td><td>学　　时</td><td>2 学时</td></tr>
<tr><td>知识目标</td><td colspan="3">1. 掌握透视表分析的内容及意义。
2. 掌握透视表建立及编辑的方法。</td></tr>
<tr><td>能力目标</td><td colspan="3">能够准确使用数据透视表分析数据。</td></tr>
<tr><td>素质目标</td><td colspan="3">1. 培养学生独立自主的学习能力和判断能力。
2. 培养学生沟通及团队合作的能力。
3. 培养学生爱岗敬业、细心踏实、勇于创新的职业精神。</td></tr>
<tr><td>任务描述</td><td colspan="3">1. 作为铁路公司的一名员工，请统计出未来 20 日内北京及上海作为出发地的余票总数量，相关数据参照下表：
<table>
<tr><td></td><td>A</td><td>B</td><td>C</td></tr>
<tr><td>1</td><td colspan="3">余票信息表</td></tr>
<tr><td>2</td><td>出发地</td><td>目的地</td><td>未来20日内余票数量/张</td></tr>
<tr><td>3</td><td>北京</td><td>哈尔滨</td><td>7920</td></tr>
<tr><td>4</td><td>北京</td><td>沈阳</td><td>3180</td></tr>
<tr><td>5</td><td>北京</td><td>长春</td><td>2260</td></tr>
<tr><td>6</td><td>北京</td><td>上海</td><td>9305</td></tr>
<tr><td>7</td><td>北京</td><td>广州</td><td>11103</td></tr>
<tr><td>8</td><td>上海</td><td>哈尔滨</td><td>32</td></tr>
<tr><td>9</td><td>上海</td><td>沈阳</td><td>8892</td></tr>
<tr><td>10</td><td>上海</td><td>长春</td><td>21089</td></tr>
<tr><td>11</td><td>上海</td><td>北京</td><td>8067</td></tr>
<tr><td>12</td><td>上海</td><td>广州</td><td>4908</td></tr>
</table>
2. 在当前工作表内创建商品销售数据表的透视表，起始位置为 E2。
3. 设置“出发地”“目的地”为行标签。
4. 将“未来 20 日内余票数量”添加到数值，并设置汇总方式为“求和”。
5. 为透视表添加样式：数据透视表样式浅色 15。
6. 为透视表添加边框：外边框、橙色、双实线。</td></tr>
<tr><td>任务要求</td><td colspan="3">1. 仔细阅读任务描述中的设计要求，认真完成任务。
2. 上交电子作品。
3. 小组间互相学习设计中的优点。</td></tr>
</table>

资料卡及实例

5.12 图表

相对于一大堆枯燥乏味、让人难以厘清头绪的数字，Excel 图表能够以图的形式更直观地展示一系列数字的大小、数字之间的相互关系及发展变化趋势。图表视觉的冲击力远比单纯的数据要大，图表可以根据数据与数据之间的关系，为用户更快地找到数据的变化趋势及数据背后的真相。

Excel 图表具有许多高级的制图功能，同时使用起来也非常简便。本章将以图 5.82 所示的“2011—2015 年铁路客运数据统计”图表为例，详细地讲解图表元素、图表类型、图表创建方法及图表编辑方法。

5.12.1 认识图表

表 5.15 中记录了 2011—2015 年全国铁路客运数据，由于数据数值较大，在对这些数据进行比较分析时相对较困难，因此可以通过 Excel 图表将数据转换成图形，使数据更容易理解，并方便用户直观地分析全国铁路客运情况。转换后的图表如图 5.82 所示：

表 5.15 2011—2015 年全国铁路客运数据统计①

类　型	2011 年	2012 年	2013 年	2014 年	2015 年
旅客发送量（万人）	186 226	189 337	210 597	230 460	253 484
旅客周转量（亿人公里）	9 612. 29	9 812. 33	10 595. 62	11 241. 85	11 960. 6

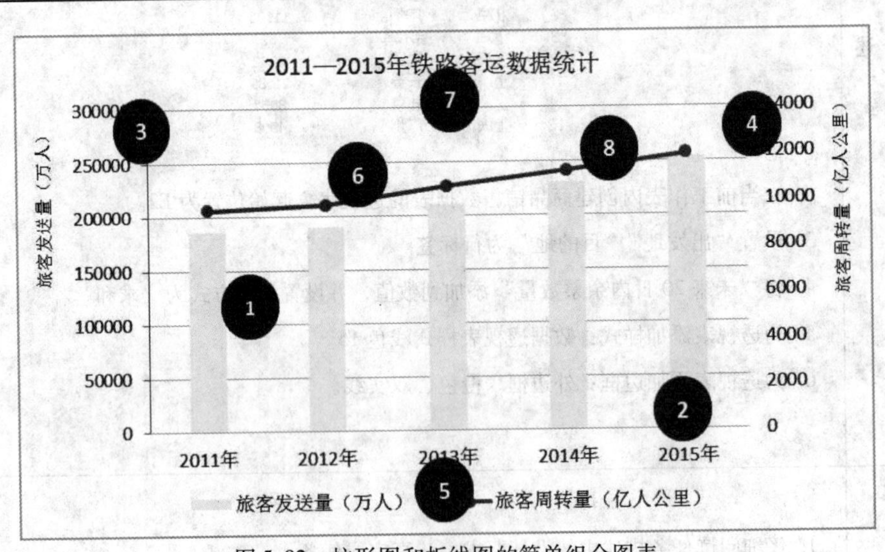

图 5.82 柱形图和折线图的简单组合图表

① 数据系列　② 分类轴　③ 主数值轴　④ 次数值轴
⑤ 图例　⑥ 网格线　⑦ 图表标题　⑧ 绘图区

① 数据来源：国家铁路局 2015 年铁道统计公报。

图 5. 82 是一个柱形图和折线图组成的简单组合图表，图表中包含了图形、文字、网格线等部分，这些部分就是图表元素，因此，Excel 图表是由各图表元素集合在一起组成的。要认识 Excel 图表，必须先认识每个图表元素。

Excel 2010 提供的图表信息提示功能可以帮助用户更好地了解图表各元素，当鼠标指针悬停在某个图表元素上时，会出现包含图表元素名称的图表提示信息。如图 5. 82 所示，当鼠标指针悬停在图表下方的“旅客发送量（万人）”元素上时，会出现提示信息——系列“旅客发送量（万人）”图例项，表示该元素为图例，且绘图区内浅色柱形代表“旅客发送量”。用户可通过该方法认识图表的各主要元素。

开启图表信息提示功能的设置方法如下：

（1）单击【文件】→【选项】按钮；

（2）在弹出的【Excel 选项】对话框的【高级】选项卡中，勾选【悬停时显示图表元素名称】复选项；

（3）单击【确定】按钮。

通过图表信息提示功能，用户可以掌握图 5. 82 所示的 8 个基本图表元素。

1. 数据系列

图 5. 82 的数据系列为 2011 年至 2015 年的“旅客发送量（万人）”和“旅客周转量（亿人公里）”，前者采用柱形表示每个数据点，即旅客发送量，后者由折线上的每一个拐点来表示旅客周转量，如①标示的黄色柱形代表 2011 年旅客发送量。用户可以通过柱形的高矮及折线的走势变化清晰地判断出，自 2011 至 2015 年全国铁路客运发送量及周转量逐年递增。每个数据点具体表示的数值由坐标轴明确标示。

2. 坐标轴

如图 5. 82 所示，该图表有一个水平轴，称为分类（x）轴（或称为横轴）。此轴表示该数据系列中每个数据点的分类归属，下面标记的文本（2011 年、2012 年、2013 年等）即为分类轴标签。如②标示的浅色柱形及深色拐点表示“2015 年”的全国铁路客运发送量及周转量。

此图表有两个垂直轴。垂直轴也称为数值（y）轴（或称为纵轴），每个轴的刻度不同。左边的轴③为主数值轴，该轴为柱形图所依据的坐标轴（数据系列“旅客发送量（万人）”所使用的轴），显示的刻度值区间为 0 ~ 300000，主要刻度单位为 50000；右边的轴④为次数值轴，该轴是折线图所依据的坐标轴（“旅客周转量（亿人公里）”系列所使用的轴），显示的刻度值区间为 0 ~ 14000，主要刻度单位为 2000。主数值轴的单位是万人，次数值轴的单位是亿人公里。此处用两个数值轴非常合适，因为这两个数据系列的刻度变化及单位明显不同，如果旅客周转率也采用左边的轴③绘制，那么该数据系列的变化趋势就不够明显。

通过坐标轴可以大致判断出数据点的值，如①标示的黄色柱形代表 2011 年旅客发送量为 180000 万人左右。如果需要更直观地读取到准确数据，可以添加数据系列标签元素，对数据点进行详细标注。

3. 图例

图例用来标识不同数据系列的图表元素，通过图例可以更好地了解图表所要表示的信息。图例在图表中的位置可以移动，图 5. 82 中的图例放在了图表的底部。

4. 网格线

网格线是坐标轴上刻度的延伸，便于观察者确定数据点的大小，图 5.82 使用了基于主数值轴的水平网格线⑥。读者可以观察发现，图 5.82 中网格线从左侧数值轴的刻度线延伸到右侧数值轴，但是并不与右侧数值轴的刻度线相交。

5. 图表标题

图表标题是说明性文本，方便用户掌握该图表所要表示的数据内容及含义。图表标题可以自动与坐标轴对齐或在图表顶部居中，用户也可以通过鼠标将标题拖拽至适当的位置。

6. 绘图区和图表区

所有的图表都有"绘图区"和"图表区"这两个图表元素，所有数据点均在绘图区显示，而图表区包含了所有图表元素，同时不同类型的图表所包含的图表元素是不完全相同的，可以通过图表的编辑来添加、删除、移动图表元素并对各元素进行详细设计。如果希望选择图表元素，通常条件下单击该元素即可。

5.12.2 主要图表元素简介

图 5.82 所示的图表只包含了 8 个图表元素，而 Excel 2010 为用户提供了很多图表元素，方便用户准确、详细地读取及分析数据。表 5.16 列出了主要图表元素名称及其简单介绍，读者可参照各图表元素的说明并实际动手操作各个图表元素，以此来理解各图表元素的真正含义。

表 5.16 图表元素说明

图表元素	说明
图表工作表	工作簿中只包含图表的工作表
嵌入式图表	置于工作表中而不是图表工作表中单独的图表
图表区	整个图表及其全部元素，包含所有的数据系列、坐标轴、标题和图例。可以把它看成图表的主背景
图表标题	图表的标题，一般表述为该图表的主题，常见位置为图表区的顶端中部
图例	图例是一个带文字和图案的方框，用于标识图表中的数据系列或分类指定的颜色或图案
图例项	图例内的文本项之一
绘图区	在二维图表中，是指通过轴来界定的区域，包括所有数据系列。在三维图表中，同样是指通过轴来界定的区域，包括所有数据系列、分类名、刻度线标志和坐标轴标题
坐标轴	界定图表绘图区的线条，用作度量的参照框架。y 轴通常为垂直坐标轴并包含数据。x 轴通常为水平坐标轴并包含分类。条形图次序相反，y 轴为分类轴，x 轴为数值轴
刻度线	刻度线是类似于直尺分隔线的短度量线，与坐标轴相交
刻度线标签	刻度线标签用于标识图表上的分类、值或系列
分类轴	x 轴通常为水平轴，且包括分类，所以又叫作分类轴
分类轴标题	分类轴的标题
次分类轴	描绘图表分类的次轴
次分类轴标题	次分类轴的标题
数值轴	描述图表数值的轴
数值轴标题	数值轴的标题

续表

图表元素	说明
次数值轴	附件数值轴，出现在主要数值轴的绘图区的对面
数据表	图表的数据表，其数据源于图表中所有数据系列的数值
网格线	可添加到图表中以易于查看和计算的线条。网格线是坐标轴上刻度线的延伸，并穿过绘图区。图表的每个轴都有主要网格线和次要网格线
数据标记	图表中的条形、面积、圆点、扇形或其他符号，代表源于数据表单元格的单个数据点或值。图表中的相关数据标记构成了数据系列
数据系列	具有唯一的颜色或图案，并且在图表的图例中表示。可以在图表中绘制一个或多个数据系列。饼图只有一个数据系列
数据点	数据系列中的数据点
数据标签	为数据标记提供附加信息的标签，数据标签代表源于数据表单元格的值或数据点
垂直线	从数据点向分类轴（x 轴）延伸的垂直线（只限折线图和面积图）
误差线	误差线通常用在统计或科学计数法数据中，用于显示相应系列中的每个数据标记的潜在误差或不确定度
趋势线	趋势线以图形方式表示数据系列的趋势。趋势线用于问题预测研究，又称为回归分析
趋势线标签	趋势线中的可选文字，包括回归分析公式或 R 平方值，或同时包括二者。可设置趋势线标签的格式及位置，但是不能直接调整其大小
分类间距	此值用于控制柱形簇或条形簇之间的间距。分类间距的值越大，数据标记之间的间距就越大

5.12.3　图表基本类型

Excel 2010 共提供了 11 种图表类型供用户选择使用，用户也可以通过模板自定义图表类型。这些图表类型并不适用所有数据、所有场合，这就需要用户在不断的使用与练习中摸索掌握，根据实际需求来选择合适的图表类型。

用户可以单击【插入】选项卡【图表】选项组中的【对话框启动器】按钮，在弹出的对话框中设置图表类型。如图 5.83 所示，【插入图表】对话框共提供了 11 种图表类型，每种图表类型下包含了多个子类型，对话框中每个子类型图标即为该类型样式的缩略图。当用户将鼠标指针悬停在每个子类型的图标上时，会出现该子类型的名称提示。下面我们将对每个图表类型及子类型作简单的介绍。

1. 柱形图

柱形图可用来进行数据表中的每个对象同一属性的数值大小的直观比较，每个对象对应图表中的一簇不同颜色的矩形块，或上下颜色不同的一个矩形块，所有簇当中的同一种颜色的矩形块或者矩形段属于数据表中的同一属性。在 Excel 2010 中，柱形图的子类型有 19 种，如簇状柱形图、圆柱图、圆锥图、凌锥图等。图 5.84 所示为簇状柱形图。

2. 折线图

折线图是用直线段将各数据点连接起来而组成的图形，以折线方式显示数据的变化趋势。折线图可以显示随时间（根据常用比例设置）而变化的连续数据，因此非常适用于显示在相等时间间隔下数据的趋势。在折线图中，类别数据沿水平轴均匀分布，数值数据沿垂直轴均匀分布。在 Excel 2010 中，折线图有 7 种子类型，如折线图、带数据标记的折线图、堆积折线图等。图 5.85 所示为带数据标记的折线图。

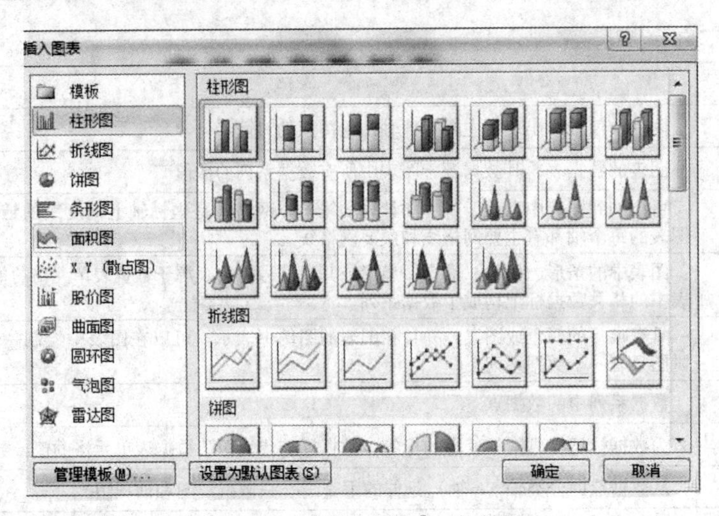

图 5.83 【插入图表】对话框

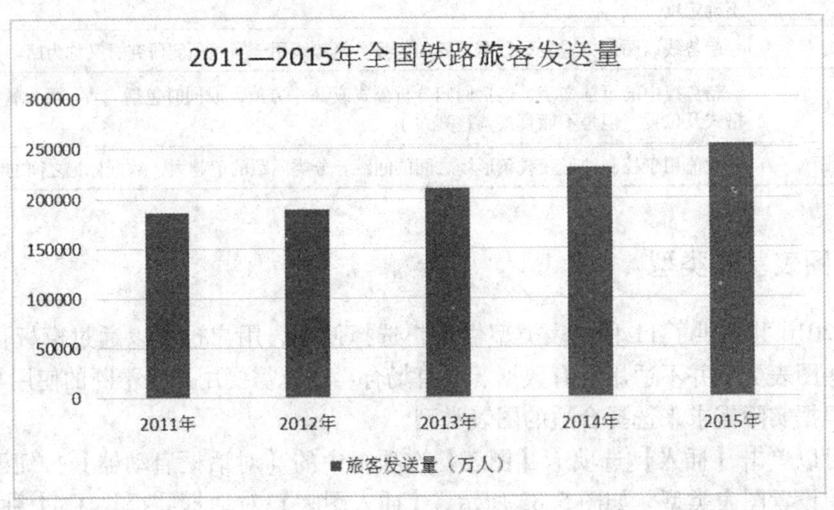

图 5.84 簇状柱形图

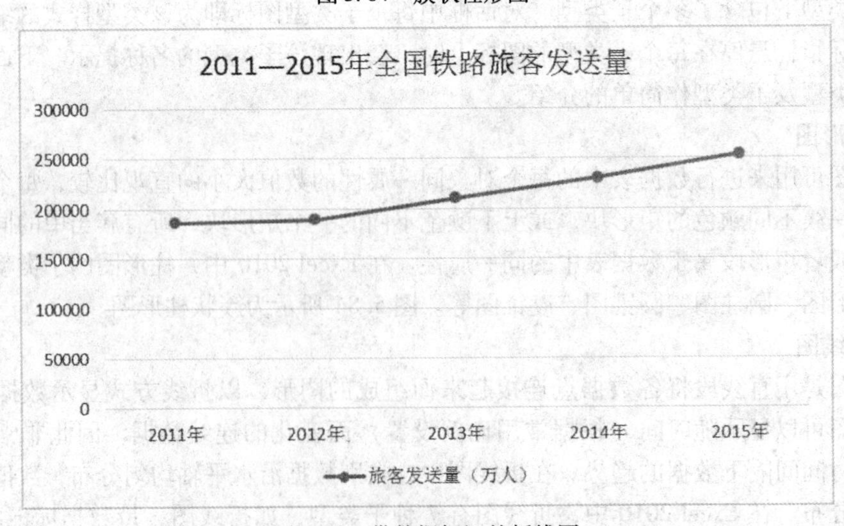

图 5.85 带数据标记的折线图

3. 饼图

饼图用来反映同一属性中的每个值占总值（所有值的总和）的比例。饼图用一个平面或立体的圆形饼状图表示，由若干个扇形块组成，扇形块之间用不同颜色区分，比较美观。在 Excel 2010 中，饼图的子类型有 6 种，如饼图、分离饼图、三维饼图等。图 5.86 所示为三维饼图。

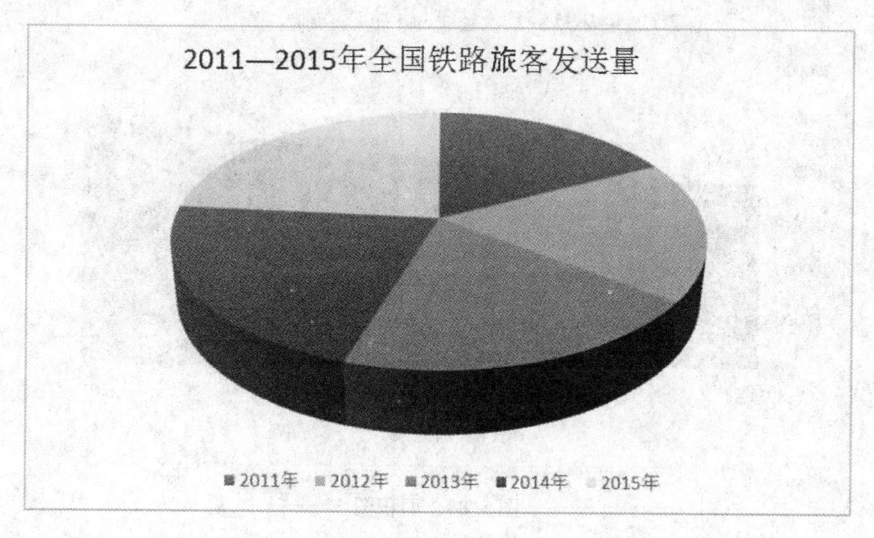

图 5.86　三维饼图

4. 条形图

条形图就是横着的柱形图，其作用与柱形图相同，可帮助用户直观地对数据进行对比分析。在 Excel 2010 中，条形图包含 15 种子类型，如簇状条形图、堆积条形图、簇状水平圆锥图等。图 5.87 所示为簇状条形图。

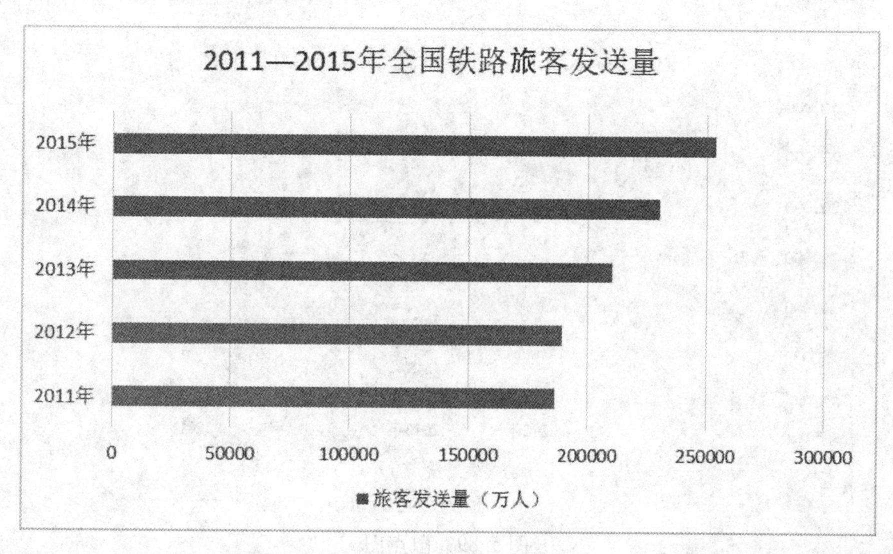

图 5.87　簇状条形图

5. 面积图

面积图强调数量随时间而变化的程度，也可用于引起人们对总值趋势的注意。在 Excel 2010 中，面积图有面积图、堆积面积图、百分比堆积面积图等 6 种子类型。图 5.88 所示为面积图。

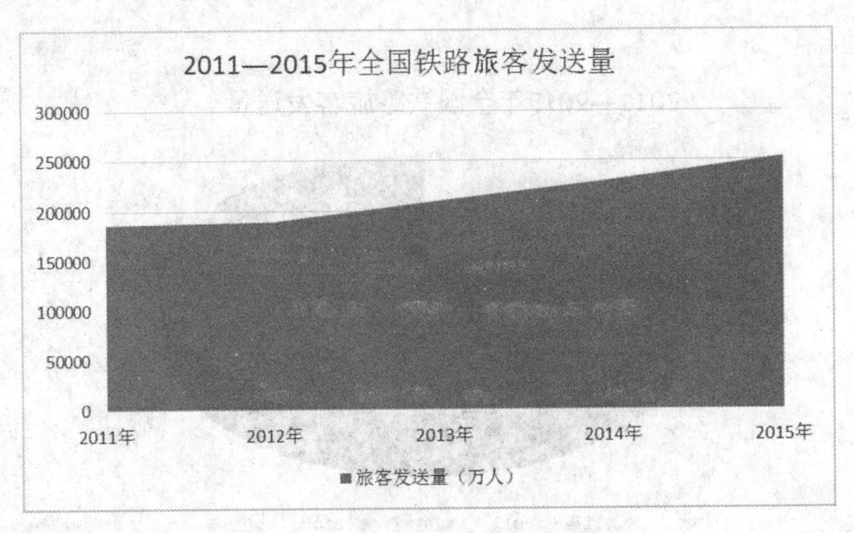

图 5.88　面积图

6. XY 散点图

散点图有两个数值轴，沿水平轴（x 轴）方向显示一组数值数据，沿垂直轴（y 轴）方向显示另一组数值数据。散点图将这些数值合并到单一数据点并以不均匀间隔或簇显示它们。散点图通常用于显示和比较数值，例如科学数据、统计数据和工程数据。图 5.89 所示为散点图。

图 5.89　散点图

7. 股价图

股价图经常用来显示股价的波动，还可用于科学数据分析。需要注意的是，股价图的创建对数据表的列名称及顺序有严格要求。图 5.90 所示为成交量－开盘－盘高－盘低－收盘图。

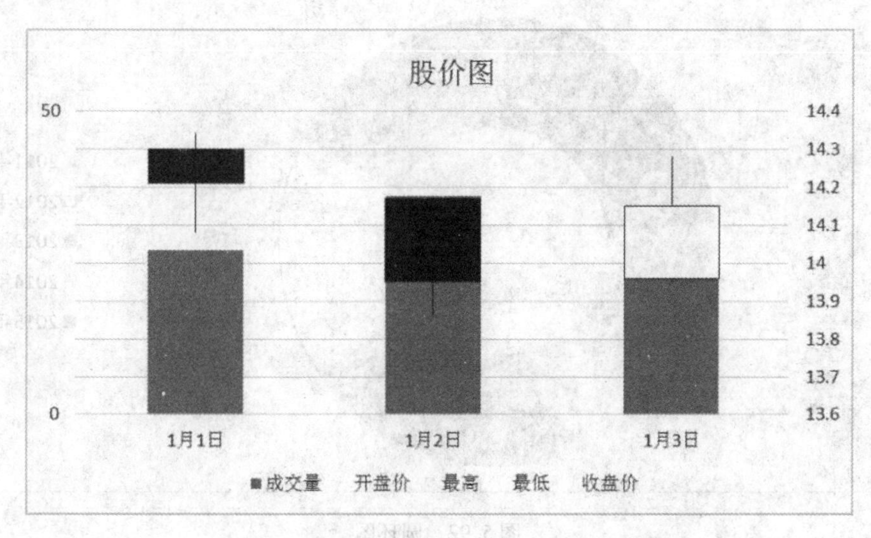

图 5.90　成交量－开盘－盘高－盘低－收盘图

8. 曲面图

排列在工作表的列或行中的数据可以绘制到曲面图中，就像地形图一样，颜色和图案表示具有相同数值范围的区域。当类别和数据系列都是数值时，可以使用曲面图。注意：要创建曲面图，必须选择至少两组的数据系列。图 5.91 所示为三维曲面图。

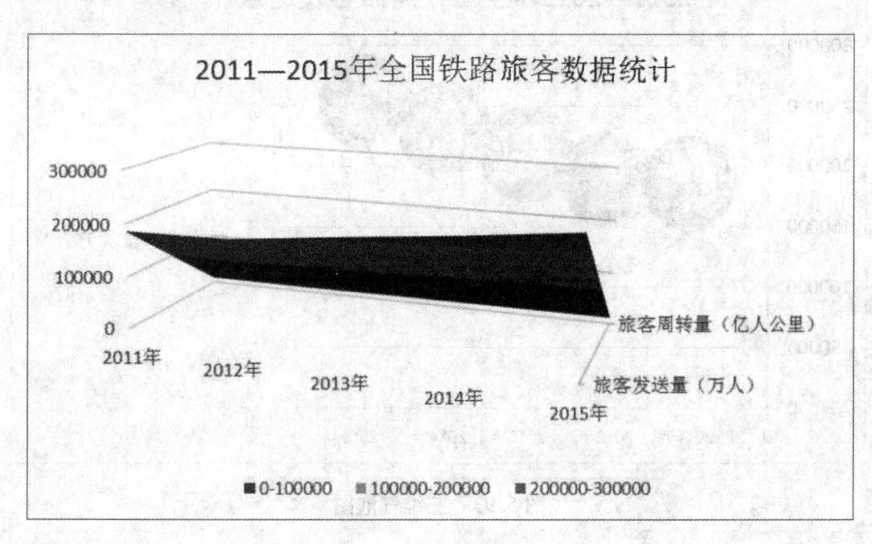

图 5.91　三维曲面图

9. 圆环图

与饼图一样，圆环图可用于显示各个部分与整体之间的关系，但是它可以包含多个数据系列。在 Excel 2010 中，圆环图包含两种子类型：圆环图及分离型圆环图。图 5.92 所示为圆环图。

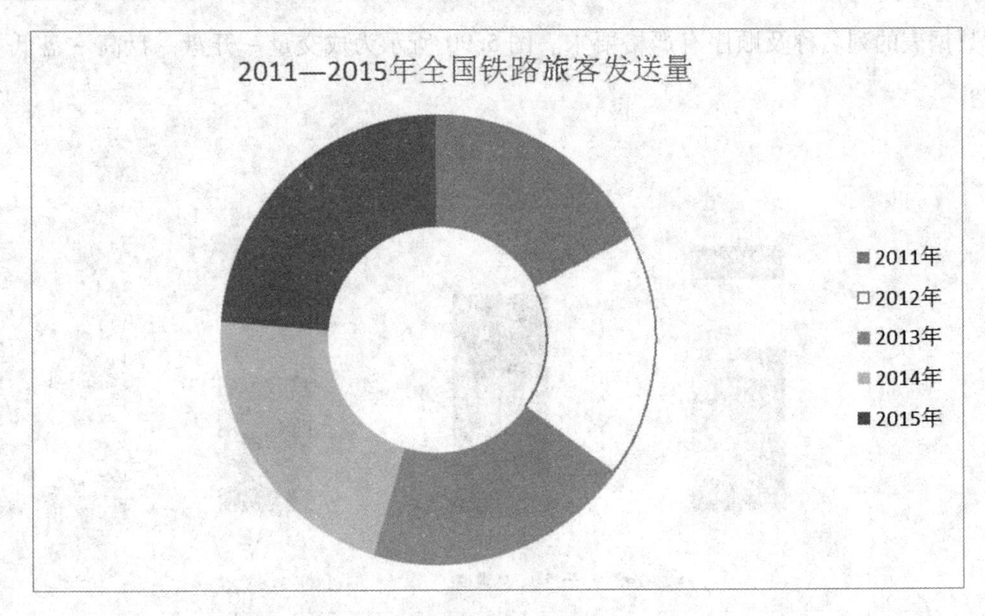

图 5.92 圆环图

10. 气泡图

气泡图与散点图相似，不同之处在于，气泡图允许在图表中额外加入一个表示大小的变量。图 5.93 所示为三维气泡图。

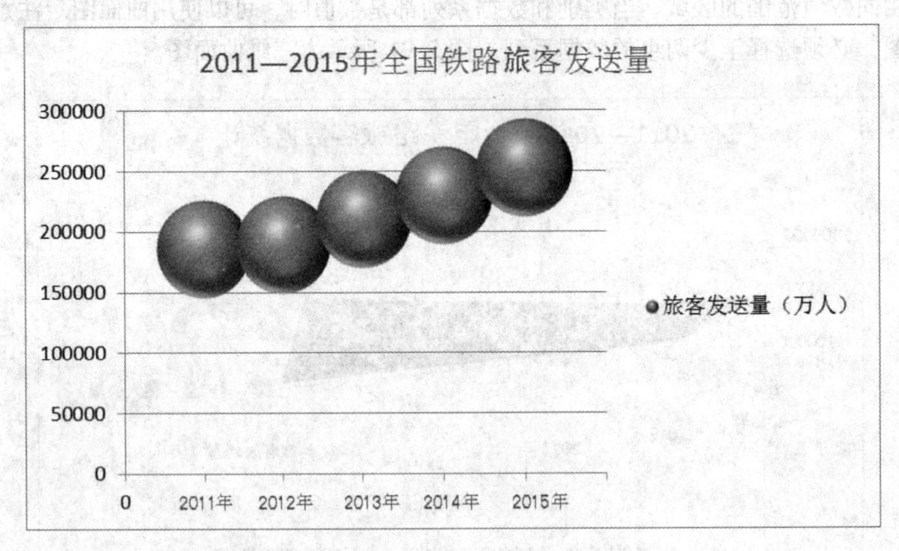

图 5.93 三维气泡图

11. 雷达图

雷达图主要被应用于企业经营状况——收益性、生产性、流动性、安全性和成长性的评价。上述指标的分布组合在一起非常像雷达的形状，因此而得名。随着计算机的发展，雷达图被应用于生活的方方面面，不仅仅是企业财务，在个人账务管理及投资理财等各个方面，雷达图也开始崭露头角。图 5.94 所示为 2011—2015 年全国铁路旅客发送量的雷达图。

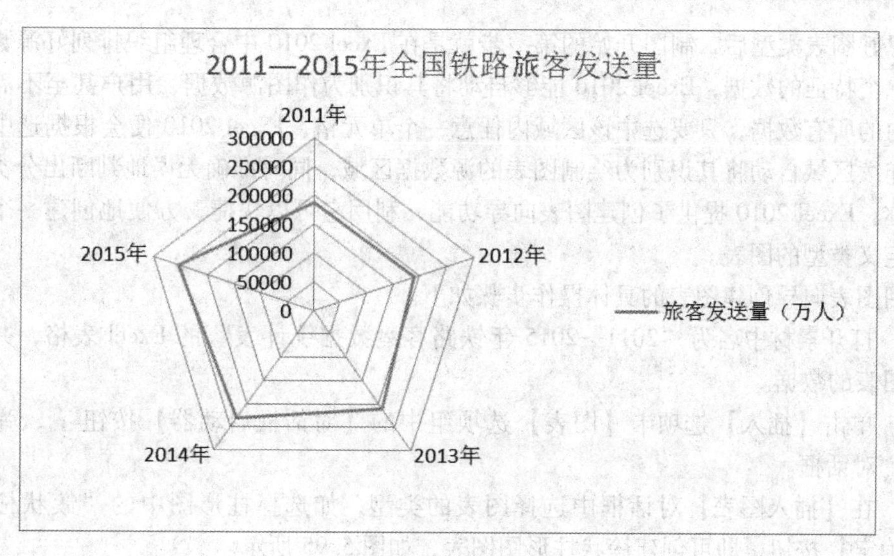

图 5.94　雷达图

5.12.4　创建图表

在 Excel 2010 中，可以创建两种形式的图表：一种是嵌入式图表，另一种是图表工作表。创建嵌入式图表，图表将被插入到现有的工作表中，即在一张工作表中同时显示图表及相关的数据；图表工作表是工作簿中具有特定名称的独立工作表。

Excel 2010 提供了两种创建图表的方法：一种是使用组合键创建图表，另一种是使用功能区的【图表】选项组中的按钮创建图表。

使用组合键创建图表的方法如下。

- 按 Alt + N + C 组合键可创建柱形图。
- 按 Alt + N + N 组合键可创建折线图。
- 按 Alt + N + E 组合键可创建饼图。
- 按 Alt + N + B 组合键可创建条形图。
- 按 Alt + N + A 组合键可创建面积图。
- 按 Alt + N + D 组合键可创建散点图。

Excel 2010 能够自动准确无误地识别的作图源数据有如下 4 个特征。

- 数据放在一个行、列都连续的工作表区域。
- 首行为系列名称。
- 首列为分类标志。
- 最左上角的单元格（首单元格）为空。

创建图表的时候，如选中的区域包括两个或两个以上的单元格，Excel 2010 会基于选中的区域作图；如果只选中一个单元格，Excel 2010 就会把该单元格所在的连续区域选为作图源数据区域。所以，把数据放在一个行、列连续的区域，选中区域内任意一个单元格，Excel 2010 便会自动识别整个区域为作图数据区域。通过保留首单元格为空，可使得 Excel 自动识别首行、首列分别为系列名称和分类标志。

构思好图表类型后，制图开始的第一步就是在 Excel 2010 中合理组织排列好源数据。具备如上 4 个特征的数据，Excel 2010 能够自动将其识别为作图源数据，用户甚至不需要选中该区域内的所有数据，只要选中该区域内任意一个单元格，Excel 2010 便会根据选中单元格周边的连续区域自动将其识别为绘制图表的源数据区域，同时准确无误地判断出分类标志和系列名称。Excel 2010 提供了创建图表向导功能，利用它可以快捷、方便地创建一个标准类型或自定义类型的图表。

使用图表向导创建图表的具体操作步骤如下。

(1) 打开素材中名为“2011—2015 年铁路客运数据统计表”的 Excel 表格，并选中用于创建图表的数据。

(2) 单击【插入】选项卡【图表】选项组中的【对话框启动器】按钮，弹出【插入图表】对话框。

(3) 在【插入图表】对话框中选择图表的类型，如选择柱形图中的“簇状柱形图”，单击【确定】按钮，即可创建簇状柱形图图表，如图 5.95 所示。

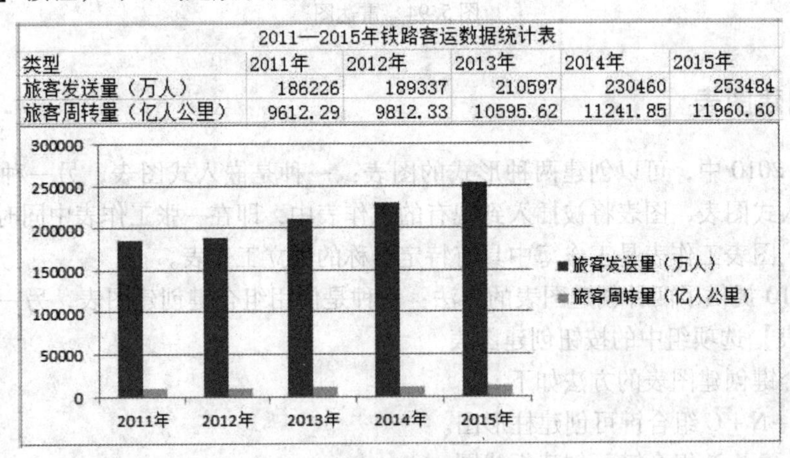

2011—2015年铁路客运数据统计表

类型	2011年	2012年	2013年	2014年	2015年
旅客发送量（万人）	186226	189337	210597	230460	253484
旅客周转量（亿人公里）	9612.29	9812.33	10595.62	11241.85	11960.60

图 5.95　创建图表

5.12.5　编辑图表

创建好图表后，还可以对图表样式、图表布局、元素格式等进行设置，使图表更加符合用户的需要。单击图表，Excel 2010 会自动增加 3 个【图表工具】选项卡：【设计】【布局】【格式】，通过这 3 个选项卡上的按钮，可以对图表进行编辑。下面将逐一对这些编辑操作进行介绍。

1. 图表设计

使用如图 5.96 所示的【设计】选项卡可更改图表的样式、数据和布局，其功能区中主要按钮和列表的功能介绍如下。

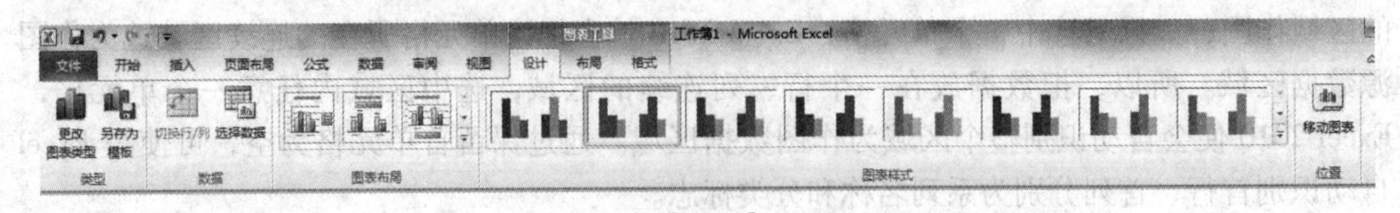

图 5.96　【设计】选项卡

【选择数据】按钮：单击该按钮，可在弹出的【选择数据源】对话框内重新选择图表数据区域、设置图例项及水平（分类）轴标签，也可以切换行/列的数据。

【切换行/列】按钮：单击该按钮，可交换显示坐标轴上的数据。

【图表布局】列表：在该列表中可以通过单击布局样式按钮，快速设置图表中标题、图例和数字标签在文档中的布局方式。

【图表样式】列表：在该列表中可以通过单击样式按钮，快速设置图表样式。

【更改图表类型】按钮：单击该按钮，可打开【更改图表类型】对话框，重新选择并设置图表类型。

【另存为模板】按钮：单击该按钮，可打开【保存图表模板】对话框，将设计好的图表样式保存到计算机中，方便用户以后直接调用。调用方法为：单击【插入】选项卡【图表】选项组中的【 对话框启动器】按钮，在弹出的【插入图表】对话框中单击【模板】按钮，选择要调用的模板，最后单击【确定】。

【移动图表】按钮：单击该按钮，可打开【移动图表】对话框，在其中选择图表移动的目标位置，然后单击【确定】按钮，即可将图表移动至工作簿中的其他工作表中。

下面以"2011—2015 年铁路客运数据统计表"为例，介绍图表设计的方法。

（1）选中图表：单击图表任意空白处。

（2）更改系列图表类型：在图表中单击图例中的数据系列"旅客周转量（亿人公里）"，然后单击鼠标右键，在弹出的快捷菜单中选择【更改系列图表类型】选项，在弹出的对话框中选择折线图中的"带数据标记的折线图"类型。

（3）设置次坐标轴：在图表中单击图例中的数据系列"旅客周转量（亿人公里）"，然后单击鼠标右键，在弹出的快捷菜单中选择【设置数据系列格式】选项，在弹出的【设置数据系列格式】对话框中单击左侧的【系列选项】按钮，然后选中【次坐标轴】单选项，单击【关闭】按钮。

（4）设置图表样式：在【图表样式】列表中单击适当的样式即可。设计后的图表如图 5. 97 所示。

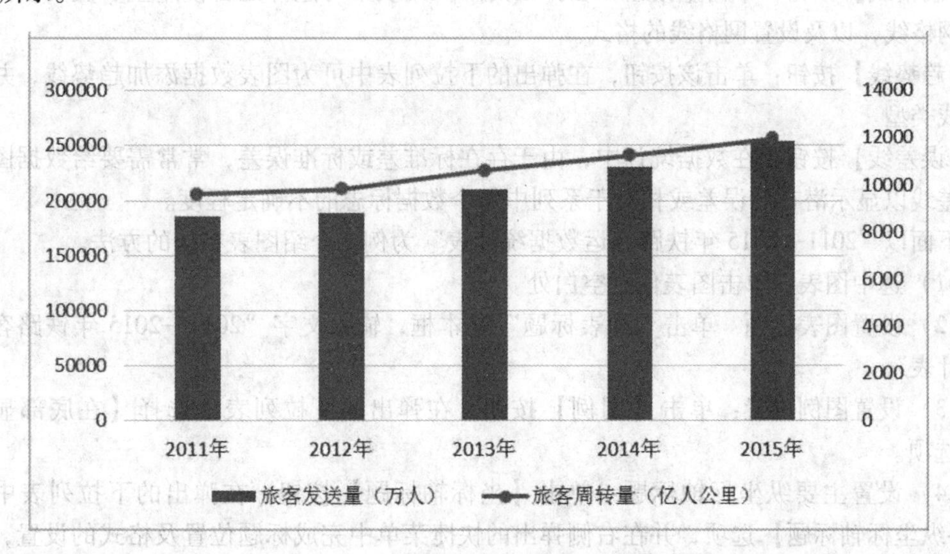

图 5. 97　图表设计

2. 图表布局

如图 5. 98 所示，在【布局】选项卡中可对图表的各组件样式和各组件在图表中的分布进行设置，其功能区中的主要按钮和列表功能介绍如下。

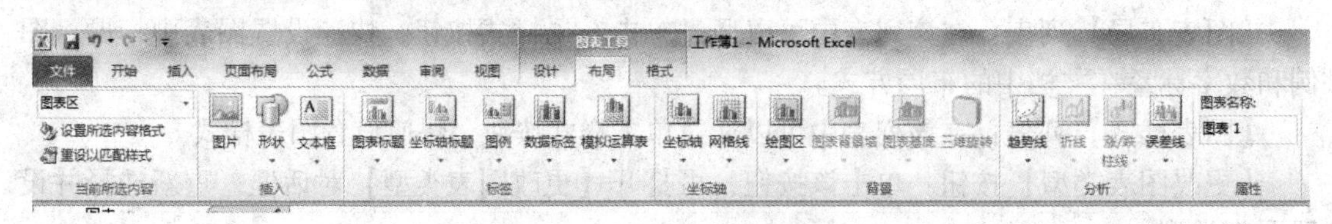

图 5. 98 【布局】选项卡

【当前所选内容】选项组：用户可以单击该选项组中的下三角按钮，在弹出的下拉列表中选择当前图表所显示的图表元素，之后单击【设置所选内容格式】按钮来设置图表元素的格式，也可以单击【重设以匹配样式】按钮来清除所选图表元素的自定义格式，确保所选图表元素与文档的整体主题相匹配。

如果需要为当前图表添加新的图表元素，可以通过【插入】选项组、【标签】选项组、【坐标轴】选项组、【背景】选项组及【分析】选项组内的对应按钮添加并设置图表元素。

【图表标题】按钮：单击该按钮，在弹出的下拉列表中可设置图表标题显示与否、标题位置及标题格式。

【坐标轴标题】按钮：单击该按钮，在弹出的下拉列表中可对横坐标轴、纵坐标轴的位置及格式进行设置。

【图例】按钮：单击该按钮，在弹出的下拉列表中可设置图例在图表框中的放置位置及格式。

【数据标签】按钮：单击该按钮，在弹出的下拉列表中可选择图表数据标签在图表框中的放置位置及格式。

【坐标轴】按钮：单击该按钮，在弹出的下拉列表中可设置坐标轴的显示类型及格式，包括坐标轴的最大值、最小值、主要刻度、次要刻度等。

【网格线】按钮：单击该按钮，在弹出的下拉列表中可选择是否使用主、次要横网格线和纵网格线，以及设置网格线的格式。

【趋势线】按钮：单击该按钮，在弹出的下拉列表中可为图表数据添加趋势线，并设置趋势线类型。

【误差线】按钮：在数据统计中，由于存在标准差或标准误差，常常需要给数据图表添加误差线以显示潜在的误差或相对于系列中每个数据标志的不确定程度。

下面以“2011—2015 年铁路客运数据统计表”为例，介绍图表布局的方法。

（1）选中图表：单击图表任意空白处。

（2）设置图表标题：单击“图表标题”文本框，输入文字“2011—2015 年铁路客运数据统计表”。

（3）设置图例位置：单击【图例】按钮，在弹出的下拉列表中选择【在底部显示图例】选项。

（4）设置主要纵坐标轴标题：单击【坐标轴标题】按钮，在弹出的下拉列表中选择【主要纵坐标轴标题】选项，并在右侧弹出的快捷菜单中完成标题位置及格式的设置，在新添加的主要纵坐标轴标题文本框中输入“旅客发送量（万人）”。

（5）设置次要纵坐标轴标题：单击【坐标轴标题】按钮，在弹出的下拉列表中选择【次要纵坐标轴标题】选项，并在右侧弹出的快捷菜单中完成标题位置及格式的设置，在新添加的次要纵坐标轴标题文本框中输入“旅客周转量（亿人公里）”。设置后的图表布局如图 5.99 所示。

图 5.99　图表布局

3. 图表格式

使用如图 5.100 所示的【格式】选项卡，可以设置当前选择的图表组件样式，也可以对图表组件中的文字样式进行设置，其中包含的主要按钮和列表功能介绍如下。

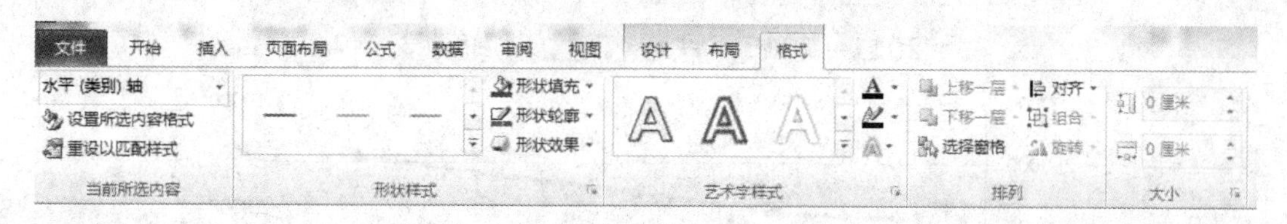

图 5.100　【格式】选项卡

【当前所选内容】选项组：与【布局】选项卡中的【当前所选内容】选项组中的按钮及选项功能相同。

【形状样式】选项组：选择图表组件，在列表中选择样式，快速对该组件应用填充色、边框和文字颜色，还可以通过【形状填充】【形状轮廓】【形状效果】3 个按钮，对所选组件的形状进行自定义设置。

【形状填充】按钮：选中图表组件，单击该按钮，在弹出的下拉列表中可选择图表组件的填充色。

【形状轮廓】按钮：选中图表组件，单击该按钮，在弹出的下拉列表中可选择图表组件的边框颜色和样式。

【形状效果】按钮：选中图表组件，单击该按钮，在弹出的下拉列表中可选择图表组件的特殊效果，如阴影、发光等。

【艺术字样式】选项组：选中图表组件，在列表中单击某一样式，可快速对该组件中的文字应用艺术字样式，也可以通过【文本填充】【文本轮廓】【文本效果】3 个按钮，对所选组件文字进行自定义设置。

【文本填充】按钮：选中图表组件，单击该按钮，在弹出的下拉列表中可选择图表组件文字的填充色。

【文本轮廓】按钮：选中图表组件，单击该按钮，在弹出的下拉列表中可选择图表组件文字的边框色。

【文本效果】按钮：选中图表组件，单击该按钮，在弹出的下拉列表中可选择图表组件文字的特殊效果，如阴影、映射和发光等。

下面以"2011—2015 年铁路客运数据统计表"为例，介绍图表格式的设置方法。

(1) 选中图表：单击图表任意空白处。

(2) 设置图表文字格式：选中需要设置的文字，在【开始】选项卡【字体】选项组中设置适当的字体效果。

(3) 设置数据系列格式：选中图例中的数据系列"旅客发送量（万人）"，单击【格式】选项卡中的【设置所选内容格式】按钮，在弹出的【设置数据系列格式】对话框中根据文字提示完成相应的设置。

(4) 设置主要纵坐标轴刻度线标记：选中图表中的主要纵坐标轴，单击【格式】选项卡中的【设置所选内容格式】按钮，在弹出的【设置坐标轴格式】对话框中单击左侧的【坐标轴选项】按钮，然后在右侧设置坐标轴最大值为 300000，最小值为 0，主要刻度单位为 50000，单击【主要刻度线类型】下三角按钮，在弹出的下拉列表中选择【外部】选项。

设置完格式后的图表效果如图 5.101 所示。

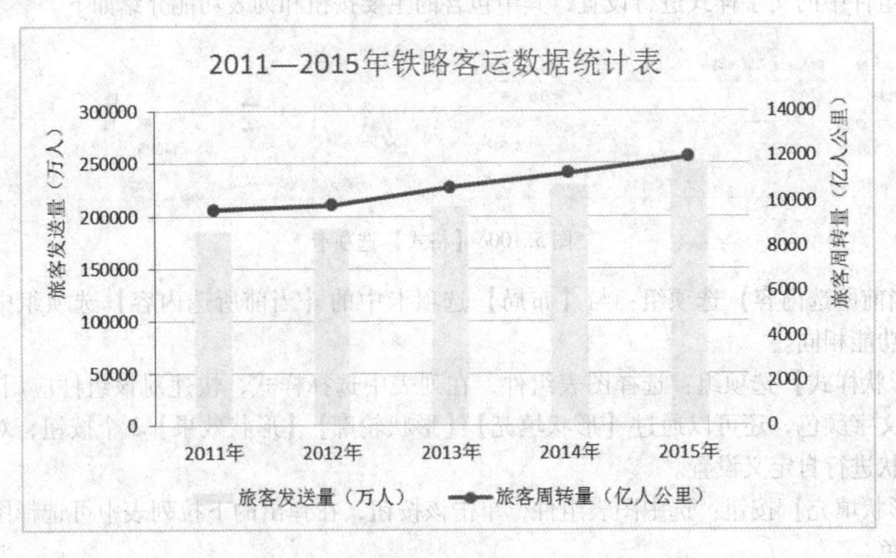

图 5.101　图表格式

4. 调整图表大小

在 Excel 2010 中，可以调整图表的大小，其操作步骤是：选中图表，其边框会出现 8 个控制点，将鼠标指针移至控制点上，当鼠标指针呈↘或↗形状时，按住鼠标左键并拖动鼠标，可等比例调整图表大小；当鼠标指针呈↕或↔形状时，按住鼠标左键并拖动鼠标，可调整图表的高度或宽度。

5. 移动图表

创建好图表后，新建的图表总是显示在表格的前面，遮挡了部分数据。为了能够完整地看到数据表格和图表，必须移动图表，使整个工作表布局合理。

移动图表的操作步骤如下。

（1）单击图表，系统将显示 3 个【图表工具】选项卡：【设计】【布局】和【格式】。

（2）单击【设计】选项卡中的【移动图表】按钮，将弹出【移动图表】对话框。

（3）若要将图表移动到新的工作表中，选中【新工作表】单选项，然后在【新工作表】文本框中，键入工作表名称；若要将图表移动到其他已存在的工作表中，选中【对象位于】单选项，然后在【对象位于】下拉列表中选择要在其中放置图表的工作表。

注意：可以选中图表，将鼠标指针移至图表区的空白位置，当鼠标指针呈✥形状时，按住鼠标左键并拖动鼠标，将图表移动到目的位置即可，还可以将图表移到其他图表工作表（工作簿中只包含图表的工作表）中。

6. 删除图表

选中图表，按 Delete 键即可删除图表。

5.12.6　图表高级应用

通过前几节的学习，我们已经掌握了为表格数据创建图表及编辑图表的方法。下面将对前几节的内容进行拓展，简单介绍几个结合函数使用的图表高级应用案例。

1. 创建函数曲线图

在 Excel 2010 中，结合函数公式，可以使用图表显示出函数的曲线图。以函数 $y = x^2 + 3x + 2$ 为例，用户可以通过以下步骤绘制图表。

（1）在 Excel 工作表中，选中 A1 单元格，输入字段名称“x 值”，再选中 B1 单元格，输入字段名称“y 值”；

（2）在 A2:A8 单元格区域依次输入自变量 x 的值，在 B2 单元格输入公式“= A2 * A2 + 3 * A2 + 2”，按 Enter 键后，将鼠标指针放在 B2 单元格的右下角，当其变为“黑十字”形状时，向下拖动鼠标至 B8 单元格，填充数据至该列中的其他单元格，如图 5.102 所示。

B2　　fx　=A2*A2+3*A2+2

	A	B	C	D	E
1	x值	y值			
2	3	20			
3	2	12			
4	1	6			
5	0	2			
6	-1	0			
7	-2	0			
8	-3	2			

图 5.102　函数图表数据

（3）选中数据区域 A1:B8，单击【插入】选项卡【图表】选项组中的【散点图】按钮，在弹出的下拉列表中选择【带平滑线的散点图】选项，即可创建函数曲线图。

（4）对图表进行编辑：更改图表标题为“$y=x^2+3x+2$”，为图表添加横坐标轴标题“x”，纵坐标轴标题“y”，设置坐标轴线条为“实线”并删除网格线，编辑后的图表如图 5.103 所示。

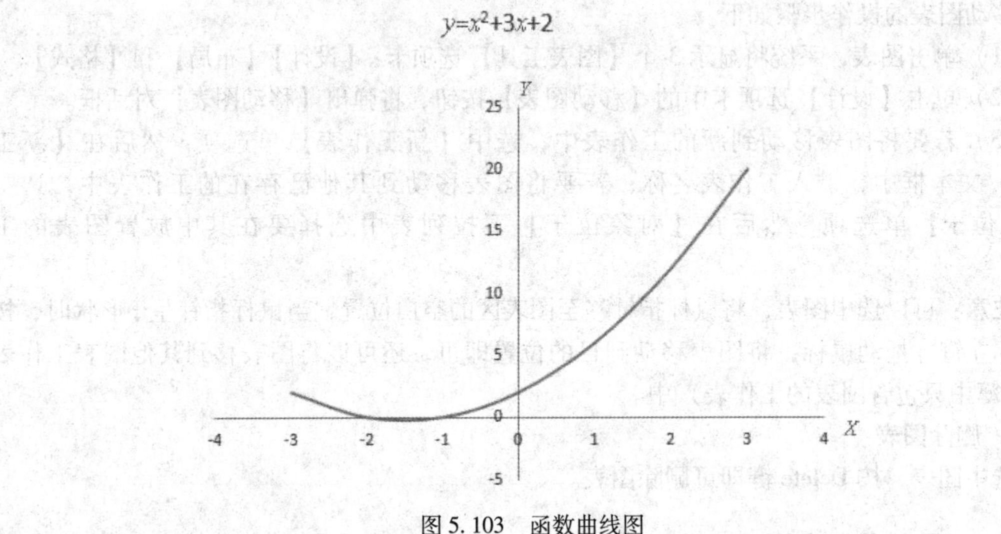

图 5.103 函数曲线图

2. 突出显示最大值及最小值图表

在对图表数据进行分析的过程中，通常需要对最大值及最小值进行特殊标记及显示。用户可以在众多数据点中找到表示最大值及最小值的数据点，选中并右击，在弹出的快捷菜单中选择【设置数据点格式】选项，然后在弹出的【设置数据点格式】对话框中完成对数据点的突出显示设置，但是该方法有两个主要问题：

（1）需要人工筛选出代表最大值及最小值的数据点，当数据点较多且值相近的情况下，效率较低；

（2）只能通过数据点格式的不同进行突出显示，没有文字类的详细信息以便于读者理解图表含义。

要解决以上两个问题，可以将表格数据与函数相结合，创建出能够突出显示最大值及最小值的图表，具体步骤如下（以图 5.104 所示的工作表为例）。

（1）打开工作表，在原有数据右侧添加辅助数据“最大值”和“最小值”，在 C3 单元格中输入公式“=IF(B3=MAX($B$3:$B$7),B3,NA())”，自动填充数据至该列的其他单元格；在 D3 单元格中输入公式“=IF(B3=MIN($B$3:$B$7),B3,NA())”，自动填充数据至该列的其他单元格，如图 5.104 所示。

（2）选中数据区域 A2:D7，创建“带数据标记的折线图”，选中折线图中的“最小值”数据系列并右击，在弹出的右键快捷菜单中选择【设置数据系列格式】选项，打开【设置数据系列格式】对话框，单击左侧列表中的【数据标记选项】按钮，再选中右侧【数据标记类型】区域的【内置】单选项，然后设置数据标记的类型和大小，最后单击【关闭】按钮；用同样方法再设置“最大值”数据系列，最终得到的图表将突出显示“最大值”和

C3　=IF(B3=MAX($B$3:$B$7),B3,NA())

	A	B	C	D	E	F
1	2011-2015年全国铁路客运数据统计					
2	类型	旅客发送量（万人）	最大值	最小值		
3	2011年	186226	#N/A	186226		
4	2012年	189337	#N/A	#N/A		
5	2013年	210597	#N/A	#N/A		
6	2014年	230460	#N/A	#N/A		
7	2015年	253484	253484	#N/A		

图 5.104　突出显示最大值及最小值图表数据

"最小值"数据，如图 5.105 所示。

图 5.105　突出显示最大值及最小值图表

实例 5.10：按如下要求，完成操作。

根据以下工作表中的数据创建"2011—2015 年全国铁路货运发送量图表"，要求：

（1）数据系列为"货运发送量（万吨）"；

（2）图表类型为"簇状柱形图"；

（3）设置图表标题及纵坐标轴标题；

（4）在图表右侧设置图例；

（5）为数据添加线性趋势线。

	A	B	C	D	E	F
1	2011－2015年全国铁路货运数据统计					
2	类型	2011年	2012年	2013年	2014年	2015年
3	货运发送量（万吨）	393263	390438	396697	381334	335801
4	货运周转量（亿吨公里）	29465.79	29187.09	29173.89	27530.19	23754.31

操作方法：

（1）打开 Excel 2010 工作簿，输入数据。

（2）打开【插入】选项卡，单击【图表】选项组中的【对话框启动器】按钮，弹出【插入图表】对话框，在【插入图表】对话框中选择“簇状柱形图”图表类型，单击【确定】按钮，即可创建簇状柱形图图表。

（3）选中空白图表，单击【设计】选项卡中的【选择数据】按钮，弹出【选择数据源】对话框，在【图表数据区域】文本框中输入“A2:F4”，单击【确定】按钮；分别单击【布局】选项卡中的【图表标题】及【坐标轴标题】按钮，在弹出的下拉列表中根据需要设置图表标题及纵坐标轴标题。

（4）打开【布局】选项卡，选择【图例】→【在右侧显示图例】选项。

（5）打开【布局】选项卡，选择【趋势线】→【线性趋势线】选项。

5.13 数据透视表

本节将介绍如何使用 Excel 2010 中的数据透视表工具来综合分析数据。在 Excel 2010 中，数据透视表是一个功能十分强大的工具，可以完成各种十分复杂的统计分析工作。通过使用数据透视表可以十分便捷地处理很多使用复杂函数才能解决的问题。

本节将以一个典型的列车时刻表数据为例，说明如何使用数据透视表来对数据进行各种综合的统计和分析。

5.13.1 创建数据透视表

数据透视表是一种对大量数据快速汇总和建立交叉列表的交互式表格，它可以动态地改变版面布置，以便按照不同方式分析数据，也可以重新安排行号、列标和页字段。每一次改变版面布置时，数据透视表会立即按照新的布置重新计算数据。另外，如果原始数据发生更改，则可以更新数据透视表。

表 5.17 为 2017 年 3 月北京至哈尔滨的列车时刻表，如果想分析出每种类型火车的发车次数及平均历时时间，需要经过排序、分类汇总等一系列操作，相对较复杂，且显示内容过多，而如果通过数据透视表来分析，则更简单快速。

表 5.17　2017 年 3 月北京—哈尔滨列车时刻表

	2017 年 3 月北京—哈尔滨列车时刻表					
车次	出发站	到达站	车次类型	出发时间	到达时间	历时
D29	北京	哈尔滨西	动车	6:58	14:43	7:45
D25	北京	哈尔滨西	动车	9:58	18:05	8:07
D101	北京	哈尔滨西	动车	13:49	21:39	7:50
D27	北京	哈尔滨西	动车	15:15	23:00	7:45
G381	北京南	哈尔滨西	高铁	7:53	14:59	7:06
G393	北京南	哈尔滨西	高铁	15:05	22:12	7:07
K339	北京	哈尔滨	快速	11:07	2:56	15:49
K265	北京	哈尔滨	快速	13:55	8:41	18:46

续表

	2017 年 3 月北京—哈尔滨列车时刻表					
T297	北京	哈尔滨	特快	12:00	1:57	13:57
T17	北京	哈尔滨	特快	16:55	6:04	13:09
T47	北京	哈尔滨西	特快	18:57	6:12	11:15
Z157	北京	哈尔滨	直达	5:58	16:55	10:57
Z203	北京	哈尔滨	直达	20:31	6:47	10:16
Z17	北京	哈尔滨	直达	21:15	7:18	10:03
Z157	北京	哈尔滨	直达	21:21	7:26	10:05

使用数据透视表分析“北京—哈尔滨列车时刻表”的具体步骤如下。

1. 创建数据透视表

（1）将光标定位在工作表中要分析数据区域的任意单元格上，单击【插入】选项卡【表格】选项组中的【数据透视表】按钮，在弹出的下拉列表中选择【数据透视表】选项，如图 5.106 所示。

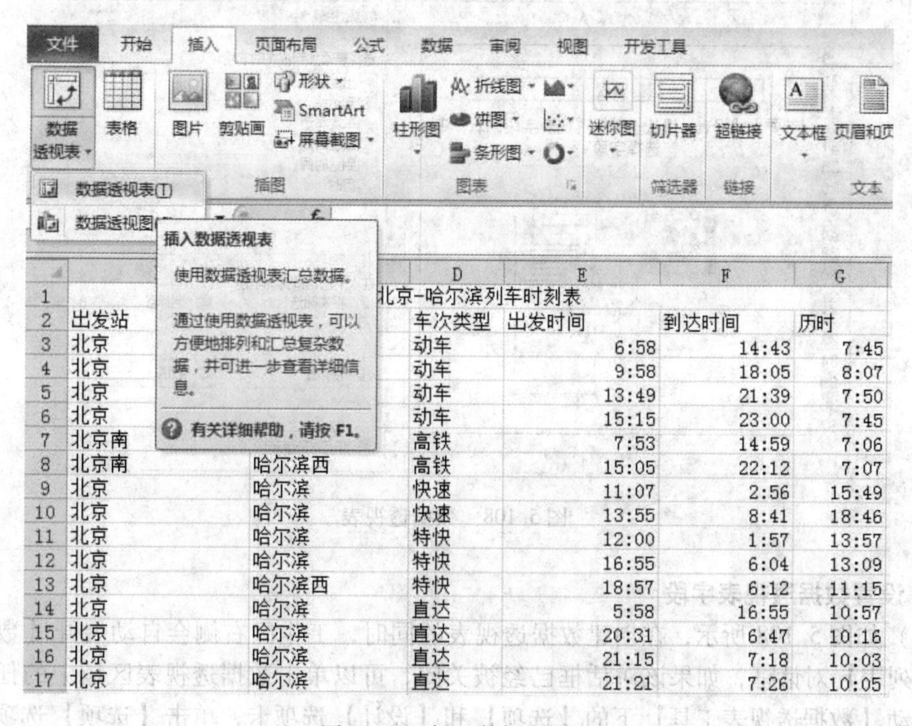

图 5.106　插入数据透视表

（2）在弹出的【创建数据透视表】对话框中，可以选择要分析的数据。为了方便用户使用，Excel 2010【表/区域】中的单元格区域默认为鼠标选中单元格所在的数据区域，如图 5.107 所示。

（3）在【创建数据透视表】对话框中，用户需要设置新生成的数据透视表所在的起始位置，可以选择新工作表，也可以选择现有工作表的某个空白单元格；设置成功后单击

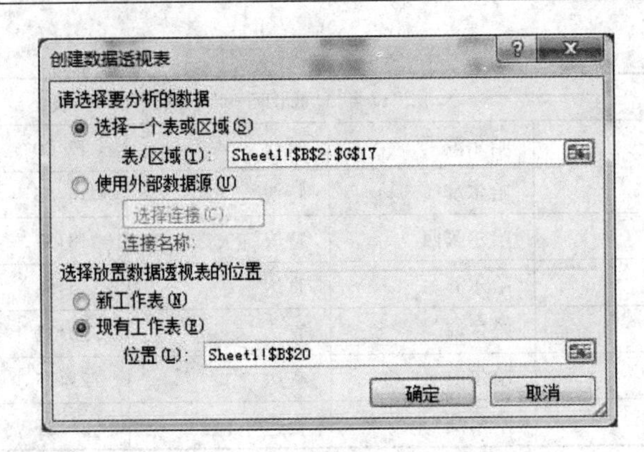

图 5.107 【创建数据透视表】对话框

【确定】按钮，即可自动生成一个新的数据透视表，透视表中暂时没有任何数据，需要用户进行进一步的设置，如图 5.108 所示。

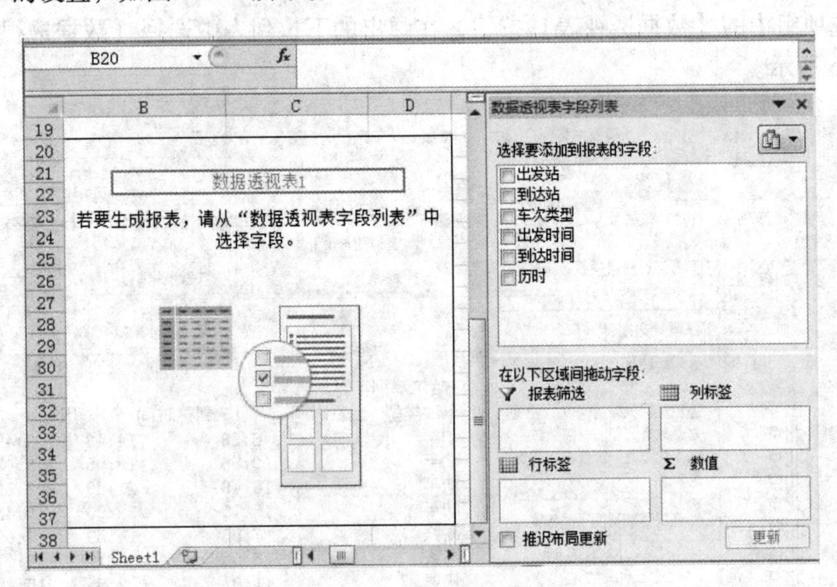

图 5.108 数据透视表

2. 设置数据透视表字段

(1) 如图 5.108 所示，在创建数据透视表的同时，工作区右侧会自动展开【数据透视表字段列表】对话框，如果该对话框已经被关闭，可以单击数据透视表区域中的任意单元格，启动【数据透视表工具】下的【选项】和【设计】选项卡，单击【选项】选项卡中的【字段列表】按钮，即可展开【数据透视表字段列表】对话框。

(2)【数据透视表字段列表】对话框中共包含“字段节”及“区域节”两大部分，“字段节”包含要分析数据的所有列字段名称，用户可以单击“字段节”中要分析的字段并将其拖动到“区域节”。为了分析出“北京至哈尔滨列车时刻表”中不同类型车次的发车次数及平均历时时间，需要将【选择要添加到报表的字段】列表中的【车次类型】复选项拖动至【行标签】列表中，如图 5.109 所示。

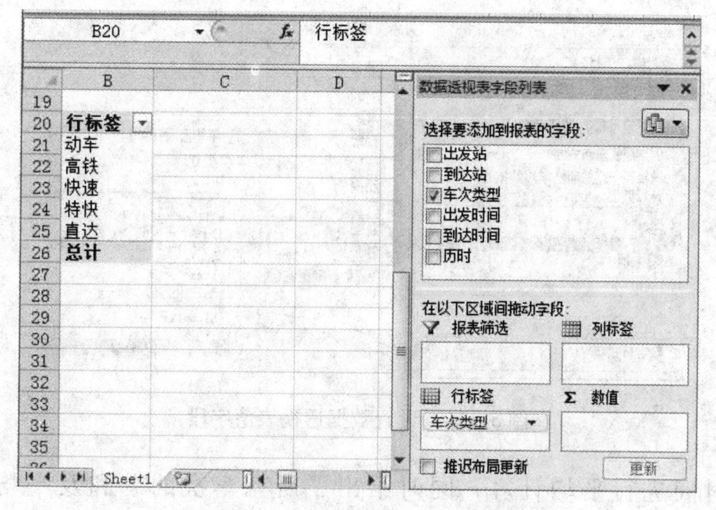

图 5.109　添加数据透视表行标签

（3）分析发车次数及平均历时时间，需要对数据进行计算，因此要将【车次类型】和【历时】复选项依次拖动至【数值】列表中，如图 5.110 所示。

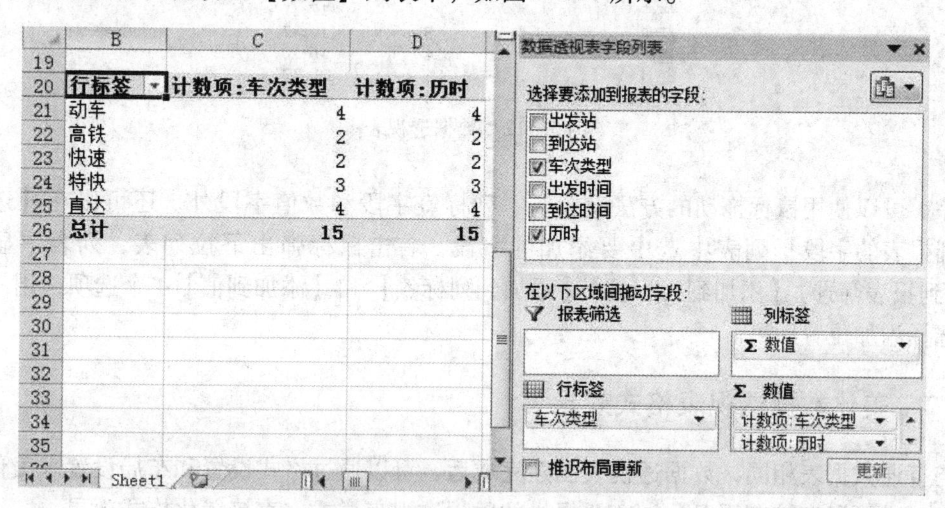

图 5.110　添加数据透视表值字段

（4）单击【数据透视表字段列表】对话框中【数值】列表中的【计数项：车次类型】下三角按钮，在弹出的快捷菜单中选择【值字段设置】选项，在弹出的对话框的【计算类型】列表中选择【计数】选项，再单击【确定】按钮，返回【数据透视表字段列表】对话框，然后用同样的方法设置“历时”值字段的计算类型为“平均值”。由于是对车次历时时间进行平均值计算，所以需要设置其单元格格式为累计时间。

设置单元格格式为累计时间的方法：在【值字段设置】对话框中，单击【数字格式】按钮，在弹出的【设置单元格格式】对话框的【分类】列表中选择【自定义】选项，然后在右侧【类型】列表中选择【［h］:mm】选项，如图 5.111 所示。

（5）单击两次【确定】按钮，数据透视表创建成功。该透视表分别统计了北京至哈尔滨的动车、高铁、快速、特快及直达五种不同车次类型的每日发车次数，并对每种类

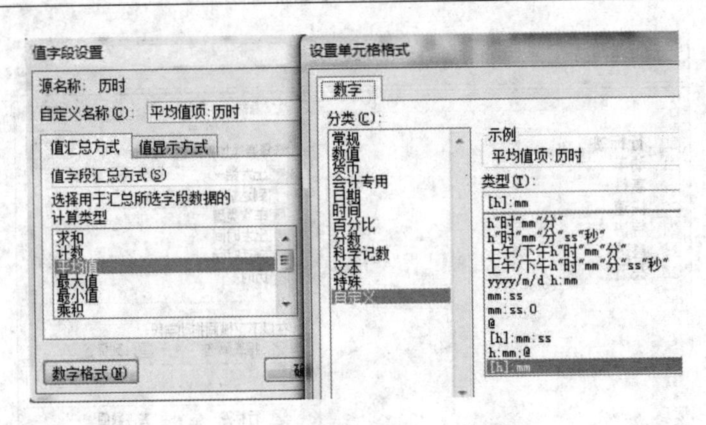

图 5.111　设置数据透视表值字段

型车次的历时时间进行平均计算，同时给出了所有车次的总和及平均历时时间，如图 5.112 所示。

行标签	计数项:车次类型	平均值项:历时
动车	4	7:51
高铁	2	7:06
快速	2	17:17
特快	3	12:47
直达	4	10:20
总计	**15**	**10:39**

图 5.112　数据透视表

除了可以使用鼠标拖动的方法设置行、列标签字段和数值字段外，还可以在【选择要添加到报表的字段】列表中选中要添加的字段，右击鼠标弹出下拉列表，列表中显示了【添加到报表筛选】【添加到行标签】【添加到列标签】和【添加到值】4 个选项，用户根据需要选择添加位置即可。

5.13.2　美化数据透视表格式效果

与普通数据表相同，数据透视表创建完成后，可以通过格式设置和布局设置来美化数据透视表，也可以直接套用 Excel 2010 提供的数据透视表样式，直接美化格式效果。

1. 手工美化数据透视表格式效果

在默认情况下，创建的数据透视表没有进行任何格式设置，用户可以通过手工设置的方式，设置单元格或单元格区域的边框及底纹填充效果。

1）设置边框效果

(1) 在数据透视表中，选中要添加边框的单元格区域，右击鼠标，在弹出的快捷菜单中选择【设置单元格格式】选项。

(2) 在弹出的【设置单元格格式】对话框中单击【边框】标签，即可为选中的单元格区域添加边框效果，如图 5.113 所示。

(3) 在图 5.113 对话框中选择合适的线条样式、线条颜色及边框后，可以通过预览草图进行预览，单击【确定】按钮后实际的数据透视表效果与预览效果相同，如图 5.114 所示。

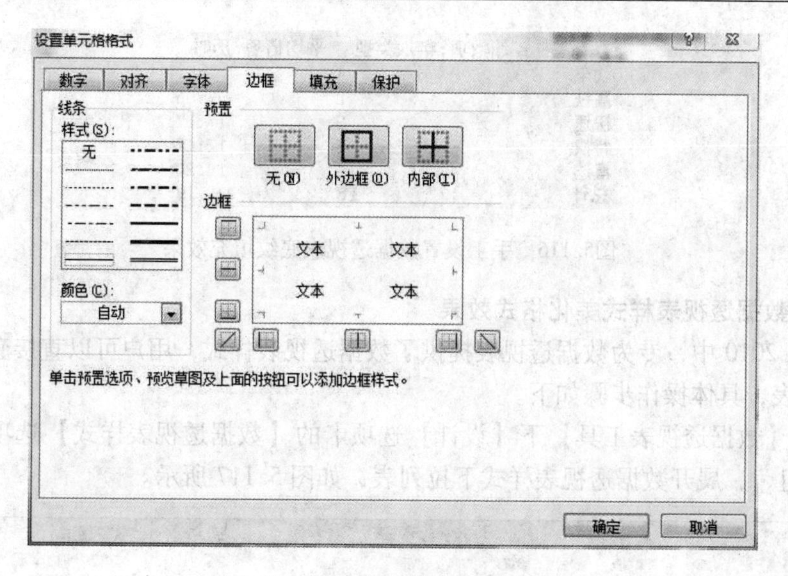

图 5.113　手工设置数据透视表边框

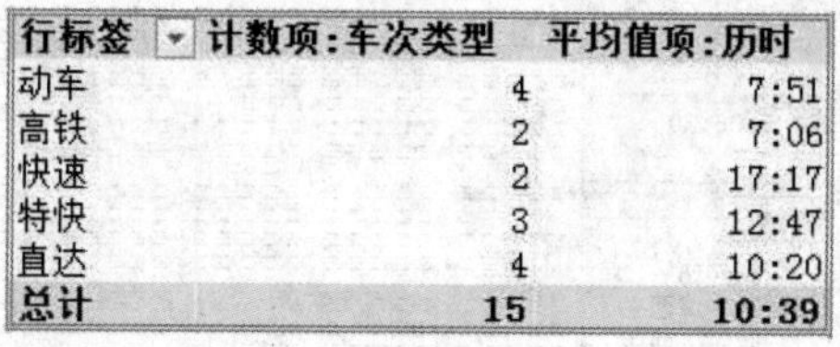

行标签	计数项：车次类型	平均值项：历时
动车	4	7:51
高铁	2	7:06
快速	2	17:17
特快	3	12:47
直达	4	10:20
总计	**15**	**10:39**

图 5.114　手工设置数据透视表边框效果

2）设置底纹填充效果

（1）在数据透视表中，选中要添加底纹颜色的单元格区域。

（2）单击【开始】选项卡【字体】选项组中的【填充颜色】下三角按钮，展开【填充颜色】下拉列表。

（3）在【填充颜色】下拉列表中，选中要填充的颜色，如“橙色，强调文字颜色 2，淡色 40%”，即可为选中的单元格区域添加底纹颜色效果，如图 5.115、图 5.116 所示。

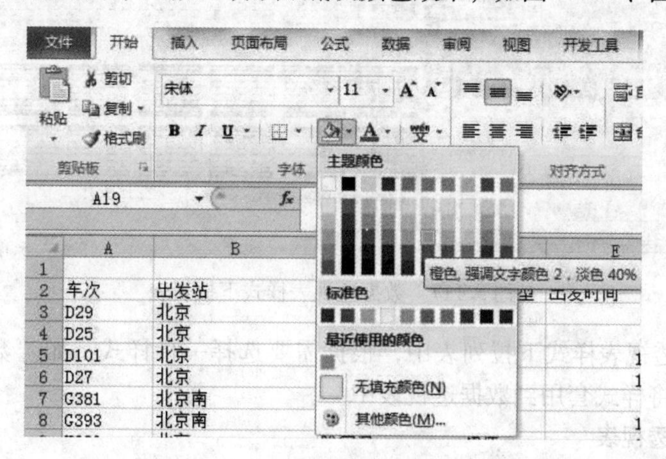

图 5.115　手工设置数据透视表底纹

行标签	计数项:车次类型	平均值项:历时
动车	4	7:51
高铁	2	7:06
快速	2	17:17
特快	3	12:47
直达	4	10:20
总计	**15**	**10:39**

图5. 116　手工设置数据透视表底纹填充效果

2. 套用数据透视表样式美化格式效果

在 Excel 2010 中，专为数据透视表提供了数据透视表样式，用户可以直接套用样式来美化数据透视表，具体操作步骤如下。

（1）在【数据透视表工具】下【设计】选项卡的【数据透视表样式】选项组中，单击【其他】按钮，展开数据透视表样式下拉列表，如图 5. 117 所示。

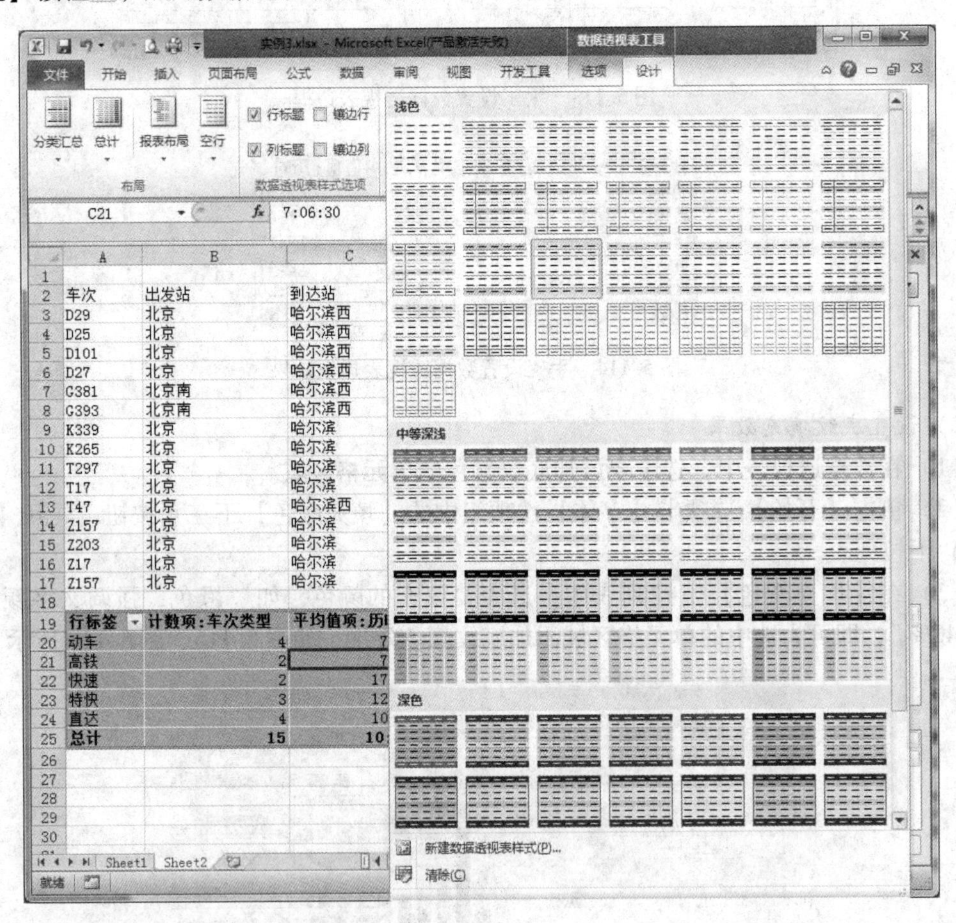

图 5. 117　数据透视表样式下拉列表

（2）在数据透视表样式下拉列表中，根据需要选择一种样式，如“数据透视表样式中等深浅 3”，即可将样式套用到数据透视表中。

3. 移动数据透视表

虽然创建数据透视表时需要选择数据透视表生成的起始位置，但是数据透视表创建成功后同样可以进行移动操作。移动数据透视表的方法有很多种，本节将介绍主要的两种移动数据透视表的方法。

1）*方法一*

用户可以通过在数据透视表单元格区域的左侧或上方插入行或列，使数据透视表产生移动效果。

2）*方法二*

（1）单击数据透视表中的任一单元格。

（2）单击【选项】选项卡【操作】选项组中的【移动数据透视表】按钮，弹出【移动数据透视表】对话框。

（3）在【移动数据透视表】对话框中，执行以下操作之一：

① 要将数据透视表移动至一个新的工作表中，选中【新工作表】单选项，单击【确定】按钮，Excel 2010 会自动生成新的工作表，并将原数据透视表移动至新的工作表中；

② 要将数据透视表移动至现有工作表的其他位置处，选中【现有工作表】单选项，并在现有工作表中选中一个空白单元格，单击【确定】按钮，原数据透视表即成功移动至所选工作表，起始位置为选中的单元格。

4. 删除数据透视表

删除数据透视表的方法有很多，本节介绍主要的两种删除数据透视表的方法。

1）*方法一*

（1）单击数据透视表；

（2）在【选项】选项卡的【操作】选项组中，选择【选择】→【整个数据透视表】选项；

（3）按 Delete 键。

2）*方法二*

（1）选中数据透视表；

（2）单击【开始】选项卡【单元格】选项组中的【删除】按钮。

5. 刷新数据透视表

在 Excel 2010 中，图表数据随着表格数据的变化动态更新，与之相反，表格数据更新后，数据透视表的数据仍然保持不变，因此，需要用户在表格数据更新后刷新数据透视表，刷新数据透视表的方法如下。

1）*方法一*

（1）单击数据透视表上的任意单元格；

（2）在【数据透视表工具】下【选项】选项卡中，单击【刷新】按钮。

2）*方法二*

（1）单击数据透视表上的任意单元格；

（2）单击【选项】选项卡【数据透视表】选项组中的【选项】按钮；

（3）在弹出的【数据透视表选项】对话框中，单击【数据】标签，然后勾选【打开文件时刷新数据】复选项。

实例 5.11：按如下要求，完成操作。

根据“北京—哈尔滨列车时刻表”内的数据，创建数据透视表，分析统计不同出发站及到达站的车次总数，要求：

（1）透视表起始位置为 A20；

（2）数据透视表的样式为“浅色 10”。

操作方法：

（1）选中数据表任意有值的单元格，单击【插入】选项卡中的【数据透视表】按钮，在弹出的下拉列表中选择【数据透视表】选项；

（2）在弹出的对话框中【现有工作表】单选项，单击单元格 A20，再单击【确定】按钮；

（3）将字段【出发站】【到达站】依次拖动至【行标签】列表中，字段【车次类型】拖动至【动值】列表中；

（4）选中数据透视表，单击【设计】选项卡【数据透视表样式】选项组中的【其他】按钮▾，在弹出的下拉列表中选择“数据透视表样式浅色 10”样式。

评价单

<table>
<tr><td>项目名称</td><td colspan="4"></td><td>完成日期</td><td></td></tr>
<tr><td>班　级</td><td></td><td>小　组</td><td colspan="2"></td><td>姓　名</td><td></td></tr>
<tr><td>学　号</td><td colspan="3"></td><td colspan="2">组长签字</td><td></td></tr>
<tr><td colspan="2">评价项点</td><td colspan="2">分　值</td><td colspan="2">学生评价</td><td>教师评价</td></tr>
<tr><td colspan="2">准确选取数据区域</td><td colspan="2">10</td><td colspan="2"></td><td></td></tr>
<tr><td colspan="2">准确设置透视表位置</td><td colspan="2">10</td><td colspan="2"></td><td></td></tr>
<tr><td colspan="2">添加行标签</td><td colspan="2">10</td><td colspan="2"></td><td></td></tr>
<tr><td colspan="2">添加列标签</td><td colspan="2">10</td><td colspan="2"></td><td></td></tr>
<tr><td colspan="2">值字段汇总方式设置</td><td colspan="2">10</td><td colspan="2"></td><td></td></tr>
<tr><td colspan="2">数字格式设置</td><td colspan="2">10</td><td colspan="2"></td><td></td></tr>
<tr><td colspan="2">边框设置</td><td colspan="2">10</td><td colspan="2"></td><td></td></tr>
<tr><td colspan="2">底纹设置</td><td colspan="2">10</td><td colspan="2"></td><td></td></tr>
<tr><td colspan="2">整体设计效果</td><td colspan="2">10</td><td colspan="2"></td><td></td></tr>
<tr><td colspan="2">态度是否认真、完成是否及时</td><td colspan="2">10</td><td colspan="2"></td><td></td></tr>
<tr><td colspan="2">总分</td><td colspan="2">100</td><td colspan="2"></td><td></td></tr>
<tr><td>学生得分</td><td colspan="6"></td></tr>
<tr><td>自我总结</td><td colspan="6"></td></tr>
<tr><td>教师评语</td><td colspan="6"></td></tr>
</table>

知识点强化与巩固

一、选择题

1. 在 Excel 2010 图表的标准类型中，包含的图表类型共有（　　）。

A. 11 种　　B. 14 种　　C. 20 种　　D. 30 种

2. 在 Excel 2010 图表中，能反映出数据变化趋势的图表类型是（　　）。

A. 柱形图　　B. 折线图　　C. 饼图　　D. 气泡图

3. 在 Excel 2010 图表中，水平 x 轴通常作为（　　）。

A. 排序轴　　B. 分类轴　　C. 数值轴　　D. 时间轴

4. 在 Excel 2010 中，在单元格内不能输入的内容是（　　）。

A. 文本　　B. 图表　　C. 数值　　D. 日期

5. 在 Excel 2010 中，工作表的数据与图表的数据（　　）。

A. 两者均可改变，且互相自动跟踪

B. 两者均可改变，且互相独立

C. 工作表的数据可改变，图表的数据不可变

D. 两者均不可改变

6. 在 Excel 2010 中，创建图表要打开（　　）选项卡。

A.【开始】　　B.【插入】　　C.【公式】　　D.【数据】

7. 在 Excel 2010 中，编辑图表时，【图表工具】下的选项卡不包括（　　）选项卡。

A.【设计】　　B.【布局】　　C.【编辑】　　D.【格式】

8. 在 Excel 2010 中，【图表工具】下包含的选项卡个数为（　　）。

A. 1　　B. 2　　C. 3　　D. 4

9. 在 Excel 2010 中，选择形成图表的数据区域 A2：C3 所表示的范围是（　　）。

A. A2，C3　　B. A2，B2，C3

C. A2，B2，C2　　D. A2，B2，C2，A3，B3，C3

10. 数据透视表字段是指（　　）。

A. 源数据中的行标题　　B. 源数据中的列标题

C. 源数据中的数据值　　D. 源数据中的表名称

二、判断题

1. 在 Excel 2010 中，图表可以分为两种类型：独立图表和嵌入式图表。（　　）

2. 在 Excel 2010 中，删除工作表中与图表有链接的数据，图表将自动删除相应的数据。（　　）

3. 在 Excel 2010 中，建立数据透视表时，数据系列只能是数值。（　　）

4. 一般情形下，数据透视表的结果随源数据的变化而即时更新。（　　）

第6章 PowerPoint 2010 演示文稿制作

项目一　幻灯片设计

知识点提要

1. PowerPoint 2010 窗口各部分的功能
2. 演示文稿的创建、打开、保存等基本操作
3. 演示文稿的视图方式
4. 幻灯片的插入、复制、移动、删除等编辑操作
5. 幻灯片版式
6. 幻灯片对象的添加与编辑
7. 主题、背景、模板

任务单

<table>
<tr><td>任务名称</td><td>全功能自动售票机介绍</td><td>学　时</td><td>2学时</td></tr>
<tr><td>知识目标</td><td colspan="3">1. 掌握幻灯片的插入、复制、移动等编辑操作。
2. 掌握幻灯片中图形、图片、艺术字等对象的插入和编辑方法。
3. 掌握幻灯片中文本及其他各种对象的插入和编辑方法。
4. 会设置幻灯片中声音的播放效果。
5. 掌握幻灯片背景的设置方法。
6. 掌握幻灯片中母版的使用方法。</td></tr>
<tr><td>能力目标</td><td colspan="3">1. 能对幻灯片的布局进行合理设计。
2. 能对幻灯片中添加的对象根据需求进行编辑。
3. 能利用主题、模板或母版对幻灯片的外观进行设计。</td></tr>
<tr><td>素质目标</td><td colspan="3">1. 培养学生自我展示的能力。
2. 培养学生团队合作的能力。
3. 培养学生组织、评价、沟通、协调的能力。
4. 培养学生自学的能力。</td></tr>
<tr><td>任务描述</td><td colspan="3">根据提供的有关自动售票机的图片和文字素材创建演示文稿，设计要求如下。
1. 用图片和文字展示并介绍自动售票机的组成及操作方法。
2. 显示网格线和参考线。
3. 在第一张幻灯片中插入艺术字“全功能自动售票机介绍”，并设置艺术字的字体为“楷体”，字号为“72 号”，文本填充为“自定义，RGB（0，255，255）”，文字轮廓颜色为“深蓝”，艺术字形状为“倒 V”形，发光效果的颜色为“自定义，RGB（0，255，255）”。
4. 设置其他幻灯片中的标题文本排列方式为“顶端对齐、左右居中对齐”，并设置文本的字体为“宋体”，字号为“36 号”，颜色为“红色”，“加粗”；设置其他文本格式为“28 号，宋体，蓝色”。
5. 对每一张幻灯片中的图片进行图片样式设置，样式任意。
6. 通过幻灯片母版，在所有幻灯片的左上角添加统一的文字“自动售票机”。
7. 幻灯片布局合理。
8. 设置幻灯片主题为“流畅”。
9. 添加背景音乐，并设置为循环播放，直到演示文稿播放完毕。
10. 将文件保存到桌面，文件名称为“全功能自动售票机介绍”。</td></tr>
<tr><td>任务要求</td><td colspan="3">1. 仔细阅读任务描述中的设计要求，认真完成任务。
2. 上交电子作品。
3. 小组间互相学习设计中的优点。</td></tr>
</table>

资料卡及实例

6.1 PowerPoint 2010 简介

PowerPoint 2010 主要用于幻灯片的制作。可以用 PowerPoint 2010 借助图片、声音和影片等强化效果制作出富于个性、生动活泼、突出主题的，用于汇报、演讲等场合的幻灯片。相较于之前的版本，PowerPoint 2010 还为用户提供了新功能。

1. 在新增的 Backstage 视图中管理文件

新增的 Microsoft Office Backstage 视图取代了 Microsoft Office 2007 系统中 Office 按钮下的选项，使用户可以通过 Backstage 视图快速访问、管理与文件相关的常见任务，如查看文件属性、设置权限，以及打开、保存、打印和共享演示文稿等。

2. 多人同时编辑演示文稿

多个作者可以同时独立编辑同一个演示文稿。在处理面向团队的项目时，使用 PowerPoint 2010 中的共同创作功能可以生成统一的演示文稿，通过同时编辑演示文稿来节约时间。若要同时编辑同一个演示文稿，每个作者均应该从服务器上的某个公用位置打开该文件。在计算机上打开演示文稿之后，可以看到谁正在编辑该演示文稿，谁正在编辑特定幻灯片，以及服务器上其他作者在何时做出的更新。

3. 自动保存演示文稿的多种版本

PowerPoint 2010 可自动保存演示文稿的多种版本。使用 Office 自动修订功能，可以自动保存演示文稿的不同渐进版本，以便检索部分或所有早期版本。如果用户忘记手动保存，或者其他作者覆盖了某位作者的内容，或者无意间保存了更改，又或者想返回演示文稿的早期版本，则此功能非常有用。用户必须启用自动恢复或自动保存功能才能利用此功能。

4. 将幻灯片组织为逻辑节

在 PowerPoint 2010 幻灯片中，可以使用多个节来组织大型幻灯片版面，以简化其管理和导航。此外，通过对幻灯片进行标记并将其分为多个节，可以与他人协作创建演示文稿，可以命名和打印整个节，也可以将效果应用于整个节。

5. 合并和比较演示文稿

使用 PowerPoint 2010 中的合并和比较功能，可以比较当前演示文稿和其他演示文稿，并可以将这两个演示文稿合并，还可以通过比较两个演示文稿来了解它们之间的不同之处。合并和比较功能适合将多人合作设计的演示文稿进行整合，能最大限度地减少设计演示文稿所需的时间。

6. 在不同的窗口中使用单独的 PowerPoint 演示文稿文件

可以在一台监视器上并排运行多个演示文稿，演示文稿不再受主窗口或父窗口的限制。因此，可以采用在处理某个演示文稿时引用另一个演示文稿的方法。此外，在幻灯片放映中，还可以使用新的阅读视图在单独管理的窗口中同时显示两个演示文稿，并具有完整动画效果和完整媒体支持。

7. 在演示文稿中插入、编辑和播放视频

在 PowerPoint 2010 中插入的视频会成为演示文稿的一部分，在移动演示文稿时不会出现视频丢失的情况。可以修改视频，并在视频中添加同步的重叠文本、标牌框架、书签和淡化效果。此外，同对图片执行的操作一样，也可以对视频应用边框、反射、辉光、柔和边缘、三维旋转等效果。

8. 剪辑视频或音频文件

剪辑视频或音频文件，可以删除无关的部分，使文件更加简短。

9. 将演示文稿转换为视频

将演示文稿转换为视频是分发和传递它的一种新方法。如果用户希望为他人提供演示文稿的高保真版本（通过电子邮件附件形式发布到网络上，或者刻录 CD 或 DVD），可将其保存为视频文件。

10. 对图片应用艺术效果

通过 PowerPoint 2010，可以对图片应用不同的艺术效果，使其看起来更像素描、绘图或油画。新增效果包括铅笔素描、线条图、粉笔素描、水彩海绵、马赛克气泡、玻璃、水泥、蜡笔平滑、塑封、发光边缘、影印和画图笔画等。

11. 删除图片的背景

PowerPoint 2010 增加了删除图片背景的功能，可以删除图片的背景，以强调或突出显示图片主题。

12. 使用三维动画效果切换

借助 PowerPoint 2010，可以在幻灯片之间使用新增的平滑切换效果来吸引观众。

13. 向幻灯片中添加屏幕截图

可快速向 PowerPoint 2010 演示文稿中添加屏幕截图，而无须离开 PowerPoint。添加屏幕截图后，可以使用【图片工具】选项卡中的工具来编辑图像和增强效果。

14. 将鼠标转变为激光笔

想在幻灯片上强调要点时，可将鼠标指针变成激光笔。在【幻灯片放映】视图中，只需按住 Ctrl 键，同时单击鼠标左键，即可开始对幻灯片进行标记。

6.2　PowerPoint 2010 的基本操作

6.2.1　PowerPoint 2010 的启动和退出

1. 启动

（1）单击【开始】→【所有程序】→【Microsoft Office】→【Microsoft PowerPoint 2010】选项，即可启动 PowerPoint 2010。启动后，屏幕上会显示 PowerPoint 2010 的工作窗口。

（2）双击桌面上的 PowerPoint 2010 快捷图标。

（3）双击已存在的 PowerPoint 2010 演示文稿。

2. 退出

（1）单击窗口右上角的【关闭】按钮 X 。

（2）单击【文件】→【退出】按钮。

（3）按 Alt + F4 组合键。

（4）双击窗口左上角的程序图标按钮 P 。

6.2.2 PowerPoint 2010 窗口组成

PowerPoint 2010 的工作界面如图 6.1 所示。

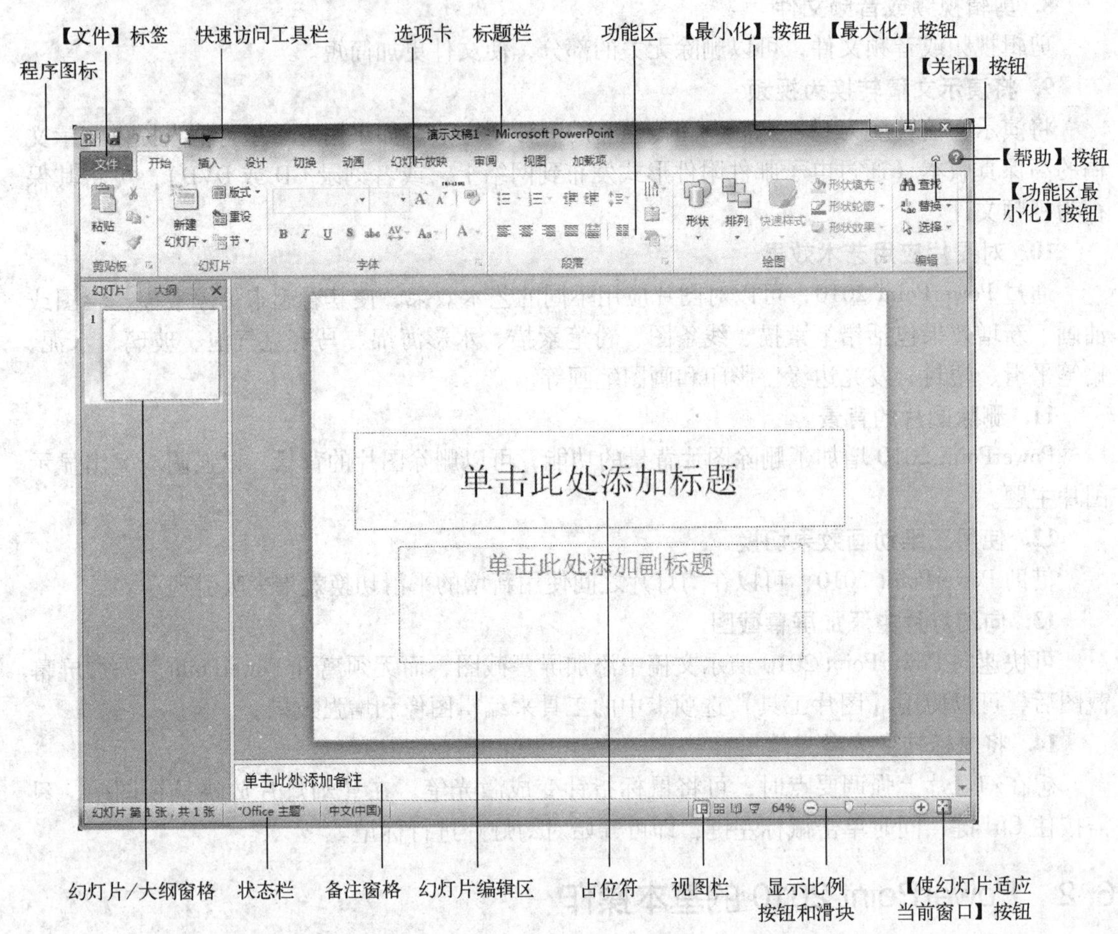

图 6.1　PowerPoint 2010 工作界面

下面重点介绍一下 PowerPoint 2010 的工作界面与 Word 2010 工作界面的不同之处。

1. 选项卡

PowerPoint 2010 将各种工具按钮进行分类管理，放在不同的选项卡面板中。PowerPoint 2010 窗口中有九个选项卡，分别为【文件】【开始】【插入】【设计】【切换】【动画】【幻灯片放映】【审阅】和【视图】选项卡。

2. 幻灯片/大纲窗格

在幻灯片/大纲窗格中可以清晰地看到幻灯片的编号、数量、位置及结构，还可以轻松地完成幻灯片的移动、复制、删除等操作。

单击【幻灯片】或【大纲】标签，即可在幻灯片和大纲窗格之间切换。幻灯片窗口显示的是每张幻灯片的缩略图，可以显示幻灯片中的所有对象；大纲窗格只显示幻灯片中的文字信息，幻灯片中的图形、图像等其他信息自动隐藏。

用鼠标拖动窗格边框，可以调整各个窗格的大小。

3. 幻灯片编辑区

该区域是对幻灯片内容进行详细设计的区域，可以对单张幻灯片中的文字、图形、对象、配色、布局等进行加工处理。

4. 占位符

幻灯片中的虚线框称为占位符，起到规划幻灯片结构的作用。

占位符分为文本占位符和内容占位符。文本占位符中有提示语，如“单击此处添加标题”等。将鼠标光标移至占位符内部单击，提示语将自动消失，此时占位符内部变成文本输入状态；如果输入信息，则输入的信息会取代占位符提示语。内容（图表、表格、图片、剪贴画、媒体剪辑等）占位符有图片提示，单击相应图片，即可插入内容。

5. 备注窗格

备注窗格可帮助用户添加与观众共享的演说者备注或信息，可以在演示时提示容易忘记的内容。如果需要在备注中添加图片，必须在备注视图中完成图片备注的添加。

6. 视图栏

视图栏中显示了多个视图按钮，单击不同的按钮，可以将幻灯片切换到不同的视图方式。

7. 状态栏

状态栏位于窗口的下边，用于显示当前演示文稿的相关信息，包括幻灯片总页数、当前幻灯片、输入法状态等。

8. 显示比例按钮和滑块

显示比例按钮和滑块在状态栏的右侧，用于设置当前幻灯片页面的显示比例。

9.【使幻灯片适应当前窗口】按钮

要改变当前幻灯片的大小，使之在适应幻灯片窗口的同时尽可能大，可单击【使幻灯片适应当前窗口】按钮，或单击【视图】选项卡【显示比例】选项组中的【适应窗口大小】按钮。

6.2.3　创建演示文稿

1. 创建空白演示文稿

创建空白演示文稿可采用以下方法之一。

(1) 选择【文件】→【新建】选项，单击右侧的【空白演示文稿】按钮，再单击最右侧的【创建】按钮。

(2) 单击快速访问工具栏中的【新建】按钮，创建空白演示文稿。

(3) 按 Ctrl + N 组合键。

2. 创建基于模板的演示文稿

在 PowerPoint 2010 中使用模板创建演示文稿的步骤如下。

(1) 选择【文件】→【新建】选项。

(2) 选择【样本模板】，在其中选择一种内置的模板，如【培训】【现代型相册】等，如图 6.2 所示。如果存在自定义的模板，可以选择【我的模板】，或者选择【Office.com 模板】中的某一类模板。

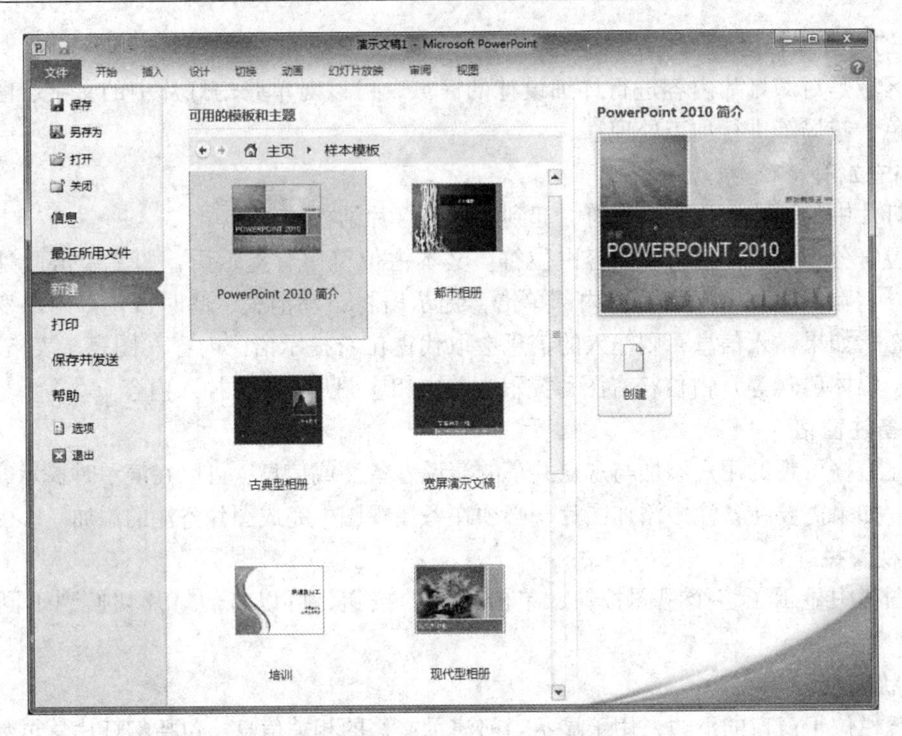

图 6.2 【样本模板】中的模板

（3）若选择的是 PowerPoint 自带的模板，右侧的按钮为【创建】按钮；若选择的是 Office. com 模板，右侧的按钮则是【下载】按钮，单击此处的按钮。若选择的是【我的模板】，则会弹出对话框，在对话框中选择自定义的模板后，单击【确定】按钮。

（4）在创建的基于模板的演示文稿中编辑相应的内容。

6.2.4 保存演示文稿

1. 保存演示文稿可以采用以下几种方法

（1）打开【文件】选项卡，单击【保存】按钮。

（2）单击快速访问工具栏中的【保存】按钮。

（3）按 Ctrl + S 组合键。

PowerPoint 2010 文件保存后的扩展名是“pptx”，若要保存为 97 - 2003 版本的演示文稿，可以单击【文件】→【另存为】选项，在弹出的【另存为】对话框中的【保存类型】下拉列表中选择【PowerPoint 97 - 2003 演示文稿】选项，在【文件名】文本框中输入文件名后，单击【保存】按钮即可。

6.2.5 保护演示文稿

演示文稿加密保护的主要目的是防止其他用户随意打开或修改演示文稿。设置密码保护的方法及步骤如下。

（1）选择【文件】→【信息】选项，将显示如图 6.3 所示的界面。

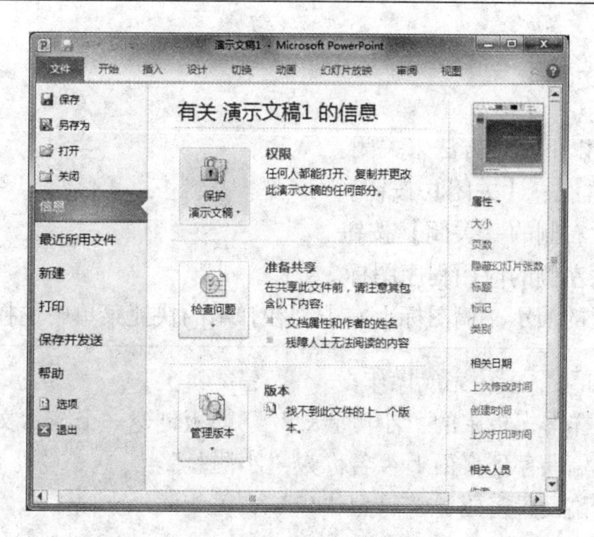

图 6.3 【信息】面板

（2）单击【保护演示文稿】按钮，将弹出下拉列表。

（3）选择下拉列表中的【用密码进行加密】选项，将弹出如图 6.4 所示的【加密文档】对话框，在【密码】文本框中输入密码。

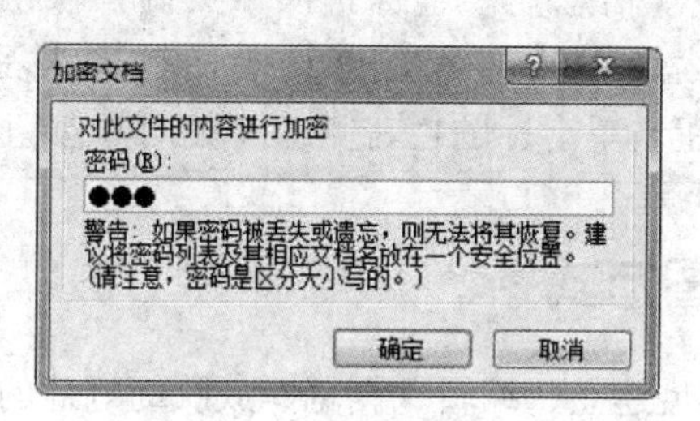

图 6.4 【加密文档】对话框

（4）单击【确定】按钮，系统会要求重新输入密码，输入相同的密码，单击【确定】按钮即可。

设置了密码的演示文稿，被关闭之后再次打开时系统会要求输入打开密码，只有密码输入正确之后文件才可以被打开，所以对文档加密可以起到保护演示文稿的作用。

6.2.6 打开演示文稿

打开已存在的演示文稿可以选择以下几种方法。

（1）单击【文件】→【打开】按钮，弹出【打开】对话框，在对话框中选择要打开的文件，单击【打开】按钮。

（2）单击快速访问工具栏中的【打开】按钮。

（3）按组合键 Ctrl + O 或 Ctrl + F12。

（4）如果要打开的是最近访问过的演示文稿，可以单击【文件】标签，选择【最近所用文件】选项，在显示的界面中单击要打开的演示文稿。

6.2.7 关闭演示文稿

演示文稿可选择以下几种方法来关闭。

(1) 单击【文件】→【关闭】按钮。

(2) 单击标题栏右侧的【关闭】按钮。

(3) 双击标题栏左侧的应用程序图标。

(4) 在任务栏上的演示文稿图标上右击，在弹出的快捷菜单中选择【关闭】选项。

实例 6.1：按如下要求，完成操作。

(1) 使用系统样本模板中的“小测验短片”模板创建一个演示文稿。

(2) 将演示文稿保存到桌面上，名称为“小测验”。

(3) 为演示文稿设置密码，密码为“123”，关闭演示文稿。

操作方法：

(1) 单击【文件】→【新建】→【样本模板】→【小测验短片】→【创建】按钮。

(2) 单击【文件】→【保存】按钮，在弹出的对话框中输入文件名称“小测验”，并将保存位置设置为桌面，单击【保存】按钮。

(3) 单击【文件】→【信息】→【保护演示文稿】按钮，在下拉列表中选择【用密码进行加密】选项，然后在【加密文档】对话框输入密码“123”，再确认密码“123”，单击【确定】按钮。单击标题栏右侧的【关闭】按钮，关闭演示文稿。

6.3 演示文稿的视图方式

PowerPoint 2010 为了满足建立、编辑、浏览、放映幻灯片的需要，提供了多种视图。各种视图之间的切换可以通过状态栏上的视图按钮来实现，也可以通过在【视图】选项卡中的【演示文稿视图】选项组中单击相应的命令按钮来实现。

1. 普通视图

普通视图是 PowerPoint 2010 默认的视图。该视图中，界面由三个部分组成：幻灯片/大纲窗格、备注窗格和幻灯片编辑区。

2. 备注页视图

若要为幻灯片添加文本备注，可以在备注窗格中添加，但是要设置备注文本格式或添加图片、图形、图表等备注信息，需要切换到备注页视图。在备注页视图中设置的备注文本格式和添加的图片、图形、图表等对象在普通视图中不显示。在备注页视图中，页面的上方会显示与备注信息框大小相同的幻灯片缩略图，若要扩展备注空间，可以将幻灯片缩略图删除。

3. 阅读视图

阅读视图是幻灯片的预播放状态。在幻灯片编辑过程中，可以随时用阅读视图预览每张幻灯片设计的效果，以便进一步修改。

4. 幻灯片浏览视图

在此视图中，整个演示文稿的所有幻灯片是以缩略图方式显示的，可以清楚地看到所有幻灯片的排列顺序和前后搭配效果。同时，在该视图下可以对选择的幻灯片进行幻灯片切换设置，并可以预览幻灯片中的动画效果。

5. 幻灯片放映视图

在排练演示文稿时，幻灯片放映视图能够清晰地展示最终成果。在该视图中，幻灯片以全屏方式显示，可以按 Page Up 或 Page Down 键翻页或单击幻灯片翻页。用户可以浏览每张幻灯片的动画效果及切换效果，如果不满意，可按 Esc 键退出幻灯片放映状态并进行修改。单击【幻灯片放映】按钮，即可切换到幻灯片放映视图。

快捷键：按 F5 键，从第一张幻灯片开始播放；按 Shift + F5 组合键，从当前幻灯片开始播放。

6.4　制作幻灯片

6.4.1　幻灯片编辑

编辑幻灯片包括在演示文稿中插入、选择、复制、移动、删除幻灯片等操作。

1. 插入新幻灯片

插入新幻灯片可以采用如下方法来实现。

（1）在幻灯片/大纲窗格中选择要插入幻灯片的位置，按 Enter 键，或单击鼠标右键并在弹出的菜单中选择【新建幻灯片】选项。

（2）单击【开始】选项卡【幻灯片】选项组中的【新建幻灯片】按钮。

2. 幻灯片版式设置

在幻灯片编辑窗格中显示的幻灯片为当前幻灯片，用户可根据需要选择不同的版式，设计幻灯片中各对象的布局，并在相应的占位符中输入文本或插入图片等对象。

设置幻灯片版式的具体操作步骤如下。

（1）选择要设置版式的幻灯片。

（2）在【开始】选项卡的【幻灯片】选项组中单击版式按钮，弹出幻灯片版式列表，如图 6.5 所示。

（3）在列表中选择用户所需的版式，如选择【比较】版式，幻灯片效果如图 6.6 所示。

在图 6.6 所示的幻灯片中，按文字提示在出现的占位符中输入文字或单击占位符中的图标完成对象的添加。

3. 选中幻灯片

选中幻灯片包括选中单张幻灯片和选中多张幻灯片两种。

1）选中单张幻灯片

在幻灯片/大纲窗格中单击要选中的幻灯片，即可选中该幻灯片。被选中的幻灯片边框线条将变色并加粗，此时用户可以对幻灯片进行编辑。

2）选中多张幻灯片

（1）在幻灯片/大纲窗格中选中一张幻灯片，然后按住 Shift 键，再按键盘中的“↑”或“↓”方向键，可以选中相邻的多张幻灯片。

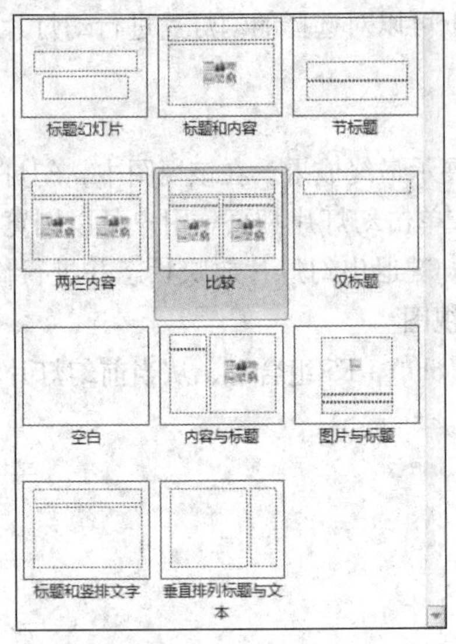

图 6.5 幻灯片版式列表

图 6.6 【比较】版式

（2）在幻灯片/大纲窗格中选中一张幻灯片，然后按住 Shift 键，再单击另一张幻灯片，可以同时选中两张幻灯片之间的所有幻灯片。

（3）在幻灯片/大纲窗格中选中一张幻灯片，然后按住 Ctrl 键，再单击其他幻灯片，可以同时选中不连续的多张幻灯片。

（4）按 Ctrl + A 组合键可选中所有的幻灯片。

4. 复制和移动幻灯片

复制和移动幻灯片的具体操作步骤如下。

（1）选中一张或多张幻灯片。

（2）在【开始】选项卡的【剪贴板】选项组中单击【复制】按钮，或按组合键 Ctrl + C，或单击鼠标右键并在快捷菜单中选择【复制】选项，即将幻灯片复制到剪贴板中；如果要移动幻灯片，单击【剪贴】按钮，或者按组合键 Ctrl + X，或单击鼠标右键并在快捷菜单中选择【剪切】选项，即将幻灯片移动到剪贴板中。

（3）单击要插入幻灯片的位置，再单击【粘贴】按钮，或按组合键 Ctrl + V，即可完成幻灯片的复制或者移动操作。

5. 删除幻灯片

要删除多余的幻灯片可以按如下方法来实现。

（1）在大纲/幻灯片窗格中选中要删除的幻灯片。

（2）按 Delete 键，或单击鼠标右键并在快捷菜单中选择【删除幻灯片】选项。

实例 6.2：打开 PowerPoint 2010，完成下列操作。

（1）使用系统样本模板中的“项目状态报告”模板创建一个演示文稿。

（2）第一张幻灯片版式为“标题幻灯片”，第二张版式为“空白”。

（3）复制第三张幻灯片，粘贴到第四张幻灯片的后面。

（4）练习幻灯片的移动和删除操作。

操作方法：

（1）单击【文件】→【新建】→【样本模板】→【项目状态报告】→【创建】按钮。

（2）选中第一张幻灯片，单击【开始】选项卡【幻灯片】选项组中的【版式】按钮，在弹出的下拉列表中单击【标题幻灯片】按钮，再按相同的方法设置第二张幻灯片版式为“空白”。

（3）选中第三张幻灯片按 Ctrl + C 组合键，然后在第四张幻灯片下面单击鼠标并按 Ctrl + V 组合键或按住 Ctrl 键的同时用鼠标拖动幻灯片至第四张幻灯片下方。

（4）选中要移动的幻灯片，拖动到目标位置后放开鼠标即可完成移动操作。选中要删除的幻灯片，按 Delete 键即可完成删除操作。

6.4.2　幻灯片中对象的添加

在 PowerPoint 2010 中，可以向幻灯片中添加多种对象，如文本、图片、图形、SmartArt 图形、艺术字、图表、表格、媒体剪辑等。

1. 文本的输入

文本在演示文稿中最为常用。在幻灯片中输入文本有两种方式，即在文本框中输入和在占位符中输入。

在文本框中输入文本的具体操作步骤如下。

（1）单击【插入】选项卡【文本】选项组中的【文本框】按钮。

（2）在下拉列表中选择【横排文本框】或【垂直文本框】选项。

（3）在幻灯片要输入文本的位置，单击鼠标或用鼠标拖拽出一个矩形框，便出现一个可以输入文本的文本框，文本框中显示文本的输入提示符。

（4）在该文本框中输入相应的文本即可。

在占位符中输入文本的具体操作方法如下。

（1）用鼠标单击提示输入文本的占位符，占位符中即出现输入光标，此时直接在占位符中输入文本内容。

（2）输入完成后，单击占位符以外的任意位置，可使占位符的边框消失。

2. 插入图片、剪贴画、艺术字和形状

图片、剪贴画、艺术字和形状是幻灯片中不可缺少的组成元素，它可以形象、生动地表达作者的设计意图。在 PowerPoint 2010 中插入与编辑图片、剪贴画、艺术字和形状的方法与 Word 2010 的方法相似，这里不再赘述。

3. 插入表格

在幻灯片中插入表格的方法如下。

（1）单击【插入】选项卡【表格】选项组中的【表格】按钮，在弹出的下拉列表中选择相应的选项。

（2）如果幻灯片中有内容占位符，占位符中会显示插入表格的图标，单击【表格】图标，将弹出【插入表格】对话框，在对话框中输入行数和列数，再单击【确定】按钮，也可在幻灯片中插入表格。

提示：选择表格后，在功能区将出现【表格工具】的【设计】和【布局】选项卡，在其中可以对表格的样式、类型、颜色、背景等进行具体设置。

4. 插入图表

如果向观众展示的是数据信息，则用图表来描述数据之间的大小关系、变化趋势等更直观，更易于理解。

在幻灯片中插入图表的操作方法如下。

（1）单击【插入】选项卡【插图】选项组中的【图表】按钮，或在占位符中单击【插入图表】图标，将弹出【插入图表】对话框，如图 6.7 所示。

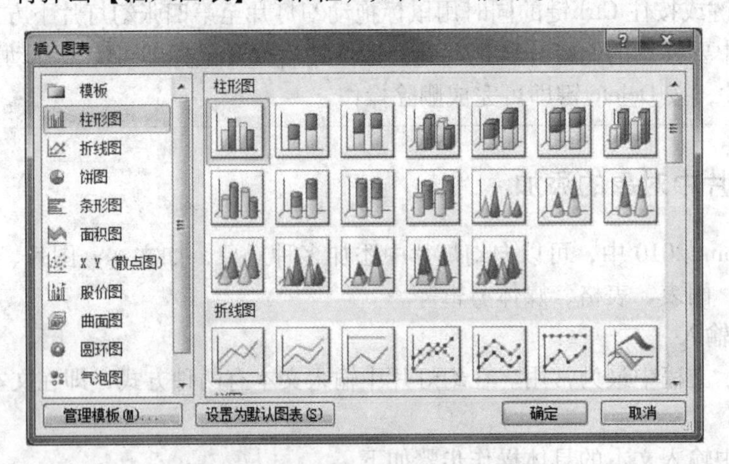

图 6.7　【插入图表】对话框

（2）选择图表类型（如选择簇状柱形图），单击【确定】按钮。此时幻灯片中将显示创建的图表，同时打开了该图表的数据表格 Excel 文件，如图 6.8 所示。

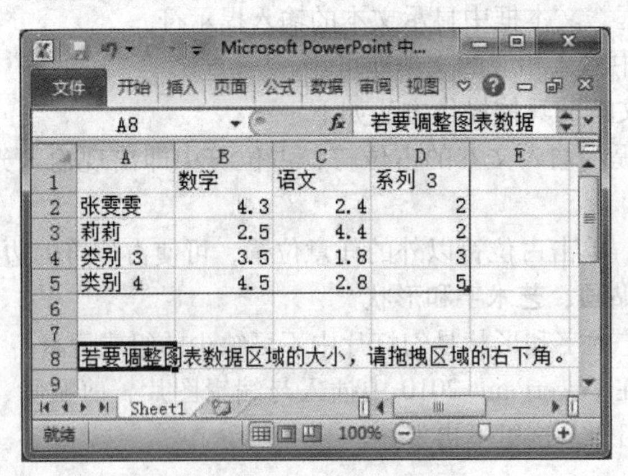

	A	B	C	D	E
1		数学	语文	系列 3	
2	张雯雯	4.3	2.4	2	
3	莉莉	2.5	4.4	2	
4	类别 3	3.5	1.8	3	
5	类别 4	4.5	2.8	5	
6					
7					
8	若要调整图表数据区域的大小，请拖拽区域的右下角。				
9					

图 6.8　图表的数据表格 Excel 文件

（3）修改数据表格 Excel 文件中的字段和数据信息，幻灯片中的图表会随之变化。

选择幻灯片中插入的图表后，会激活【图表工具】下的【设计】【布局】和【格式】选项卡，利用选项卡中的命令按钮可以对图表进行编辑，具体操作方法与 Excel 2010 中图表的编辑方法相同。

5. 插入声音

在演示文稿中插入声音对象，可以使得演示文稿更加富有感染力。在幻灯片中插入并编辑声音的具体操作步骤如下。

（1）单击【插入】选项卡【媒体】选项组中的【音频】按钮，将弹出下拉列表，如图 6.9 所示。

（2）如果选择【文件中的音频】选项，将弹出【插入音频】对话框，在对话框中选择文件，单击【插入】按钮，声音文件就会插入到幻灯片中；如果选择【剪贴画音频】选项，则弹出【剪贴画】窗格，并显示剪辑管理库中的音频剪辑文件，如图 6.10 所示，将鼠标指向要插入的音频剪辑文件，单击右侧的下三角按钮，单击【插入】选项，音频剪辑文件就被插入到幻灯片中；如果选择【录制音频】选项，则弹出【录音】对话框，如图 6.11 所示，准备好录音设备，单击红色的【录音】按钮，开始录音，此时，中间的【停止】按钮被激活并呈蓝色，单击【停止】按钮，录音结束，录制的音频将插入到幻灯片中。音频添加到幻灯片后会显示一个喇叭形状的图标，如图 6.12 所示。

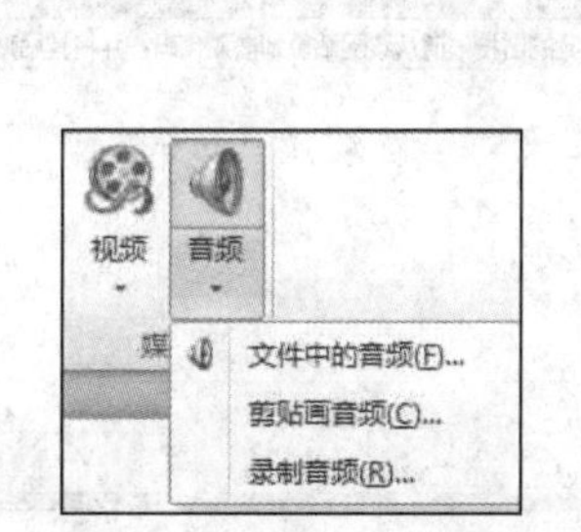

图 6.9 【音频】下拉列表

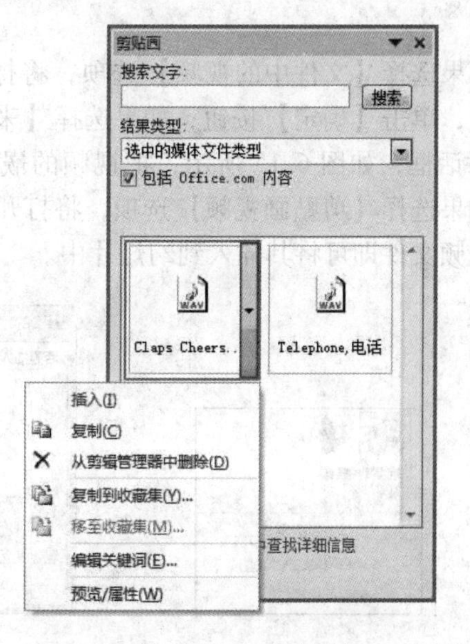

图 6.10 【剪贴画】窗格

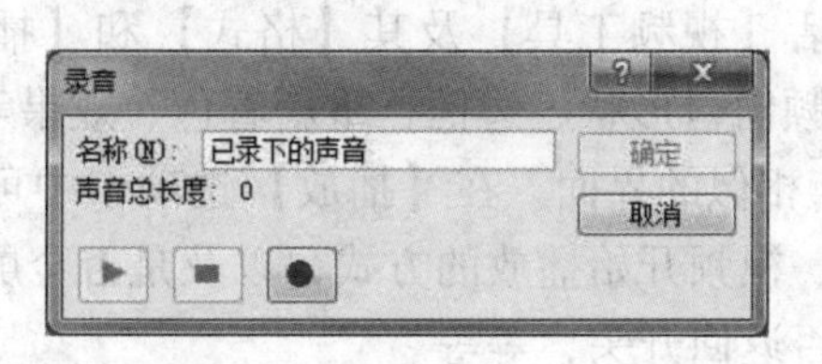

图 6.11 【录音】对话框

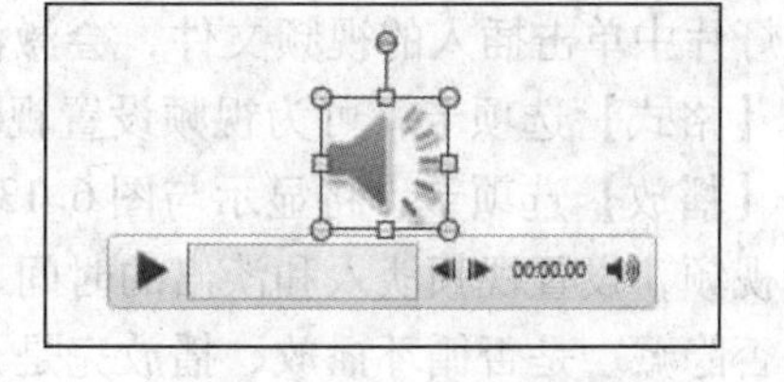

图 6.12 音频图标

（3）若要编辑音频，选中音频图标会激活【音频工具】及其【格式】和【播放】选项卡，打开【格式】选项卡，可为音频图标设置格式。【格式】选项卡中的按钮及按钮功能与图片的相同。

选中音频图标后，打开【播放】选项卡，将显示如图 6.13 所示的界面。

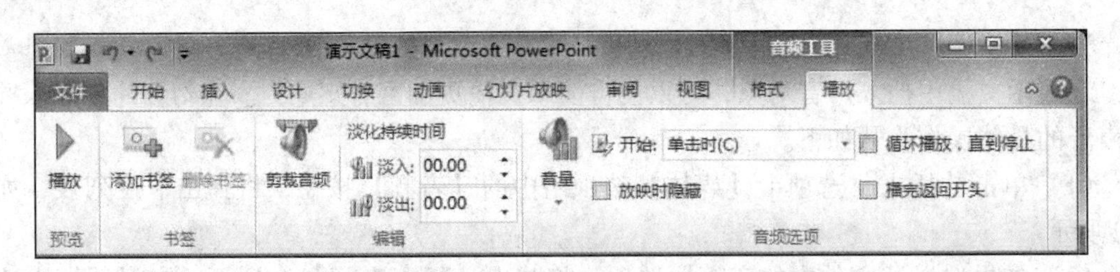

图 6.13 音频的【播放】选项卡

在该选项卡中可以播放音频，对插入音频进行剪裁，设置声音淡入和淡出时间、音量的大小、开始播放的方式，还可以设置放映时是否隐藏图标、是否循环播放音频、播放完后是否返回开头等。

6. 插入视频

在幻灯片中插入视频的方法如下：

单击【插入】选项卡【媒体】选项组中的【视频】按钮，将弹出如图 6.14 所示的下拉列表。

如果选择【文件中的视频】选项，将打开【插入视频文件】对话框，选择要插入的视频文件，单击【确定】按钮；如果选择【来自网站的视频】选项，将弹出【从网站插入视频】对话框，如图 6.15 所示，把视频的嵌入代码粘贴到该对话框中，再单击【插入】按钮；如果选择【剪贴画视频】选项，将打开【剪贴画】窗格，选择要插入的视频剪辑文件，单击视频文件即可将其插入到幻灯片中。

图 6.14 【视频】下拉列表

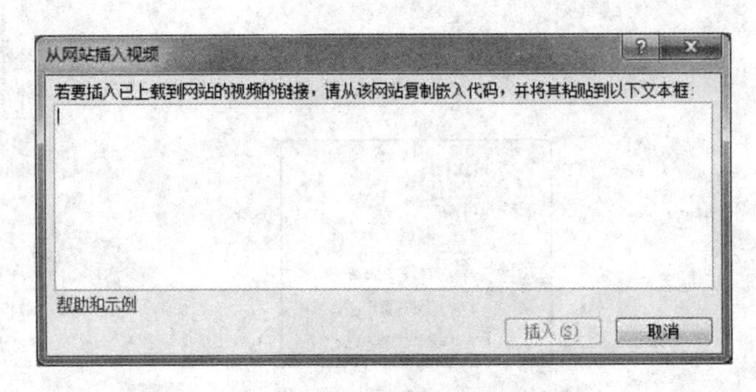

图 6.15 【从网站插入视频】对话框

在幻灯片中单击插入的视频文件，会激活【视频工具】及其【格式】和【播放】选项卡。打开【格式】选项卡，可为视频设置视频窗口形状、边框、重新着色、效果等。

打开【播放】选项卡，将显示与图 6.13 相似的界面。在【播放】选项卡中可以播放视频，剪辑视频，设置视频淡入和淡出的时间、视频开始播放的方式，以及是否全屏播放、未播放时是否隐藏、是否循环播放、播放完是否返回开头，等等。

实例 6.3：打开 PowerPoint 2010，完成下列编辑操作。

（1）创建一个包含三张幻灯片的演示文稿，在三张幻灯片中分别插入图片、椭圆形状和艺术字。

（2）在第一张幻灯片中插入一个音频文件。

（3）设置音频文件与幻灯片一起播放。

（4）设置音频文件循环播放，直到演示文稿放映结束。

操作方法：

（1）在幻灯片窗格中单击第一张幻灯片，按两次 Enter 键添加两张幻灯片，分别选中三张幻灯片并在【插入】选项卡中完成相应对象的插入。

（2）选中第一张幻灯片，单击【插入】→【音频】→【文件中的音频】选项，在弹出的【插入音频】对话框中选择音频文件，单击【插入】按钮。

（3）选中第一张幻灯片中插入的音频文件，打开【音频工具】下的【播放】选项卡，在【开始】下拉列表中选择【自动】选项。

（4）勾选【音频工具】下【播放】选项卡中的【循环播放，直到停止】复选项；单击【动画】→【动画窗格】按钮，在【动画窗格】中选中要设置的音频文件，单击右侧的下三角按钮，选择【效果选项】选项，在弹出的【播放音频】对话框【效果】选项卡中的【停止播放】区域设置音频“在 3 张幻灯片后”停止播放。

6.5　统一幻灯片外观风格

为了使制作的演示文稿在播放时效果统一协调，需要对演示文稿中的所有幻灯片的外观风格进行统一设计。在 PowerPoint 2010 中，统一幻灯片外观风格可以通过采用统一的模板、主题、主题的配色方案和背景来实现，也可以通过母版来实现。

6.5.1　应用设计模板

PowerPoint 2010 提供了内嵌的样本模板，在背景颜色、文字效果、背景主题等方面都具有统一的风格。在创建演示文稿时可以应用设计模板，在模板的基础上对文本等信息进行修改就可以创建具有统一外观风格的演示文稿。

6.5.2　应用主题

主题就是一组格式设计的组合，其中包含颜色设置、字体设置、对象效果设置、布局设置及背景图形等。

1. 使用默认主题

PowerPoint 2010 的每一个默认主题的首页与其他页在布局上略有不同。

在【设计】选项卡的【主题】选项组中，直接选中主题样式，就可以将默认的主题应用于演示文稿中。此时，整个演示文稿中所有幻灯片中的文本及各种对象便具有了统一的格式。

2. 设置主题的颜色、字体、效果

可以对系统自带的主题的颜色、字体和效果进行更改，而不改变主题的整体布局和背景图形。

在【设计】选项卡的【主题】选项组中，选择右侧相应的选项，就可以对演示文稿的颜色、字体及效果进行相应的设置，如图 6.16 所示。

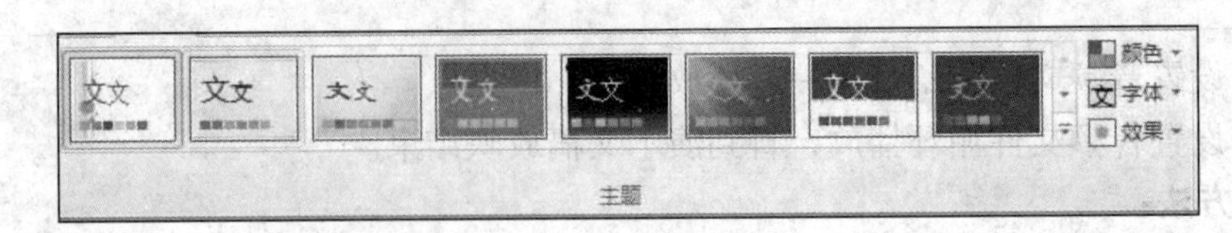

图 6.16　设置主题的颜色、字体、效果

颜色：通过颜色设置，可以更改当前应用的主题中所有对象（包括文本、背景、形状、图表等）的配色方案。

单击【颜色】按钮，将弹出【颜色】下拉列表，如图 6.17 所示。选择一种配色方案，整个演示文稿中的各种对象的颜色都将发生改变。

字体：通过字体设置，可以更改当前主题中所有文字的字体效果。

单击【字体】按钮，将弹出【字体】下拉列表，如图 6.18 所示。选择一种字体，所有幻灯片中的字体将发生改变。

效果：通过效果设置，可以更改当前主题中所有图形（包括 SmartArt 图形）的外观效果，而对其他元素没有影响。

单击【效果】按钮，将弹出【效果】下拉列表，如图 6.19 所示。选择一种效果，幻灯片中的图形对象外观将发生改变。

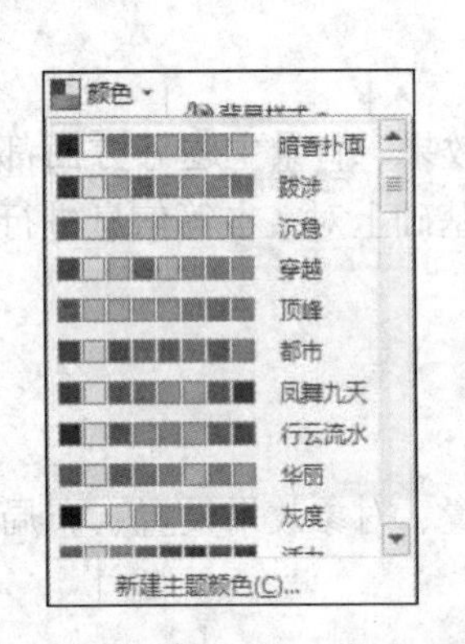

图 6.17　【颜色】下拉列表

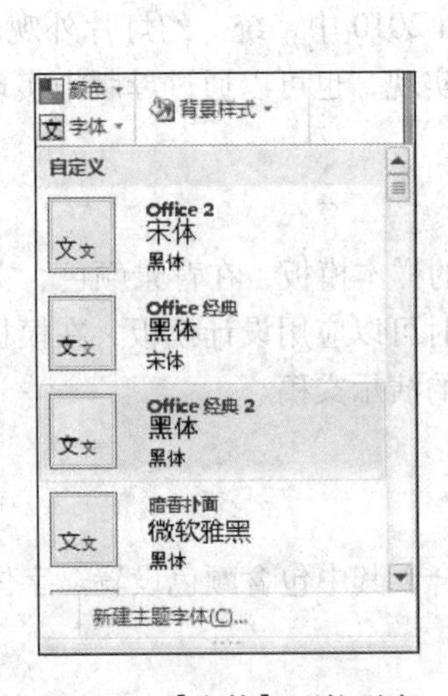

图 6.18　【字体】下拉列表

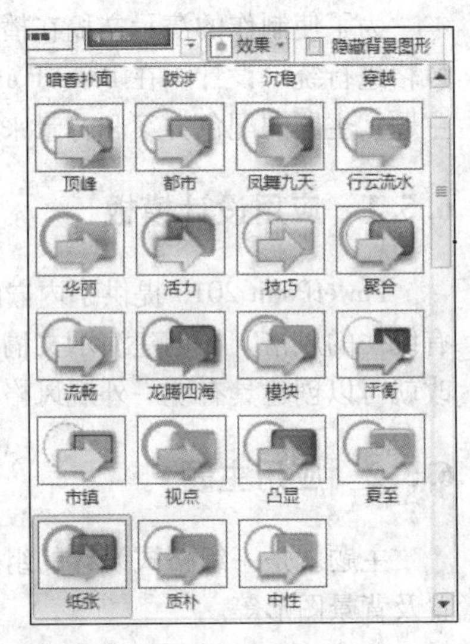

图 6.19　【效果】下拉列表

6.5.3　设置背景样式和背景格式

通过设置幻灯片的背景样式可以更改幻灯片的背景颜色、背景效果。如果幻灯片应用了主题，设置背景样式并不改变主题的布局，以及主题自带的图形等对象，只是更改了背景颜色、填充效果及文字的颜色等与颜色有关的属性。

背景样式的设置方法如下。

单击【设计】选项卡中【背景】选项组中的【背景样式】按钮，将弹出【背景样式】下拉列表，如图 6.20 所示，选择一种背景样式，单击即可。如果只更改选定的幻灯片的背景样式，可以在选择的背景样式上单击右键，选择【应用于选定的幻灯片】选项即可。

背景格式包括背景的填充效果、透明度、亮度等。设置背景格式的方法如下。

在【背景样式】下拉列表中单击【设置背景格式】选项，将弹出【设置背景格式】对话框，如图 6.21 所示。

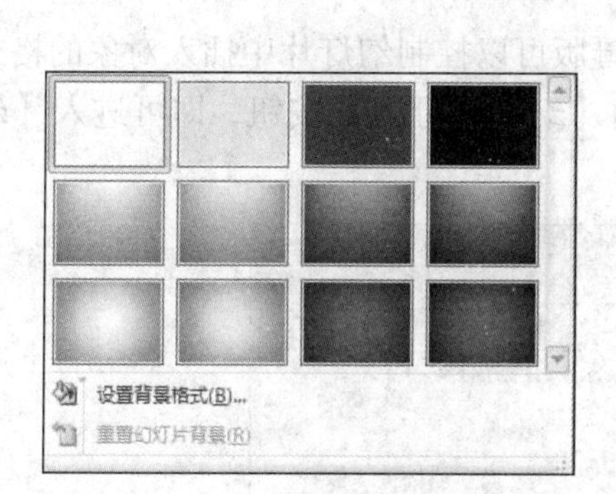

图 6.20 【背景样式】下拉列表

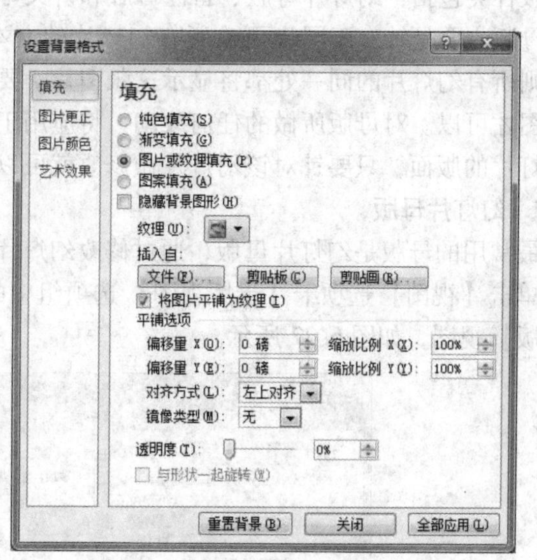

图 6.21 【设置背景格式】对话框

如果要填充单一的颜色，选中【填充】下面的【纯色填充】单选项；如果要填充多种颜色的渐变效果，选中【渐变填充】单选项，再设置渐变方式等效果；如果要填充图片或纹理，选中【图片或纹理填充】单选项，单击纹理右侧的下三角按钮，选择纹理效果，或单击【文件】按钮，选择要作为背景的图片文件；如果要填充系统给定的图案效果，选中【图案填充】单选项。如果应用了主题，并且要将主题自带的背景形状隐藏，可以选中【隐藏背景图形】单选项。单击【关闭】按钮，可以将设置应用于当前选定的幻灯片。单击【全部应用】按钮，可以将设置应用于所有幻灯片。

实例 6.4：按下面要求制作展示青春风采的演示文稿，保存到桌面，文件名为“青春风采”。

（1）演示文稿应用“角度”主题。

（2）设置背景样式为“样式 4”。

（3）设置主题的颜色为“穿越”，字体为“跋涉”，效果为“聚合”。

操作方法：

（1）打开【设计】选项卡，在【主题】选项组中找到“角度”主题并单击。

（2）单击【背景】选项组中的【背景样式】按钮，在下拉列表中选择“样式 4”。

（3）【主题】选项组右侧有三个按钮，单击【颜色】按钮，选择“穿越”，单击【字体】按钮，选择“跋涉”，单击【效果】按钮，选择“聚合”。

（4）单击【文件】→【另存为】按钮，在【文件名】文本框中输入“青春风采”，再单击【保存】按钮。

6.5.4 母版的设置

母版用于建立演示文稿中所有幻灯片都具有的共同属性，是所有幻灯片的底版。幻灯片的母版种类包括：幻灯片母版、备注母版和讲义母版。

母版主要是针对于同步更改所有幻灯片的文本及对象而设计的，如在母版上放一张图片，则所有幻灯片的同一处都将显示这张图片。要对幻灯片的母版进行修改，必须切换到母版视图才可以。对母版所做的任何改动，将应用于所有使用该母版的幻灯片上。若只改变单张幻灯片的版面，只要针对该幻灯片做修改就可以，不用修改母版。

1. 幻灯片母版

最常用的母版是幻灯片母版，通过修改幻灯片母版可以控制幻灯片中插入对象的格式。

单击【视图】选项卡【母版视图】选项组中的【幻灯片母版】按钮，即可进入【幻灯片母版】视图，如图 6.22 所示。

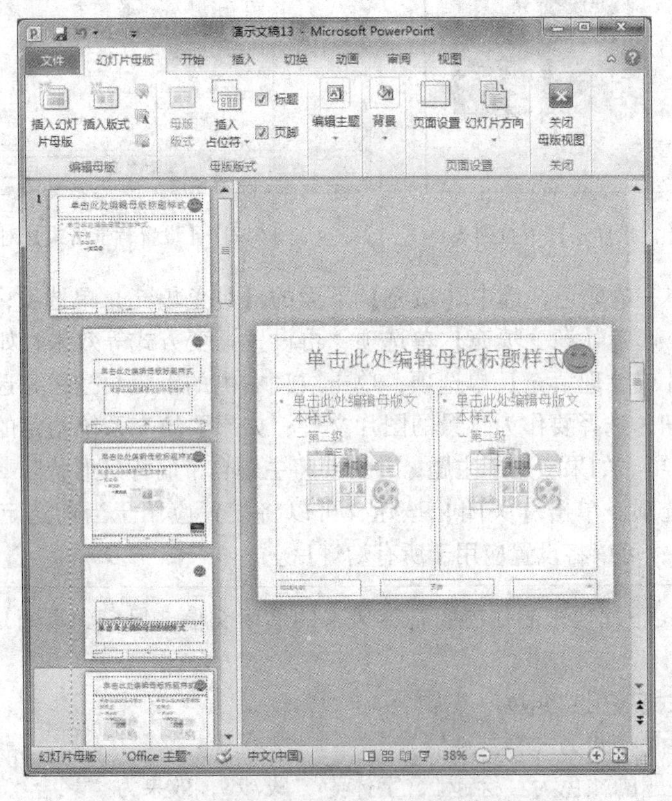

图 6.22 【幻灯片母版】视图

在幻灯片母版视图中，左侧窗格中第一张较大的幻灯片是控制所有幻灯片的母版，对其进行修改可以控制所有的幻灯片中对应对象的格式。下面的 11 张较小的幻灯片是与 11 种版式相对应的幻灯片母版；选择对应版式的幻灯片母版并对其进行修改，只能控制应用了该版式的幻灯片中对象的格式。

2. 备注母版

备注母版主要用来设置备注视图下幻灯片区域和备注区域的大小及备注信息的格式。

单击【视图】选项卡【母版视图】选项组中的【备注母版】按钮，即可进入【备注母版】视图，如图 6.23 所示。备注母版的修改与幻灯片母版的修改方式类似。

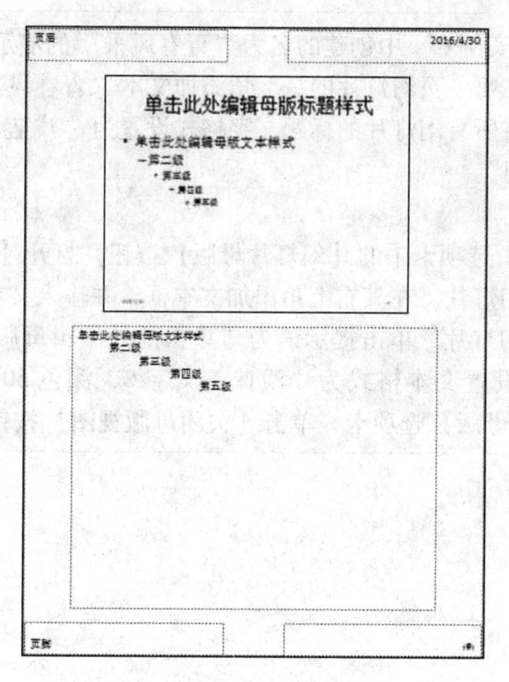

图 6.23　【备注母版】视图

3. 讲义母版

讲义母版是为制作讲义而准备的。讲义只显示幻灯片而不显示相应的备注，可用来了解演示的内容或作为参考。与幻灯片、备注母版不同的是，讲义是直接在讲义母版中创建的。

单击【视图】选项卡【母版视图】选项组中的【讲义母版】按钮，即可进入【讲义母版】视图，如图 6.24 所示。

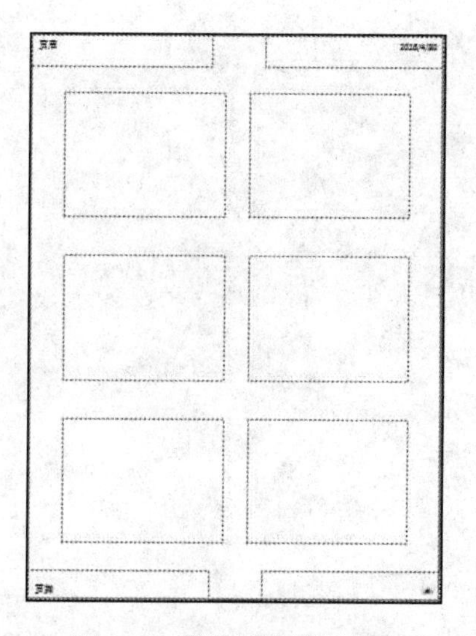

图 6.24　【讲义母版】视图

进入【讲义母版】视图，在【讲义母版】选项卡中可以设置幻灯片的大小、方向、讲义方向、每页幻灯片数量等信息。

实例 6.5：打开在实例 6.4 中创建的名为“青春风采”的演示文稿，完成下列操作。

（1）利用母版，在每一页幻灯片的右上角添加文本“青春风采”。

（2）利用母版，将所有幻灯片的标题文字格式设置为“浅蓝，文字 2，深色 50%”，文字效果设置为“加粗”。

操作方法：

（1）单击【视图】选项卡中的【幻灯片母版】按钮，打开【幻灯片母版】选项卡。

（2）选中第一张幻灯片，在其右上角添加文本框，并输入文本“青春风采”。

（3）选中第一张幻灯片，单击提示语为“单击此处编辑母版标题样式”的占位符，在【开始】选项卡中设置文本格式为“浅蓝，文字 2，深色 50%”，文字效果为“加粗”，切换到【幻灯片母版】选项卡，单击【关闭母版视图】按钮。

评价单

<table>
<tr><td>项目名称</td><td colspan="4">幻灯片设计</td><td>完成日期</td><td></td></tr>
<tr><td>班　级</td><td></td><td>小　组</td><td colspan="2"></td><td>姓　名</td><td></td></tr>
<tr><td>学　号</td><td colspan="3"></td><td colspan="2">组长签字</td><td></td></tr>
<tr><td colspan="2">评价项点</td><td colspan="2">分　值</td><td colspan="2">学生评价</td><td>教师评价</td></tr>
<tr><td colspan="2">PowerPoint 2010 使用的熟练程度</td><td colspan="2">10</td><td colspan="2"></td><td></td></tr>
<tr><td colspan="2">添加、编辑各种对象的熟练程度</td><td colspan="2">10</td><td colspan="2"></td><td></td></tr>
<tr><td colspan="2">母版使用的熟练程度</td><td colspan="2">10</td><td colspan="2"></td><td></td></tr>
<tr><td colspan="2">幻灯片编辑操作的熟练程度</td><td colspan="2">10</td><td colspan="2"></td><td></td></tr>
<tr><td colspan="2">幻灯片设计是否满足要求</td><td colspan="2">10</td><td colspan="2"></td><td></td></tr>
<tr><td colspan="2">主题、颜色、背景的设置情况</td><td colspan="2">10</td><td colspan="2"></td><td></td></tr>
<tr><td colspan="2">幻灯片整体风格是否协调</td><td colspan="2">10</td><td colspan="2"></td><td></td></tr>
<tr><td colspan="2">整体布局是否合理</td><td colspan="2">10</td><td colspan="2"></td><td></td></tr>
<tr><td colspan="2">态度是否认真</td><td colspan="2">10</td><td colspan="2"></td><td></td></tr>
<tr><td colspan="2">与小组成员的合作情况</td><td colspan="2">10</td><td colspan="2"></td><td></td></tr>
<tr><td colspan="2">总分</td><td colspan="2">100</td><td colspan="2"></td><td></td></tr>
<tr><td>学生得分</td><td colspan="6"></td></tr>
<tr><td>自我总结</td><td colspan="6"></td></tr>
<tr><td>教师评语</td><td colspan="6"></td></tr>
</table>

知识点强化与巩固

一、填空题

1. PowerPoint 2010 演示文稿文件的扩展名是（　　）。

2. 在 PowerPoint 2010 中，复制幻灯片的组合键是（　　）。

3. 适合编辑幻灯片内容的视图是（　　）。

4. 按（　　）键可以结束幻灯片的放映状态。

5. 要在所有幻灯片的同一位置添加相同的文本或图片对象，可以在（　　）视图中添加。

6. 在 PowerPoint 2010 中，剪切幻灯片的组合键是（　　）。

7. 要设置幻灯片中文本的字体、颜色等格式，可以使用（　　）选项卡中的命令按钮。

8. 在 PowerPoint 2010 中，要选择多张不连续的幻灯片，可以按（　　）键，再用鼠标依次单击要选择的幻灯片。

二、选择题

1. 打开 PowerPoint 2010，系统新建文件的默认名称是（　　）。

A. DOC1　　B. SHEET1　　C. 演示文稿 1　　D. BOOK1

2. PowerPoint 2010 的主要功能是（　　）。

A. 幻灯片处理　　B. 声音处理　　C. 图像处理　　D. 文字处理

3. 在 PowerPoint 2010 中，添加新幻灯片的快捷键是（　　）。

A. Ctrl + M　　B. Ctrl + N　　C. Ctrl + O　　D. Ctrl + P

4. 下列视图中不属于 PowerPoint 2010 视图的是（　　）。

A. 幻灯片浏览视图　　B. 页面视图　　C. 普通视图　　D. 备注页视图

5. 进入 PowerPoint 2010 后，默认的视图是（　　）视图。

A. 幻灯片浏览　　B. 阅读　　C. 备注　　D. 普通

6. 在 PowerPoint 2010 的【文件】选项卡中，可创建（　　）。

A. 新文件　　B. 图表　　C. 页眉或页脚　　D. 动画

7. 在 PowerPoint 2010 的【插入】选项卡中，可创建（　　）。

A. 新文件　　B. 表、形状与图表　　C. 文本对齐方式　　D. 动画

8. 在 PowerPoint 2010 的【设计】选项卡中，可自定义演示文稿的（　　）。

A. 新文件、打开文件　　B. 表、形状与图表

C. 背景、主题设计和颜色　　D. 动画设计与页面设计

9. 从当前幻灯片开始放映的快捷键是（　　）。

A. Shift + F5　　B. Shift + F4　　C. Shift + F3　　D. Shift + F2

10. 要对演示文稿进行保存、打开、新建、打印等操作，应在（　　）选项卡中操作。

A.【文件】　　B.【开始】　　C.【设计】　　D.【审阅】

11. 要在幻灯片中插入表格、图片、艺术字、视频、音频等元素，应在（　　）选项卡中操作。

A.【文件】　　B.【开始】　　C.【插入】　　D.【设计】

12. 在状态栏中没有显示的是（　　）按钮。

A. 【普通视图】 B. 【幻灯片浏览】 C. 【幻灯片放映】 D. 【备注页】

13. 按住（　　）键可以选择多张不连续的幻灯片。

A. Shift B. Ctrl C. Alt D. Ctrl + Shift

14. 按住鼠标左键，并拖动幻灯片到其他位置是进行幻灯片的（　　）操作。

A. 移动 B. 复制 C. 删除 D. 插入

15. 幻灯片的版式是由（　　）组成的。

A. 文本框 B. 表格 C. 图表 D. 占位符

16. 演示文稿与幻灯片的关系是（　　）。

A. 演示文稿和幻灯片是同一个对象 B. 幻灯片由若干个演示文稿组成

C. 演示文稿由若干个幻灯片组成 D. 演示文稿和幻灯片没有联系

17. 在应用了版式之后，幻灯片中的占位符（　　）。

A. 不能添加，也不能删除 B. 不能添加，但可以删除

C. 可以添加，也可以删除 D. 可以添加，但不能删除

18. 设置背景时，若要使所选择的背景仅适用于当前所选择的幻灯片，应该按（　　）。

A. 【全部应用】按钮 B. 【关闭】按钮

C. 【取消】按钮 D. 【重置背景】按钮

19. 若要在幻灯片中插入垂直文本框，应单击（　　）。

A. 【开始】选项卡中的【文本框】按钮 B. 【审阅】选项卡中的【文本框】按钮

C. 【格式】选项卡中的【文本框】按钮 D. 【插入】选项卡中的【文本框】按钮

20. 在 PowerPoint 2010 中，格式刷位于（　　）选项卡中。

A. 【开始】 B. 【设计】 C. 【切换】 D. 【插入】

三、判断题

1. 在用 PowerPoint 2010 制作演示文稿时，可以根据需要选择不同的幻灯片版式。（　　）

2. 幻灯片中插入的音频，只有当该幻灯片播放时其声音才能播放，换片后自动结束。（　　）

3. 屏幕截图和删除背景功能是 PowerPoint 2010 的新增功能。（　　）

4. 在“幻灯片浏览”视图中，可以对幻灯片中的文本等内容进行编辑。（　　）

5. 从头开始播放幻灯片可以按 F5 键。（　　）

6. 可以对幻灯片中的文本设置对齐、缩进、行距等段落格式。（　　）

7. 在编辑幻灯片时，若不小心删除了重要的信息，可以按 Ctrl + Z 组合键撤消删除操作。（　　）

8. 在幻灯片中插入的视频文件，不能改变其播放窗口的大小和形状。（　　）

9. 要在幻灯片中插入时间、日期、页眉和页脚信息，必须在幻灯片母版视图中添加。（　　）

10. 在 PowerPoint 2010 中插入的 SmartArt 图形是系统设计好的图形，不能改变其形状。（　　）

项目二 幻灯片动画设计

知识点提要

1. 动画设置与编辑
2. 幻灯片切换设置
3. 超链接设置
4. 幻灯片放映设置

任务单

<table>
<tr><td>任务名称</td><td>幻灯片动画设计</td><td>学　　时</td><td>2学时</td></tr>
<tr><td>知识目标</td><td colspan="3">1. 掌握幻灯片动画的设置方法。
2. 掌握幻灯片切换效果的设置方法。
3. 掌握幻灯片放映的设置方法。
4. 掌握动画刷的功能和使用方法。</td></tr>
<tr><td>能力目标</td><td colspan="3">1. 能对幻灯片的布局进行合理设计。
2. 能为幻灯片中添加的对象设计合适的动画效果。
3. 能熟练地对动画进行编辑。</td></tr>
<tr><td>素质目标</td><td colspan="3">1. 培养学生自我展示的能力。
2. 培养学生团队合作的能力。
3. 培养学生组织、评价、沟通、协调的能力。
4. 培养学生自学的能力。</td></tr>
<tr><td>任务描述</td><td colspan="3">对在项目一中创建的名为“全功能自动售票机介绍”的演示文稿进行动画设计，设计要求如下。
1. 对第一张幻灯片中的艺术字“全功能自动售票机介绍”进行动画设置，动画效果为“飞入，自左侧，持续时间2秒，单击鼠标时开始播放”；在艺术字下面插入一个水平文本框，输入文本内容（专业+班级+姓名），并设置文本格式为“黑体，32号，浅蓝色”。
2. 为幻灯片中的第一个标题文本添加动画效果，动画效果为“擦除，自左侧，持续时间2秒，单击鼠标时开始播放”；用动画刷为其他幻灯片中的标题文本设置动画效果，动画效果与第一个标题文本的动画效果相同。
3. 为幻灯片中的第一张图片设置动画效果，动画效果为“向内溶解，持续时间3秒，单击鼠标时开始播放”；用动画刷为其他幻灯片中的图片设置动画效果，动画效果与第一张图片的动画效果相同。
4. 设置所有幻灯片的切换效果为“框”，持续时间为2秒，换片方式为“单击鼠标时”。
5. 删除已有的背景音乐，插入一个新的背景音乐，将新插入的背景音乐设置为：自动播放，播放时隐藏文件图标，淡入1秒，淡出1秒，循环播放，直到幻灯片结束放映。
6. 完成作品后，保存并上交，以“专业+学号+姓名”的方式命名演示文稿。</td></tr>
<tr><td>任务要求</td><td colspan="3">1. 仔细阅读任务描述中的设计要求，认真完成任务。
2. 上交电子作品。
3. 小组间互相学习设计中的优点。</td></tr>
</table>

资料卡及实例

6.6 设置动画

制作幻灯片时，不仅要使幻灯片的内容设计精美，还要在幻灯片中的对象的动画上下功夫。好的幻灯片动画能给演示文稿带来一定的帮助与推力，使制作的幻灯片更具有吸引力。PowerPoint 2010 提供了强大的动画效果，用户可以为幻灯片中的文本、图片、图表、媒体剪辑文件等各种对象设置动画效果。

PowerPoint 2010 提供了 4 类动画，分别是进入、强调、退出和动作路径。

进入。用于设置幻灯片中的对象在幻灯片中出现时的动作形式，如可以使对象弹跳出现于幻灯片，从边缘飞入幻灯片或者跳入视图中，动画效果分为基本型、细微型、温和型和华丽型。

强调。为了突出强调某一个对象而设置的动画效果。强调动画效果包括使对象缩小或放大、闪烁或沿着其中心旋转等，动画效果分为基本型、细微型、温和型和华丽型。

退出。退出效果与进入效果类似但是相反，它用于定义对象退出时所表现的动画形式，如让对象飞出幻灯片，从视图中消失或者从幻灯片旋出，动画效果分为基本型、细微型、温和型和华丽型。

动作路径。动作路径这一个动画效果是根据形状或者直线、曲线的路径来展示对象游走的路径，使用这些效果可以使对象上下移动、左右移动或者沿着星形或圆形图案移动，动画路径分为基本型、直线和曲线型、特殊型。

6.6.1 添加动画效果

添加动画效果的操作步骤如下。

（1）选中要设置动画的对象，打开【动画】选项卡，如图 6.25 所示。

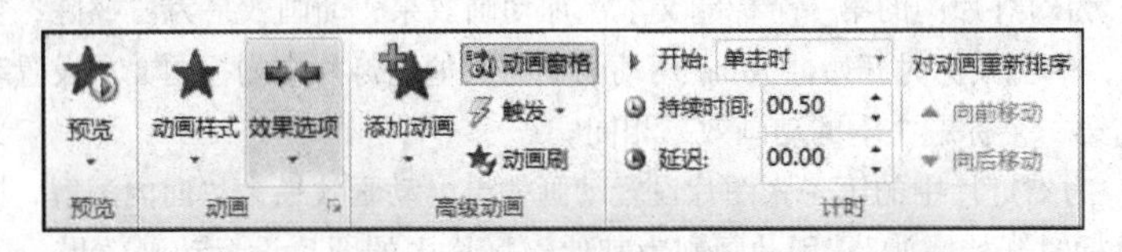

图 6.25 【动画】选项卡

（2）单击【添加动画】按钮，弹出如图 6.26 所示的【动画效果】下拉列表。

（3）在下拉列表中用不同的颜色和符号显示了 4 类动画效果中常用的效果名称。如果要选择更多的效果，可以单击下方的【更多进入效果】【更多强调效果】【更多退出效果】或【其他动作路径】选项，将弹出动画效果对话框，如图 6.27 所示是【添加进入效果】对话框，其他动画效果对话框类似。

（4）在下拉列表中选择一种动画效果，单击鼠标，也可以在对话框中选择一种动画效果，单击【确定】按钮，就为选择的对象添加了动画效果。

提示：若选择的是某种动作路径效果，需在幻灯片中绘制路径线图，路径线的绿色端为动作路径的起点，红色端为动作路径的终点。可以通过鼠标来调整路径的位置、大小等属性。

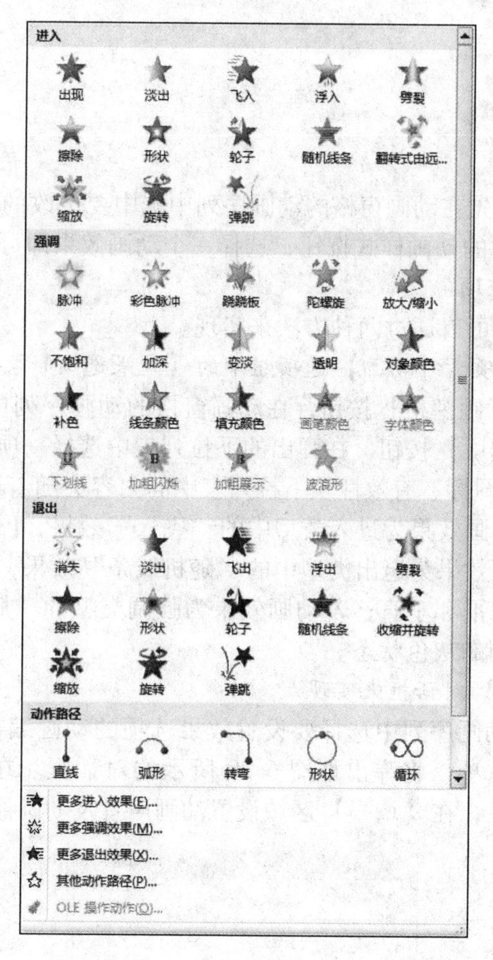

图 6.26　【动画效果】下拉列表

添加了动画效果之后，单击【动画】选项卡【高级动画】选项组中的【动画窗格】按钮，将显示如图 6.28 所示的动画窗格，在此窗格中将显示添加的动画。

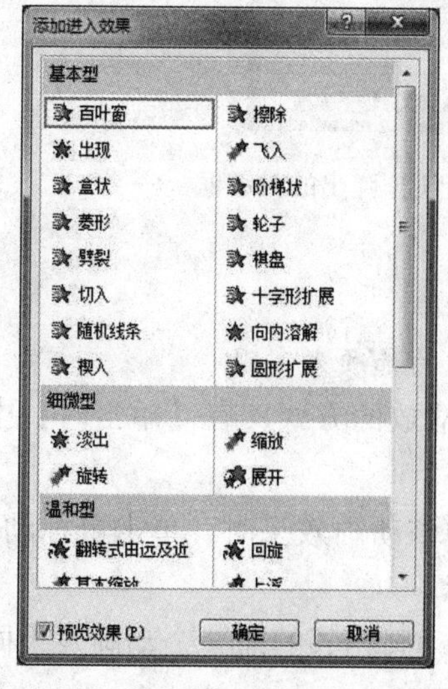

图 6.27　【添加进入效果】对话框

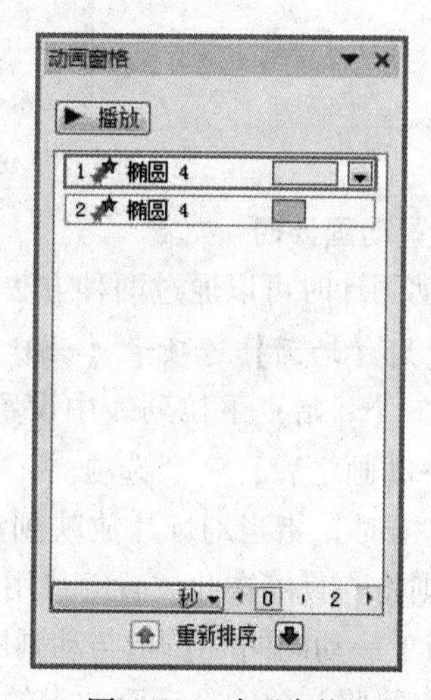

图 6.28　动画窗格

6.6.2 编辑动画效果

1. 更改动画效果

要更改动画效果，首先在动画窗格的动画序列中选中要更改的动画编号，单击【动画】选项卡【动画】选项组中的动画样式按钮，选择一个动画效果即可。

2. 设置动画的效果选项

设置动画的效果选项可以通过两种方法来实现。

1）利用【动画】选项卡【动画】选项组中的【效果选项】按钮来实现

单击【动画】→【动画窗格】按钮，在动画窗格的动画序列中单击要设置动画选项的动画编号，单击【效果选项】按钮，在弹出的下拉列表中选择一项并单击鼠标即可。

【效果选项】按钮的图标、有效性及下拉列表中的内容会随着所选的动画效果不同而有所变化。例如：设置的动画效果为进入类型中的“飞入”效果，【效果选项】按钮图标为箭头，内容为方向；若动画效果为退出类型中的“随机线条”效果，【效果选项】按钮图标为带线条的星状，内容为水平和垂直；若动画效果为强调类型的“脉冲”效果，则【效果选项】按钮图标变成不可用的灰色状态。

2）利用【效果选项】对话框来实现

在【动画窗格】的动画序列中选择要设置效果选项的动画编号，单击右侧的下三角按钮，选择【效果选项】选项，将弹出如图 6.29 所示的对话框。在【效果】选项卡的【设置】区域设置方向等效果，在【增强】区域设置动画声音及动画播放后的状态。

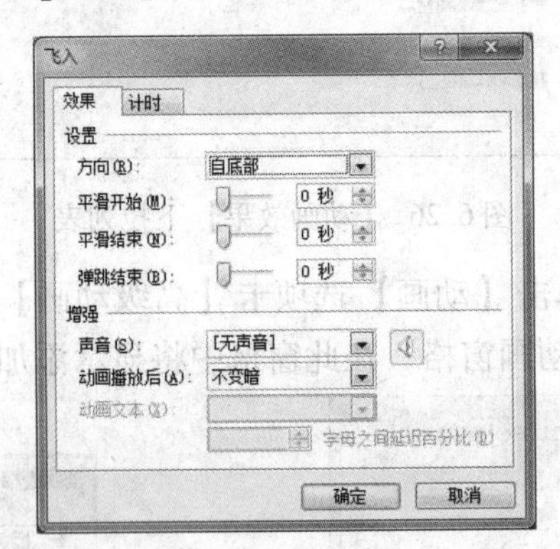

图 6.29 单击【效果选项】弹出的对话框

3. 设置动画计时

设置动画计时可以通过两种方法来实现。

1）利用【动画】选项卡【计时】选项组中的选项来实现

可以在【开始】下拉列表中设置动画开始播放的方式，有【单击时】【与上一动画同时】【上一动画之后】三个选项。

- 【单击时】指当幻灯片放映到动画序列中该动画效果时，单击鼠标动画即开始播放，否则将一直停在此位置等待用户单击鼠标。
- 【与上一动画同时】指与动画序列中与该动画相邻的前一个动画效果同时播放，这时其序号将与前一个动画效果的序号相同。

- 【上一动画之后】指该动画效果将在幻灯片的动画序列中与之相邻的前一个动画效果播放完时发生，这时其序号将和前一个动画效果的序号相同。

可以在【持续时间】下拉列表中设置动画效果播放延续的时间，单位为秒。可以通过设置持续时间的长短来调整动画播放的速度。

可以在【延迟】下拉列表中设置动画效果从开始触发到动画播放之间的时间间隔。

2）利用【效果选项】对话框来实现

单击【动画】→【动画窗格】按钮，在动画窗格的动画序列中选择要设置效果选项的动画编号，单击右侧的下三角按钮，选择【效果选项】选项，在弹出的对话框中单击【计时】标签，如图 6.30 所示。在【计时】选项卡中设置开始方式、延迟时间、播放期间、重复播放的次数等。

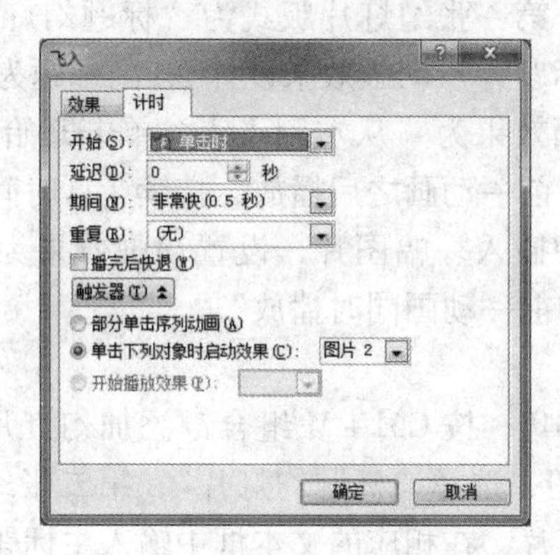

图 6.30　【计时】选项卡

4. 设置触发器

可以为动画设置触发器，即单击幻灯片中的某个对象时会触发该动画。设置方法如下：在图 6.30 所示的对话框中，选中【触发器】按钮下方的【单击下列对象时启动效果】单选项，并单击右侧的下三角按钮，选择一个对象即可。

如果设置了触发器，则在【计时】中设置的开始方式将失效。

5. 设置动画声音

为动画添加合适的声音效果，可以使动画更具吸引力。为动画添加声音效果的方法如下：

按前面方法打开动画窗格，在动画序列中选择要设置声音的动画编号，单击右侧的下三角按钮，选择【效果选项】，打开如图 6.47 所示的对话框，单击【增强】区域中【声音】右侧的下三角按钮，选择相应的声音即可。

6. 动画刷的使用

动画刷是 PowerPoint 2010 新增加的一项功能，是用来复制动画效果的工具。要对多个对象设置相同的动画效果、开始方式、持续时间、延迟等效果选项，使用动画刷可以节省大量的时间。

动画刷的使用方法如下。

在多个需要设置相同动画效果的对象中选择一个对象，添加动画并编辑。设置完成后，选中该对象，单击【动画】选项卡【高级动画】选项组中的【动画刷】按钮，此时鼠标指针旁边会出现一个小刷子标志，单击其他对象，即可将动画效果复制到被单击的其他对象中。

提示：选择了带有动画效果的对象后，单击【动画刷】按钮，只能为一个其他对象复制动画效果；双击【动画刷】按钮，可以为多个其他对象复制动画效果。

7. 调整动画顺序

在图6.28所示的动画窗格中选中要移动位置的动画编号，单击下方的【上移】按钮或【下移】按钮即可调整动画顺序。

8. 删除动画

在动画窗格中选中要删除的动画编号，单击右侧的下三角按钮，选择【删除】选项或按Delete键，都会删除动画效果。

实例6.6：创建一个名为“展开的图片”的演示文稿，保存到桌面，完成下列操作。

（1）插入2张幻灯片，第一张幻灯片版式为“标题幻灯片”，第二张幻灯片版式为“空白”。第一张幻灯片主标题为“动画效果设计”，副标题为“展开的图片”。

（2）设置主标题的动画效果为“从左侧飞入，单击开始播放，动画持续2秒”，副标题动画效果为“回旋，在前一动画之后播放，持续2秒时间，延迟1秒播放”。

（3）在第二张幻灯片中插入一幅图片，设置动画效果为“擦除，动画持续3秒”，设置动画声音为“风铃，与前一动画同时播放”。

操作方法：

（1）打开PowerPoint 2010，按Ctrl + M组合键添加幻灯片，选择第一张幻灯片，单击【开始】→【版式】按钮，选择“标题幻灯片”，第二张幻灯片按相同方法设置“空白”版式。选择第一张幻灯片，在相应的文本框中输入主标题和副标题。

（2）选择第一张幻灯片的主标题，单击【动画】→【添加动画】→【飞入】按钮，在动画窗格中完成主标题动画效果的设置。副标题按相同的方法根据要求设置动画效果。

（3）选择第二张幻灯片，单击【插入】→【图片】按钮，然后选中该图片，并设置图片的动画效果，动画效果设置方法与（2）相同。在动画窗格中，单击要设置动画声音的动画编号，再单击其右侧的下三角按钮，单击【效果选项】选项，在弹出的对话框中单击【声音】下三角按钮，在弹出的下拉列表中选择【风铃】选项；切换到【计时】选项卡，单击【开始】下三角按钮，在弹出的下拉列表中选择【与上一动画同时】选项，单击【确定】按钮。

6.7 设置幻灯片切换效果

幻灯片切换是指演示文稿在播放过程中，其每一张幻灯片进入和离开屏幕时产生的视觉效果，也就是让幻灯片之间的切换以动画方式放映的特殊效果。PowerPoint 2010提供了多种切换方案，如溶解、棋盘、立方体、翻转、漩涡等。在演示文稿制作过程中，可以为指定的一张幻灯片设计切换方案，也可以为一组幻灯片设计切换方案。

1. 设置幻灯片切换效果

设置幻灯片切换效果的具体操作步骤如下。

（1）打开【切换】选项卡，如图6.31所示。

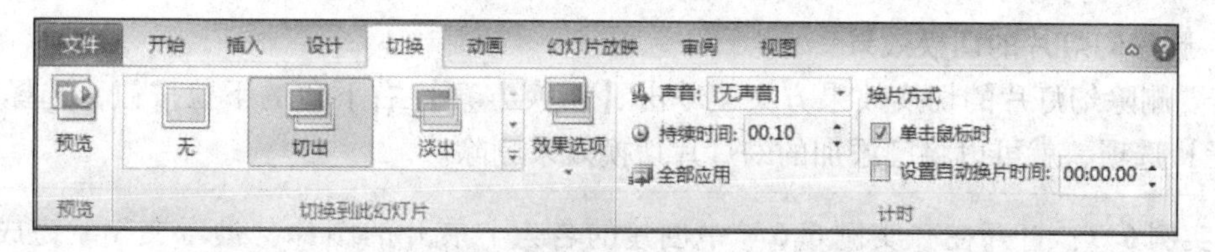

图 6.31 【切换】选项卡

(2) 单击【切换到此幻灯片】选项组中【切换方案】右下角的下三角按钮▾，将弹出切换方案列表，如图 6.32 所示。

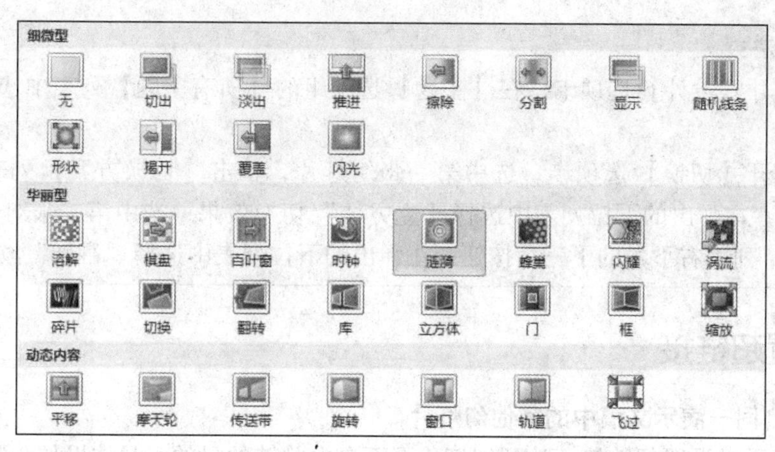

图 6.32 切换方案列表

(3) 在列表中选择需要的切换效果，单击鼠标即可。

2. 设置幻灯片切换的效果选项

幻灯片切换的效果选项指切换方案的方向、方式等。【效果选项】按钮在【切换】选项卡【切换到此幻灯片】选项组的右侧，其图标样式和效果选项会随着选择的切换方案不同而有所不同。例如：“百叶窗”方案的效果选项有【水平】和【垂直】两项；“平移”方案的效果选项有【自底部】【自左侧】【自右侧】和【自顶部】四项；“闪光”“蜂巢”方案没有效果选项。

设置切换方案的效果选项的方法如下：在选择了某个切换方案后，【效果选项】会变成与所选方案相同的图标，单击【效果选项】按钮，在弹出的列表中选择一个选项即可。

3. 设置幻灯片切换的声音

单击【切换】选项卡【计时】选项组中的【声音】下三角按钮，在弹出的下拉列表中选择一个声音。

4. 设置幻灯片切换的持续时间

在【切换】选项卡【计时】选项组中的【持续时间】数值框中设置持续时间，单位为秒。通过设置时间的长短来确定幻灯片切换的速度。

5. 设置幻灯片之间的换片方式

在【切换】选项卡的【计时】选项组中，可以选择单击鼠标时切换或自动计时切换两种换片方式（自动计时切换以秒为单位来计算幻灯片切换时间）。

6. 删除幻灯片的切换效果

若要删除幻灯片的切换效果方案，单击【切换方案】右下角的下拉按钮，选择列表中的【无】选项，就可以将已添加的幻灯片切换效果删除。

实例6.7：打开在“实例6.6”中创建的名为“展开的图片”演示文稿，完成下列操作。

（1）设置主题为“气流”。

（2）设置第一张幻灯片的切换效果为“立方体”，第二张幻灯片切换效果为“翻转”。

操作方法：

（1）打开【设计】选项卡，在【主题】选项组的【所有主题】列表中选择“气流”主题。

（2）打开【切换】选项卡，选中第一张幻灯片，单击【切换方案】列表右下角的下三角按钮，在弹出的下拉列表中选择“立方体”切换效果；选中第二张幻灯片，单击【切换方案】列表右下角的下三角按钮，在弹出的下拉列表中选择“翻转”切换效果。

6.8 设置超链接

1. 链接到同一演示文稿中的其他幻灯片

用户可以通过设置超链接，达到幻灯片页面自由跳转的目的，具体操作步骤如下。

选中要设置超链接的文本或图形，在【插入】选项卡的【链接】选项组中，单击【超链接】选项，出现如图6.33所示的【插入超链接】对话框；在【插入超链接】对话框中的左侧，单击【本文档中的位置】按钮，在中间选中要链接的目标位置，用户就可以在幻灯片播放的过程中，通过单击该文本或图形对象，链接到同一演示文稿中的其他幻灯片。

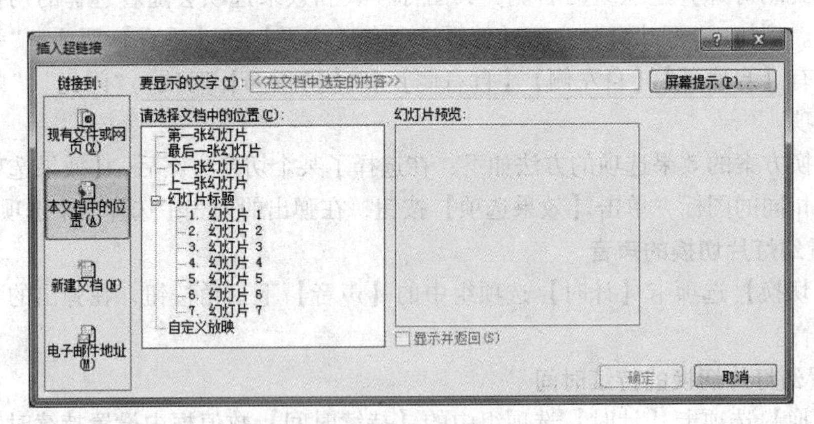

图6.33 【插入超链接】对话框

2. 链接到其他演示文稿中的幻灯片

按前面的方法打开【插入超链接】对话框，单击对话框左侧的【现有文件或网页】按钮，如图6.34所示。在中间【查找范围】下拉列表中选择要插入的超链接目标文件，就可以将文本或图形对象链接到其他演示文稿中的幻灯片。单击【新建文档】按钮则将演示文稿链接到某一新建的文档；单击【电子邮件地址】按钮，在【电子邮件地址】文本框中输入邮件地址，在运行该链接时就可以写邮件发送给该地址。

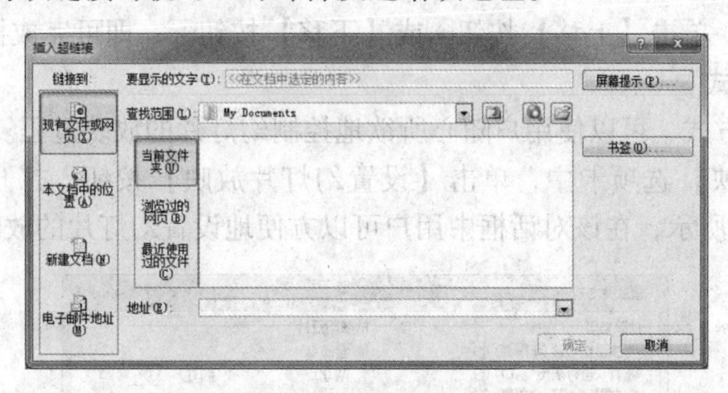

图 6.34 【插入超链接】对话框

3. 更改或删除超链接

选中已设置超链接的文本或图形，单击【插入】选项卡中的【超链接】按钮，弹出【编辑超链接】对话框，在【编辑超链接】对话框中单击【删除链接】按钮，就可以删除超链接。

6.9 演示文稿的放映

6.9.1 设置演示文稿的放映

演示文稿制作完毕，还要经过最后一道工序，那就是放映。如何把制作好的演示文稿播放好，是制作和播放过程中的一项重要任务。

1. 自定义放映

自定义放映功能可以选择演示文稿中的部分幻灯片播放，其他幻灯片在放映时不播放，而且可以调整播放顺序。

设置方法如下。

单击【幻灯片放映】选项卡【开始放映幻灯片】选项组中的【自定义幻灯片放映】按钮，然后选择【自定义放映】选项，将弹出【自定义放映】对话框，如图 6.35 所示，再单击【新建】按钮，将弹出如图 6.36 所示的【定义自定义放映】对话框。

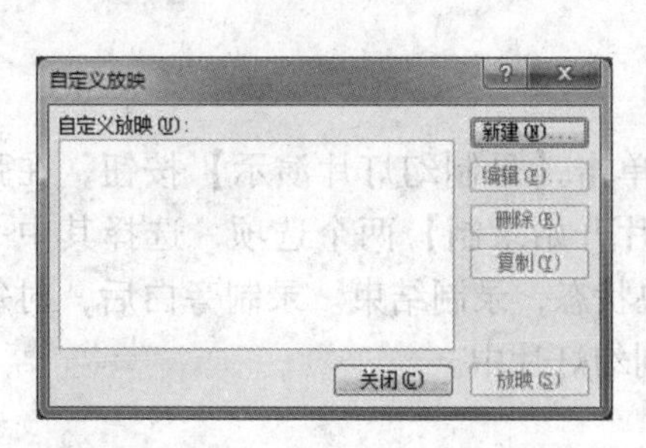

图 6.35 【自定义放映】对话框

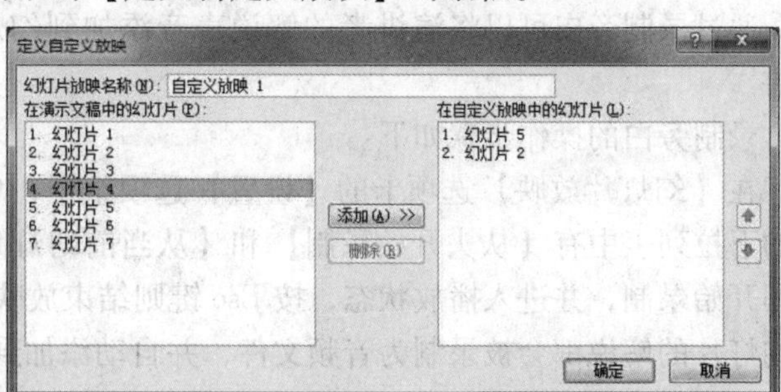

图 6.36 【定义自定义放映】对话框

在【在演示文稿中的幻灯片】下选择要放映的幻灯片，单击【添加】按钮，使其添加到右侧的【在自定义放映中的幻灯片】区域。

添加到【在自定义放映中的幻灯片】区域的幻灯片可以调整播放的先后顺序，单击要调整顺序的幻灯片，单击【上移】按钮或【下移】按钮，即可完成播放顺序的调整。

2. 设置放映方式

通过设置放映方式，可以使用户随心所欲地控制幻灯片的放映过程。

在【幻灯片放映】选项卡中，单击【设置幻灯片放映】按钮，打开【设置放映方式】对话框，如图 6.37 所示，在该对话框中用户可以方便地设置幻灯片的放映方式。

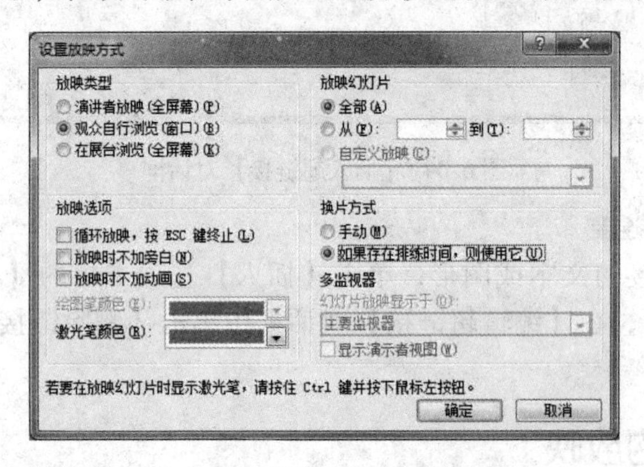

图 6.37 【设置放映方式】对话框

3. 应用排练计时

在【幻灯片放映】选项卡的【设置】选项组中，选择【排练计时】选项，就可以立即以排练计时方式启动幻灯片放映；此时，在幻灯片放映屏幕的左上角会出现如图 6.38 所示的【录制】对话框。在该方式下启动幻灯片放映，每次换片都将重新计时，它会记录每张幻灯片播放的时间长度，使用户可以方便地看到播放及讲解演示文稿所用的时间。结束放映后，可以选择是否保留排练计时，若保留，则在设置放映方式时可以选择使用排练计时。

图 6.38 排练计时的【录制】对话框

4. 录制旁白

通过录制旁白可以将演讲者的解说声音添加到幻灯片中，这样不在场的观众也能听到演讲。

录制旁白的操作步骤如下。

在【幻灯片放映】选项卡的【设置】选项组中，单击【录制幻灯片演示】按钮，在弹出的下拉列表中有【从头开始录制】和【从当前幻灯片开始录制】两个选项，选择其中一项即开始录制，并进入播放状态，按 Esc 键则结束放映状态，录制结束。录制旁白后，对每张幻灯片的解说都会被录制为音频文件，并自动添加到幻灯片中。

5. 隐藏幻灯片

如果没有设置自定义放映，要使某些幻灯片在放映时不播放，可以将其隐藏，设置方法如下：选中不播放的幻灯片，单击【幻灯片放映】选项卡【设置】选项组中的【隐藏幻灯片】按钮即可。

实例 6.8：以“五四青年节”为主题制作一个不少于 6 张幻灯片的演示文稿。

（1）对幻灯片进行排练计时，并应用排练计时。

（2）设置自定义放映，名称为“放映的幻灯片”，只播放前 4 张幻灯片，并且逆序播放。

操作方法：

（1）单击【幻灯片放映】→【排练计时】选项，进入排练计时状态，结束时保留排练计时。

（2）单击【幻灯片放映】→【自定义放映幻灯片】→【自定义放映】选项，打开【自定义放映】对话框，单击【新建】按钮，在弹出的对话框中的【幻灯片放映名称】文本框中输入“放映的幻灯片”，依次选择幻灯片编号为 4、3、2、1 的幻灯片，单击【添加】→【确定】按钮。

单击【设置幻灯片放映】按钮，打开【设置放映方式】对话框，从【放映幻灯片】区域的【自定义放映】下拉列表中选择【放映的幻灯片】，在【换片方式】区域中选中【如果存在排练时间，则使用它】单选项，然后单击【确定】按钮。

6.9.2　放映幻灯片

1. 启动幻灯片放映

打开【幻灯片放映】选项卡，在【开始放映】选项组中单击【从头开始】按钮或按 F5 键，可以从第一张幻灯片开始放映；单击【从当前幻灯片开始】按钮或按 Shift + F5 组合键，可以从当前的幻灯片开始启动幻灯片放映。

2. 退出幻灯片放映

要退出放映，可以使用如下的方法。

（1）在放映的幻灯片上单击鼠标右键，选择【结束放映】。

（2）按 Esc 键。

评价单

<table>
<tr><td>项目名称</td><td colspan="3">幻灯片动画设计</td><td>完成日期</td><td></td></tr>
<tr><td>班　级</td><td></td><td>小　组</td><td></td><td>姓　名</td><td></td></tr>
<tr><td>学　号</td><td colspan="3"></td><td>组长签字</td><td></td></tr>
<tr><td colspan="2">评价项点</td><td colspan="2">分　值</td><td>学生评价</td><td>教师评价</td></tr>
<tr><td colspan="2">PowerPoint 2010 使用的熟练程度</td><td colspan="2">10</td><td></td><td></td></tr>
<tr><td colspan="2">主题、颜色、背景的设置情况</td><td colspan="2">10</td><td></td><td></td></tr>
<tr><td colspan="2">动画效果的设置</td><td colspan="2">10</td><td></td><td></td></tr>
<tr><td colspan="2">幻灯片切换效果的设置</td><td colspan="2">10</td><td></td><td></td></tr>
<tr><td colspan="2">幻灯片放映的设置</td><td colspan="2">10</td><td></td><td></td></tr>
<tr><td colspan="2">幻灯片设计是否满足要求</td><td colspan="2">10</td><td></td><td></td></tr>
<tr><td colspan="2">幻灯片整体风格是否协调</td><td colspan="2">10</td><td></td><td></td></tr>
<tr><td colspan="2">整体布局是否合理</td><td colspan="2">10</td><td></td><td></td></tr>
<tr><td colspan="2">态度是否认真</td><td colspan="2">10</td><td></td><td></td></tr>
<tr><td colspan="2">与小组成员的合作情况</td><td colspan="2">10</td><td></td><td></td></tr>
<tr><td colspan="2">总分</td><td colspan="2">100</td><td></td><td></td></tr>
<tr><td>学生得分</td><td colspan="5"></td></tr>
<tr><td>自我总结</td><td colspan="5"></td></tr>
<tr><td>教师评语</td><td colspan="5"></td></tr>
</table>

知识点强化与巩固

一、填空题

1. PowerPoint 2010 提供了 4 类动画，分别是进入、强调、（　　）和（　　）。
2. 在幻灯片中若要复制动画效果，可以使用【动画】选项卡中的（　　）按钮。
3. 若要从第一张幻灯片开始播放演示文稿，可以使用（　　）选项卡中的命令按钮。
4. 若要使每张幻灯片都能按各自所需的时间实现连续自动播放，应进行（　　）。
5. 在幻灯片中设置（　　）可以使幻灯片在播放时能自由跳转到其他位置。
6. 创建并编辑动画效果要使用（　　）选项卡中的选项。

二、选择题

1. 在 PowerPoint 2010 中，要设置幻灯片循环放映，应在（　　）选项卡中设置。
   A.【开始】　B.【视图】　C.【幻灯片放映】　D.【审阅】
2. 如果要从一张幻灯片“溶解”到下一张幻灯片，应在（　　）选项卡中设置。
   A.【设计】　B.【切换】　C.【幻灯片放映】　D.【动画】
3. 幻灯片母版可以起到的作用是（　　）。
   A. 设置幻灯片的放映方式　B. 定义幻灯片的打印页面
   C. 设置幻灯片的切换效果　D. 统一设置整套幻灯片的标志图片或多媒体元素
4. 要设置幻灯片中对象的动画效果及动画的出现方式时，应在（　　）选项卡中设置。
   A.【切换】　B.【动画】　C.【设计】　D.【审阅】
5. 要设置幻灯片的切换效果及切换方式时，应在（　　）选项卡中设置。
   A.【开始】　B.【设计】　C.【切换】　D.【动画】
6. 在 PowerPoint 2010 中，要设置幻灯片之间的切换方式，应在（　　）选项卡中设置。
   A.【动画】　B.【幻灯片放映】　C.【切换】　D.【视图】
7. 在 PowerPoint 2010 中，【动画刷】按钮位于（　　）选项卡中。
   A.【开始】　B.【设计】　C.【动画】　D.【切换】
8. 对幻灯片进行排练计时设置的作用是（　　）。
   A. 预置幻灯片播放时的动画　B. 预置幻灯片播放时的放映方式
   C. 预置幻灯片的播放顺序　D. 控制幻灯片播放的时间
9. 演示文稿的基本组成单元是（　　）。
   A. 图形　B. 文本　C. 幻灯片　D. 占位符
10. 要使幻灯片中的标题、图片、文字等按顺序出现，应进行（　　）设置。
    A. 放映方式　B. 切换　C. 动画　D. 超链接
11. 在 PowerPoint 2010 的幻灯片切换中，不能设置切换的是（　　）。
    A. 换片方式　B. 颜色　C. 声音　D. 持续时间
12. 如果要从第 2 张幻灯片跳转到第 5 张幻灯片，应进行（　　）设置。
    A. 超链接　B. 动画　C. 切换　D. 排练计时
13. 播放幻灯片时，以下说法正确的是（　　）。
    A. 只能按顺序播放　B. 只能按幻灯片编号的顺序播放
    C. 可以按任意顺序播放　D. 不能逆序播放

14. 在幻灯片浏览视图下，不能（　　）。

A. 插入幻灯片　　B. 删除幻灯片

C. 更改幻灯片顺序　　D. 编辑幻灯片中的文字

15. 在对幻灯片中的对象设置动画时，不可以设置（　　）。

A. 动画效果　　B. 动画时间　　C. 开始方式　　D. 结束方式

16. 在 PowerPoint 2010 中，幻灯片版式共有（　　）种。

A. 1　　B. 7　　C. 11　　D. 16

17. 更改幻灯片主题使用的是（　　）选项卡。

A.【开始】　　B.【设计】　　C.【切换】　　D.【动画】

三、判断题

1. 动画窗格中动画序列的顺序是不能调整的。（　　）

2. 在 PowerPoint 2010 中，幻灯片母版是一张特殊的幻灯片，包含已设定格式的占位符。（　　）

3. 对于演示文稿中不准备放映的幻灯片，可以将其隐藏起来。（　　）

4. 在 PowerPoint 2010 的自定义动画中，所有动画效果都可以设置循环播放。（　　）

5. 在 PowerPoint 2010 中，【项目符号】按钮通常在【开始】选项卡中。（　　）

6. 在 PowerPoint 2010 中，放映方式分为演讲者放映、观众自行浏览和在展台浏览三种。（　　）

7. 在 PowerPoint 2010 中，通过【自定义放映】选项可以选择要播放的幻灯片及其播放顺序。（　　）

8. 设置了幻灯片中对象的动画效果后，不能改变动画的播放速度。（　　）

9. 若设置了幻灯片切换效果，则所有的幻灯片在切换时都是相同的效果。（　　）

10. 在 PowerPoint 2010 中，可以为图片设置超链接，而不能为文本设置超链接。（　　）